高等学校土木工程专业卓越工程师教育培养计划系列规划教材

学术委员会名单
（按姓氏笔画排名）

编审委员会名单
（按姓氏笔画排名）

出版技术支持
（按姓氏笔画排名）

特别提示

教学实践表明,有效地利用数字化教学资源,对于学生学习能力以及问题意识的培养乃至怀疑精神的塑造具有重要意义。

通过对数字化教学资源的选取与利用,学生的学习从以教师主讲的单向指导的模式而成为一次建设性、发现性的学习,从被动学习而成为主动学习,由教师传播知识而到学生自己重新创造知识。这无疑是锻炼和提高学生的信息素养的大好机会,也是检验其学习能力、学习收获的最佳方式和途径之一。

本系列教材在相关编写人员的配合下,将逐步配备基本数字教学资源,其主要内容包括:

课程教学指导文件

(1)课程教学大纲;

(2)课程理论与实践教学时数;

(3)课程教学日历:授课内容、授课时间、作业布置;

(4)课程教学讲义、PowerPoint 电子教案。

课程教学延伸学习资源

(1)课程教学参考案例集:计算例题、设计例题、工程实例等;

(2)课程教学参考图片集:原理图、外观图、设计图等;

(3)课程教学试题库:思考题、练习题、模拟试卷及参考解答;

(4)课程实践教学(实习、实验、试验)指导文件;

(5)课程设计(大作业)教学指导文件,以及典型设计范例;

(6)专业培养方向毕业设计教学指导文件,以及典型设计范例;

(7)相关参考文献:产业政策、技术标准、专利文献、学术论文、研究报告等。

　　📀 本书基本数字教学资源及读者信息反馈表请登录www.stmpress.cn下载,欢迎您对本书提出宝贵意见。

高等学校土木工程专业卓越工程师教育培养计划系列规划教材

结 构 试 验

主编　张望喜
主审　易伟建

WUHAN UNIVERSITY PRESS
武汉大学出版社

高等学校土木工程专业卓越工程师教育培养计划系列规划教材

图书在版编目(CIP)数据

结构试验/张望喜主编. —武汉:武汉大学出版社,2016.6
高等学校土木工程专业卓越工程师教育培养计划系列规划教材
ISBN 978-7-307-17359-0

Ⅰ.结…　Ⅱ.张…　Ⅲ.建筑结构—结构试验—高等学校—教材　Ⅳ.TU317

中国版本图书馆 CIP 数据核字(2015)第 295000 号

责任编辑:王亚明　　　责任校对:杨赛君　　　装帧设计:吴　极

出版发行:**武汉大学出版社**　　(430072　武昌　珞珈山)
　　　　　(电子邮件:whu_publish@163.com　网址:www.stmpress.cn)
印刷:北京虎彩文化传播有限公司
开本:880×1230　　1/16　　印张:20　　字数:636 千字
版次:2016 年 6 月第 1 版　　2016 年 6 月第 1 次印刷
ISBN 978-7-307-17359-0　　　定价:42.00 元

丛 书 序

  土木工程涉及国家的基础设施建设,投入大,带动的行业多。改革开放后,我国国民经济持续稳定增长,其中土建行业的贡献率达到 1/3。随着城市化的发展,这一趋势还将继续呈现增长势头。土木工程行业的发展,极大地推动了土木工程专业教育的发展。目前,我国有 500 余所大学开设土木工程专业,在校生达 40 余万人。

  2010 年 6 月,中国工程院和教育部牵头,联合有关部门和行业协(学)会,启动实施"卓越工程师教育培养计划",以促进我国高等工程教育的改革。其中,"高等学校土木工程专业卓越工程师教育培养计划"由住房和城乡建设部与教育部组织实施。

  2011 年 9 月,住房和城乡建设部人事司和高等学校土建学科教学指导委员会颁布《高等学校土木工程本科指导性专业规范》,对土木工程专业的学科基础、培养目标、培养规格、教学内容、课程体系及教学基本条件等提出了指导性要求。

  在上述背景下,为满足国家建设对土木工程卓越人才的迫切需求,有效推动各高校土木工程专业卓越工程师教育培养计划的实施,促进高等学校土木工程专业教育改革,2013 年住房和城乡建设部高等学校土木工程学科专业指导委员会启动了"高等教育教学改革土木工程专业卓越计划专项",支持并资助有关高校结合当前土木工程专业高等教育的实际,围绕卓越人才培养目标及模式、实践教学环节、校企合作、课程建设、教学资源建设、师资培养等专业建设中的重点、亟待解决的问题开展研究,以对土木工程专业教育起到引导和示范作用。

  为配合土木工程专业实施卓越工程师教育培养计划的教学改革及教学资源建设,由武汉大学发起,联合国内部分土木工程教育专家和企业工程专家,启动了"高等学校土木工程专业卓越工程师教育培养计划系列规划教材"建设项目。该系列教材贯彻落实《高等学校土木工程本科指导性专业规范》《卓越工程师教育培养计划通用标准》和《土木工程卓越工程师教育培养计划专业标准》,力图以工程实际为背景,以工程技术为主线,着力提升学生的工程素养,培养学生的工程实践能力和工程创新能力。该系列教材的编写人员,大多主持或参加了住房和城乡建设部高等学校土木工程学科专业指导委员会的"土木工程专业卓越计划专项"教改项目,因此该系列教材也是"土木工程专业卓越计划专项"的教改成果。

  土木工程专业卓越工程师教育培养计划的实施,需要校企合作,期望土木工程专业教育专家与工程专家一道,共同为土木工程专业卓越工程师的培养作出贡献!

  是以为序。

2014 年 3 月于同济大学四平路校区

前　言

结构试验既是一门学科，又是一种技术，是研究和发展土木工程新结构、新材料、新工艺，以及检验结构分析和设计理论的重要手段，在结构工程科学研究和技术创新等方面起着重要作用。目前，"结构试验"已成为土木工程专业学生必修的一门专业基础课程。

"卓越工程师教育培养计划"的教学模式可以借鉴"工学结合"模式。作为工学结合的教材，在传授知识的同时必须对学生的工作过程有指导意义。教材应当结合具体的项目（工程实践）进行编写。只有这样，才能对学生的工作过程起引导作用，引导学生一步一步地将学到的专业知识应用到实际操作中，对学生在学习过程中遇到的问题适时进行理论上的阐述，解释在工作中涉及的理论知识。这实际上就是将理论知识融入工程实践中。

工程项目涉及的知识一般系统性较差，往往是不同学科、多种知识相互交融，是一种综合知识。这就需要编者将各种知识巧妙地整合起来。这种整合绝不是简单地组合和拼凑，而要符合人们的认知规律，以及知识从易到难、循序渐进的逻辑关系，并要尽可能构建好知识的系统性。

本书根据土木工程专业的教学要求编写，以结构试验的基本理论和基础知识为重点，注重理论与实践相结合，能使读者全面地掌握结构试验的基本方法与技能，以适应土木工程结构设计、施工、检测鉴定和科学研究工作的需要。

在本书编写过程中，编者融合了"教"与"做"两个方面，这里的"做"就是指工程实践的过程。一个具体项目涉及的知识往往具有一定的局限性，仅仅围绕一个特定的项目编写教材可能会导致知识结构的片面性，造成教材个性太浓而共性不足，不具备普遍意义。本书在项目涉及的各个知识点上融合了相关（或相近）理论知识，以期使学生达到触类旁通、举一反三的效果，使学生的知识更加全面、丰富。

本书由张望喜副教授组织编写，由易伟建教授主审。在编写过程中，得到了以下研究生的大力支持：刘蒙、叶飞、程超男、彭顶、郑卡云、周亮、赵杰超、张勇等。

本书参考了近年来国内各高校出版的结构试验教材和专著，引用了一些学术论文中与结构试验方法相关的内容，在此向相关作者表示感谢。

由于编者的水平与实践经验有限，书中难免有不当和遗漏之处，敬请读者批评、指正。

编　者

2016 年 3 月

目　录

第4篇 实践篇

第1篇
基础篇

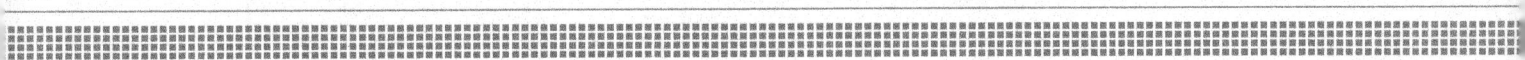

1 绪 论

工程结构是以工程材料为主体构成的不同类型承力构件(梁、板、柱等)相互连接组成的组合体。结构理论分析工作中,一方面可以利用传统的理论计算方法;另一方面可以利用实验方法,即通过结构试验,采用实验应力分析方法来解决问题。

由材料力学可知,受弯梁截面上应力的分布是不均匀的,上部纤维受压,下部纤维受拉。而对这么简单问题的正确理解也经历过一个过程。早在 17 世纪,人们认为其是均匀受拉的;伽利略在 1638 年出版的著作中,错误地认为受弯截面上的应力是均匀受拉分布的;过了 40 年后,法国物理学家马里奥特和德国数学家莱布尼兹对伽利略的理论提出修正,认为不是均匀分布,而是三角形分布;后来虽然胡克和伯努利建立了平面假定,但应力分布问题仍未被人们正确认识;1713 年,法国人巴朗才提出受弯梁截面应力分布的正确观点,即中和层理论,虽然理论研究不断深入,但巴朗的解答仍有待试验验证,受弯梁截面上存在压应力的说法仍未被人们接受;1767 年,法国科学家容格密里在没有量测仪器的情况下,首次用实验方法令人信服地证明了截面上压应力的存在;1821 年,法国科学院院士拿维叶从理论上证明了现在材料力学中的受弯公式;而用实验方法验证这个公式,又经过了 20 多年才由法国科学家阿莫列恩完成。

人类对这个问题进行了 200 多年的不断探索,至此才告一段落。从这段历史中可以看出,科学的发展往往是以技术的突破为契机的。结构理论的发展与结构试验的紧密联系,结构模型试验对工程结构和工程技术的推动作用更是比比皆是。

传统的结构工程科学由建筑材料、结构力学和结构试验组成。现代结构工程科学中结构设计理论和结构计算技术的发展,使结构工程科学成为体系相对完整的工程科学。结构试验是结构工程科学的一个重要组成部分。百余年来,结构试验一直是结构理论发展的主要手段。

现代计算机技术和计算力学的发展,以及长期以来结构试验所积累的成果,使结构试验不再是研究和发展结构理论的唯一途径。结构工程师已能利用计算机试验处理大型复杂结构的设计问题。但结构试验仍是结构工程科学的主要支柱之一。例如,钢筋混凝土结构、砌体结构的设计理论主要就建立在试验研究的基础之上。

结构试验是结构工程科学发展的基础;反过来,结构工程科学发展的要求又推动结构试验技术的不断进步。高层建筑、大跨径桥梁、大型海洋平台、核反应堆安全壳等大型复杂结构的出现,对结构整体工作性能、结构动力反应及结构在极端灾害性环境下的力学行为提出了更高要求。与此同时,计算机技术和其他现代工业技术的发展,也为结构试验技术的发展提供了广阔的空间。

结构试验是土木工程专业的一门专业课。这门课程主要介绍结构试验的理论和方法。通过这门课程的学习,学生应掌握结构试验的基本原理,了解结构试验的仪器、仪表和试验设备,在结构试验中,进一步认识结构性能并培养进行结构试验的能力。

结构试验的任务是在结构物或试验对象(实物或模型)上,以仪器设备为工具,以各种实验技术为手段,在荷载(重力、机械扰动力、风荷载……)或其他因素(温度、变形、地震)作用下,通过量测与结构工作性能有关的各种参数(变形、挠度、应变、振幅、频率……),从强度(稳定)、刚度、抗裂性及结构实际破坏形态方面来判明建筑结构的实际工作性能,估计结构的承载能力,确定结构对使用要求的满足程度,并用以检验和发展结构的计算理论。

结构试验以实证的方式反映结构的实际性能,它为工程实践和结构理论提供的依据是其他方法不能取代的。在发展演变过程中形成的由结构试验、结构理论与结构计算三方面构成的结构工程科学中,结构试验本身也已成为真正的试验科学。

1.1 结构试验的目的 >>>

根据不同的试验目的,结构试验一般分为科学研究性试验和生产鉴定性试验。

科学研究性试验的目的是:验证结构设计计算的各种假定;通过制定各种设计规范,发展新的设计理论,改进设计计算方法;为发展和推广新结构、新材料及新工艺提供理论与实践经验。

① 通过结构试验,验证结构计算理论或创立新的结构理论。随着科学技术的进步,新方法、新材料、新结构、新工艺不断涌现,例如高性能混凝土结构的工程应用,高温、高压工作环境下的核反应堆安全壳,新的结构抗震设计方法,全焊接钢结构节点的热应力影响区等。一种新的结构体系、新的设计方法都必须经过试验的检验,结构计算中的基本假设需要试验验证。结构试验也是新发现的源泉,结构工程科学的进步离不开结构试验。我们称结构工程为实验科学,就是强调结构试验在推动结构工程技术发展中所起的作用。

② 通过结构试验,制定工程技术标准。工程结构关系到公共安全和国家经济发展,建筑结构的设计、施工、维护必须有章可循。这些规章就是结构设计规范和标准、施工验收规范和标准,以及其他技术规程。我国现行的各种结构设计和施工规范除了总结已有的工程经验和结构理论外,还进行了大量的混凝土结构、砌体结构、钢结构的梁、柱、板、框架、墙体、节点等构件和结构试验。系统的结构试验和研究为结构的安全性、使用性、耐久性提供了可靠的保证。

生产鉴定性试验通常具有直接的生产目的。它是以实际建筑物或结构构件为试验鉴定的对象,通过试验对具体结构做出正确的技术结论。

① 通过结构试验检验结构构件或结构部件的质量。建筑工程由很多结构构件和结构部件组成。例如,在钢筋混凝土结构和混合结构房屋中,大量采用预制混凝土构件。这些预制构件的产品质量必须通过结构试验进行检验。对于后张法生产的预应力混凝土结构,锚具等部件是结构的组成部分,其质量必须通过试验进行检验。大型工程结构如大跨度桥梁结构建成后,要求进行荷载试验。这种试验可以全面、综合地鉴定结构的设计和施工质量,并为结构长期运行和维护积累基本数据。结构试验也是处理工程结构质量事故的常用方法之一。

② 通过结构试验确定已建结构的承载能力。结构设计规范规定,已建结构不得随意改变结构用途。当结构用途需要改变,单凭结构计算又不足以完全确定结构的承载能力时,就必须通过结构试验来确定结构的承载能力。已建结构随着使用年限的增长,其安全度逐渐降低,结构可靠性鉴定的主要任务就是确定结构的剩余承载能力。遭遇极端灾害性作用,如火灾、地震灾害后,结构发生破损,在对结构进行维护加固前,也要求通过试验对结构的剩余承载能力做出鉴定。

③ 通过结构试验验证结构设计的安全度。这类试验大多在实际结构开始施工前进行。设计规范称之为结构试验分析方法。结构试验的主要目的是由试验确定实际结构的设计参数,验证结构施工方案的可行性和结构的安全度。试验对象多为实际结构的缩小比例模型。例如,对于大跨度体育场馆屋盖结构和高耸结构的风洞试验,前者通过试验确定结构的风压设计参数,后者通过试验确定结构的风振特性;又如,在地震区建造体形复杂的高层建筑时,通常要进行地震模拟振动台试验,试验结果和计算结果相互验证,以确保结构的安全。

1.2 结构试验的分类 >>>

建筑结构试验以试验对象、荷载性质、试验场合、试验时间等不同因素进行分类。

1.2.1 实物(真型)试验与模型试验

(1) 实物(真型)试验

实物(真型)试验的试验对象是实际结构(实物)或按实物结构尺寸复制的结构或构件。工业厂房结构刚度试验、秦山核电站安全壳加压整体性试验、砌块房屋抗震试验等都是此类试验。

(2) 模型试验

模型试验的试验对象是仿照真型(真实结构)并按照一定比例关系复制而成的试验代表物。它是具有实际结构的全部或部分特征,尺寸却可以比真型小很多的缩尺结构。试验时,由真型按相似理论设计模型,按比例施加荷载,使模型受力后重演真型结构的实际工作,最后按照相似理论由模型试验结果推算实际结构的工作。为此,这类模型要求有比较严格的模拟条件,即要求做到几何相似、力学相似和材料相似。由于严格的相似条件会给模型设计和试验带来一定困难,故在结构试验中尚有另一类型的模型,它仅是真型(原型)结构缩小几何比例尺寸后的试验代表物。将该模型的试验结果与理论计算进行对比校核,用以研究结构的性能,验证设计假定与计算方法的正确性。

1.2.2 结构静力试验和结构动力试验

根据结构试验中被试验的结构或构件所承受的荷载,结构试验可分为结构静载试验和结构动载试验两大类。

(1) 结构静载试验

结构静载试验是建筑结构最常见的试验。所谓静载,一般是指试验过程中结构本身运动的加速度效应(即惯性力效应)可以忽略不计。根据试验性质的不同,静载试验可分为单调静力荷载试验、低周反复荷载试验和结构拟动力试验。

① 在单调静力荷载试验中,试验加载过程从 0 开始,在几分钟到几小时的时间内,试验荷载逐渐单调增加到结构破坏或预定的状态目标。钢筋混凝土结构、砌体结构、钢结构的设计理论和方法就是通过这类试验建立起来的。

② 低周反复荷载试验属于结构抗震试验方法中的一种。房屋结构在遭遇地震灾害时,强烈的地面运动使结构承受反复作用的惯性力。在低周反复荷载试验中,利用加载系统使结构受到逐渐增大、反复作用的荷载或发生交替变化的位移,直到结构破坏。在这种试验中,结构或构件的受力历程有结构在地震作用下受力历程的基本特点,但加载速度远低于实际结构在地震作用下所经历的变形速度。为区别于单调静力荷载试验,有时又称这种试验为伪静力试验。

③ 结构拟动力试验也是一种结构抗震试验方法。结构拟动力试验的目的是模拟结构在地震作用下的行为。在结构拟动力试验中,将试验过程中量测的力、位移等数据输入计算机中,计算机根据结构的当前状态信息和输入的地震波,控制加载系统使结构产生计算确定的位移,由此形成一个递推过程。这样,计算机和试验机联机试验,便可得到结构在地震作用下的时程响应曲线。

结构静载试验所需的加载设备较为简单,有些试验可以直接采用重物加载。由于试验进行的速度很慢,因此可以在试验过程中仔细记录各种试验数据,对试验对象的行为进行仔细的观察,得到直观的破坏形态。例如,在钢筋混凝土梁的受弯试验中,需要观测并记录截面的应变分布、沿梁长度方向的挠度分布、荷载-挠度曲线、裂缝间距和裂缝宽度、破坏形态等。这些数据和信息都通过结构静载试验获取。

按荷载作用的时间长短,结构静载试验又可分为短期静力荷载试验和长期静力荷载试验。建筑材料具有一定的黏弹性特性,如可反映为混凝土的徐变和预应力钢筋的松弛。此外,影响建筑结构耐久性的因素往往是长期的,如可反映为混凝土的碳化和钢筋的锈蚀。在短期静力荷载试验中,忽略了这些因素的影响。当这些因素成为试验研究的主要对象时,就必须进行长期静力荷载试验。长期静力荷载试验的持续时间为几个月到几年不等。在试验过程中,观测结构的变形和刚度变化,从而掌握时间因素对结构构件性能的影响。在实验室条件下进行的长期静力荷载试验,通常对试验环境有较严格的控制,如恒温、恒湿、隔振等,突出荷载作用这个因素,消除其他因素的影响。除在实验室进行长期静力荷载试验外,在实际工程中,对结构的内力和变形进行长期观测,也属于长期静力荷载试验。这时,结构所承受的荷载为结构的自重和使用荷载。近年来,工程师和研究人员较为关心的"结构健康监控",就是通过长期静力荷载试验所获取的观测数据对结构的运行状态和可能出现的损伤进行监控。

（2）结构动载试验

实际工程结构大多受到动力荷载作用,如铁路或公路桥梁、工业厂房中的吊车梁。风对大跨度结构和高耸结构的作用,地震对结构的作用也是一种强烈的动力作用。结构动载试验利用各类动载试验设备使结构受到动力作用,并观测结构的动力响应,进而了解、掌握结构的动力性能。结构动载试验包括疲劳试验、动力特性试验、地震模拟振动台试验和风洞试验等。

① 疲劳试验。

当结构处于动态环境,其材料承受波动的应力或应变作用时,结构内的某一点或某一部分发生局部的、永久性的组织变化（损伤）的一种递增过程称为疲劳。经过足够多次应力或应变循环后,材料损伤累积导致裂纹生成并扩展,最后发生结构疲劳破坏。结构或构件的疲劳试验就是利用疲劳试验机使构件受到重复作用的荷载,通过试验确定重复作用荷载的大小和次数对结构强度的影响。对于混凝土结构,常规的疲劳试验按 $400\sim500$ 次/min、总次数为 200 万次进行。疲劳试验多在单个构件上进行,有为鉴定构件性能而进行的疲劳试验,也有以科学研究为目的的疲劳试验。

② 动力特性试验。

结构动力特性是指结构物在振动过程中所表现出的固有性质,包括固有频率（自振频率）、振型和阻尼系数。结构的抗震设计、抗风设计与结构动力特性参数密切相关。在结构分析中,采用振型分解法求得结构的自振频率和振型,称为模态分析。用试验获得这些模态参数的方法称为试验模态分析方法。测定结构动力特性参数时,要使结构处于动力环境（振动状态）下。通常,采用人工激励法或环境随机激励法使结构产生振动,同时量测并记录结构的速度响应或加速度响应,再通过信号分析得到结构的动力特性参数。动力特性试验的对象以整体结构为主,可以在现场测试真型结构的动力特性,也可以在实验室对模型结构进行动力特性试验。

③ 地震模拟振动台试验。

地震时强烈的地面运动使结构受到惯性力作用,结构因此发生倒塌破坏。地震模拟振动台是一种专用的结构动载试验设备,是结构抗震试验的关键设备之一,它能真实地模拟地震时的地面运动。试验时,在振动台上安装结构模型,然后控制振动台按预先选择的地震波运动,量测并记录结构的动位移、动应变等数据,观察结构的破坏过程和破坏形态,研究结构的抗震性能。地震模拟振动台试验的时间很短,通常在几秒到十几秒内完成一次试验,对振动台控制系统和动态数据采集系统都有很高的要求。大型复杂结构在地震作用下表现出非线性非弹性性质,目前的分析方法还不能完全解决结构非线性地震响应的计算问题,地震模拟振动台试验常常成为必要的结构试验分析方法。

④ 风洞试验。

工程结构风洞试验装置是一种能够产生和控制气流,用以模拟建筑或桥梁等结构物周围的空气流动,并可量测气流对结构的作用,以及观察有关物理现象的一种管状空气动力学试验设备。在多层房屋和工业厂房结构设计中,房屋的风载体形系数就是风洞试验的结果。结构风洞试验模型可分为钝体模型和气弹模型两种。其中,钝体模型主要用于研究风荷载作用下结构表面各个位置的风压,气弹模型则主要用于研究风致振动及相关的空气动力学现象。超大跨径桥梁、大跨径屋盖结构和超高层建筑等新型结构体系常用风洞试验确定与风荷载有关的设计参数。

除上列几种典型的结构动载试验外,在工程实践和科学研究中,根据结构所处动力学环境的不同,还有强迫振动试验、周期抗震试验、冲击碰撞试验等结构动载试验方法。

1.2.3　短期荷载试验和长期荷载试验

（1）短期荷载试验

实际荷载作用是长期的,但实际上不得不大量采用短期荷载试验,荷载从 0 开始施加,直到结构破坏或某阶段进行卸载。试验时间总共只有几十分钟、几小时或几天。即使是结构的疲劳(人工爆炸地震)试验，整个加载过程也仅在几天内完成，与实际工作有一定差别。

(2) 长期荷载试验

长期荷载试验用于测定混凝土结构的徐变，材料的碳化、锈蚀，预应力结构中钢筋的松弛。其进行几个月甚至几年，通过试验获得结构变形随时间变化的规律。

1.2.4 实验室试验和现场试验

(1) 实验室试验

实验室试验工作条件好，可以应用精密和灵敏的仪器设备进行试验，具有较高的准确度，所以适合进行研究性试验。

(2) 现场试验

现场试验与实验室试验相比，由于受客观环境条件的影响，故不宜使用高精度的仪器设备来进行观测。相对来看，进行试验的方法也可能比较简单粗略，所以试验精度和准确度较低。现场试验多数用以解决生产性的问题。

总之，建筑结构试验技术的形成与发展，与建筑结构实践经验的积累和试验仪器及量测技术的发展有着极为密切的关系。结构试验的应用日益广泛，目前几乎每一种重要的新结构都是经过规模或大或小的检验而投入使用的，建筑设计规范的制定和建筑结构理论的发展亦愈益与试验研究紧密联系。

1.2.5 结构非破损检测

结构非破损检测是以不损伤结构和不影响结构功能为前提，在建筑结构现场根据结构材料的物理性能和结构体系的受力性能对结构材料和结构受力状态进行检测的方法。

现场检测混凝土强度的方法有回弹法、超声-回弹综合法、拔出法，还有使结构产生轻微破损的钻芯法等方法。检测混凝土内部缺陷的方法有超声法、脉冲回波法、X射线法和雷达法等方法。此外，还可以用非破损检测方法检测混凝土中钢筋的直径和保护层厚度。

检测砂浆和块体强度可用回弹法、贯入法等方法。检测砌体抗压强度可用冲击法、推出法、液压扁顶法等方法。

检测钢结构焊缝缺陷可用超声法、磁粉探伤法、X射线法等方法。

对原型结构进行使用荷载试验，用以检验结构的内力分布、变形性能和刚度特征，试验荷载不会导致结构出现损伤，这类荷载试验属于非破损检测方法。

采用动力特性试验方法进行结构损伤诊断和健康监控，也是非破损检测中的一种重要方法。

1.3 结构试验技术的发展 >>>

现代科学技术的不断发展，为结构试验技术水平的提高创造了物质条件；高水平的结构试验技术水平又促进结构工程学科不断发展和创新。现代结构试验技术和相关的理论及方法在以下几个方面发展迅速。

1.3.1 先进的大型和超大型试验装备

在现代制造技术的支持下，大型结构试验设备不断投入使用，使加载设备模拟结构实际受力条件的能力越来越强。例如，电液伺服压力试验机的最大加载能力达到 50000 kN，可以完成实际结构尺寸的高强度混凝土柱或钢柱的破坏性试验。地震模拟振动台阵列由多个独立振动台组成，当振动台排成一列时，可用来模拟桥梁结构遭遇地震作用；若排列成一个方阵，可用来模拟建筑结构遭遇地震作用。复杂多向加载系统可以使结构同时受到轴向压力、两个方向的水平推力和不同方向的扭矩,而且这类系统可以在动力条件下对试验结构反复加载。以再现极端灾害条件为目的,大型风洞、大型离心机、大型火灾模拟结构试验系统等试验装备相继投入运行。这可使研究人员和工程师能够通过结构试验更准确地掌握结构性能,改善结构防灾抗灾能力,发展结构设计理论。

1.3.2 基于网络的远程协同结构试验技术

互联网的飞速发展为我们展现了一个崭新的世界。当外科手术专家通过互联网进行远程外科手术时,基于网络的远程协同结构试验体系也正在形成。20 世纪末,美国国家科学基金会投入巨资建设"远程地震模拟网络",希望通过远程网络将各个结构实验室联系起来,利用网络传输试验数据和试验控制信息。网络上各站点(结构实验室)在统一协调下进行联机结构试验,共享设备资源和信息资源,实现所谓的"无墙实验室"。我国也在积极开展这一领域的研究工作,并开始进行网络联机结构抗震试验。基于网络的远程协同结构试验集合结构工程、地震工程、计算机科学、信息技术和网络技术于一体,充分体现了现代科学技术渗透、交叉、融合的特点。

1.3.3 现代测试技术

现代测试技术的发展以新型高性能传感器和数据采集技术为主要方向。传感器是信号检测工具,理想的传感器具有精度高、灵敏度高、抗干扰能力强、测量范围大、体积小、性能可靠等特点。新材料,特别是新型半导体材料的研究与开发,促进了很多对力、应变、位移、速度、加速度、温度等物理量敏感器件的发展。利用微电子技术,可使传感器具有一定的信号处理能力,形成所谓的智能传感器。新型光纤传感器可以在上千米范围内以毫米级的精度确定混凝土结构裂缝的位置。大量程高精度位移传感器可以在1000 mm的测量范围内达到± 0.01 mm(即 0.001%)的精度。基于无线通信的智能传感器网络已开始应用于大型工程结构的健康监控。另一方面,测试仪器的性能也极大地得到改进,特别是与计算机技术相结合后,数据采集技术发展迅速。高速数据采集器的采样速度达到 500 M/s,可以清楚地记录结构经受爆炸或高速冲击时响应信号前沿的瞬态特征。利用计算机存储技术,长时段大容量数据的采集已不存在困难。

1.3.4 计算机与结构试验

毫无疑问,计算机已渗透到我们的日常生活中,甚至已成为我们生活的一部分。计算机同样成为结构试验必不可少的一部分。安装在传感器中的微处理器、数字信号处理器(DSP)、数据存储和输出、数字信号分析和处理、试验数据的转换和表达等,都与计算机密切相关。离开了计算机,现代结构试验技术就不复存在。特别值得一提的是大型试验设备的计算机控制技术和结构性能的计算机仿真技术。多功能高精度大型试验设备(以电液伺服系统为代表)的控制系统于 20 世纪末告别了传统的模拟控制技术,普遍采用计算机控制技术,使试验设备能够快速完成复杂的试验任务。以大型有限元分析软件为标志的结构分析技术也极大地促进了结构试验的发展,在结构试验前,通过计算分析、预测结构性能,制订试验方案;完成结构试验后,通过计算机仿真,结合试验数据,对结构性能作出完整的描述。在结构抗震、抗风、抗火等研究方向和工程领域,计算机仿真技术和结构试验的结合越来越紧密。

1.4 结构试验课程的特点 >>>

结构试验是土木工程专业的一门专业课,与其他课程有很密切的关系。首先,它以建筑结构的专业知识为基础。设计一个结构试验,在试验中准确地量测数据,观察试验现象,必须有完整的结构概念,能够对结构性能作出正确的计算。因此,材料力学、结构力学、弹性力学、混凝土结构、砌体结构、钢结构等结构类课程形成了本课程的基础。掌握本课程的理论和方法,也将对结构性能和结构理论有更深刻的理解。其次,结构试验依靠试验加载设备和仪器仪表进行,了解这些设备和仪器仪表的基本原理和使用方法是本课程一个很重要的环节。掌握机械、液压、电工学、电子学、化学、物理学等方面的知识,对理解结构试验方法是很有好处的。此外,电子计算机是现代结构试验技术的核心,结构试验中需运用计算机进行试验控制、数据采集、信号分析和误差处理,结构试验技术还涉及自动控制、信号分析、数理统计等课程的知识。总之,结构试验是一门综合性很强的课程。结构试验常常以直观的方式给出结构性能,但必须综合运用各方面的知识,全面掌握结构试验技术,才能准确地理解结构受力的本质,提高结构理论水平。

在对结构进行鉴定性试验和研究性试验时,试验方法必须遵守一定的规则。近年来,我国先后颁布了《混凝土结构试验方法标准》(GB/T 50152—2012)、《建筑抗震试验规程》(JGJ/T 101—2015)等专门技术标准。对不同类型的结构,也用技术标准的形式规定了检测方法。这些与结构试验有关的技术标准或在技术标准中与结构试验有关的规定,有确保试验数据准确、结构安全可靠、评价尺度统一的功能,其作用与结构设计规范相同,在进行结构试验时必须遵守。

结构试验强调动手能力的训练和培养,是一门实践性很强的课程。学习这门课程时,必须完成相关的结构和构件试验,熟悉仪器仪表的操作方法;除掌握常规测试技术外,很多知识是在具体试验中掌握的,要在试验操作中注意体会。

2 加载与量测设备的使用方法和技术

2.1 常用的试验装置和加载方法 >>>

2.1.1 静力加载设备及加载方法

结构静载试验是在对试验结构施加荷载的情况下进行的,除少数在实际荷载作用下进行实测外,绝大多数是在模拟荷载作用下进行的。产生模拟荷载的方法和设备很多,这些设备构成了试验荷载系统。试验荷载系统必须满足以下基本要求:

① 符合试件受力方式和边界条件要求,以保证试验的准确。

② 产生的荷载值应当明确,满足试验的准确度;荷载值应能保持相对稳定,不受试验环境或结构变形的影响,相对误差不超过±5%,以保证测试的准确度。

③ 加载设备应有足够的强度、刚度和稳定性,并有足够的安全储备。

④ 应方便调节和分级加(卸)载,以便控制加(卸)载速率并满足精度要求。

⑤ 尽量采用先进技术,提高试验效率和精度。

不同的加载方法应使用不同的设备及装置。下面介绍各种加载方法、加载设备和加载装置。

2.1.1.1 重力加载法

重力加载法是利用物体重力施加荷载的一种方法。重力加载是结构试验中最早采用的加载方法,具有加载方便、就地取材、试验荷载稳定等特点,尤其适用于建筑结构现场试验。其原理是将物体的重力作用在试验对象上,通过重物数量控制加载值的大小。重力加载有直接加载和杠杆加载两种。直接加载是将重物直接堆放于结构(板)表面形成均布荷载(图 2-1),也可以将重物置于荷重盘上通过吊杆(吊索)挂在结构上形成集中荷载,吊索配合滑轮等还可以改变施力方向(图 2-2)。杠杆加载是利用杠杆原理将荷载放大作用于结构上(图 2-3)。

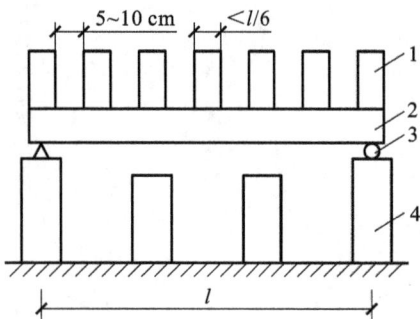

图 2-1 重物对板施加均布荷载
1—重物;2—试验板;3—支座;4—支墩

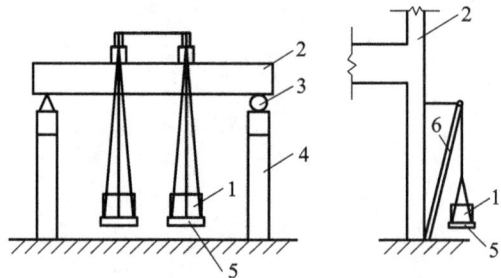

图 2-2 重物施加集中荷载
1—重物;2—试件;3—支座;4—支墩;5—荷载盘;6—支架

常用的重物有铁块、砖块、水、砂、石等材料。对于砂、石等松散材料,如果将荷载材料直接堆放于结构表面,将会造成材料本身起拱而对结构产生卸荷作用。因此,最好将松散材料装入纤维袋或木箱中,然后成堆堆放于结构上。块体材料也应成堆堆放,并且堆与堆之间应留有 5~10 cm 的间隔,堆宽宜小于 1/6 试件跨度,以免起拱卸载。对于砂、砖块等吸湿材料,其质量会随大气湿度而变化,适用于短期加载试验。

用水加载可以减少加载劳动量,是一种简单、经济的加载方法,在试验中应用较多。水可以装在容器内像重物块一样作用在结构上,或通过吊杆作用在结构上;对于大面积平板,如屋、楼盖,可以在试验结构上砌上水池,通过进水管和出水孔进行加、卸载,通过水位高度计量荷载大小,但应注意结构变形对荷载分布的影响,如图 2-4 所示。

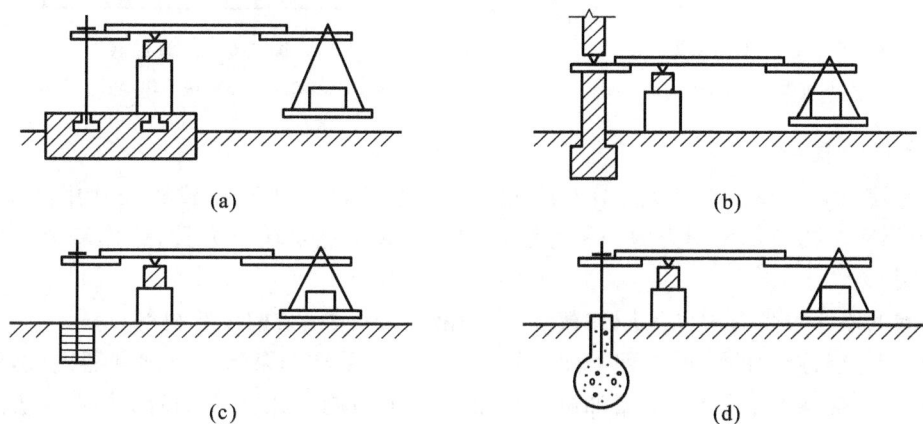

图 2-3 杠杆加载装置

(a) 利用试验台座;(b) 利用墙身;(c) 利用平衡重;(d) 利用桩

重力加载法取材容易,加载设备简单,荷载值不随结构变形而变化;但一般来说其加载劳动强度大,安全性差。对于破坏性试验,应采取措施降低重物块坠落距离,以防试件破坏时剧烈垮塌,出安全事故。

2.1.1.2 机械力加载法

机械力加载法是利用各种机械施加作用力的一种方法。加载常用机械有吊链、卷扬机、绞车、花篮螺丝、螺旋千斤顶及弹簧等。

吊链、卷扬机、绞车、花篮螺丝等配合钢丝、绳索可对结构施加拉力,还可与滑轮组联合使用改变力的作用方向和大小。拉力的大小通常由拉力测力计测定,根据拉力测力计的量程有两种安装方式。当拉力测力计量程大于最大加载值时,用图 2-5(a)所示串联方式,直接测量绳索拉力。当拉力测力计量程小于最大加载值时,需要用图 2-5(b)所示的安装方式,此时作用在结构上的实际拉力应为:

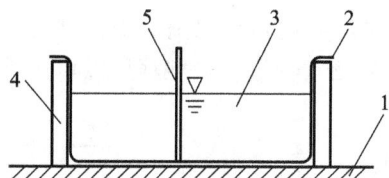

图 2-4 水加载试验装置

1—平板试件;2—防水布;3—水;
4—水池壁;5—水位标尺

$$P = \varphi n K p \tag{2-1}$$

式中 P——测力计拉力读数;

      φ——滑轮摩擦系数(涂润滑剂时可取 0.96~0.98);

      n——滑轮组的滑轮数;

      K——滑轮组的机械效率。

螺旋千斤顶是利用齿轮及螺杆式蜗杆机构传动的原理工作的。当摇动千斤顶手柄时,蜗杆就带动螺旋杆顶升,对结构施加顶推压力,加载值的大小可用测力计测定。

弹簧加载常用于结构的持久荷载试验。图 2-6 所示为弹簧施加荷载进行梁持久试验的加载示意图。加力时可直接旋紧螺母;当荷载较大时,先用千斤顶压缩弹簧后再旋紧螺母。弹簧变形与压力值的关系预先测定,试验时测量弹簧变形便可知道作用力。结构变形会自动卸载,卸载超出允许范围时应及时补充荷载。

机械力加载的特点是设备简单,容易实现加载,采用钢丝绳等索具时便于改变荷载作用方向,适用于对结构施加水平集中荷载。但机械加载能力有限,荷载值不宜太大,索具加载可改变荷载作用方向,荷载作用点变形时会引起荷载值变化。

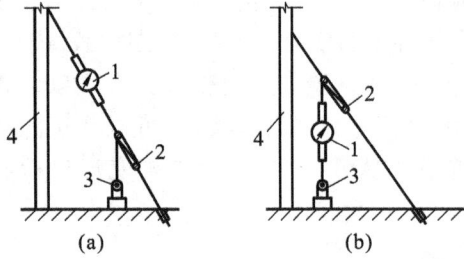

图 2-5 拉力测力装置

1—测力计;2—滑轮组;3—卷扬机;4—试件

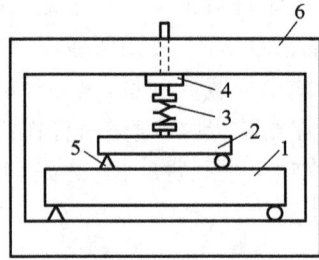

图 2-6 弹簧加载

1—试件;2—分配梁;3—弹簧;4—螺母;5—支座;6—加载框

2.1.1.3 液压加载法

液压加载法是建筑结构试验最理想、最普遍的一种加载方法。液压加载法是利用油泵将液体压力升高,通过液压加载器对结构施加作用力的一种方法。它的最大优点是输出力大,操作安全方便,与计算机连接可实现自动控制。

用于静载试验的液压设备有手动液压加载器、电动液压加载器、结构试验机等。

手动液压加载器(俗称千斤顶)的原理如图 2-7 所示。其由手动油泵和液压加载器组成,两者合为一体。使用时先关闭卸油阀,摇动油泵手柄,将储油缸中的油通过单向阀压入工作油缸,推动活塞伸出,对结构施力。卸载时,打开卸油阀,使工作油缸中的油回流到储油缸中即可卸载。千斤顶的活塞行程可达 30 cm,加载能力可达 5000 kN。手动液压加载器轻便,适合人工搬运,便于现场或高空作业,适用于单点加载或通过分配梁进行多点加载。手动液压加载器的缺点是不能倒置安装,须有专人操作。当用一个手动液压加载器施加两点或两点以上同步荷载时,可通过分配梁实现,如图 2-8 所示。分配梁应为单跨简支形式,刚度要足够大,配置不宜超过两层,以免产生失稳和加载误差。

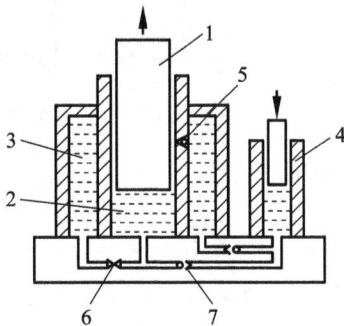

图 2-7 千斤顶原理

1—工作活塞;2—工作油缸;3—储油缸;
4—手动油泵;5—安全阀;6—卸油阀;7—单向阀

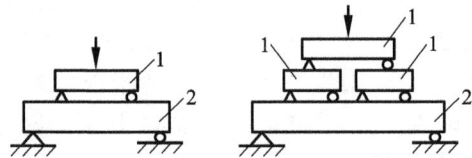

图 2-8 分配梁加载

1—分配梁;2—试件

电动液压加载器是在手动液压加载器的基础上将油泵由手动改为电动,形成电动油泵操纵系统。其加载器有单向作用和双向作用两种,加载器原理如图 2-9 所示。双向作用加载器与单向作用加载器的不同之处是:双向作用加载器在油缸的两端各有一个高压油进油孔,通过换向阀交替供油,实现活塞的推、拉;而单向作用加载器只有一个高压油进油孔。若在油泵出口接上分油器,可组成一个油源供多个加载器同步工作的系统,符合十多点同步加载要求。分油器出口接减压阀或选用不同活塞面积的加载器,可组成多点同步异荷载加载系统。为保证荷载同步,同一系统的多个加载器要规格一致,活塞与油缸间的摩阻力应相同,放置高差不应超过 5 m。

电动液压加载器通过中间接口与计算机连接,可以实现自动控制、自动操作、数据自动采集等功能。电液伺服加载系统就是自动控制技术的产物,广泛用于结构静、动载试验。

以上所述的加载器,无论手动还是电动,都必须与下面要讲到的试验台座和支座、反力架等反力设备配套组成加载装置才能使用。此外,用于静载试验的还有结构试验机。结构试验机主要有长、短柱压力试

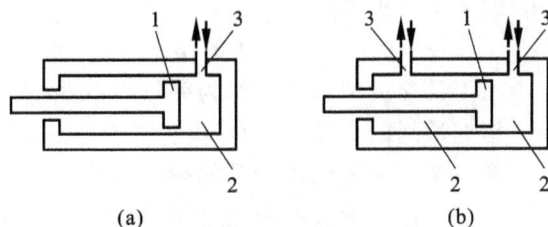

图 2-9　电动液压加载器原理

(a) 单向作用加载器；(b) 双向作用加载器

1—活塞；2—工作油缸；3—高压油孔

机和卧式万能试验机等。这些设备都是典型的电动液压加载系统，除了有加载器外，它们还将基座、承力架、传感器等组合进来，组成加力装置。短柱压力试验机能对小试件进行受压与受弯试验，长柱压力试验机的加力架(柱)高大，用以进行大试件(柱、墙板、砌体、梁节点)受压与受弯试验。卧式万能试验机是将很大的加力架平放，以减小空间高度，可用于构件、绳索、链条等的拉、压、弯试验。

2.1.1.4　气压加载法

气压加载有以下特点：

① 能真实地模拟面积大、外形复杂结构的均布受力状态；

② 加卸载方便可靠；

③ 荷载值稳定易控；

④ 需要采用气囊或将试件制作成密封结构，试件制作工作量大；

⑤ 施加荷载值不能太大；

⑥ 构件内表面无法直接观测；

⑦ 气温变化易引起荷载波动。

气压加载法有两种：一种是正压加载法，另一种是负压加载法。由于气压加载产生的是均布荷载，因此尤其适用于平板和壳体试验。正压加载是用空气压缩机对气囊充气，对试件施加均匀荷载，如图 2-10 所示。储气室的作用是储气和调节气囊的空气压力，空气压力由气压计测量。

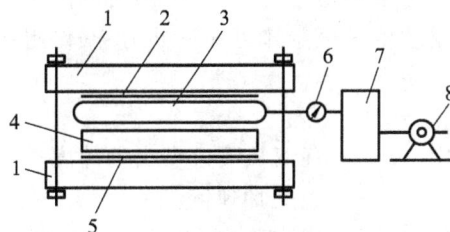

图 2-10　充气加载示意图

1—加载框；2—拼合板；3—气囊；4—试件；5—试件支座；6—气压计；7—储气室；8—空气压缩机

正压加载法的优点是加载、卸载方便，压力稳定；缺点是结构受荷面无法观测。当试件为脆性破坏时，构件随气囊可能发生爆炸。因此，加载过程中应密切注意气压表的变化情况，并通过其他手段加强安全防范。

对于某些封闭结构，可以利用真空泵抽气的方法，即负压加载法，形成大气压力差对试件施加荷载。负压加载法主要用于模型试验。

2.1.2　动力加载设备及加载方法

2.1.2.1　惯性力加载法

惯性力加载法用于对结构施加动力荷载，激发结构产生动力反应，采集其动力反应时程，分析结构自振频率、阻尼等动力特性参数。惯性力加载法有初位移加载法、初速度加载法、反冲击激振法及离心力加载法等。

(1) 初位移加载法的作用方式

初位移加载法是利用钢丝绳等沿振动方向张拉结构并使其产生一初始位移，然后突然释放使结构产生自由振动的加载方法，如图 2-11 所示。试验时在钢丝绳中设一钢拉杆，当拉力达到钢拉杆极限拉力时，钢拉杆被拉断而形成突然卸载，选择不同的钢拉杆截面可获得不同的拉力和初位移。

初位移加载法应根据自由振动测试的目的布置拉线点，拉线与被测试结构的连接部分应具有整体向被测试结构传递力的能力。每次测试时应记录拉力值及拉力与结构轴线间的夹角。测量振动波时，应取记录

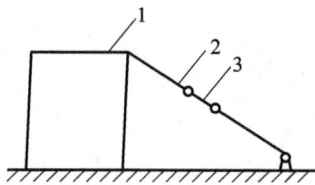

图 2-11 初位移加载法

1—被测试结构；2—钢丝绳；3—钢拉杆

波形中的中间数个波形,测试过程中不应使被测试结构出现裂缝。

（2）初速度加载法的作用方式

初速度加载法也称为突然加载法,基本原理是利用运动重物对结构施加瞬间的水平或垂直冲击,如摆锤法或落重法,如图 2-12 所示,使结构产生初速度而获得所需的冲击荷载。

应用初速度加载法加载时,应注意作用力的总持续时间应尽可能短于结构有效振型的自振周期,使结构的振动成为初速度的函数而不是冲击力的函数。采用摆锤法时,应防止摆锤和建筑物有相近的自振频率,否则摆锤的运动会使建筑物产生共振。采用落重法时,应尽量减小重物下落后的跳动对结构自振特性的影响,可采取加垫砂层等措施。冲击力的大小应按结构强度确定,以防结构产生局部损伤。重物下落后附着在结构上并与其一起振动,其质量会改变结构振动特性参数。因此,重物质量应尽量小,测试结果应根据重物质量修正。

（3）反冲击激振法的作用方式

反冲击激振法是利用反冲击激振器对结构施加动力荷载,也称火箭激振。它适用于现场结构试验,小型反冲击激振器也可用于实验室内的构件试验。图 2-13 所示为反冲击激振器的结构示意图。反冲击激振器的壳体用合金钢制成,其结构主要由以下五部分组成：① 燃烧室壳体,为圆筒形,一端与喷管相连,另一端固定于底座上；② 底座,它与燃烧室固装后安装到被试验结构上,在底座内腔装有点火装置；③ 喷管,采用先收缩后扩散的形式,将燃烧室内燃气的压力势能转变为动能,可控制燃气的流量及推力方向；④ 主装火药,它是反冲击激振器的能源；⑤ 点火装置,包括点火头（电阻丝和引燃药）和点火药。

反冲击激振器工作时,先将点火装置内的点火药点燃,很快使主装火药达到燃烧温度,主装火药开始在燃烧室中平稳地燃烧,产生的高温高压气体从喷管口以极高的速度喷出。如果气流每秒喷出的质量为 W_s,根据动量守恒定律可知反冲力 P（作用在结构上的脉冲力）为：

$$P = \frac{W_s v}{g} \tag{2-2}$$

式中 v——气流从喷口喷出的速度；

g——重力加速度。

目前使用的反冲击激振器的反冲力按 1～8 kN 分为 8 种。反冲输出近似于矩形脉冲,上升时间为 2 ms,持续时间为 50 ms,下降时间为 3 ms,点火延时时间为(25±5)ms。

采用单个反冲击激振器激振时,一般将激振器布置在建筑物顶部,尽量靠近建筑物质心的轴线。这样取得的效果较好。如将单个激振器布置在离质心位置较远的地方,则可以进行建筑物的扭振试验。如在结构平面对角线相反方向上布置两台相同反冲力的激振器,则测量扭振的效果会更好。在高耸构筑物或高层建筑试验中,可将多个反冲击激振器沿结构不同高度布置,以进行高阶振型的测定。

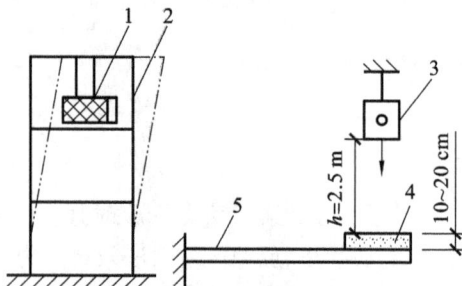

图 2-12 初速度加载法

1—摆锤；2—结构；3—落重；

4—砂垫层；5—试件

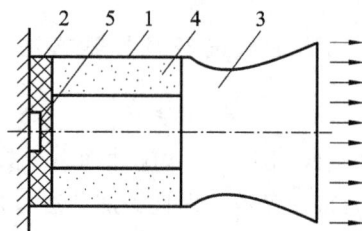

图 2-13 反冲击激振器的结构示意图

1—燃烧室壳体；2—底座；3—喷管；

4—主装火药；5—点火装置

（4）离心力加载法的作用方式

离心力加载法是利用旋转质量产生的离心力对结构施加简谐振动荷载。其运动具有周期性,作用力的大小和频率按一定规律变化,使结构产生强迫振动。

靠离心力加载的机械式激振器的工作原理如图 2-14 所示。当一对偏心质量按相反方向运转时,离心力将产生一定方向的激振力。由偏心质量产生的离心力为:

$$P = m\omega^2 r \tag{2-3}$$

式中　m——偏心块质量;

　　　ω——偏心块旋转角速度;

　　　r——偏心块旋转半径。

将任何瞬时产生的离心力分解成垂直与水平方向两个分力,分别为:

$$P_V = P\sin\alpha = m\omega^2 r\sin(\omega t) \tag{2-4}$$

$$P_H = P\cos\alpha = m\omega^2 r\cos(\omega t) \tag{2-5}$$

式中,P_V、P_H 是按简谐规律变化的。

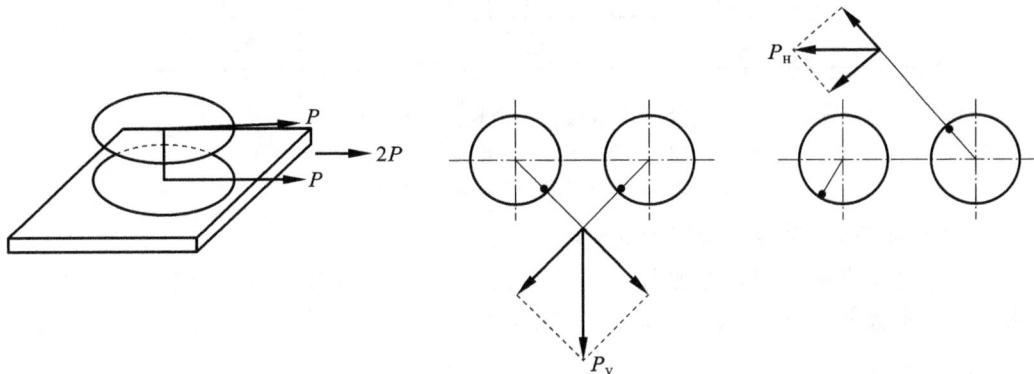

图 2-14　机械式激振器工作原理

使用时将激振器底座固定在试验结构物上,用底座把激振力传递给结构,使结构受到简谐变化的激振力作用。底座应有足够的刚度,以保证激振力的传递效率。

激振器产生的激振力等于各旋转质量离心力的合力。改变质量或调整偏心质量的转速,即改变角频率 ω,就可调整激振力的大小。

激振器由机械和电控两部分组成。机械部分由两个或多个偏心质量组成,小型激振器的偏心质量安装在圆形旋转轮上,调整偏心轮的位置就可产生垂直或水平的激振力。近年研制成功的大型同步激振器在机械构造上采用了双偏心水平旋转式方案,偏心质量安装于扁平的扇形框内,可使旋转质量更为集中,提高激振力,降低功率消耗。

普通机械式激振器的工作频率范围较窄,大致在 50~60 Hz 以下。因为激振力与转速的平方成正比,所以当工作频率很低时,激振力就很小。

为了改进一般激振器的稳定性和测速精度,提高激振力,在电气控制系统中采用了单相可控硅速度、电流双闭环反馈电路系统,对直流电动机实行无级调速控制。利用测速发电机进行速度反馈,通过调整角机产生角差信号,反馈到速度调节器与给定信号进行比较。这种系统可以保证两台或多台激振器不仅旋转速度相同,而且不同激振器之间的旋转角度亦按一定关系变化。图 2-15 所示为激振器电控原理方框图。

通过同步控制系统严格控制多机同步使用,不仅可以提高振动力,还可以扩大试验内容。如根据需要将起振机分别安装于结构物的特定位置上,可以激起结构的某些高阶振型,给研究结构高频特性带来方便。如使两台起振机反向同步激振,就可进行扭振试验。离心式起振机适用性强,可根据需要把它固定于试件上,直接激起试件振动,也可把它与活动台面联用而组成机械式振动台等。

(5) 直线位移惯性力加载法的作用方式

直线位移惯性力加载系统由闭环伺服控制,固定在结构上的双作用液压缸来回推动质量块作水平直线往复运动。运动着的质量产生的惯性力,通过液压缸及其固定于结构上的基础作用于结构的楼板,激起结构的振动,如图 2-16 所示。运动质量产生的惯性力能激起结构振动,通过改变指令信号的频率,即可调整工

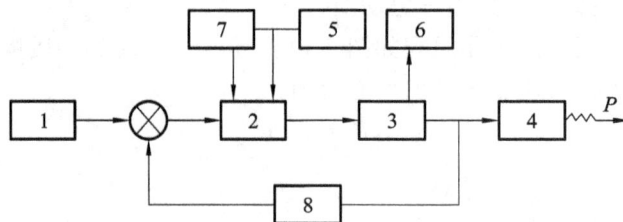

图 2-15 激振器电控原理方框图

1—操作指令;2—电控装置;3—直流电动机;4—激振器;5—电源;6—测速显示;7—电流反馈;8—速度反馈

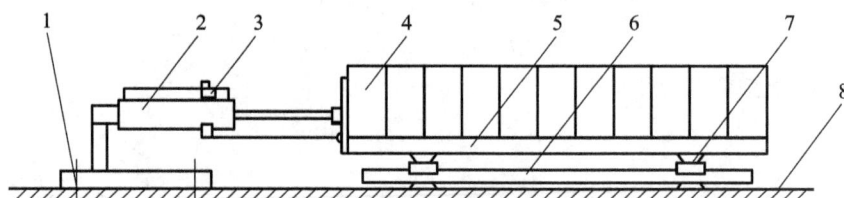

图 2-16 直线位移惯性力加载系统

1—固定螺栓;2—双向作用千斤顶;3—电流伺服阀;4—荷重;5—平台;
6—钢轨;7—低摩擦直线滚轮;8—结构楼板

作频率;改变荷重块的质量,即可改变激振力的大小。

这种加载方法适用于现场结构动力加载。在低频工作条件下,其各项性能指标较好,可产生较大的激振力。通常其工作频率较低,适用于 1 Hz 以下的激振环境。

2.1.2.2 电磁加载法

通电导体放在磁场中要受到与磁场方向相垂直的作用力。根据这一原理,在磁场(永久磁场或直流励磁磁场)中放入动圈,线圈中通入交变电流,固定于动圈上的杆件在电磁力作用下往复运动,就可向试验对象施加荷载;若在动圈中通入直流电,则可产生恒定荷载。目前常用的电磁加载设备有电磁式激振器和电磁振动台。

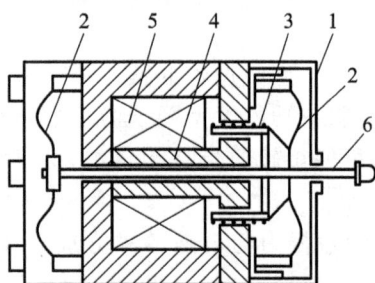

图 2-17 电磁式激振器的构造

1—外壳;2—支承弹簧;3—动圈;
4—铁芯;5—励磁线圈;6—顶杆

电磁式激振器由励磁系统(包括励磁线圈、铁芯、磁极)、动圈(工作线圈)、弹簧、顶杆等部件组成,图2-17所示为电磁式激振器结构图。顶杆固定在动圈上,线圈位于磁隙中,顶杆由弹簧支承处于平衡状态。工作时弹簧产生的预压力应稍大于电磁激振力,以使激振时不致产生顶杆撞击试件的现象。

电磁式激振器工作时,当在励磁线圈中通以稳定的直流电时,在磁极板间的空隙中形成强大的恒定磁场,将低频信号发生器输出的交流信号经功率放大器放大后输入工作线圈,工作线圈将按交变电流的变化规律在磁场中运动,带动顶杆推动试件振动。

根据电磁感应原理,产生的力为:

$$F = 0.102blI \times 10^{-4} \tag{2-6}$$

式中 b——磁场强度;

l——工作线圈导线的有效长度;

I——通过工作线圈的交变电流强度。

当通过工作线圈的交变电流以简谐振动规律变化时,通过顶杆作用于结构的激振力也按同样规律振动。在 b、l 不变的情况下,激振力 F 与电流强度 I 成正比。工作时,电磁式激振器安装于支座上,既可以作垂直激振,又可以作水平激振。

电磁式激振器的优点为:工作频率范围较宽,一般为 0~200 Hz,有些产品可达 1000 Hz,推力可达数千牛;质量轻,控制方便,能根据需要产生各种波形的激振力。其缺点是激振力不大,一般仅适用于小型结构及模型试验。

2.1.2.3　人激振动加载法

动力试验的加载方法中,一般需要比较复杂的设备。这一般在实验室内容易满足,但在现场试验时由于受条件的限制,往往需要有更简单的加载方法,既不需要复杂的设备,又能满足加载试验的需要。

试验人员利用身体在结构物上做有规律的运动,即使身体做与结构自振周期相近的往复运动,就能产生较大的激振力,有可能产生适合完成振动试验的物体振动幅值。采用人激振动加载法,对于自振频率比较低的大型结构来说,完全有可能被激振到足可进行量测的程度。

试验表明,一个体重约 70 kg 的人在做频率为 1 Hz、双振幅为 15 cm 的前后运动时,将产生大约 0.2 kN 的惯性力。在 1% 临界阻尼的情况下,共振时的动力放大系数约为 50,这意味着作用于建筑物上的有效作用力约为 10 kN。

利用这种方法曾在一座 15 层钢筋混凝土建筑物上获取了振动记录,并在开始几个周期的运动中就达到了最大值。操作人员停止运动,让结构作有阻尼自由振动,于是获得了结构的自振周期和阻尼系数。

2.1.2.4　环境随机振动激振法

在结构动力试验中,除了利用以上各种设备和方法进行激振加载以外,环境随机振动激振法近年来也获得了很大发展,被人们广泛应用。该方法特别适用于大型建筑物的振动试验。

环境随机振动激振法也称为脉动法。在自然环境中存在很多微弱的激振能量,如大气运动、河水流动、机械的振动、汽车行驶及人群的移动等,这些都使地面存在着复杂的激振力。这些激振能量使结构产生各种振动,这种振动很微弱,一般不为人们所注意。在采用高灵敏度的传感器测量并经过放大器放大后,就能清楚地观测和记录下这种振动信号。由于环境引起的振动是随机的,因而把这种激振方法称为环境随机振动激振法。环境随机振动激振产生的脉动信号含有丰富的结构振动信息。它所包含的频谱相当丰富,利用这种脉动现象可以测定和分析结构的动力特性,试验时既不需要任何激振设备,又不受结构形式和大小的限制。

使用环境随机振动激振法时应避免环境及系统中冲击信号的干扰。为了获得足够的试验数据,试验时需要较长的观测时间,测量结构振型和频率时连续观测和采样的时间不应少于 5 min,在测量阻尼时不应少于 30 min,并且在观测期间须保持环境激励信号的稳定性,使其没有大的波动。因此,试验多选择在夜间或凌晨进行,测量桥梁时则需要完全封闭交通。

随着现代计算机技术的发展及高灵敏度传感器和新型信号处理分析仪的应用,环境随机振动激振试验得到了迅速的发展和应用。目前,已经能够从记录到的结构脉动信号中识别出全部模态参数,这使环境随机振动激振法成为进行结构模态试验的一种不可或缺的方法。

2.1.3　荷载支承设备、试验台座

2.1.3.1　支座

结构试验中的支座是支承结构、正确传递作用力和模拟实际工作荷载形式的设备。支承设备通常由支座和支墩组成。

支墩由钢或钢筋混凝土制成,在现场也可用砖块临时砌筑。支墩上部应有足够大的平整支承面,最好在砌筑时铺以钢板。支墩本身的强度必须经过验算,支承底面面积要按地面实际承载力复核,以保证试验时不致发生沉陷或过度变形。

支座按受力性质的不同有嵌固端支座和铰支座之分。铰支座一般采用钢材制作,按自由度的不同可分为活动铰支座和固定铰支座两种形式,如图 2-18 所示。对铰支座的基本要求是:

① 必须保证结构在支座处能自由转动。

② 必须保证结构在支座处力的可靠传递。

在试件制作时,应在试件支承处预先埋设支承钢垫板,或者在试验时另加钢垫板。铰支座的长度不应小于试验结构构件在支承处的宽度,垫板宽度应与试验结构构件的设计支承长度一致,厚度不应小于垫板宽度的 1/6。支承垫板的长度 l 可按下式计算:

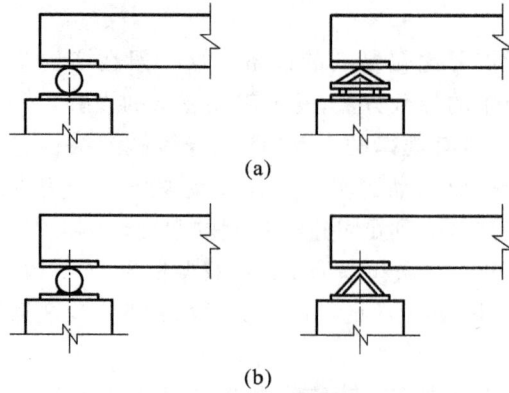

图 2-18 铰支座的形式和构造

(a) 活动铰支座;(b) 固定铰支座

$$l = \frac{R}{bf_c} \tag{2-7}$$

式中 R——支座反力,N;

  b——构件支座宽度,mm;

  f_c——试件材料的抗压强度设计值,N/mm²。

③ 在构件支座处,铰支座的上、下垫板应有一定刚度。其厚度 d 可按下式计算:

$$d = \sqrt{\frac{2f_c a^2}{f}} \tag{2-8}$$

式中 f——垫板钢材的强度设计值,N/mm²;

  a——滚轴中心至垫板边缘的距离,mm。

④ 滚轴的长度一般不得小于试件支承处的宽度。其直径可按表 2-1 取用,并按下式进行强度验算:

$$\sigma = 0.418 \sqrt{\frac{RE}{rb}} \tag{2-9}$$

式中 E——滚轴材料的弹性模量,N/mm²;

  r——滚轴半径,mm。

表 2-1   滚轴直径选用表

滚轴受力/(N/mm²)	<2.0	2.0~4.0	4.0~6.0
滚轴直径 d/mm	50	60~80	80~100

对于梁、桁架等平面结构使用的铰支座,应按结构变形情况由图 2-18 选用,由一种固定铰支座和一种活动铰支座组成。

板壳结构的支座应按实际支承情况利用各种铰支座组合而成。一般情况下,常采用四角支承或四边支承的方式(图 2-19)。使用中,除了活动铰支座和固定铰支座外,有时还需使用双向可动的球型铰支座。沿周边支承时,滚珠支座的间距不宜超过支座处结构高度的 3~5 倍。为了保持滚珠支座位置不变,可用 ϕ5 mm 的钢筋做成定位圈,焊接在滚珠下的垫板上。滚珠直径至少为 30~50 mm。为了保证板壳全部的支承面在一个平面内,防止某些支承处脱空而影响试验结果,应将各支承点设计成可作上下微调的支座,以便调整高度,保证与试件严密接触,均匀受力。

对柱或墙板进行试验时,为了获得试验时的纵向弯曲系数,构件两端均应采用铰支座。进行柱试验时,选用的铰支座分为单向铰支座和双向铰支座两种(图 2-20)。双向刀型铰支座适用于在两个方向发生屈曲的试验场合,如薄壁弯曲型钢压杆纵向压屈试验时应采用这类支座形式。对柱或墙板进行偏心受压试验时,可以通过调节螺丝调整刀口与试件几何中心线间的距离,以满足不同偏心距的要求。

轴心受压和偏心受压试验时,结构构件两端应分别设置刀型铰支座,其刀口的长度不应小于试验结构的截面宽度。安装时上下刀口应在同一平面内,刀口的中心线应垂直于试验结构发生纵向弯曲的所在平

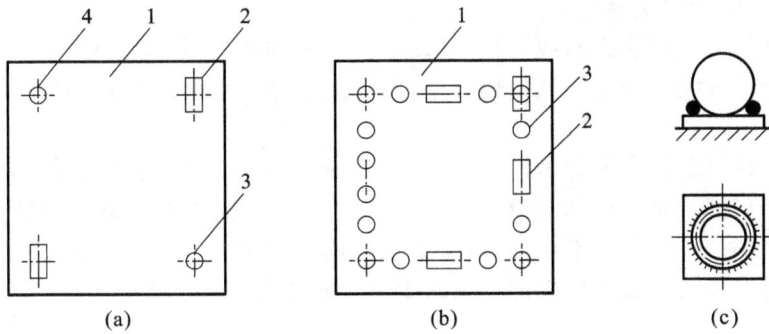

图 2-19　板壳结构支座布置方式

（a）四角支承板支座的设置；（b）四边支承板支座的设置；（c）滚珠支座

1—试件；2—铰支座；3—钢球铰；4—固定球铰

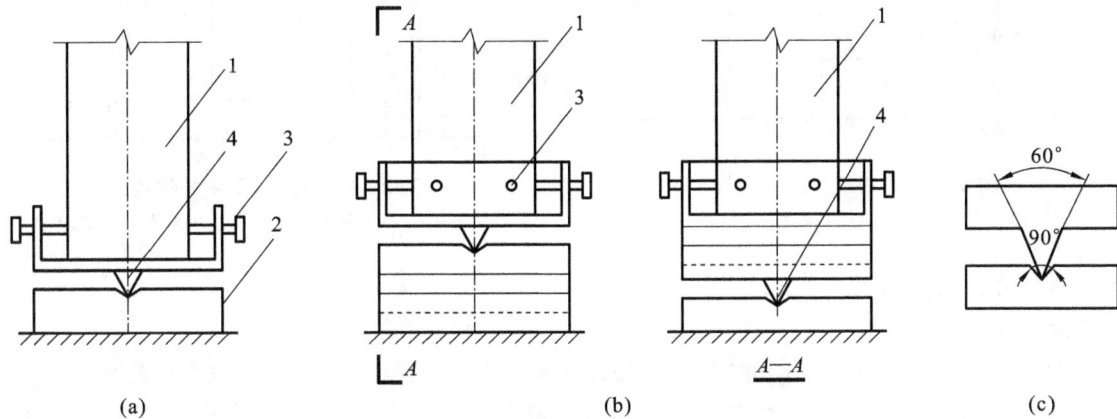

图 2-20　柱和墙板试验时的铰支座

（a）单向铰支座；（b）双向铰支座；（c）刀口尺寸

1—试件；2—铰支座；3—调整螺钉；4—刀口

面,并应与试验机或荷载架的中心线重合,刀口中心线与试验结构截面形心间的距离为加载偏心距。在压力试验机上做短柱轴心受压强度试验时,如果试验机上、下压板中的一个已设有球铰,则短柱两端可不再设置刀型铰支座;对于双向偏心受压试验,结构构件两端应分别设置球型支座或双层正交刀型铰支座,且球铰中心应与加载点重合,两层刀口的交点应落在加载点上。

悬臂梁的嵌固端支座可按图 2-21 所示方式设置,上支座中心线和下支座中心线至梁端的距离应分别为设计嵌固长度 c 的 1/6 和 5/6,拉杆应有足够的强度和刚度。

结构试验用的支座是结构试验装置中模拟结构受力和边界条件的重要组成部分。不同的结构形式、不同的试验要求,就要求有不同形式与构造的支座与之相适应。这也是在结构试验设计中需要着重考虑和研究的一个重要问题。

2.1.3.2　荷载支承机构

进行结构试验加载时,液压加载器(即千斤顶)的活塞只有在其行程受到约束时才会对试件产生推力;利用杠杆加载时,也必须有支承点承受拉力。因此,在试验加载时,除了前述各种加载设备外,还必须要有一套荷载支承设备,才能满足试验加载要求。

实验室内的荷载支承设备是由横梁、立柱组成的反力架和试验台座组成的,也可利用适用于小型构件的抗弯大梁或空间桁架式台座。现场试验时则使用平衡重物、锚固桩头或专门为试验浇注的钢筋混凝土地梁等装置平衡对试件所加的荷载。有时也利用约束框架对成对的构件进行卧位或正、反位加荷试验。

荷载支承机构主要由立柱和横梁组成,如图 2-22 所示,可以用型钢制成。其特点是制作简单,取材方便,可按钢结构的柱与横梁设计组合成门式支架。横梁与柱间采用精制螺栓或销栓连接。这类支承机构的强度和刚度都较大,能满足大型结构构件试验的要求,支架的高度和承载能力可按试验需要设计,横梁高度可调,是实验室内最常用的荷载支承设备。

另一种支承设备是用大截面圆钢制成立柱,配以型钢制成的横梁,圆钢立柱两端车有螺纹,用螺母固定横梁并与台座连接固定。此类荷载支承机构较轻便,但刚度较小,使用不当容易产生弯曲变形,且立柱螺纹容易损坏。

荷载支承机构需要在试验台座上移位时,可配置电力驱动机构,以试验台的槽道为导轨驱动门式支架前后移动;横梁也可调节升降,将液压加载器连接在横梁上。这样构成的荷载支承机构就成为了一台移动式的结构试验机。试件在台座上安装就位后,荷载支承机构可按试件需要调整位置,再用地脚螺丝固定,即可进行试验加载。使用这种荷载支承机构能大大减少试验安装与调整的工作量。

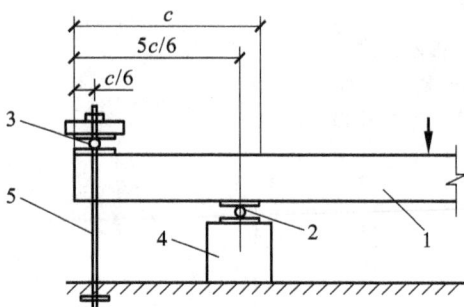

图 2-21　嵌固端支座的设置
1—试件;2—下铰支座;3—上铰支座;4—支墩;5—拉杆

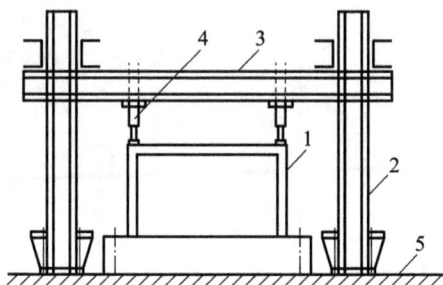

图 2-22　荷载支承机构结构图
1—试件;2—立柱;3—横梁;4—加载器;5—试验台

2.1.3.3　结构试验台座

（1）试验台座

实验室内的试验台座是永久性的固定设备,用以平衡施加在试验结构上的荷载所产生的反力。试验台的台面可与实验室地坪标高一致,这样可以充分利用实验室的地坪面积,使室内水平运输、搬运试件比较方便;其缺点是试验活动易受干扰。试验台的台面也可以高出地坪面成为独立的体系,此时试验区的划分比较明确,不易受周边活动及试件搬运的影响。

试验台的长度和宽度为十几米到几十米,台座的承载能力一般为 $200 \sim 1000 \text{ kN/m}^2$。台座的刚度极大,受力后变形极小,允许在台面上同时进行多个结构试验,而不需考虑相互间的影响。

试验台座除具有平衡加载时产生反力的作用外,也能用以固定横向支架,保证构件的侧向稳定,还可以通过水平反力支架对试件施加水平荷载。由于试验台座自身刚度很大,因此能消除试件试验时支座沉降变形的影响。

试验台座设计时,在其纵向和横向均应按各种试验组合可能产生的最不利受力情况进行验算与配筋,以保证它有足够的强度和整体刚度。用于动力试验的试验台座还应具有足够的质量和耐疲劳强度,以防止引起共振和疲劳破坏,尤其要注意局部预埋件和焊缝的疲劳破坏。如果实验室内同时拥有静力试验台座和动力试验台座,则必须要对动力试验台座采取隔振措施,以避免在试验时引起相互干扰。

目前,国内外常见的试验台座按结构构造的不同,可以分为板式试验台座和箱式试验台座。

① 板式试验台座。

板式试验台座为整体的钢筋混凝土或预应力钢筋混凝土厚板,利用结构的自重和刚度平衡结构试验时施加的荷载。按荷载支承装置、台座连接固定方式和构造形式的不同,其可分为槽式和地脚螺栓式两种形式。

a. 槽式试验台座。

槽式试验台座是目前国内用得较多的一种比较典型的静力试验台座。其构造特点是沿台座纵向布置有几条槽轨,该槽轨是用型钢制成的纵向框架式结构,埋置在台座的混凝土内（图 2-23）。槽轨用于锚固加载支架,平衡结构物上的荷载所产生的反力。如果加载支架立柱用圆钢制成,可直接用螺母固定于槽内;如加载支架立柱由型钢制成,则在其底部设计成钢结构柱脚的形式,用地脚螺丝固定在槽内。试验加载时,立柱受拉力,槽轨应该和台座的混凝土有牢固的连接,以防被拔出。这种台座的特点是加载点的位置可沿试验台座的纵向随意调整,不受限制,容易满足试验结构加载位置的需要。

b. 地脚螺栓式试验台座。

地脚螺栓式试验台座的特点是:台面上每隔一定间距设置一个地脚螺栓,螺栓下端锚固在台座内,顶端镶嵌在台座表面特制的圆形孔穴内(略低于台座表面标高),使用时利用套筒螺母与加载架的立柱相连接,不用时可用圆形盖板将孔穴盖住,以保护螺栓端部并防止脏物落入孔穴。其缺点是螺栓受损后修理困难。因为螺栓和孔穴位置已经固定,所以试件安装的位置受到限制,没有槽式试验台座灵活方便。此类试验台座通常设计成预应力钢筋混凝土结构,可以节省材料。

图 2-23　槽式试验台座

1—槽轨;2—型钢骨架;
3—高强度混凝土;4—混凝土

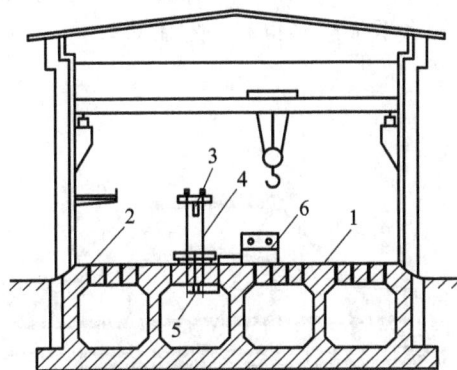

图 2-24 所示为地脚螺栓式试验台座示意图。此类试验台座不仅适用于静力试验,而且可以安装疲劳试验机进行结构构件的动力疲劳试验。

② 箱式试验台座(孔式试验台座)。

图 2-25 所示为箱式试验台座示意图。这种试验台座的规模较大,由于台座本身构成箱形结构,因此比其他形式的台座具有更大的刚度。在箱形结构的顶板上,沿纵、横两个方向按一定间距留有竖向贯穿的孔洞,便于沿孔洞连线的任意位置固定试件,即先将槽轨固定在相邻两孔洞之间,然后将立柱或拉杆按需要加载的位置固定在槽轨中。试验时也可将立柱或拉杆直接安装于孔内,故也称之为孔式试验台座。试验时测量工作和试验加载工作可在台座上进行,也可在箱形结构内部完成。由于台座结构下部构成实验室的地下室,故其也可供进行长期荷载试验或特殊试验使用。大型箱式试验台座可同时兼作实验室建筑的基础。

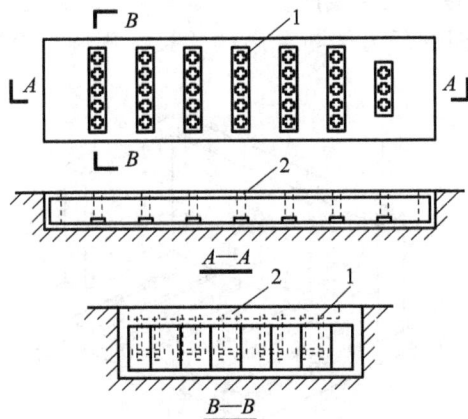

图 2-24　地脚螺栓式试验台座示意图

1—地脚螺栓;2—台座地楼

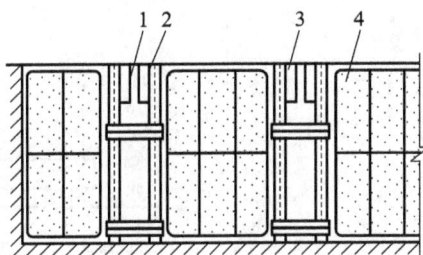

图 2-25　箱式试验台座示意图

1—箱形台座;2—顶板上的孔洞;3—试件;
4—荷载架;5—液压加载器;6—液压操作台

（2）抗弯大梁式台座和空间桁架式台座

在进行现场试验或在缺少大型试验台座的小型试验室内试验时,可以采用抗弯大梁式或空间桁架式台座来满足中小型构件试验或混凝土制品检验的要求。

抗弯大梁式台座是一刚度极大的钢梁或钢筋混凝土大梁,其构造如图 2-26 所示。当用液压加载器加载时,所产生的反作用力通过门式加荷架传至大梁,试验结构的支座反力也由台座大梁承受,使之保持平衡。台座的荷载支承及传力机构可用上述由型钢或圆钢制成的加荷架。

抗弯大梁式台座由于受大梁本身抗弯能力与刚度的限制,一般只能用于跨度在 7 m 以下、宽度在 1.2 m 以下板和梁的试验。

空间桁架式台座一般用于试验中等跨度的桁架及屋面大梁,如图 2-27 所示。通过液压加载器及分配梁对试件进行集中力加载,液压加载器的反作用力由空间桁架自身进行平衡。

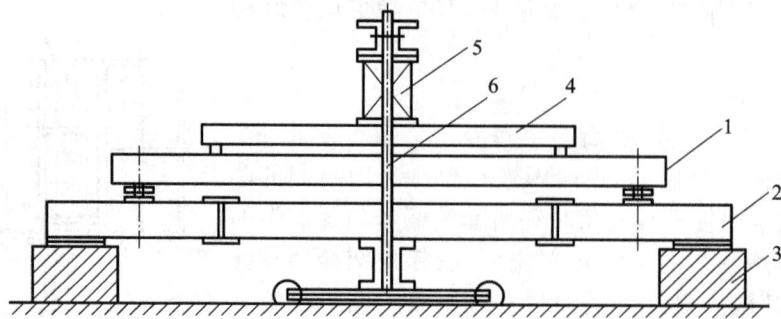

图 2-26　抗弯大梁式台座的荷载试验装置
1—试件;2—抗弯大梁;3—支座;4—分配梁;5—液压加载器;6—加荷架

（3）水平反力墙

在结构试验研究中,除了需要对构件施加垂直荷载外,有时还需要施加水平方向的荷载。如在结构抗震试验研究时,需要进行结构抗震的静载和动载试验。为此,常利用电液伺服加载系统对结构或模型施加模拟地震作用的低周反复水平荷载,这就要求有水平反力设施平衡所施加的作用力。因此,常在台座的端部建有刚度极大的抗侧力结构,称为水平反力墙,用以承受和抵抗在结构试验中水平荷载所产生的反作用力。由于刚度要求较高,故水平反力墙结构一般建成钢筋混凝土或预应力钢筋混凝土实体墙,有时为了增大结构刚度而采用箱形结构。在墙体的纵、横方向按一定距离间隔布置锚孔,以便试验时在不同位置上固定水平加载的液压加载器。抗侧力水平反力墙结构与水平台座连成整体,以提高墙体抵抗弯矩和底部剪力的能力。水平反力墙可以做成L形单向或双向两种,如图 2-28 所示。L形双向抗侧力水平反力墙与垂直反力架可形成三向加载试验条件。抗侧力装置也可采用钢制反力架,利用地脚螺栓将其与水平台座连接锚固。这种装置的特点是:钢制反力架可随意拆卸,可根据需要移动位置或改变高度(将两个钢制反力架竖向叠接)。其缺点是用钢量较大,而且承载力受到限制。此外,钢制反力架与台座的连接锚固麻烦,同时在任意位置安装水平加载器也有一定困难。

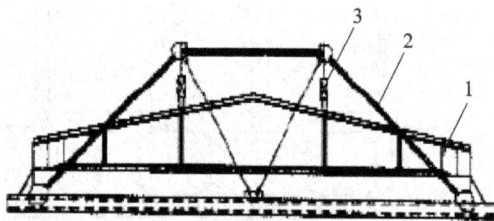

图 2-27　空间桁架式台座
1—试件;2—空间桁架式台座;3—液压加载器

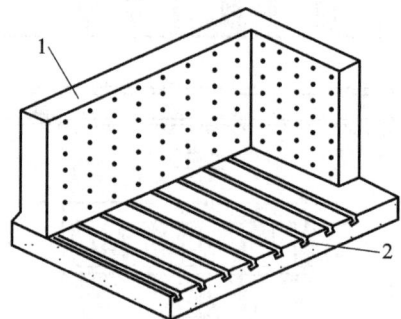

图 2-28　抗侧力水平反力墙
1—反力墙;2—槽式台座

2.1.3.4　现场试验的荷载装置

受施工运输条件的限制,对于一些跨度较大的屋架、自重较大的吊车梁、预制桥面板等大型构件,经常需要在施工现场解决试验问题。这就必须考虑采用适用于现场试验的荷载装置。实践表明,现场试验荷载装置使用时的主要困难是液压加载器加载时所产生的反力平衡问题,也就是需要解决能够代替静载试验台座的荷载平衡装置问题。

在工地现场广泛采用平衡重式加载装置。其工作原理与前述抗弯大梁或试验台座相同,即利用平衡重物承受并平衡液压加载器所产生的反力(图 2-29)。加载架安装时必须有预设的地脚螺栓与之连接。为此,在试验现场必须开挖地槽,在预制的地脚螺栓下埋设横梁,也可用钢轨或型钢作为横梁,然后在上面堆放块石、钢锭或铸铁等重物,重物的质量必须经过计算。地脚螺栓应露出地面,以便与加载架相连接,连接方式可采用螺母或正反扣的花篮螺栓,甚至可采用直接焊接的方式。

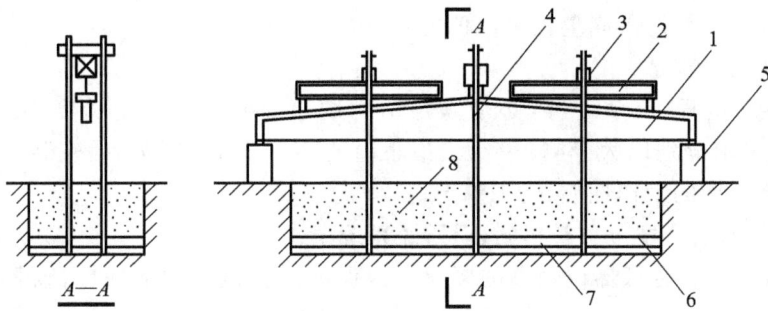

图 2-29 现场试验用平衡重式加载装置

1—试件；2—分配梁；3—液压加载器；4—加载架；5—支座；6—铺板；7—纵梁；8—平衡重物

平衡重式加载装置的缺点是要耗费较大的劳动量。目前,有的单位采用打桩或爆扩桩的方法作为地锚,也有的利用厂房基础下的原有桩头做锚固,在两个或几个基础间沿桩的轴线浇捣一钢筋混凝土大梁,作为抗弯平衡装置,在试验结束后大梁则可替代原设计的地梁使用。

2.2 试验测量仪器 >>>

试验数据是反映结构性能变化的重要指标,只有取得了可靠的数据和结构变化特征,才能对结构性能得出正确的结论。因此,结构试验不仅要观察结构的变化特征,还要取得可靠的试验数据。要取得可靠的试验数据,就必须了解各种测量仪器,并正确使用它们。

随着科学技术的不断进步,新的测量仪器不断涌现,测量仪器朝着大数据量、快速、自动采集方向迈进。不管测量仪器如何发展,测量系统一般由感受、放大和显示三个基本部分组成。

感受部分的敏感元件把从测点处感受到的微小信号传给放大部分,有时还需要经过变换后再传给放大部分,信号经放大部分放大后送至显示或记录部分。

选用测量仪器时应注意测量仪器的技术指标。测量仪器的技术指标主要有:

（1）量程 S

量程是指仪器的测量上限值(最大值)与下限值(最小值)的代数差,即测量范围。通常,电测仪器的上限值与下限值附近测量误差较大,不宜在该区段内使用。

（2）刻度值 A

刻度值又称最小分度值,是指仪器显示器上最小刻度所代表的测量值。刻度值的倒数为该仪器的放大率。试验时根据被测参数所需的分位数选用适当的仪器。

（3）灵敏度 K

灵敏度是指被测参数(输入量)的单位增量引起仪器读数(输出量)的增量,即输出增量与输入增量之比。

（4）精确度

精确度简称精度,它是精密度和准确度的统称。精密度是指多次测量所得数据的重复程度,重复性好即精密度高。准确度是指测量值与实际值的接近程度,越接近则准确度越高。仪器精度用仪器测量误差的相对值表示:

$$精度 = \frac{\Delta_{max}}{S} \times 100\% \tag{2-10}$$

式中　Δ_{max}——仪器允许的最大绝对误差;

　　　S——仪器量程。

（5）滞后

在恒定的测量环境下,仪器在整个量程范围内,从起始值到最大值再回到起始值,在这正、反两个行程中输出值之间的最大偏差或该值占满量程输出值的百分比称为滞后。

试验测量仪器的使用要求是：

① 仪器性能如精度、量程、灵敏度等，必须满足结构试验的要求。对于精度，要求误差不超过测值的 ±1%；量程上、下限值要求分别以大于测值最大、最小值的 25%～100% 为宜；安装在结构上的仪器应质量轻、体积小，不影响被测结构的工作性能、受力情况。

② 测量同一物理量的仪器型号尽量相同，以避免系统误差。

③ 仪器存放、安装必须符合仪器说明书的要求。为保证试验数据的准确性，仪器应按说明书的要求定期标定。

静载试验的测量项目不外乎有结构上的作用（如荷载及支座反力等）及结构作用效应（如应变、位移、曲率、裂缝等）。静载试验的测量仪器种类繁多，原理各异，按静载试验测量项目其分为应变、力、位移、曲率、裂缝等测量仪器。试验要用哪些仪器要根据试验目的和测量项目来定。

2.2.1 变形测量仪器

（1）位移测量仪器

位移反映了结构的整体刚度和工作性能，与应力、应变一样，是进行结构计算和结构性能评定的重要数据。常用的位移测量仪器有各类位移传感器（位移计）及其他一些测量仪器及装置。

① 各类位移传感器（位移计）。

常用的位移传感器有机械式百分表（千分表）、电阻应变位移传感器、滑阻式位移传感器和差动式位移传感器等，如图 2-30 所示。这类仪器精度高，可达 0.01 mm 或 0.001 mm。虽然构造不同，但其原理都是通过机械或电子手段将测杆感受到的位移放大并显示出来。

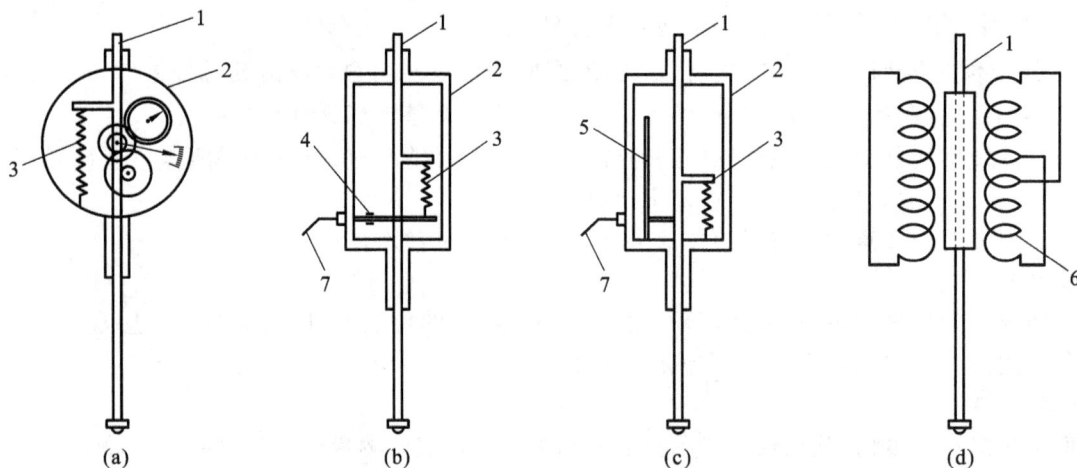

图 2-30 几种常用位移传感器的构造

（a）机械式百分表（千分表）；（b）电阻应变位移传感器；（c）滑阻式位移传感器；（d）差动式位移传感器
1—测杆；2—外壳；3—弹簧；4—电阻应变计；5—电阻丝；6—线圈；7—电缆

② 其他位移测量仪器及装置。

对于大型结构构件（如桥梁等），当位移较大、测量精度要求不高时，可用挠度计（图 2-31）、连通管（图 2-32）进行测量，也可用水准仪、经纬仪及直尺进行测量。其精度不如上述各类位移传感器，一般为 0.1～1 mm。连通管是一种简单装置，向连通管内注水，则各竖向管的水位在一个平面内，试件变形后水位仍在一个平面内，可利用试件变形前后水位在标尺上的读数变化求得试件挠度。

除应变和位移外，结构试验中，转角、曲率等有时也需要进行测量。图 2-33 中给出了倾角、曲率、扭角、剪应变等的测量仪器。

（2）其他变形测量仪器

掌握了基本方法后，还可以自行设计其他各类变形测量装置。

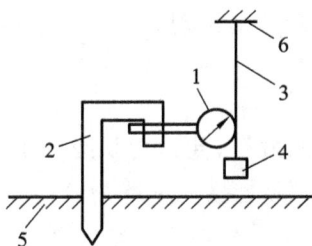

图 2-31　挠度计测量装置图

1—挠度计；2—挠度计支架；3—钢丝；4—重锤；5—地面；6—试件

图 2-32　连通管测量装置

1—连通管；2—标尺；3—试件

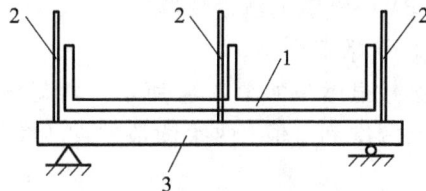

(a)　　　　　　　　　(b)　　　　　　　　　(c)

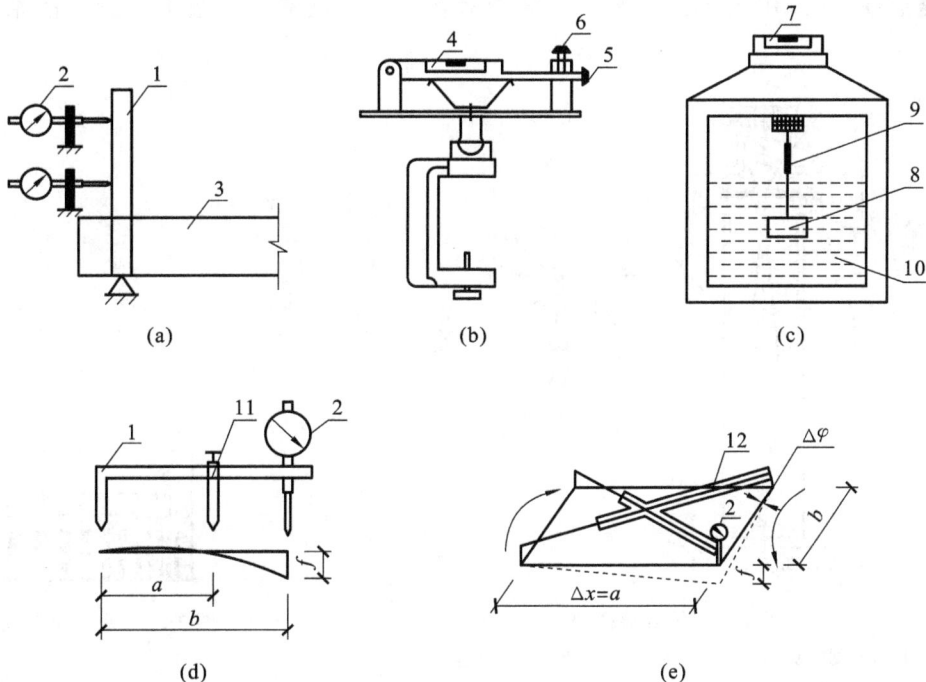

(d)　　　　　　　　　　　　　(e)

图 2-33　几种变形测量仪器

(a) 杠杆测角器；(b) 水准式倾角仪；(c) 电阻应变式倾角仪；(d) 曲率计；(e) 扭角计

1—杠杆；2—千(百)分表；3—试件；4—水准管；5—刻度盘；6—微调螺钉；

7—水准泡；8—重锤；9—电阻应变计；10—阻尼液体；11—滑动块；12—刚性支架

2.2.2　裂缝测量仪表

在结构(尤其是混凝土结构)静载试验、检测中观察裂缝的发生和发展,对于确定开裂荷载、研究结构抗裂性能和破坏过程有着重要的作用。

(1) 裂缝观察方法

① 贴应变计。

将应变计贴在混凝土试件受拉区,可以观测到裂缝的出现和开裂应变的大小。当应变计反映的应变值突然急剧变化或失效时,说明出现了裂缝。为避免裂缝位置绕过应变计,可采用连续贴应变计的方式。对于其他材料,有一种裂纹应变计专用于裂缝扩展观察,其各栅条有一端互不相连,每个栅条两端分别接在仪器上,根据各栅条阻值的变化情况判断裂缝扩展情况。

② 白石灰水涂层。

试验前在试件上涂白石灰水,干燥后试件表面呈白色并画上坐标格,便于用放大镜观测裂缝的出现及其位置、走向和宽度。

③ 导电漆膜。

在混凝土试件受拉区表面涂上一种专用导电漆膜,干燥后两端接入电路。当混凝土裂缝宽度达到

0.001~0.005 mm 时,导电漆膜会出现火花直至被烧断,以此判断裂缝出现。

(2) 裂缝宽度测量仪器

① 读数显微镜。

读数显微镜如图 2-34 所示。微调鼓轮上标有刻度,旋动微调鼓轮,使镜内长线分别处于裂缝两侧边缘并读出两次刻度值。两次读数差即为裂缝宽度。读数显微镜的测量精度一般为 0.01 mm,量程可达 3~8 mm。

② 裂缝宽度读数卡。

裂缝宽度读数卡如图 2-35 所示。硬质纸片上印有许多宽度不同的线条,其宽度为标准宽度,将标准宽度线条与裂缝放在一起,用放大镜比照以测量裂缝宽度。裂缝宽度读数卡测量法的精度较读数显微镜低。

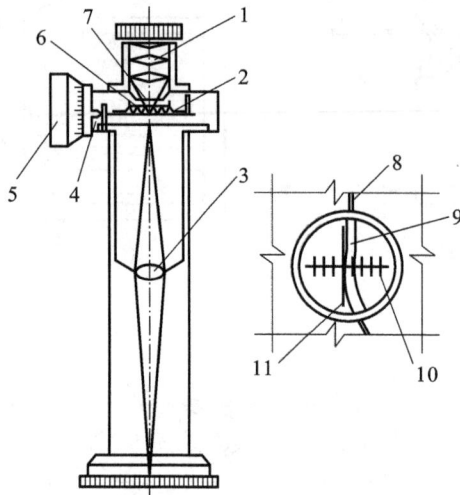

图 2-34 读数显微镜

1—目镜;2—划分板弹簧;3—物镜;4—微调螺丝;5—微调鼓轮;

6—可动下划分板;7—上划分板;8—裂缝;9—放大后的裂缝;

10—上、下划分板刻度线;11—下划分板刻度长线

图 2-35 裂缝宽度读数卡

2.2.3 力测量仪表

静载试验需要测定的力主要是荷载和支座反力,此外还有钢丝的张力、风压、油压、土压力等。其测量仪器也有机械式和电测两种,其品种、规格繁多,图 2-36 所示为一些例子。其是利用弹性元件的弹性变形或应变与其所受外力构成一定的比例关系而制成的测力装置。机械式测力计利用千分表等测量弹性元件的变形,电测传感器需要用二次电测仪器(如电子秤、电阻应变仪等)测量弹性元件的应变,由标定关系得到力值。

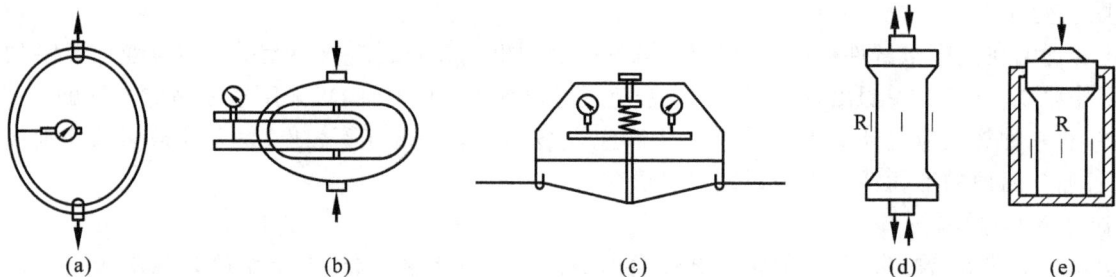

图 2-36 几种测力计及传感器

(a) 拉力环;(b) 压力环;(c) 钢丝张力测力计;(d) 拉压力传感器;(e) 压力传感器

2.3　应变测试技术　>>>

应力量测是结构试验中的重要量测内容。结构在外力作用下,内部会产生应力。了解构件的应力分布情况,尤其是结构危险截面处的应力分布情况及最大应力值,是评定结构工作状态的重要指标,也是建立强度计算理论或验证设计是否合理、计算方法是否正确等的重要依据。目前,直接测定构件截面的应力还没有较好的方法,一般的方法是先测定应变,然后通过材料已知的应力-应变关系曲线或方程换算为应力值。因此,结构试验中的应变测量是关键的测试内容。

应变测试方法分为机测和电测两种。机测方法的原理是利用机械式仪表测量试验结构上两点之间的相对线位移,然后转换为应变值。实际上,利用位移传感器测量两点之间的位移均可将其转换为应变。图 2-37 和图 2-38 分别为双杠杆应变仪和手持式应变仪的基本原理。

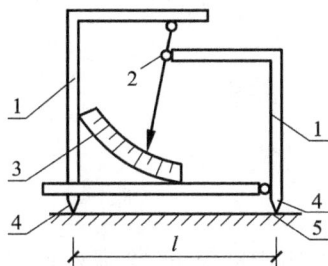

图 2-37　双杠杆应变仪
1—杠杆;2—指针杠杆;3—刻度盘;4—插脚;5—试件

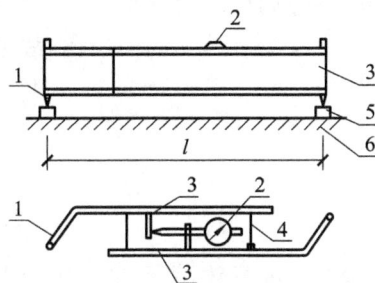

图 2-38　手持式应变仪
1—插脚;2—千分表;3—刚性骨架;4—薄钢片;5—脚座;6—试件

在结构试验中,采用机测方法的优点是试验操作简单,数据可靠,不受电磁等因素干扰,但机测方法受到如下限制:

① 机测方法要求测点之间有一定的距离,只能测得测点之间的平均应变,一般不适合应变变化较大区域内的应变测量。

② 机测方法不能自动记录数据,数据测读的时间较长,应变测试部位较多时,测点布置常出现困难。

③ 在受到温度影响时,机测方法的温度补偿方案不太容易实现。

电测法不仅具有精度高、灵敏度高、可远距离量测和多点量测、采集数据快速、自动化程度高等优点,而且便于将量测数据信号和计算机或微处理机连接,为采用计算机控制和用计算机分析处理试验数据创造了有利条件。

应变测试的电测方法有很多种。例如,利用振动弦测量原理的振动弦式应变传感器、利用光干涉现象的光纤式应变传感器,可安装在结构表面或埋置在混凝土内测量应变;采用碳纤维束作为预应力筋时,可以利用碳纤维导电率的变化测量碳纤维的应变变化。最常用的应变电测方法是电阻应变片方法,很多不同类型的传感器利用了电阻应变测试技术。本节主要讨论电阻应变测试方法。

2.3.1　电阻应变片的工作原理

电阻应变片的工作原理是利用金属导体的电阻应变效应,即金属丝的电阻值随其机械变形而变化的物理特性。利用电阻应变效应时,将导体制成电阻应变片并粘贴于被测结构或材料的表面,被测结构或材料受到外界作用产生的变形传递至电阻应变片后,使电阻应变片的电阻值发生变化。通过测量应变片电阻值的变化情况,就可得到被测结构或材料的应变变化情况。

电阻应变片简称为应变片。应变片种类繁多,形式各异,但基本原理相同。图 2-39 中给出了丝绕式应变片的基本构造。它以直径约为 0.025 mm 的合金电阻丝绕成的形如栅栏的敏感栅为核心元件,基底和覆

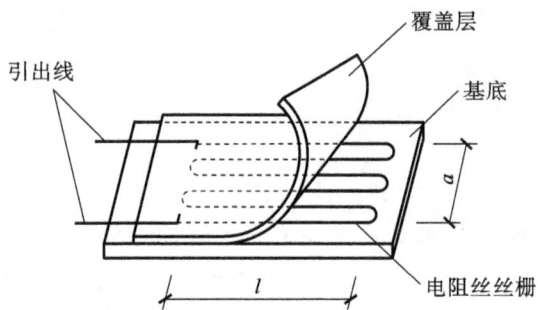

图 2-39   电阻应变计(片)构造示意图

盖层主要起连接、绝缘和保护作用,引出线用于与外接导线相连。

根据金属材料的物理性质,金属丝的电阻 $R(\Omega)$ 与其长度 $l(\mathrm{m})$ 和截面面积 $A(\mathrm{m}^2)$ 的关系为:

$$R=\rho\frac{l}{A} \tag{2-11}$$

式中,ρ 为金属材料的电阻率 $(\Omega\cdot\mathrm{m})$。当金属丝受到拉伸时,其长度增大,截面面积减小,电阻值加大;而受压时正好相反。电阻值的变化可通过全微分式表示为:

$$\mathrm{d}R=\frac{\partial R}{\partial l}\mathrm{d}l+\frac{\partial R}{\partial A}\mathrm{d}A+\frac{\partial R}{\partial\rho}\mathrm{d}\rho=\frac{\rho}{A}\mathrm{d}l-\frac{\rho l}{A^2}\mathrm{d}A+\frac{l}{A}\mathrm{d}\rho$$

上式两端同除以 R,并利用式(2-11),整理后得到:

$$\frac{\mathrm{d}R}{R}=\frac{\mathrm{d}l}{l}-\frac{\mathrm{d}A}{A}+\frac{\mathrm{d}\rho}{\rho} \tag{2-12}$$

式中,$\mathrm{d}l/l=\varepsilon$,为金属丝长度的变化,与应变的定义完全相符;假设金属丝截面形状为圆形,可得截面面积变化 $\mathrm{d}A/A=-2\nu\varepsilon$,$\nu$ 为金属丝的泊松比,故上式可重写为:

$$\frac{\mathrm{d}R}{R}=(1+2\nu)\varepsilon+\frac{\mathrm{d}\rho}{\rho}=K\varepsilon \tag{2-13}$$

式中

$$K=1+2\nu+\frac{\mathrm{d}\rho/\rho}{\varepsilon}$$

K 称为金属丝的灵敏系数,表示单位应变引起的相对电阻变化。由上式可知,金属丝的灵敏系数 K 应与其电阻率的变化和应变大小有关,但试验测定结果表明,在弹性范围内,电阻应变片的灵敏系数为一常数。因此,式(2-13)构成了利用金属电阻丝的电阻变化测量应变变化的物理学基础。一般而言,K 值越大,表示单位应变变化引起的电阻变化越大,也就是金属丝对其长度的变化越灵敏。

2.3.2   电阻应变仪的测量原理

按照式(2-13),当金属丝的长度发生变化时,其电阻值也发生变化。只要我们能够准确地测量电阻值及其变化,就可以通过式(2-13)转换得到应变变化值。在结构试验中,测试对象的应变可能很小,相应的电阻变化也很小,因此需要使用专门的测试装置来检测微小电阻的变化。

电阻应变仪的测量原理是通过惠斯登电桥将微小电阻的变化转换为电压或电流的变化。惠斯登电桥由四个电阻 R_1、R_2、R_3、R_4 组成,如图 2-40 所示。

四个电阻构成电桥的四个桥臂。根据电工学原理,电桥 B、D 端的输出电压 U_{out} 与电桥 A、C 端的输入电压 U_{in} 间的关系为:

$$U_{\mathrm{out}}=U_{\mathrm{in}}\frac{R_1R_3-R_2R_4}{(R_1+R_3)(R_2+R_4)} \tag{2-14}$$

若四个桥臂的电阻值满足:

$$\frac{R_1}{R_2}=\frac{R_4}{R_3} \tag{2-15}$$

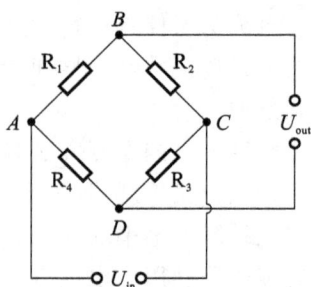

图 2-40   惠斯登电桥

则电桥的输出电压 U_{out} 为 0。这种状态称为平衡状态。假设初始状态为平衡状态,如果桥臂电阻产生变化 ΔR,则输出电压也将发生相应变化 ΔU_{out}:

$$\Delta U_{\mathrm{out}}=U_{\mathrm{in}}\left[\frac{R_1R_2}{(R_1+R_2)^2}\left(\frac{\mathrm{d}R_1}{R_1}-\frac{\mathrm{d}R_2}{R_2}\right)+\frac{R_3R_4}{(R_3+R_4)^2}\left(\frac{\mathrm{d}R_3}{R_3}-\frac{\mathrm{d}R_4}{R_4}\right)\right] \tag{2-16}$$

对于等臂电桥,即 $R_1=R_2=R_3=R_4$,根据式(2-13)将上式简化为:

$$\Delta U_{\mathrm{out}}=\frac{U_{\mathrm{in}}}{4}K(\varepsilon_1-\varepsilon_2+\varepsilon_3-\varepsilon_4) \tag{2-17}$$

通过放大电路将输出电压 ΔU_{out} 放大,就可得到由应变转换的电压值。

在式(2-16)中,如果只用一个电阻应变片(R_1)测量应变,桥臂上的其他三个电阻不因试验对象应变的变化而改变,则称为1/4桥应变测量,其他三个电阻为安装在电阻应变仪内的标准电阻。

对图2-41所示的钢梁弯曲试验,可在钢梁的上、下表面各安装一个电阻应变片,接入桥路作为 R_1 和 R_2,因钢梁上、下表面的应变大小相同、符号相反,由式(2-17)可知,当其他两个桥臂为不受应变变化影响的标准电阻时,输出电压的变化值为:

$$\Delta U_{out} = \frac{U_{in}}{2} K \varepsilon_1 \tag{2-18}$$

这样使得测量的应变信号放大了一倍。这种方式称为半桥应变测量。

对于单向应力状态,如单向拉伸或单向压缩,在已知材料泊松比的情况下,可采用T形电阻应变片安装方式,如图2-42所示。根据横向应变的特点,由式(2-17),可得:

$$\Delta U_{out} = \frac{U_{in}}{4} K \varepsilon_1 (1+\nu) \tag{2-19}$$

式中,ν 为被测试结构材料的泊松比。这也是一种半桥应变测量方式。

如果在图2-41所示的钢悬臂梁上、下表面各安装两个电阻应变片,上表面的两个电阻应变片接入桥路作为 R_1 和 R_4,下表面的两个电阻应变片接入桥路作为 R_2 和 R_3,形成所谓的全桥应变测量,则这时有:

$$\Delta U_{out} = U_{in} K \varepsilon_1 \tag{2-20}$$

其输出电压是1/4桥应变测量的4倍。

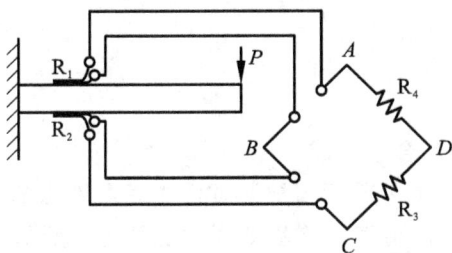

图2-41 钢梁弯曲试验的应变测量方案　　图2-42 采用T形电阻应变片安装方式

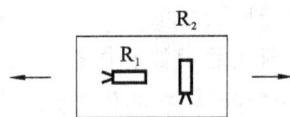

2.3.3 电阻应变测试中的温度补偿

粘贴在试件测点上的应变片所反映的应变值,除了试件受力产生的变形外,通常还包含试件与应变片受温度影响而产生的变形和试件材料与应变片的温度线膨胀系数不同而产生的变形等。这种由于温度效应所产生的应变称为视应变值,不是荷载效应,结构试验中常采用温度补偿方法加以消除。

温度导致的附加应变一般可分为两类:一类是温度变化引起电阻应变片敏感栅电阻变化,因而产生附加应变;另一类是试件材料和应变片敏感栅材料的线膨胀系数不同,使应变片产生附加应变。总附加应变的大小与环境温度变化和电阻应变片本身的温度特性相关,从理论上分析温度变化引起的附加应变的大小是很困难的,必须在应变测试过程中予以消除。

消除温度影响的方法称为温度补偿方法,有桥路补偿和应变片自补偿两种方法。

桥路补偿法也称为补偿片法。如图2-43(a)所示,电阻应变片 R_1 称为工作片,安装在试验对象上测量应变,电阻应变片 R_2 称为补偿片,安装在与 R_1 温度环境相同但不产生应变的试件上。当环境温度变化时,电阻应变片 R_1 和 R_2 发生同样的电阻变化,桥臂的电压输出为0。因此,只有试验对象发生应变变化才会使桥路产生电压变化。这样,就消除了温度变化对应变测试结果的影响。注意图2-41和图2-42所示的应变测量方式中,因为电阻应变片 R_1 和 R_2(R_3 和 R_4)处于相同的温度环境,不需要另外的温度补偿片,所以称为自补偿半桥或自补偿全桥应变测量方式。桥路补偿法的优点是简单方便,在常温下补偿效果好;其缺点是环境温度变化较大时,不容易做到使工作片和补偿片处在完全一致的温度条件下,从而影响补偿效果。

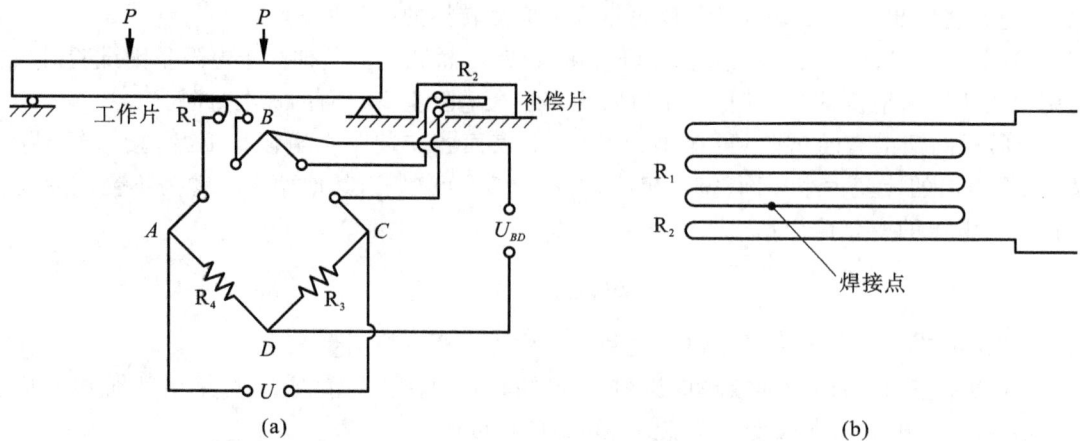

图 2-43 桥路补偿法连接示意图和应变片自补偿法
(a) 桥路补偿法连接示意图;(b) 应变片自补偿法

应变片自补偿法采用一种特殊的应变片,当温度变化时,附加应变在应变片内相互抵消为 0。这种特殊的应变片称为温度自补偿应变片。图 2-43(b)所示为双金属敏感栅自补偿应变片示意图。这种应变片利用两种电阻丝材料电阻温度系数不同的特性,将二者串联绕制成应变片敏感栅。当温度变化时,一段敏感栅的电阻增加,而另一段敏感栅的电阻减小,这样就可使应变片的总电阻不随温度变化而变化,从而实现温度自补偿。

2.3.4 电阻应变片和电阻应变仪的构造和种类

电阻应变片的典型构造已在图 2-39 中给出,具体如下:

① 敏感丝栅是应变片的主要元件,一般由康铜合金、镍铬合金制成。

② 基底和覆盖层起定位和保护应变片几何形状的作用,也可起到与被测试件之间电绝缘的作用。纸基常用厚度为 0.015～0.02 mm、机械强度高、绝缘性能好的纸张制作。胶基则用性能稳定、绝缘度高、耐腐蚀的聚合胶制成。其他有特殊要求的应变片可采用不同的材料做成基底。

③ 引出线是用以连接导线的过渡部分,一般用直径为 0.15～0.30 mm 的金属丝。

④ 黏结剂把丝栅基底和覆盖层牢固地黏结成一个整体。

其一般将金属电阻丝制作成栅栏状,称为箔式应变片,也有直接由金属电阻丝绕制而成的丝绕式应变片。其基底层和覆盖层均采用绝缘性能良好的薄层材料,并经密封处理,使金属电阻丝与外部完全绝缘。箔式应变片的细丝部分称为敏感栅,其长度为电阻应变片的有效长度。敏感栅两端加宽是为了减小横向应变的影响。电阻应变片的主要性能指标如下:

① 敏感栅长度。

② 基底尺寸。

③ 应变片电阻值:最常见的应变片电阻值为 120 Ω;对敏感栅较长的应变片,电阻值常用 350 Ω。

④ 使用温度。

⑤ 灵敏系数 K:一般 $K=2.0$,K 也可以不等于 2.0,通过调节电阻应变仪的灵敏系数,使其与电阻应变片的灵敏系数相匹配。

⑥ 应变极限,这是指在电阻应变片的指示应变和真实应变之差不超过某一规定范围的条件下,电阻应变片的最大工作量程。

除上述指标外,电阻应变片还有机械滞后、蠕变、疲劳寿命、零点漂移、横向灵敏系数、绝缘电阻等指标,可根据试验要求选择。根据电阻应变片的性能指标,电阻应变片分为 A、B、C、D 四个等级。A 级为最高等级,常用于制作应变式传感器。结构试验中,可选用 C 或 B 级电阻应变片。

图 2-44 中给出了不同类型的电阻应变片。图 2-44(a)所示为用于测量金属杆件扭转的电阻应变片,其敏感栅的方向为 45°方向;图 2-44(b)所示为 45°/90°三栅应变花,用于测量金属平面应力状态下的应变;

图2-44(c)、(d)所示分别为制作扭矩传感器和压力传感器的专用电阻应变片。

以往的静态电阻应变仪多采用调零读数法进行应变测量。当测量桥路由于应变变化而发生电阻变化时，电桥失去平衡，输出端产生电流。电阻应变仪在桥臂中配置了可调电阻（精密电位器），调节可调电阻使输出电流为0，则电桥恢复平衡。电阻的调节量与桥臂电阻因应变变化而产生的应变量成正比，由此可测量静态应变。采用这种方式测量电阻应变片的应变变化时，放大电路设计简单，仪器工作可靠。其主要缺点是读数时间较长，不能自动记录数据，使用不太方便。

目前，常用的静态电阻应变仪已不再采用调零读数法，而是直接放大测量电桥的不平衡电压，并将放大后的不平衡电压转换为数字量，通过发光数码管或液晶显示器给出应变变化的数字结果。

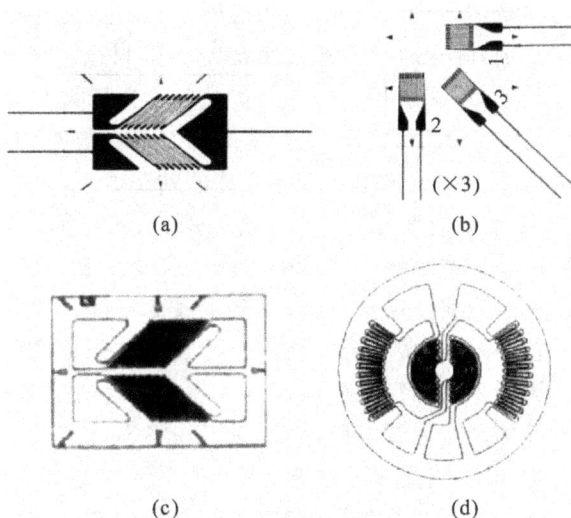

图 2-44　不同类型的电阻应变片

静态电阻应变仪一般只配置了一套应变放大电路。进行多点测量时，将多点接线箱与应变仪相连，通过切换开关将需要测量的应变测点与放大电路相连。为了适应不同灵敏系数的电阻应变片，仪器还设计了灵敏系数调节或标定装置。

先进的静态电阻应变仪采用了计算机技术和大规模集成电路芯片，可以自动地对多个应变测点完成初值记录、测量和数据存储。

图 2-45 中给出了两种静态电阻应变仪的操作面板。

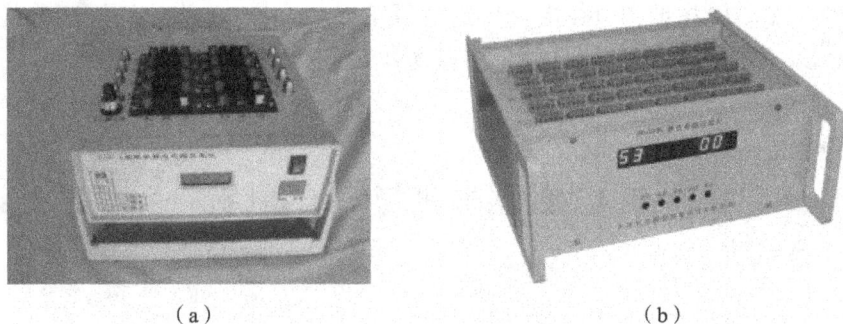

图 2-45　YJW-8 型和 INV2305 型静态电阻应变仪操作面板

(a) YJW-8 型；(b) INV2305 型

还应指出的是，静态电阻应变仪的主要功能是将惠斯登电桥的不平衡电压放大，有的传感器或传感元件也采用类似于电阻应变片的原理，将物理量的变化通过传感元件转换为电阻的变化，因此也可采用电阻应变仪作为放大仪器。例如，前面提到的滑阻式位移传感器，就可用电阻应变仪作为放大仪器。

2.3.5　电阻应变片的安装及测试技术要点

工程结构试验中的电阻应变片的安装及测试技术包括以下内容。

① 根据结构试验的要求正确地选用电阻应变片的类型和规格尺寸。粘贴在混凝土表面的电阻应变片，由于受材料的不均匀性及粗骨料的影响，一般选用标距较长的应变片，测量的应变值是标距长度范围内的平均值。在钢结构表面，则可选用标距较短的应变片，以便能够更准确地测量局部应变的变化。胶基箔式应变片的绝缘性能较好，性能稳定；纸基应变片多为丝绕式，价格便宜。

② 正确选用粘贴电阻应变片的黏结剂。黏结剂的作用是将电阻应变片与试验结构的测量部位牢固地结合在一起。常用的应变片黏结剂有氰基丙烯酸酯（俗称 502 胶）、环氧树脂、酚醛树脂等。树脂类和其他聚

酯类黏结剂多为双组分,使用时根据黏结剂的要求将两种组分搅拌在一起。氰基丙烯酸酯黏结剂属于快干型黏结剂,固化时间不超过 1 min,一般只适合在常温(—15～55℃)条件下使用,黏结剂呈液体状,要求粘贴部位较平整,一般用于短期结构试验。树脂类黏结剂的固化时间较长,为 1～8 h 不等,耐受环境温度及湿度变化的性能优于氰基丙烯酸酯黏结剂,电阻应变片与试验结构之间的黏结剂涂层具有较好的绝缘性能,可用于长期结构试验中电阻应变片的粘贴。

③ 粘贴应变片的工艺步骤一般为:测点部位打磨并作干燥处理→定位划线→涂抹底胶→用黏结剂粘贴应变片及接线端子→焊接引出线→应变片表面的防潮及防护处理。其中,涂抹底胶工艺主要在混凝土表面粘贴电阻应变片时进行,因混凝土表面可能不平整,所以不能直接采用快干型胶水粘贴应变片。应变片粘贴工艺中,两个最重要的技术指标是黏结强度和绝缘电阻。必须要有足够的黏结强度,以保证电阻应变片的测量不出现滞后。电阻应变片靠其电阻值的微小变化来反映被测物体的应变变化,如果应变片敏感栅没有足够的环境绝缘电阻,则测量工作将不稳定。

④ 用导线连接电阻应变片和电阻应变仪。一般而言,电阻应变片不适合长距离测量,因为桥臂的电阻值随导线长度的增加而增加,桥臂电阻的增加将影响电阻应变片的灵敏系数。另一方面,桥臂的绝缘电阻下降,与电阻应变片相连的导线在桥路电压作用下将产生电容和电感,这种桥臂上的电容和电感又将以不稳定的形式影响其电阻值的变化,使得桥路对环境电场、磁场,甚至温度、湿度的变化非常敏感,在应变测试中表现为测量应变的无规律漂移。

⑤ 设计应变计温度补偿方案。如前所述,当环境温度变化时,电阻应变片的敏感栅将会随温度的变化伸长或缩短,其电阻值发生相应变化。应变计的这种电阻值变化不是由应变测点的应变变化所引起的,因此,必须正确地设计温度补偿方案,消除温度对应变测试的影响。采用静态电阻应变仪测量应变时,对于相同温度环境中的应变测点,可采用多测点共补偿方案,即多个应变测点共用一个温度补偿应变片。静态电阻应变仪在转换测点时,转换开关将不同测点的应变片,即图 2-40 所示的惠斯登电桥中的 R_1 接入测量电桥,而温度补偿应变片(图 2-40 中的 R_2)在电桥中的位置不变。这样,在共补偿的测点范围内,不论转换开关将哪一个应变测点接入测量电桥,R_2 都为同一个温度补偿应变计。

2.4　数据采集与记录系统

2.4.1　自动记录仪

采集数据时,为了把数据(各种电信号)保存、记录下来,以备分析处理,必须使用自动记录仪。自动记录仪把这些数据按一定的方式记录在某种介质上,需要时可以把这些数据读出或输送给其他分析处理仪器。

数据的记录方式有两种:模拟式和数字式。从传感器(或通过放大器)传送至自动记录仪的数据一般是模拟量,模拟式记录把模拟量直接记录在介质上,数字式记录则把模拟量转换成数字量后再记录在介质上。模拟式记录的数据都是连续的,数字式记录的数据是间断的。记录介质有普通记录纸、光敏纸、磁带和磁盘等,采用何种记录介质与仪器的记录方法有关。

常用的自动记录仪有 x-y 记录仪、光线示波器、磁带记录仪和磁盘驱动器等。

2.4.1.1　x-y 记录仪

x-y 记录仪是一种常用的模拟式记录仪,它用记录笔把试验数据以 x-y 平面坐标系中的曲线形式记录在纸上,得到两个试验变量的关系曲线或某个试验变量与时间的关系曲线。

图 2-46 所示为 x-y 记录仪的工作原理示意图。x、y 轴各由一套独立的,由伺服放大器、电位器和伺服马达组成的系统驱动滑轴和笔滑块。用多笔记录时,将 y 轴系统相应增加,则可同时得到若干条试验曲线。试验时,将试验变量 1(如某一个位移传感器)接到 x 轴方向,将试验变量 2(如荷载传感器)接到 y 轴方向。

试验变量 1 的信号使滑轴沿 x 轴方向移动,试验变量 2 的信号使笔滑块沿 y 轴方向移动,移动的大小和方向与信号一致,由此带动记录笔在坐标纸上画出试验变量 1 与试验变量 2 的关系曲线。如果在 x 轴方向输入时间信号,使滑轴或坐标纸沿 x 轴作有规律的匀速运动,就可以得到某一试验变量与时间的关系曲线。

若要对 x-y 记录仪记录的试验结果进行数据处理,则需要先把模拟量的试验结果数字化,即用尺直接在曲线上量取长度,根据标定值按比例换算得到代表该试验结果的数值。

2.4.1.2　光线示波器

光线示波器也是一种常用的模拟式记录仪,主要用于振动测量的数据记录。它将电信号转换为光信号记录在感光纸或胶片上,得到的是试验变量与时间的关系曲线。

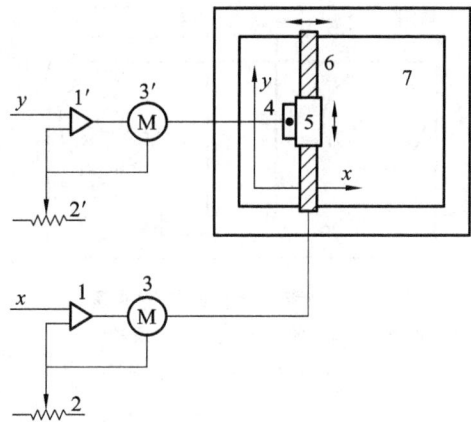

图 2-46　x-y 记录仪的工作原理示意图

1,1′—伺服放大器;2,2′—电位器;3,3′—伺服马达;
4—笔;5—笔滑块;6—滑轴;7—坐标纸

光线示波器由振子系统、光路系统、记录传动系统和时标指示系统等组成。它是将电信号转换为光信号,再将光信号记录在感光纸或胶片上的一种记录仪器。其用有很小惯性的振子作为量测参数的转换元件,这种振子元件有较好的频率响应特性,可记录 0~5000 Hz 频率的动态变化。

光线示波器的构造原理如图 2-47 所示。光线示波器的振子系统实质上是一个磁电式电流计,如图 2-47(a)所示;核心部分是一个弹簧质量体系;质量元件为线圈和镜片;弹簧为张线,其运动为扭摆运动。当信号(电流)通过线圈时,通电线圈在磁场作用下将使整个活动部分绕张线轴转动,直到被活动部分的弹性反力矩平衡为止。这时反射镜片也转动一定角度,变化过程经过光学系统反射和放大后,将镜片的角度变化转换为光点在记录纸上移动的距离,从而反映出振动波形。

光学系统的功能是将光源发出的光聚焦成为极小的光点,经振子上的反射镜片反射至记录纸上,同时进行光杠杆放大;传动系统是使记录纸带按不同速度匀速运行的装置;时标指示系统可给出不同频率的时间信号,以作为时间基准。

为了分辨记录信号的量值,光线示波器的光学系统有三条独立的光路,即振动子光路、时间指标光路和分格栅光路。有了这三条光路,才能记录下图 2-47(b)所示的波形、时间和振幅值。

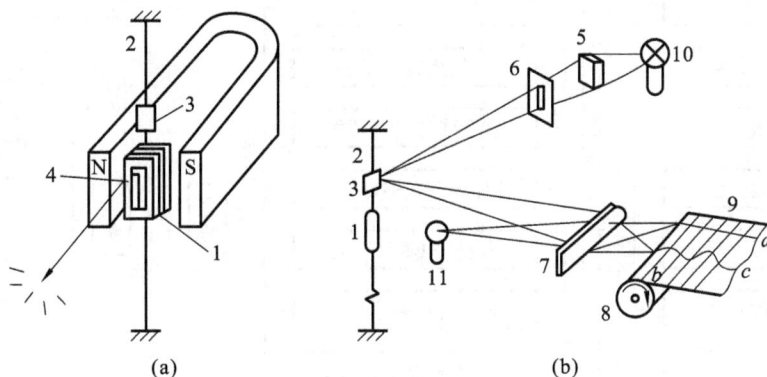

图 2-47　光线示波器的构造原理

(a)振子系统;(b)光路系统

1—线圈;2—张线;3—反射镜片;4—软铁柱;5,7—校镜;6—光栅;8—传动装置;9—线带;10,11—光源

2.4.1.3　磁带记录仪

磁带记录仪是一种常用的较为理想的记录仪,可以用于振动测量和静载试验的数据记录。它将电信号转换成磁信号记录在磁带上,得到的是试验变量随时间的变化关系。

磁带记录仪由磁带、磁头、磁带传动机构、放大器等组成。

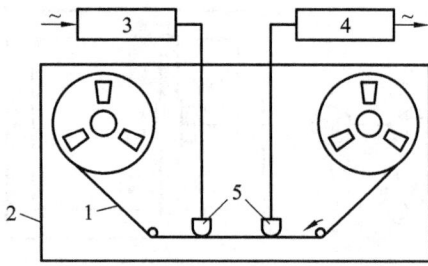

图 2-48 磁带记录仪的构造原理

1—磁带；2—磁带传动机构；3—记录放大器；
4—重放放大器；5—磁头

磁带记录仪是将电信号转换为磁信号的记录装置，同时可将磁信号转换成电信号。磁带记录仪的主要构造如图 2-48 所示。

放大器包括记录放大器（调制器）和重放放大器（反调制器）。记录放大器将输入信号放大并变换成最适宜记录的形式供给记录磁头，重放放大器将重放磁头送来的信号进行放大后输出。

记录磁头在记录过程中将电信号转化为磁带的磁化状态，在重放过程中重放磁头把磁带的磁化状态还原成电信号。

记录时，将传感器的信号输入磁带记录仪，经过放大器的处理后，通过记录磁头把电信号转换成磁信号，记录在以规定速度做匀速运动的磁带上。重放时，使记录信号的磁带按原来记录时的速度（也可以改变速度）做匀速运动，通过重放磁头从磁带中"读出"磁信号，并转换成电信号，经过重放放大器的处理后输出给其他仪器。

磁带记录仪的记录方式有模拟式和数字式两种，对记录数据进行处理时可采用不同的方式。模拟式记录的数据可通过重放把信号输送给 x-y 记录仪或光线示波器等，用前面提到的方法得到相应的数据；也可以把信号输送给其他分析仪器进行转换，得到相应的数据。用数字式记录的数据可直接输送给计算机，或输送到打印机打印输出。

2.4.2 数据采集系统

2.4.2.1 数据采集系统的组成

通常，数据采集系统由 3 部分组成，即传感器部分、数据采集仪部分和计算机（控制与分析器）部分，如图 2-49 所示。传感器部分包括前面所提到的各种电测传感器，它们的作用是感受各种物理变量，如力、线位移、角位移、应变和温度等，并把这些物理量转变为电信号。一般情况下，传感器输出的电信号可以直接输入数据采集仪。如果某些传感器的输出信号不能满足数据采集仪的输入要求，则还要接放大器等。

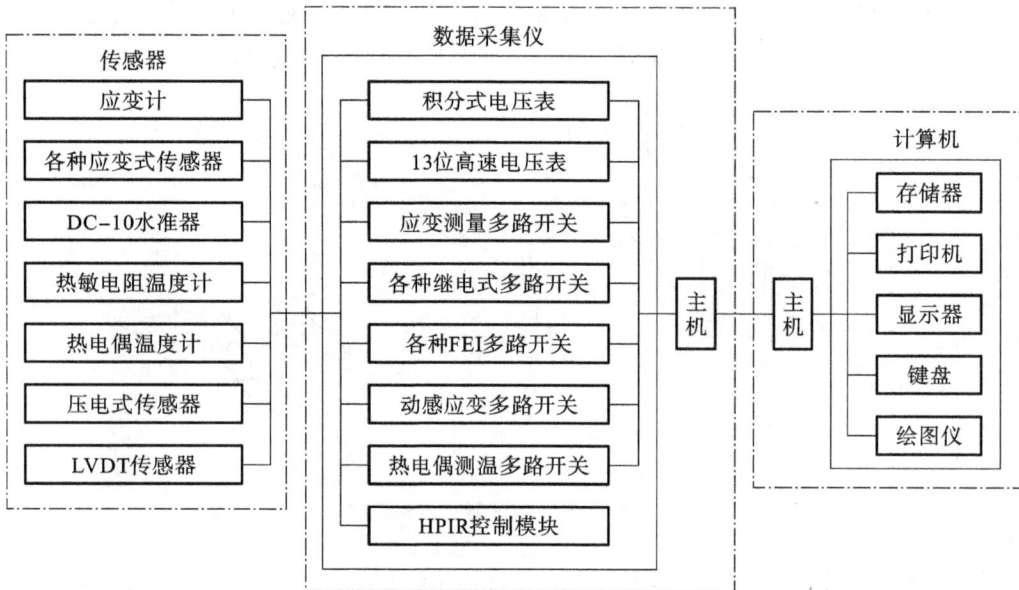

图 2-49 组合式数据采集系统的组成

数据采集仪部分包括：

① 与各种传感器相对应的接线模块和多路开关，作用是与传感器相连接，并对各个传感器进行扫描采集。

② 数字转换器,对扫描得到的模拟量进行数字转换,将其转换成数字量。

③ 主机,作用是按照事先设置的指令或计算机发给的指令控制整个数据采集仪,进行数据采集。

④ 存储器,可以存放指令、数据等。

⑤ 其他辅助部件。

数据采集仪的作用是对所有的传感器通道进行扫描,把扫描得到的电信号进行数字转换,以转换成数字量,再根据传感器特性对数据进行传感器系数换算(如把电压值换算成应变或温度等),然后将这些数据传送给计算机,也可将这些数据打印输出、存入磁盘。

计算机部分包括主机、显示器、存储器、打印机、绘图仪和键盘等。计算机作为整个数据采集系统的控制器,控制整个数据采集过程。在采集过程中,通过数据采集程序的运行,计算机对数据采集仪进行控制;计算机还可以对数据进行计算处理,实现实时打印输出、图像显示及存入磁盘。计算机的另一个作用是在试验结束后对数据进行处理。

数据采集系统可以对大量数据进行快速采集、处理、分析、判断、报警、直读、绘图、储存、试验控制和人机对话等,还可以进行自动化数据采集和试验控制,它的采样速度可高达每秒几万个数据或更多。目前,国内外数据采集系统的种类很多,按其系统组成的模式大致可分为以下几种:

① 大型专用系统。其将采集、分析和处理功能融为一体,具有专门化、多功能和高档次的特点。

② 分散式系统。其由智能化前端机、主控计算机或微机系统、数据通信及接口等组成。其特点是前端可靠近测点,消除了长导线引起的误差,并且稳定性好、传输距离长、通道多。

③ 小型专用系统。其以单片机为核心,小型、便携、用途单一、操作方便、价格低,适用于现场试验时的测量。

④ 组合式系统。其是一种以数据采集仪和微型计算机为中心,按试验要求进行配置组合而成的系统。它的适用性广,价格便宜,是一种比较容易普及的系统模式。

2.4.2.2　数据采集的过程

采用上述数据采集系统进行数据采集时,数据流通过程如图 2-50 所示。数据采集过程的原始数据是反映试验结构或试件状态的物理量,如力、应变、线位移、角位移和温度等。这些物理量通过传感器转换成为电信号,通过数据采集仪的扫描采集进入数据采集仪,再通过数字转换变成数字量,通过系数换算变成代表原始物理量的数值;然后,把这些数据打印输出、存入磁盘,或暂时保存在数据采集仪的内存中;通过连接数据采集仪和计算机的接口,将保存在数据采集仪内存中的数据传入计算机;计算机再对这些数据进行计算处理,如把位移换算成挠度,把力换算成应力等;计算机把这些数据存入文件,打印输出,并可以选择其中部分数据显示在屏幕上,如位移与荷载的关系曲线等。

数据采集过程是由数据采集程序控制的。数据采集程序主要由两部分组成:第一部分是数据采集的准备,第二部分是正式采集。程序的运行有六个步骤:第一步为启动数据采集程序,第二步为进行数据采集的准备工作,第三步为采集初读数,第四步为采集待命,第五步为执行采集(一次采集或连续采集),第六步为终止程序运行。数据采集过程结束后,所有采集到的数据都保存在磁盘文件中,进行数据处理时可直接从这些文件中读取数据。

各类数据采集系统的数据采集过程基本相同,一般包括以下几个步骤:

① 用传感器感受各种物理量,并把它们转换成电信号;

② 通过 A/D 转换,将模拟量转变为数字量;

③ 数据记录,打印输出或存入磁盘文件。

各种数据采集系统所用的数据采集程序有:

① 生产厂商为该采集系统编制的专用程序,常用于大型专用系统;

② 固化的采集程序,常用于小型专用系统;

③ 利用生产厂商提供的软件工具或用户自行编制的采集程序,主要用于组合式系统。

| 计算机 | 数据后处理 |
| 打印输出 |
| 实时屏幕图像显示 |
| 存入文件 |
| 计算处理 |
| 从数据采集仪中读入数据 |

| 数据采集仪 | 打印输出，存入磁盘 |
| 放入内存 |
| 系数换算 |
| A/D转换 |
| 扫描采集 |

| 传感器 | 把物理量转变为电信号 |
| 感受各种物理量 |

结构试验的原始数据：力、线位移、
角位移、应变和温度等物理量

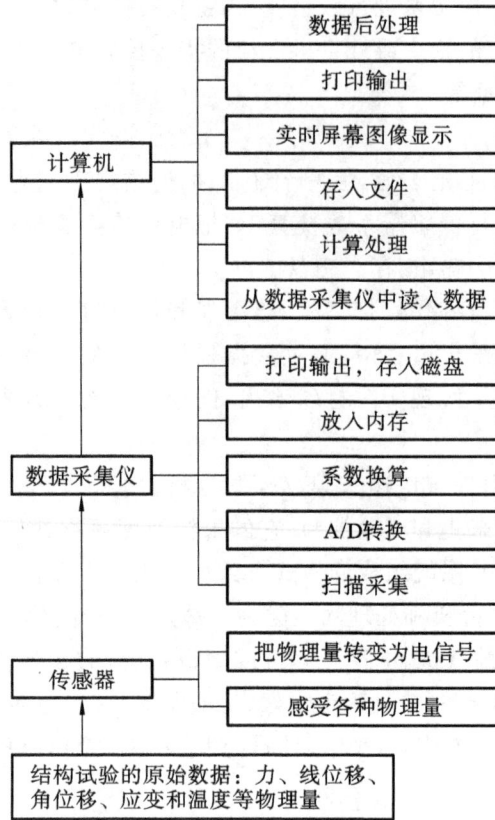

图 2-50　数据采集系统及流通过程

3 工程结构试验设计

3.1 结构试验中试件、荷载和量测设计的内容及关系 >>>

土木工程结构试验包括结构试验设计、试验准备、试验实施和试验分析等主要环节。每个环节的工作内容和它们之间的关系如图 3-1 所示。

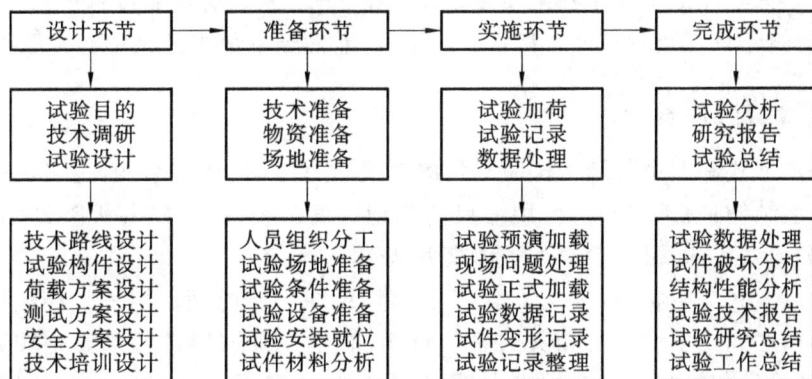

设计环节	准备环节	实施环节	完成环节
试验目的 技术调研 试验设计	技术准备 物资准备 场地准备	试验加荷 试验记录 数据处理	试验分析 研究报告 试验总结
技术路线设计 试验构件设计 荷载方案设计 测试方案设计 安全方案设计 技术培训设计	人员组织分工 试验场地准备 试验条件准备 试验设备准备 试验安装就位 试件材料分析	试验预演加载 现场问题处理 试验正式加载 试验数据记录 试件变形记录 试验记录整理	试验数据处理 试件破坏分析 结构性能分析 试验技术报告 试验研究总结 试验工作总结

图 3-1 结构试验的主要环节

工程结构试验设计是整个试验中极为重要的并且带有全局性的一项工作。它的主要内容是对所要进行的结构试验工作进行全面的设计与规划,从而使设计的计划与试验大纲能对整个试验起着统领全局和具体指导作用。

在进行结构试验的总体设计时,首先应该反复研究试验的目的,充分了解本项试验研究或生产鉴定的任务要求。因为每项结构试验的规模与所采用的试验方式都是根据试验研究的目的和任务要求不同而变化的。试件的设计制作、加载与量测方法的确定等各个环节不可单独考虑,而必须与各种因素相互联系、综合考虑后才能使设计结果在执行与实施中达到预期的目的。

进行鉴定性试验时,试件往往是某一具体的结构或构件,一般不存在试件设计和制作问题。在进行试验前,要收集和研究试件的原始资料、设计计算书和施工文件等,并应对构件进行实地考察,检查构件的施工质量状况。对于生产使用情况,需要深入现场向生产者和使用者进行调查了解;对于受灾损伤的结构,必须了解受灾原因、过程和结构的现状。实际调查的结果要认真整理,作为拟订试验方案、进行试验设计的依据。

进行研究性试验时,首先应根据研究课题了解其在国内外的发展现状,并通过收集和查阅有关文献资料确定试验的性质与规模,然后依次进行以下步骤:试件设计,确定试件形状、尺寸和数量;试件加工制作;确定加载方案和设计加载系统;选定量测项目及量测方法,做好仪器设备的率定;制订试验安全措施;提出试验经费预算,消耗器材数量、规格与试验设备清单;在设计规划基础上提出试验大纲及进度计划。

在明确试验目的后,需进行调查研究并收集有关资料,确定试验的性质与规模、试件的尺寸与形状,然后根据一定的理论做出试件的具体设计。试件设计必须考虑本试验的特点与需要,在设计构造上提出相应的措施。在设计试件的同时,还需要注意以下问题:① 分析试件在加荷试验过程中各个阶段预期的内力和变形,特别是在具有代表性的并能反映整个试件工作状况部位所测定的内力、变形数值,以便在试验过程中随时校核并加以控制;② 要选定试验场所,拟订加荷与量测方案;③ 设计专用的试验设备、配件和仪表等,制订技术安全措施等。除技术上的安排外,还必须组织必要的人力、物力,针对试验的规模组织参加试验的人员,因为某些试验工作不是一两个人所能进行的,并提出试验经费预算、消耗器材的数量与试验设备清单。

在上述规划的基础上,提出试验研究大纲及试验进度计划。试验规划是指导试验工作具体进行的技术文件,每个试验、每次加载、每个测点与每个仪表都应该有十分明确的目的性与针对性。切忌盲目追求试验次数多、仪表测点多,以及不切实际地追求量测的高精度,否则有时反而弄巧成拙,达不到预期的试验目的。

随着近代仪器设备和测试技术的不断发展,大量新型的加荷设备和测量仪器被应用到土木工程结构试验中。这对试验工作者提出了新的技术要求。所以在进行试验总体设计时,要求对所使用的仪器设备性能进行综合分析,试验人员要事先组织学习,使其掌握这方面的知识,以利于试验工作的顺利进行。

结构试验是一项细致而复杂的工作,因此必须进行很好的组织与设计,按照试验任务制订试验计划与大纲,并通过试验计划与大纲的执行来实现提出的要求。在整个试验工作中,试验人员必须严肃认真,否则不仅无法完成预期的试验任务,影响试验结果,而且会带来人力、物力与时间上的浪费,甚至导致整个试验失败或危及人身安全。只有在试验前做好试验规划和准备工作,才能对试验过程中可能出现的状况有所估计,并采取相应预防措施。只有及时整理分析试验结果,才能做到以最少的试验耗费取得最大的研究成果。

3.1.1 结构试验的试件设计

结构试验中试件的形式和大小与结构试验的目的有关,它可以是真实结构,也可以是其中的某一部分。当不能采用足尺的原型结构进行试验时,可用缩尺的模型。据调查,在全国各大型结构实验室中所做结构试验的试件,绝大部分为缩尺的试件,少量为整体模型试件。

采用模型试验可以大大节省材料,减少试的工作量,缩短试验时间。用缩尺模型做结构试验时,应考虑试验模型与试验结构之间力学性能的相关关系。当然,能用原型结构进行试验是较为理想的,但由于原型结构试验规模大,试验设备的容量和费用也大,因此大多数情况下还是采用缩尺的模型进行试验。基本构件的基本性能试验大都采用缩尺的构件,但不一定存在缩尺比例的模拟问题,经常是将由这类试件试验结果所得的数据直接作为分析的依据。

试件设计内容应包括试件形状、试件尺寸与数量及构造措施设计等。同时其还必须满足结构与受力的边界条件、试件的破坏特征、试验加载条件的要求,以最少的试件数量获得最多的试验数据,反映研究的规律,以满足研究的需要。

3.1.1.1 试件形状设计

在设计试件形状时,其和试件的比例无关,最重要的是要形成和设计目的相一致的应力状态。对于静定系统中的单一构件(如梁、柱、桁架等),一般构件的实际形状都能满足要求,问题比较简单。但当从整体结构中取出部分构件单独进行试验时,特别是在比较复杂的超静定体系中,则必须要注意其边界条件的模拟,使其能如实反映该部分结构构件的实际工作状态。

当进行如图 3-2(a)所示受水平荷载作用框架结构的应力分析时,若试验 A—A 部位的柱脚、柱头部分,则试件要设计成图 3-2(b)所示的形式;若做 B—B 部位的试验,则试件设计成如图 3-2(c)所示的形状;对于梁,如果设计成图 3-2(d)、(e)所示的形式,则应力状态可与设计目的相一致。

对于钢筋混凝土柱,若要探讨其挠曲破坏性能,试件应设计成如图 3-2(h)所示的形状;但若作剪切性能的探讨,则图 3-2(h)所示的试件在反弯点附近的应力状态与实际情况有所不同,为此有必要采用图 3-2(i)中的适用于反对称加载的试件。

在做梁、柱连接的节点试验时,试件承受轴力、弯矩和剪力的作用。这样的复合应力使节点部分发生复杂的变形,其中主要是剪切变形,以致节点部分由于受大剪力作用而发生剪切破坏。为了探求节点处的强度和刚度,使其应力状态得以充分反映,避免在试验过程中梁、柱部分先于节点破坏,在进行试件设计时必

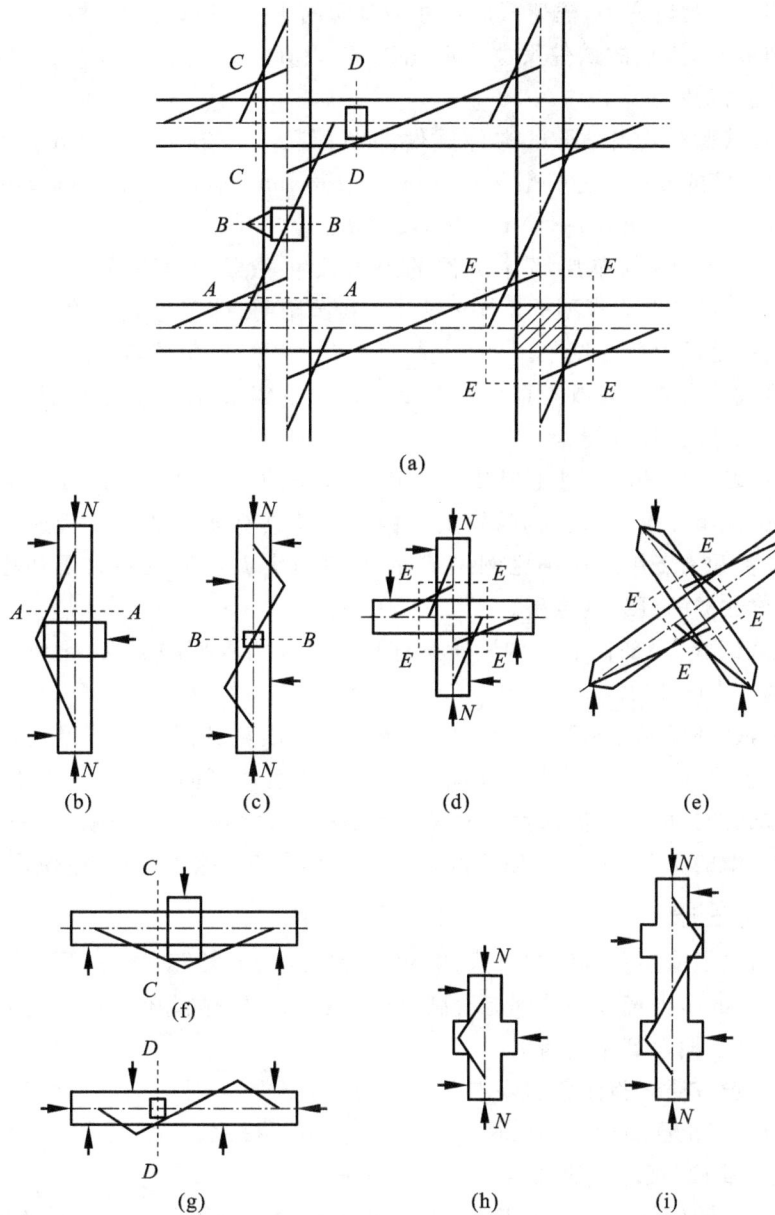

图 3-2 框架结构中梁、柱和节点试件的典型示例

须先对梁、柱部分进行适当加固,使试验过程中梁出铰后节点即开始屈服,以使整个试验能达到预期效果。这时十字形试件[图 3-2(d)]中节点两侧梁、柱的长度一般均取 1/2 梁跨和 1/2 柱高,即按框架承受水平荷载时产生弯矩的反弯点($M＝0$)的位置来确定。边柱节点可采用 T 形试件。如果试验目的是了解初始设计应力状态下的性能并同理论计算作对比,可以采用如图 3-2(e)所示的 X 形试件。为了在 X 形试件中再现实际应力状态,必须根据设计条件给定的 N 和 V 来确定试件的尺寸。

试件设计时,还应兼顾便于试验加载和安全试验等问题。例如,为了对偏心受压柱施加偏心力,设计柱试件时应在柱的两端附设构造牛腿;为了防止柱头先于柱身破坏,设计时应加强柱头的构造措施等。

3.1.1.2　试件尺寸设计

根据结构试验所用试件的尺寸大小,试件一般可分为真型试件(原型实物或足尺结构)和模型试件两大类。试件尺寸大小应根据试验目的和试验条件来确定。真型试件的尺寸与实际结构物的大小一样,而模型试件的尺寸应按一定的相似条件确定。

从国内外已完成的结构试验来看,钢筋混凝土试件的尺寸有较大的变化范围。其中,小试件可以小到构件截面尺寸只有几厘米,大试件可以达到与结构物的真型一样大。

一般在框架整体结构试验研究中,框架截面尺寸为真型的 1/4～1/2,必要时也可做足尺框架进行试验。

在框架节点抗震研究中,节点的试件尺寸一般比较大,为真型的 50％～100％,原因是框架节点试验的结果要求反映节点的配筋特性。

在基本构件性能的试验研究中,压弯构件试件的截面尺寸一般为 160 mm×160 mm～350 mm×350 mm,短柱(偏压剪)试件的截面尺寸一般为 150 mm×150 mm～500 mm×500 mm,双向受力构件试件的截面尺寸一般为 100 mm×100 mm～300 mm×300 mm。

若研究剪力墙的抗震性能,则单层墙体试件的外形尺寸一般为 800 mm×1000 mm～1780 mm×2740 mm,多层剪力墙试件尺寸取为真型的 1/10～1/3。我国昆明、南宁等地区曾先后进行过装配式混凝土和空心混凝土大板结构的足尺寸房屋试验。

砖石及砌块的砌体试件尺寸一般取为真型的 1/4～1/2。近年来,国内先后做过四幢足尺寸砖石和砌块多层房屋及若干单层足尺寸房屋的试验。

在静载试验中,合理确定试件的尺寸非常重要。因为太小的试件要考虑尺寸效应,而在满足构造模拟要求的条件下,太大的试件尺寸没有必要。虽然足尺构件试件具有能反映实际构造的优点,但若将足尺构件试件试验所耗费的经费和人工用来做小比例尺试件,则可以大大增加试验数量和品种,而且实验室的条件比野外现场要好,测试数据的可靠度也高。

因此,对于结构静载试验,局部性的结构试验试件尺寸可取为真型的 25％～100％,整体性的结构试验试件尺寸可取为真型的 1/10～1/2。

对于结构动载试验,试件尺寸经常受试验激振加载条件等因素的限制。若量测结构的动力特性,则一般可在现场的原型结构上进行试验。对于在实验室内进行的动载试验,可以对足尺构件试件进行疲劳试验;当在模拟振动台上试验时,由于受振动台台面尺寸和激振力大小等条件的限制,一般只能做缩尺的模型试验,模型尺寸一般为真型的 1/50～1/4。随着振动台台面尺寸和激振力的加大,模型比例会不断加大。

3.1.1.3　试件数量设计

在进行试件设计时,除了需要对试件的形状、尺寸进行仔细研究外,对试件数量的设计也是一个不可忽视的重要问题。试件数量的多少直接关系到能否满足试验要求及整个试验工作量的问题,同时试件数量的确定应考虑试验经费和时间期限等相关因素。

对于生产性试验,一般按照试验任务的要求有明确的试验对象。对于预制厂生产的一般工业与民用建筑钢筋混凝土和预应力混凝土预制构件的质量检验和评定,可以按照《混凝土结构工程施工质量验收规范》(GB 50204—2015)(以下简称《规范》)的规定确定试件数量。

《规范》规定,成批生产的构件应按同一工艺正常生产 1000 件,但不超过三个月的同类型产品为一批(不足 1000 件者亦为一批),在每批中随机抽取一个构件作为试件进行检验。这里所谓的"同类型产品",是指采用同一钢种、同一混凝土强度等级、同一工艺、同一结构形式的构件。对同类型产品进行抽样检验时,试件宜从设计荷载最大、受力最不利或生产数量最多的构件中抽取。

当连续抽查 10 批,每批的结构性能均能符合《规范》规定的要求时,对同一工艺、正常生产的构件,可改按 2000 件但亦不超过三个月的同类型产品为一批,在每批中仍随机抽取一个试件进行检验。

对于科研性试验,其试验对象是按照研究要求专门设计制造的,由水平数来确定试件数量。试件数量主要取决于测试参数的多少,需要测试的参数愈多,试件数量愈大。若能采用科学的方法(如正交设计法)进行设计,则可以在大幅减少试件数量的同时满足试验目标要求。

例如,在进行钢筋混凝土柱受弯性能试验时,应考虑对钢筋混凝土柱的弯曲起控制作用的参数,比如混凝土抗压强度、配筋率、轴压比和偏心距等。这些参数在试验研究中称为影响因子。影响因子的数目用 1,2,3,…,n 表示。对于每个因子又要考虑几种状态(如混凝土的强度等级不同),将不同的状态称为水平数,水平数也用 1,2,3,…,n 表示。试验的目的就是研究各种参数和相应的各种状态对试验目标的影响,因此必须把各种因子数和水平数进行组合。组合方法之一是按单因素组合考虑,即每个因子与各种状态(水平)逐一进行组合。由表 3-1 可见,影响因子数和水平数稍有增加时,试件的个数就极大地增多。如当水平数为 4,

因子数由 2 增加到 3 时,试件数目将从 16(4^2)个增加到 64(4^3)个;5 个因子时,则将有 1024(4^5)个试件。如果每个因子有 5 个水平数,则试件的数量将猛增为 3125(5^5)个,这么多的试件实际上是不可能做到的,显然试件数量已大到不可接受的程度。这种组合方式的缺点是工作量大,以致难以实现,且试验结果不一定就是最理想的。

如能采用另一种组合方式(多因素组合),将参数组合与试验结果合并在一起考虑,则一方面可使试件数量减少,另一方面能提供丰富的量测数据和试验信息,最终得出全面的试验结论。这种解决多因素组合问题的试验设计方法称为正交试验设计法。

表 3-1   单因素组合试件数目

水平数	因子数				
	1	2	3	4	5
2	2	4	8	16	32
3	3	9	27	81	243
4	4	16	64	256	1024
5	5	25	125	625	3125

正交试验设计法是一种科学安排试验方案(试件设计方案)和分析试验结果的有效方法。它主要使用正交表这一工具来进行整体设计、综合比较,可以妥善解决实际所做少量试件试验与要求全面掌握内在规律之间的矛盾,所以能够合理安排试验。

常用正交表如表 3-2、表 3-3 所示。表 3-2 中的 $L_9(3^4)$ 表示有 4 个因子,每个因子有 3 个水平,组成的试件数目为 9 个,即采用正交表 $L_9(3^4)$ 的组合,可将原来要求的 81 个试件综合为 9 个。

表 3-2   试件数目正交设计 $L_9(3^4)$

试件数 \ 因子数	1	2	3	4
	水平数			
1	1	1	1	1
2	1	2	2	2
3	1	3	3	3
4	2	1	2	3
5	2	2	3	1
6	2	3	1	2
7	3	1	3	2
8	3	2	1	3
9	3	3	2	1

表 3-3   试件数目正交设计 $L_{12}(3^1 \times 2^4)$

试件数 \ 因子数	1	2	3	4	5
	水平数				
1	2	1	1	1	2
2	2	2	1	2	1
3	2	1	2	2	2
4	2	2	2	1	1
5	1	1	1	2	2
6	1	2	1	1	1
7	1	1	2	1	1

因子数 试件数	1	2	3	4	5
	水平数				
8	1	2	2	1	2
9	3	1	1	1	1
10	3	2	1	1	2
11	3	1	2	2	1
12	3	2	2	2	2

  表 3-3 中的 $L_{12}(3^1 \times 2^4)$ 表示有 5(1+4)个因子,第一个因子有 3 个水平,第 2~5 个因子各有 2 个水平,组成的试件数目为 12 个。

  不同因子数和水平数的正交表可参阅有关正交试验设计的专著。

  下面以钢筋混凝土柱剪切强度基本性能试验研究为例,说明利用正交试验设计法进行试件数目设计的具体过程。

  在进行钢筋混凝土柱剪切强度基本性能试验研究中,我们取不同混凝土强度等级、不同配筋率和配箍率的钢筋混凝土柱在不同轴压比和剪跨比的情况下进行试验。这里主要考虑纵筋配筋率、配箍率、轴压比、剪跨比和混凝土强度等级 5 个因子,并假设混凝土只用一种强度等级 C30,这样实际因子数只有 4 个。如果每个因子各自有 3 个水平数,则按单因素组合方法进行试件数量设计时,试件数目为 81(3^4)。

  如果采用正交试验设计法,各因子和水平的具体含义如表 3-4 所示。根据正交表 $L_9(3^4)$,试件主要因子组合结果见表 3-5。这一问题通过正交试验法进行设计,可将原来需要 81 个试件综合为 9 个试件,试验数正好等于水平数的平方,即:

$$试验数 = 水平数^2$$

表 3-4   钢筋混凝土柱剪切强度试验分析因子与水平数

主要分析因子		因子档次(水平数)		
代号	因子名称	1	2	3
A	配筋率 ρ	0.4	0.8	1.2
B	配箍率 ρ_v	0.2	0.33	0.5
C	轴向应力 σ	20	60	100
D	剪跨比 λ	2	3	4
E	混凝土强度(等级为 C30)	20.1 MPa		

表 3-5   正交试验设计法中试件主要因子组合

试件数量	A	B	C	D	E
	配筋率	配箍率	轴向应力/MPa	剪跨比	混凝土强度等级
1	0.4%	0.20%	20	2	C30
2	0.4%	0.33%	60	3	C30
3	0.4%	0.50%	100	4	C30
4	0.8%	0.20%	60	4	C30
5	0.8%	0.33%	100	2	C30
6	0.8%	0.50%	20	3	C30
7	1.2%	0.20%	100	3	C30
8	1.2%	0.33%	20	4	C30
9	1.2%	0.50%	60	2	C30

试件数量的设计直接关系到试验的工作量。在实践中,我们应该使整个试验的试件少而精,以质取胜,切忌盲目追求数量。要使所设计的试件尽可能做到一件多用,即以最少的试件、最少的经费得到最多的数据,以达到研究目的和要求。

3.1.1.4 构造措施设计

在试件设计中,当确定了试件的形状、尺寸和数量后,接下来在每个具体试件的设计和制作过程中还必须同时考虑试件安装、加荷、量测的需要,对试件制订必要的构造措施,这对于科研试验尤为重要。例如,混凝土试件的支承点处应预埋钢垫板,如图 3-3(a)所示;在试验屋架一类平面结构时,在试件受集中荷载作用的位置上应埋设钢板,以防止试件因受局部承压而破坏;试件加荷面倾斜时应做出凸缘,如图 3-3(b)所示,以保证加载设备的稳定设置;在对钢筋混凝土框架做恢复力特性试验时,为了满足在框架端部侧面施加反复荷载的需要,应设置预埋构件,以便与加载用的液压加载器或测力传感器连接;为保证框架柱脚部分与试验台座的固接,一般均设置加大截面的基础梁,如图 3-3(c)所示;在砖石或砌块的砌体试件中,为了使施加在试件上的垂直荷载均匀传递,一般在砌体试件的上下均预先浇捣混凝土垫块,如图 3-3(d)所示;对于墙体试件,在墙体的上下均捣制钢筋混凝土垫梁,其中下面的边梁可以模拟基础梁,使之与试验台座固定,上面的垫梁模拟过梁传递竖向荷载,如图 3-3(e)所示;做钢筋混凝土偏心受压构件试验时,在试件两端做成牛腿,以增大端部承压面,便于施加偏心荷载,如图 3-3(f)所示,并在上下端加设分布钢筋网。这些构造是根据不同加载方法设计的,但在验算这些附加构造的强度时必须保证其强度储备大于结构本身的强度安全储备。这不仅考虑了计算中可能产生的误差,还保证了它不产生过大的变形,以致改变加荷点的位置或影响试验精度。当然,更不允许因附加构造的先期破坏而妨碍试验的继续进行。

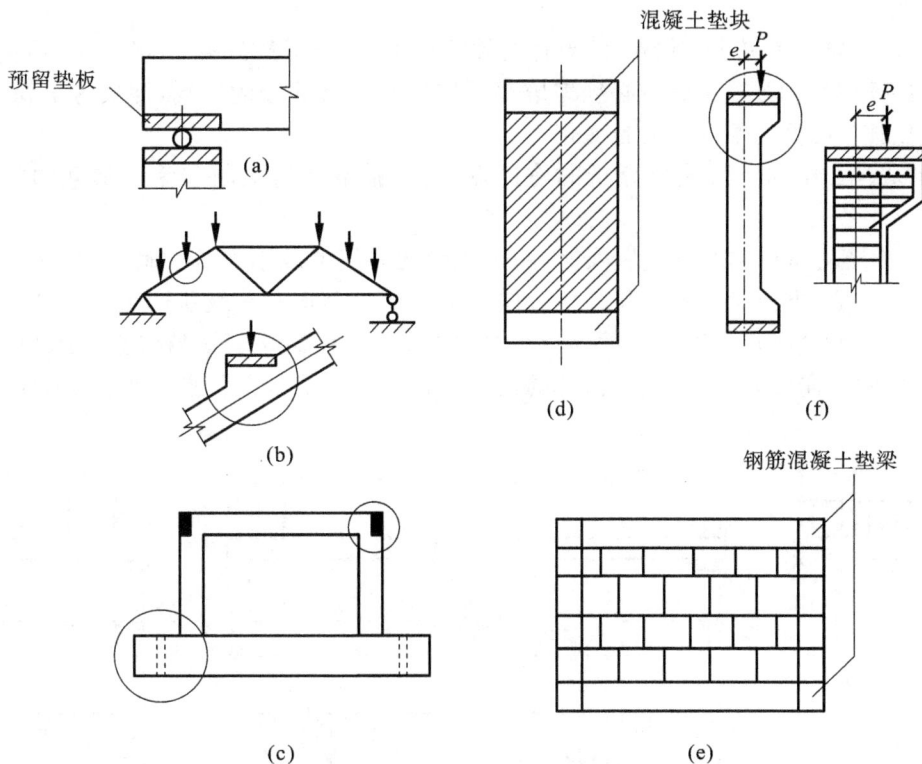

图 3-3 试件设计时考虑施加荷载需要的构造措施

(a) 支承点预埋垫板;(b) 倾斜面加凸缘;(c) 加大截面基础梁;(d) 砌体上下预先浇捣混凝土垫块;
(e) 上下捣制钢筋混凝土垫梁;(f) 分布钢筋网

在试验中,为了保证结构或构件在预定的部位破坏,以期得到必要的测试数据,需要对结构或构件的其他部位事先进行局部加固。

为了保证试验量测的可靠性和仪表安装的方便,在试件内必须设预埋件或预留孔洞。如安装杠杆应变仪时,需要配合夹具形状及标距大小预埋螺栓或预留孔洞;用接触式应变仪量测试件表面应变时,应埋设相应的测点标脚;对钢筋混凝土试件用电阻应变计量测钢筋应变时,在浇筑混凝土前应先在钢筋上贴好应变计,并做好防潮及防止机械损伤的处理。如混凝土保护层厚度不大,可在准备贴应变计部位的保护层处预埋小木块,待混凝土凝固后将木块凿去,使钢筋外露,再贴上应变计。但这时对钢筋的贴片部位最好能事先打磨,采用螺纹钢筋的结构尤需注意,以避免预留孔狭小,在以后的打磨中产生困难。对于为测定混凝土内部应力的预埋元件或专门的混凝土应变计、钢筋应变计等,应在浇筑混凝土前按相应的技术要求用专门的方法就位、固定、安装、埋设在混凝土内部。这些要求都应在试件的施工图上明确标出,并注明具体做法和精度要求,必要时试验人员还需亲临现场,参与试件的施工制作。

3.1.2 结构试验的荷载设计

3.1.2.1 试验加荷图式的选择

试验荷载在试件上的布置形式称为加荷图式,试验加荷图式要根据试验目的来确定。试验时的荷载应该使结构处于某一种实际可能的最不利工作情况。试验时的加荷图式要与结构设计计算时的加荷图式一致。这样,结构试件的工作状态才能与其实际情况最为接近。例如,在钢筋混凝土楼盖中,支承楼板次梁的试验荷载应该是均布的;支承次梁主梁的试验荷载应该是按次梁间距作用的几个集中荷载;而工业厂房的屋面大梁则承受间距为屋面板宽度或檩条间距的等距集中荷载,在天窗脚下另加较大的集中荷载;对于吊车梁,则按其抗弯或抗剪最不利时的实际轮压位置布置相应的集中荷载。

但是,在试验时常常采用不同于设计计算所规定的加荷图式,一般是由于下列原因:

① 对设计计算时采用的加荷图式的合理性有所怀疑,因而在试验时采用某种更接近于结构实际受力情况的荷载布置方式。

例如,对于装配式钢筋混凝土交梁楼面,设计时楼板和次梁均按简支进行计算,施工后由于浇捣混凝土整筑层而使楼面的整体性加强。试验时必须考虑邻近构件对受载部分的影响,即要考虑荷载的横向分布,这时加荷图式就须按实际受力情况作适当变化。

② 在不影响结构工作和试验成果分析的前提下,受试验条件的限制和为了加载的方便而改变加荷图式。

例如,当试验承受均布荷载的梁或屋架时,为了试验的方便和减小加载的荷载量,常用几个集中荷载来代替均布荷载。但是,集中荷载的数量与位置应尽可能地符合均布荷载所产生内力值的要求。由于集中荷载可以很方便地用少数几个液压加载器或杠杆产生,故不仅简化了试验装置,还可以大大减少试验加载的劳动量。采用这样的方法时,试验荷载的大小要根据相应等效条件换算得到,因此叫作等效荷载,如图 3-4 所示。

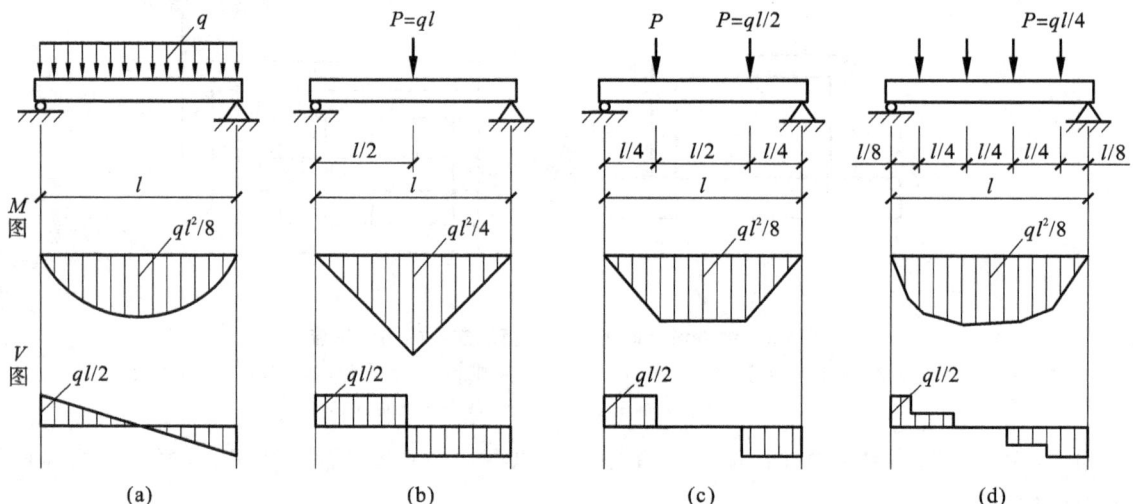

图 3-4 等效荷载示意图

采用等效荷载时必须注意,除控制截面的某个效应与理论计算相同外,该截面的其他效应和非控制截面的效应可能有差别,所以必须全面验算加荷图式的改变对试验结构构件的各种影响,必须特别注意结构构造条件是否会因最大内力区域的某些变化而影响承载性能。对杆件不等强的结构,尤其要细加分析和验算,采用有效的等效荷载形式,如可通过增加集中荷载个数的形式来消除或减少这些影响。对关系明确的影响,试验结果可以加以修正,否则不宜采用等效荷载形式。

当采用一种加荷图式不能反映试验要求的几种极限状态时,应采用几种不同的加荷图式分别在几个截面上进行。例如,梁的试验不仅要做正截面抗弯承载力极限状态试验,还要进行斜截面抗剪承载力极限状态试验。若只采用一种加荷图式,则往往因一种极限状态首先破坏,致使另一种极限状态不能得到反映。一般情况下,一个试件上只允许用一种加荷图式。只有当对第一种加荷图式试验后的构件采取补强措施,并确保对第二种加荷图式的试验结果不带来任何影响时,才可在同一试件上先后进行两种不同加荷图式的试验。

3.1.2.2 试验加载装置的设计

为了保证试验工作的正常进行,试验加载用的设备装置必须进行专门的设计。在使用实验室内现有的设备装置时,也要按每项试验的要求对装置的强度、刚度进行复核计算。

(1)试验加载装置应有足够的强度储备

对于加载装置的强度,首先要满足试验最大荷载量的要求,保证有足够的安全储备,其次要考虑结构受载后有可能使局部构件的强度有所提高。如图 3-5 所示,若钢筋混凝土框架在 B 点上施加水平力 Q,柱上施加轴向力 N,则梁 BC 增加了轴向压力 Q_2。特别当梁的屈服荷载由最大试验荷载决定时,梁所受的轴力使其强度提高,有时竟能提高 50%。这样的强度提高,会使原来按梁上无轴力情况的理论荷载所设计出来的加载装置不能将试件加载到破坏。对于 X 形节点试件,随着梁、柱节点处轴力 N、剪力 V 的增大,其强度也按比例提高。根据使用材料的性质及其误差,即使考虑了上述轴力的影响,试件的最大强度也常比预计的大。因此在进行试验设计时,加载装置的承载能力总要求提高 70% 左右。

(2)试验加载装置要满足刚度要求

试验加载装置在满足上述强度要求的同时,还必须考虑刚度要求。正如混凝土应力-应变曲线下降段测试一样,在进行结构试验时如果加载装置刚度不足,则将难以获得试件所受荷载达到极限荷载后的性能。

(3)试验加载装置要满足试件的边界条件和反映受力变形的真实状态

试验加载装置设计时还要求使其符合结构构件的受力条件,要求能模拟结构构件的边界条件和变形条件,否则就失去了受力的真实性。例如,柱的弯剪试验可采用如图 3-6 所示的方法,试验中必须施加轴向和水平向的两个作用力,且在加载点处形成约束,以致其应力状态与设想的有所不同,在轴向力的加载点处会有弯矩产生。为了消除这个约束,在加载点和反力点处均应加设滚轴。又如图 3-7 所示为两种短柱受水平荷载作用试验的例子,试验装置可以采用图 3-7(a)所示的连续梁式加载装置,也可以用图 3-7(b)所示的建研式加载装置(日本建设省建筑研究所研制的一种专门进行偏压剪试验的加载装置)。建研式加载装置能保持上下端面平行,显然对窗间短柱而言,这种装置更符合受力条件,而连续梁式加载不能保证受剪的端面平行。

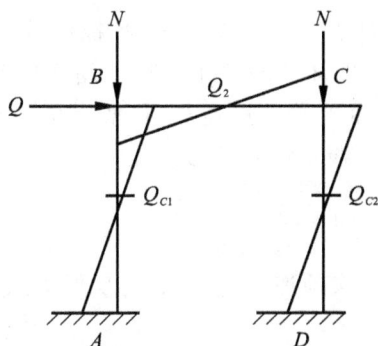

图 3-5 框架试验加载示意图

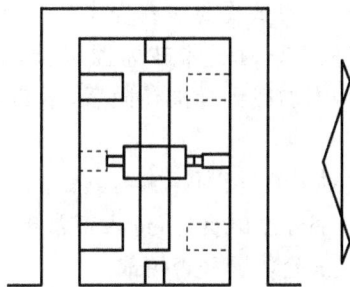

图 3-6 柱的弯剪试验加载示意图

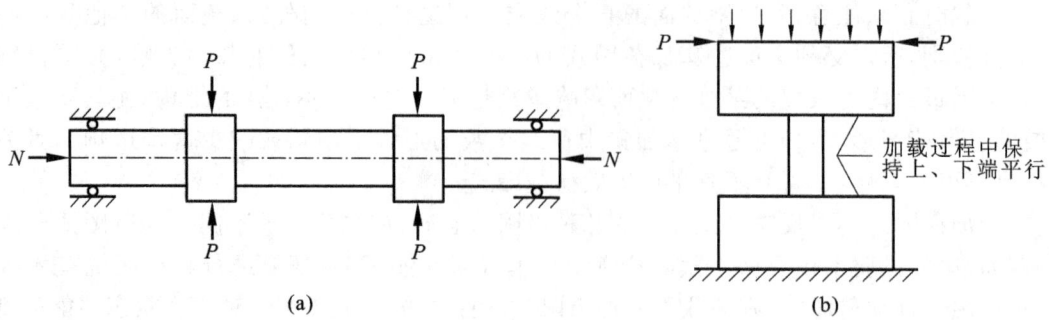

图 3-7 偏压剪短柱的试验装置示意图
(a)连续梁式加载图示;(b)建研式加载图示

在砖石或砌块的墙体推压试验中,图 3-8(a)所示的施加竖向荷载用的拉杆对墙体的横向变形产生约束,而图 3-8(b)所示的加载方式就能消除约束,较好地符合实际墙体的受力情况。

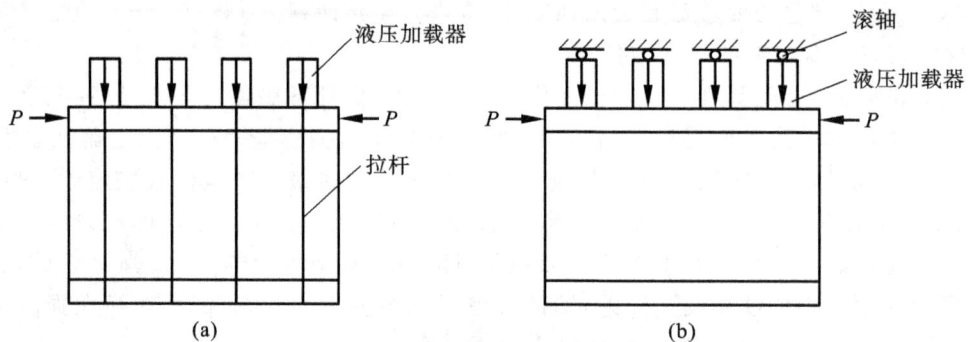

图 3-8 墙体推压试验装置示意图
(a) 有拉杆约束的墙体;(b) 无拉杆约束的墙体

在加载装置中还必须注意试件的支承方式,前述受轴力和水平力作用柱的试验,两个方向加载设备的约束会引起较为复杂的应力状态。在梁的弯剪试验中,在加载点和支承点处的摩擦力均会产生次应力,使梁所受的弯矩减小。在梁柱节点试验中,如采用 X 形试件,则加载点和支承点处的摩擦力较大,就会接近于抗压试验的情况。支承点处的滚轴可按接触承压应力进行计算。实际试验时多用细圆钢棒作为滚轴。当支承反力较大时,滚轴可能产生变形,甚至接近塑性,此时会产生非常大的摩擦力,导致试验结果出现误差。试验过程中应随时观察,以便及时调整。

设计时除了应使试验加载装置满足上述要求外,还要尽可能使它的构造简单,组装时花费时间较少。特别是当要做若干同类型试件的连续试验时,还应考虑使试件安装方便,并缩短其安装调整的时间。如有可能最好设计成多功能的,以满足各种试件试验的要求。

3.1.2.3 试验加载程序的设计

荷载类型和加荷图式确定后,还要按一定的程序加载。加载程序可以有多种,根据试验的目的和要求不同而选择,一般结构试验的加载程序分为预加载、标准荷载、破坏荷载三个阶段。图 3-9 所示为一种典型的静载试验加载程序。对于非破坏性试验,只加至标准荷载即正常使用荷载,试验后的试件还可以使用。对于破坏性试验,当加载到标准荷载后,不卸载即直接进入破坏荷载试验阶段。

(1)预加载

在试验前应对试件进行预加载,其目的是:

① 使试件各部分接触良好,进入正常工作状态。经过若干次预加载,使荷载与变形关系趋于稳定。

② 检查全部试验装置是否可靠。

③ 检查全部测试仪器仪表的工作是否正常。

④ 检查全体试验人员的工作情况,使他们熟悉自己的任务和职责,以保证试验工作的顺利进行。

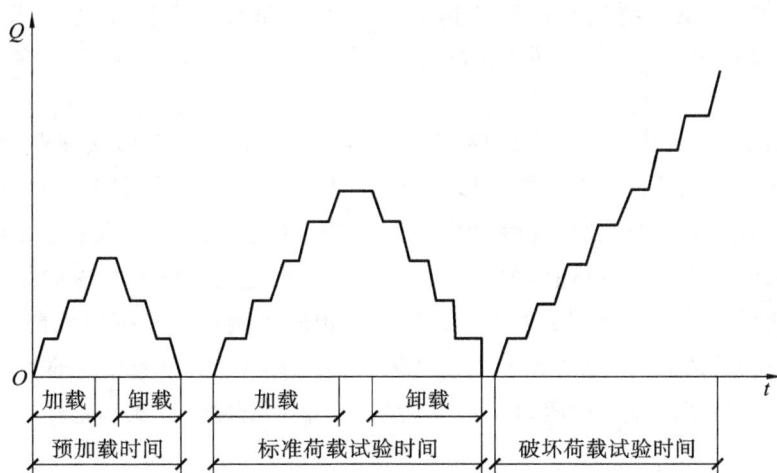

图 3-9　静载试验加载程序

　　预加载一般分三级进行,每级加载值取标准荷载的 20%,然后分 2～3 级卸完。对于混凝土试件,加载值不宜超过开裂荷载值的 70%。

　　(2) 荷载分级

　　荷载分级的目的:一方面是控制加荷速度,另一方面是便于观察结构变形,为读取各类试验数据提供必要的时间。

　　一般的结构试验中,荷载分级为:

　　① 达到标准荷载前,每级加载值不应大于标准荷载(含自重)的 20%,至少分五级加至标准荷载。

　　② 达到标准荷载后,每级加载值不宜大于标准荷载的 10%。

　　③ 当荷载加至计算破坏荷载的 90% 后,每级加载值应取不大于标准荷载的 5%,直至试件破坏。

　　④ 对于混凝土试件,加载至计算开裂荷载的 90% 后,每级加载值取不大于标准荷载的 5%,直至试件开裂,然后按②、③加载。

　　柱子试验中,荷载一般按计算破坏荷载的 1/15～1/10 分级;接近开裂和破坏荷载时,应减至原来的 1/3～1/2 施加。

　　砌体抗压试验中,对不需要测变形的试件,荷载按预期破坏荷载的 10% 分级,加至预期破坏荷载的 80% 后,不分级直接加载至试件破坏。

　　(3) 荷载持续时间

　　为了使试件在荷载作用下的变形得到充分发挥和达到基本稳定,同时观察试件在荷载作用下的各种变形,每级荷载加完后应有一定的持续时间。一般结构试验的持续时间为:

　　① 钢结构一般不少于 10 min。

　　② 钢筋混凝土结构应不少于 15 min。

　　③ 标准荷载时不应少于 30 min。

　　④ 对于检验性试验,在抗裂检验荷载作用下宜持续 10～15 min;对于使用阶段不允许出现裂缝结构构件的抗裂研究性试验,在开裂试验荷载计算值作用下的持续时间应为 30 min。

　　⑤ 对于新混凝土构件,跨度较大的屋架、桁架及薄腹梁等,在使用状态短期试验荷载作用下的持续时间不宜少于 12 h。

3.1.3　结构试验的量测设计

3.1.3.1　量测项目的确定

(1) 结构静载试验的量测项目

结构在试验荷载及其他模拟条件下的变形可以分为两类:一类反映结构整体工作状况,如梁的最大挠度及其整体挠曲曲线,拱式结构和框架结构的最大垂直和水平位移及其整体变形曲线,杆塔结构的整体水平位移及基础转角等;另一类反映结构的局部工作状况,如局部纤维变形、裂缝及局部挤压变形等。

在确定试验的量测项目时,首先应考虑整体变形。因为结构的整体变形最能概括其工作的全貌,结构任何部位的异常变形或局部破坏都能在整体变形中得到反映。如通过一榀屋架的挠度曲线测量,不仅可以知道结构的刚度变化,而且可以知道它的弹性和非弹性性质,其挠度曲线的不正常发展还可说明某些特殊的局部现象。对于一般的生产鉴定性试验,只测定最大挠度一项也能做出基本的定量分析。

其次应考虑局部变形测量。如钢筋混凝土结构的裂缝出现直接说明其抗裂性能,而控制截面的应变大小和方向则说明设计是否合理,计算是否正确。在非破坏性试验中,实测应变是推断结构应力状态和极限强度的主要指标。在结构处于弹塑性阶段时,应变、曲率、转角或位移的量测和描绘是判定结构工作状态和抗震性能的主要依据。

总的来说,试验本身能充分说明外部作用与结构变形间的相互关系,但观测项目和测点布置必须满足分析和推断结构工作状态的需要。

(2) 结构拟静载试验和拟动载试验的量测项目

结构拟静载试验是在低周反复荷载作用下模拟地震对结构的作用。它由反映试件变形能力的延性系数的大小和荷载-变形滞回曲线的形状等作为评价和衡量结构抗震性能的指标,延性系数由结构的极限变形与屈服变形的比值来决定。所以试验观测项目也是各种变形,如位移、转角、曲率、剪切变形、应变等,它可以是整体变形,也可以是局部变形。具体的测量内容随试件的类型和受力状态而变化,如梁式受弯构件主要量测跨中挠度或梁的曲率,墙体试件主要量测顶部自由端的侧向水平位移或底部固定端的剪切转角,梁柱节点试件可量测梁柱自由端点的位移、联结处的转角、梁的曲率、节点核心区的剪切变形等。

结构拟动载试验的观测项目与拟静载试验相类似,应量测结构各层的位移和相应的恢复力,由此求得相应的层间恢复力特性曲线;要量测结构的钢筋应变、节点转角和剪切变形,以及钢筋的黏结滑移等;有时还须量测在不同地震加速度作用下结构主要部位位移反应的过程曲线。

(3) 结构动载试验和抗震试验的量测项目

结构动载试验和抗震试验量测的项目有反映结构动力特性和结构动力反应的有关参数,如振动频率、振幅、振型、阻尼、加速度和动应变等,这些参数都是时间和空间的函数。结构动力特性主要量测结构的自振频率(周期)、振型和阻尼。结构动力反应的测试内容有各种动态参数,如振幅、频率(频谱)、加速度、动应变等,还有结构的振动形态和动力系数。结构抗震试验测试的项目主要是位移、加速度和动应变,由此研究结构的地震作用、层间位移和构件受力情况,评定结构的抗震能力。

3.1.3.2 测点的选择和布置原则

用仪器对结构或构件进行内力和变形等参数量测时,测点的选择与布置有以下原则。

(1) 结构静载试验布点原则

① 在满足试验目的的前提下,测点宜少不宜多,以便使试验工作重点突出。

② 测点的位置必须有代表性,便于分析和计算。

③ 为了保证量测数据的可靠性,应布置一定数量的校核性测点。由于在试验过程中偶然因素会使部分仪器或仪表工作不正常或发生故障,影响量测数据的可靠性,因此不仅要在需要量测的部位设置测点,还要在已知参数的位置上布置校核性测点,以便于判别量测数据的可靠程度。

④ 测点的布置对试验工作的进行应该是方便的、安全的。安装在结构上的附着式仪表所显示的荷载在达到正常使用荷载的 1.2～1.5 倍时应该拆除,以免结构突然破坏而使仪表受损。为了测读方便、减少观测人员,测点的布置还宜适当集中,便于一个人管理多台仪器。控制部位的测点大都处于有危险的部位,故应妥善考虑安全措施,必要时应该选择特殊的仪器仪表或特殊的测定方法来满足量测要求。

（2）结构动载试验布点原则

① 结构动载试验布点原则与静载试验一样，将测点布置在要求被测量结构反应最大的部位。当需要量测结构振型或在动力荷载作用下结构的强迫振动形态曲线时，则需要在结构上连续布置一定数量的测点，一般至少布置五个测点，由各点动位移的连线求得。由于结构振动有正负方向，因此要注意仪器的相位，并要求各测点仪器必须同步，以确定结构的振型和振动形态位移值的正负。

② 在地震模拟振动台上进行整体结构模型试验时，为量测试件在地震作用下的加速度反应，一般在结构各楼层的楼面和屋面处布置加速度传感器，并可由此求得该处的地震作用。同样，在各楼面和屋面处量测振动位移，可由此测得结构振型和地震作用下的振动曲线，并由各点动位移的时程曲线分析求得结构的频率和阻尼等参数。

3.1.3.3　仪器的选择和测读原则

（1）仪器的选择

试验量测仪器的选择应遵循下列原则：

① 选择仪器时，必须从试验的实际需要出发，使所用的仪器能很好地符合量测所需的精度与量程要求，但要防止盲目选用高准确度和高灵敏度的精密仪器。一般的试验，要求测定结果的相对误差不超过 5%。

必须注意的是，精密量测仪器的使用要求有比较良好的工作环境和条件。如果条件不够理想，其后果不是仪器遭受损伤，就是观测结果不可靠。

总之，选择仪器时既要保证精度，又要避免盲目追求高精度，应使仪表的最小刻度值不大于 5% 的最大被测值。

② 仪器的量程应该满足最大应变或挠度的需要，如在试验中途调整，则必然会增大测量误差，因此应当尽量避免。为此，仪器最大被测值宜在满量程的 $1/5 \sim 2/3$ 范围内，一般最大被测值不宜大于选用仪表最大量程的 80%。

③ 如果测点的数量很多而且测点又位于很高、很远的部位，则采用电阻应变仪多点测量或远距离测量就很方便，对埋入结构内部的测点只能用电测仪表。此外，机械式仪表一般附着于结构上，要求仪表的自重轻、体积小，不影响结构的工作。

④ 选择仪表时必须考虑测读方便省时，必要时须采用自动记录装置。

⑤ 为了简化工作、避免差错，量测仪器的型号、规格应尽可能选用一样的，种类愈少愈好。有时为了把控观测结果的正确性，常在校核测点上使用其他类型的仪器，用以比较。

⑥ 动载试验使用的仪表，尤其应注意使仪表的线性范围、频响特性和相位特性满足试验量测的要求。对于量测振动频率、加速度等参数的动测仪表，要求仪表的频率、加速度量测范围大于被测动态参数的上限。测试仪表的分辨率应根据试件的最小振动幅值来选定。同时要注意传感器、放大器与记录系统配套使用时相互间的阻抗匹配问题。

（2）仪器的测读原则

由于结构构件的变形，特别是混凝土构件的变形在一定程度上与荷载持续时间有关，因此在结构静载试验中应注意以下几点：

① 应该按一定的时间间隔进行仪器的测读，全部测点的读数时间必须基本相等。只有同时把测得的数据联合起来进行分析，才能说明结构在某一作用状态下的实际情况。

② 测读仪器的时间，一般选择在加试验荷载过程中的恒载间歇时间内，最好在每次加载完毕后的某一时间开始按程序测读一次，到加下一级荷载前再观测一次读数。

③ 每次记录仪器读数时，应该同时记录周围环境的温度、湿度等。

④ 重要的控制测点的读取应边记录边整理，并与预计理论值进行比较，以便发现问题并及时纠正。同样，在进行结构动载试验和抗震试验时，试验加载与量测应同步进行。

3.2　材料力学性能对结构试验的影响、加荷速度与应变速率对材料力学性能的影响　>>>

3.2.1　材料力学性能对结构试验的影响

3.2.1.1　概述

一个结构或构件的受力和变形特点,除受荷载等外界因素影响外,还取决于组成这个结构或构件材料的性能。而且,建筑材料的性能直接影响结构或构件的质量。因此,对结构材料性能的检验与测定是结构试验中的一个重要组成部分,特别是对充分了解材料的力学性能,在结构试验前或试验过程中正确估计结构的承载能力和实际工作状况,以及在试验后整理试验数据、处理试验结果等都具有非常重要的意义。

在结构试验中,按照结构或构件材料性质的不同,必须测定相应的一些最基本的数据,如混凝土的抗压强度、钢材的屈服强度和抗拉极限强度、砖石砌体的抗压强度等。在科研性试验中,为了了解材料的荷载-变形、应力-应变关系,通常需要测定材料的弹性模量。有时出于试验研究的需要,还须测定混凝土材料的抗拉强度,以及各种材料的应力-应变曲线等有关数据。

在测量材料各种力学性能时,应该按照国家标准或部颁标准所规定的标准试验方法,试件的形状、尺寸、加工工艺及试验加荷与测量方法等都要符合规定的统一标准。由符合规定的标准试件试验得出的强度,称为强度标准值,作为比较各种材料性能的相对指标。同时也把测得的其他数据(如弹性模量)作为用于结构试验资料整理分析或该项试验理论分析的参数。

在建筑结构抗震研究中,应根据地震荷载作用的特点,在结构上施加周期性反复荷载。当结构进入弹塑性工作阶段时,材料的应力-应变关系将呈现非线性关系,因此相应的材料试验也必须是在周期性反复荷载作用下进行。这时钢材将会出现包辛格效应,对于混凝土材料就需要进行应力-应变全过程曲线的测定,特别是曲线下降段的测定。有时,还需要研究混凝土的徐变-时间和握裹应力-滑移等关系,以便为结构非线性分析提供依据。

3.2.1.2　影响

材料的力学性能指标是由钢材、钢筋和混凝土等各种材料分别制成试样或试块进行试验结果的平均值。由于混凝土强度的不均匀性等的影响,该值会产生波动。因此,用有波动的材料性能试验测定的平均值进行结构试验数据处理或理论计算时,其结果也就会产生误差。

一般混凝土的弹性模量在测定平均值的10%以内波动,混凝土强度大致也在10%的范围内变动,有时波动范围也可能较大,为15%～20%;而钢筋的强度波动较小,为5%～10%。混凝土材质不均匀时,强度试验值必然会有较大的波动,尤其当试验方法不妥时,波动值将会更大。此外,混凝土材料力学性能试验结果也会因试件的形状、尺寸及养护条件等不同而变化。因此,测量平均值和混凝土实际强度并不一样。

在一般结构静载试验中,混凝土弹性模量的误差对试件的刚度、应力的影响是以线性关系表现的。混凝土强度对试件受压破坏时的强度影响较大,而钢筋强度的误差则对结构受拉破坏时的强度影响较大。

在实际结构试验时,由于混凝土浇筑方法,砖石砌块的砌筑工艺、养护条件和试件形状、加荷速度等原因,其强度和材料性能试验结果也不尽相同,甚至同一批结构试件之间也会产生很大的差异。例如,浇捣钢筋混凝土构件时,用木模成形并快速脱模与用钢模成形的试块材料性能试验结果之间将有5%～10%的误差,有时可能更大。在砖石砌块砌筑过程中,一级工与五级工砌筑的砌体,其强度差别可达50%。鉴于此,在进行科研性试验研究时,同一型号的试件之间、结构试件与材料性能试件之间,要求严格做到材料性质的一致、施工工艺的一致和养护条件的一致。钢筋混凝土构件浇捣时要用同批搅拌的混凝土,并保证成形和养护条件相同。对于骨架钢筋,要在同一根钢筋上留取材料性能试件,有时甚至从被破坏的试件中凿出钢筋取样进行材料试验。在砖石或砌块砌体砌筑时,要求同一人用同批砖块或砌块和同批拌制的砂浆砌筑同一砌体试件。只有这样,才能尽量消除误差及其对试验结果的影响。

3.2.2　加荷速度与应变速率对材料力学性能的影响

在测定材料力学性能的试验中,加荷速度愈快,即引起材料的应变速率愈大,试件的强度和弹性模量也就相应愈高。

钢筋的强度随加荷速度(或应变速率)的提高而加大。图 3-10(a)所示为国外所做的软钢试验,图中的 $0.1\ s^{-1}$ 等为应变速率;图 3-10(b)所示为国内所做的试验,图中 t_s 为达到屈服的时间,反映了加荷速度。显然,加荷速度和应变速率对强度是有影响的,但加荷速度基本上不改变弹性模量和图形的形状。

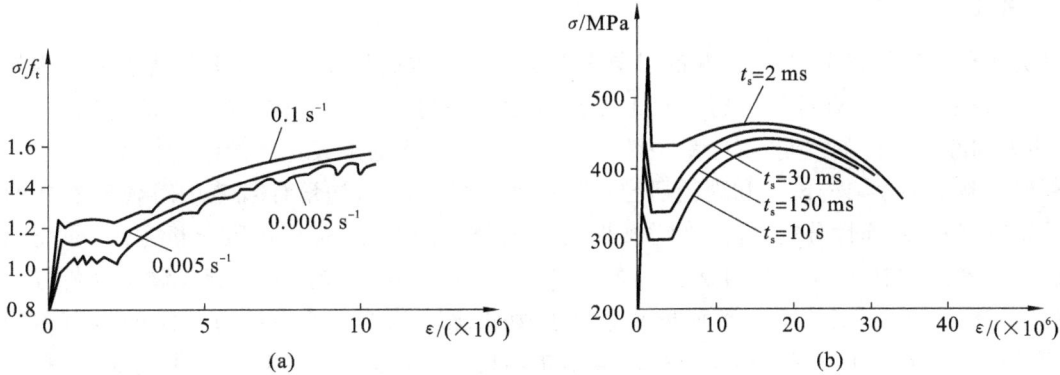

图 3-10　不同应变速率的混凝土应力-应变曲线

在打桩、爆炸等一类冲击荷载的作用下,钢筋可以直接受到高速增加的荷载作用,但在地震力作用下,钢筋的应变速率取决于构件的反应。就钢筋混凝土框架而言,钢筋应变速率大致为 $0.01\sim0.02\ s^{-1}$。

混凝土尽管是非金属材料,但也和钢筋一样,随着加荷速度的增加强度和弹性模量提高。在很高应变速率的情况下,由于混凝土内部细微裂缝来不及发展,初始弹性模量随应变速率的加快而提高。图 3-11 表示了应变速率对混凝土应力-应变曲线的影响。

从图 3-12 中可以看出:应力-应变曲线的上升段(从原点到曲线顶点的一段)随应变速率的变化远比下降段(顶点以后的一段)小得多。因此,在作常规的静载条件下的应力-应变曲线时,不大的应变速率变化也将对下降段产生较大的影响。

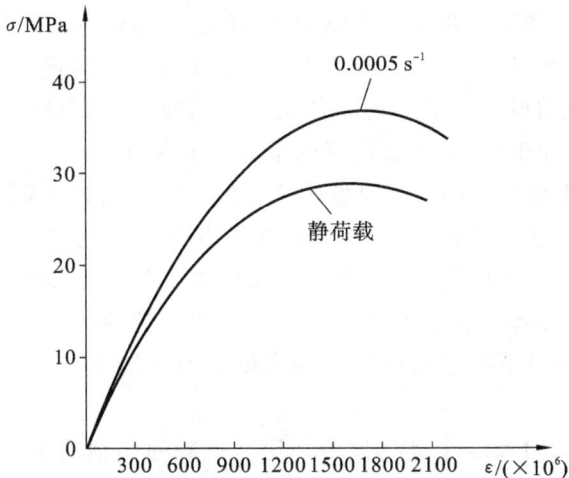

图 3-11　不同应变速率对混凝土应力-应变曲线的影响

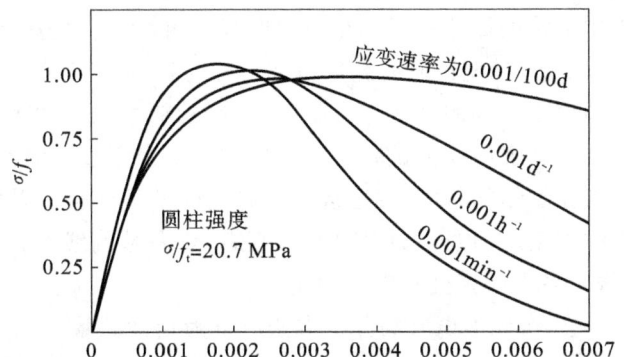

图 3-12　应变速率对混凝土应力-应变曲线下降段的影响

在实际混凝土抗压试件试验中,有资料说明当加荷速度使截面应力变化从 $0.25\ MPa/s$ 提高到 $7\ MPa/s$ 时,抗压强度指标可增长 9%。如果加荷速度变慢,则强度就可能显著降低,当应力变化从 $0.25\ MPa/s$ 降低到0.07 MPa/s时,强度将降低 10%～15%。在试验中人们还发现,如果按通常的速度加荷到试件强度的90%左右并维持荷载不变,则几分钟或更长一段时间后试件也会破坏。一般认为试件从开始加荷并在不超过破坏强度值的 50%范围内,可以用任意速度进行加荷,而不会影响最后的强度指标。

3.3 相似理论及其应用 　〉〉〉

3.3.1 概述

在工程实践和理论研究中,结构试验的对象大多是实际结构的模型。对于工程结构中的构件或结构的某一局部,如梁、柱、板、墙,有可能进行足尺的结构试验。但对于整体结构,除进行结构现场静、动载试验外,受设备能力和经济条件的限制,实验室条件下的结构试验大多为缩尺比例的结构模型试验。

结构模型试验是工程结构设计和理论研究的主要手段之一。结构设计规范中对各种各样的结构分析方法做出了规定,例如线弹性分析方法、考虑塑性内力重分布的方法、塑性极限分析方法、非线性分析方法和试验分析方法等。其中,试验分析方法在概念上与计算分析方法有较大的差别。试验分析方法通过结构试验(其中主要是结构模型试验),得到体形复杂或受力状况特殊结构或一部分结构的内力、变形、动力特性、破坏形态等,为结构设计或复核提供依据。应当指出的是,随着电子计算机的飞速发展,基于计算机的结构分析方法已经能够解决很多复杂的结构分析问题,但结构模型试验仍有不可替代的地位,并广泛地应用于工程实践中。

模型一般是指按比例制成的小物体,它与另一个通常是更大的物体在形状上精确地相似,模型的性能在一定程度上可以代表或反映与它相似的更大物体的性能。

模型试验的理论基础是相似理论。仿照原型结构、按相似理论的基本原则制成的结构模型,具有原型结构的全部或部分特征。通过试验,可得到与模型力学性能相关的测试数据;根据相似理论,可由模型试验结果推断原型结构的性能。

在工程设计和科学研究中,常见的模型试验分为以下几类:

① 按模型试验的目的可分为小结构试验和相似模型试验。其中,小结构试验的目的是验证设计理论、材料、工艺性能或结构设计所需的参数。小结构试验的模型不与任何一个具体的原型结构相对应,按照设计规范的要求设计并制作模型,但模型尺寸较小。例如,钢筋混凝土单层框架试验中,梁截面尺寸为 $b \times h = 100\ mm \times 180\ mm$,柱截面尺寸为 $b \times h = 140\ mm \times 140\ mm$,配直径为 12 mm 的纵向受力钢筋。这种框架的试验就属于小结构试验。相似模型与某一原型结构相似,试验的目的是通过相似模型的试验结果直接推测原型结构的性能指标。在线弹性范围内,当模型与原型严格相似时,上述试验目的是可以实现的。

② 按模型试验研究的范围可分为弹性模型试验、强度模型试验和间接模型试验。弹性模型试验的研究范围限于结构的弹性工作阶段,模型材料可以与原型材料不同。例如,常用有机玻璃制作桥梁或建筑的弹性模型。强度模型试验研究原型结构受力全过程的性能,重点是破坏形态和极限承载能力。强度模型的材料与原型结构相同,钢筋混凝土结构的模型试验常采用强度模型试验。间接模型试验的研究范围仅限于结构的支座反力及内力,如轴力、弯矩、剪力影响线等。间接模型不要求与原型结构直接相似,目前已较少应用,大多为计算机分析所替代。

③ 按模型试验的分析方法可分为定性试验、半分析法试验和定量分析试验。定性试验的模型简单,模型试验的结果可以展现某种规律或现象是否存在,不要求精确的数量关系。例如,可通过定性试验展示钢结构构件的弯扭失稳现象。半分析法试验有时又称为子结构试验,模型试验的对象为整体结构的一部分,结构整体性能由模型试验和整体结构分析得到。通过模型试验可实现对原型结构的定量分析,是结构模型试验的主要目的。工程师和研究人员总是希望将模型试验作为一种独立的研究工具,由模型试验的结果直

接得到原型结构的性能指标。特别是对于计算机不能真实模拟和准确计算的复杂结构和新型结构,定量分析模型尤为重要。

④ 按试验模拟的程度可分为截面模型试验或节段模型试验、局部结构模型试验和整体模型试验。对于可作为平面问题分析的结构,可采用截面模型试验或节段模型试验。例如,可以截取条形基础结构模型的一段进行节段模型试验。局部结构模型试验的研究对象为大型结构中受力较为复杂的某一局部。例如,大型桥梁结构中,钢箱梁和钢筋混凝土箱梁结合部的模型试验就是局部结构模型试验。整体模型也称为三维模型或空间模型,它反映了结构的空间受力特性。例如,钢筋混凝土框架结构常采用平面结构模型进行试验研究,但考虑框架角柱的双向偏心受压或受扭时,就必须采用空间模型。

⑤ 按试验加载的方法可分为静力模型试验、动力模型试验、伪静力模型试验、拟动力模型试验等,这与常规的结构试验的分类是相同的。此外,对结构模型采用不同的测试方法,还可作出不同的分类。较为典型的是光弹性结构模型,这类模型采用透明、均质、边缘效应小的环氧类材料制成,利用偏振光量测应力分布。

利用结构模型进行试验研究具有以下特点:

① 模型试验作为一种研究手段,可以根据需要控制试验对象的主要参变量,而不受原型结构或其他条件的限制。可以在模型设计和试验过程中有意识地突出主要影响因素,有利于把握结构受力的主要特征,减少外界条件和其他因素的影响。

② 模型结构与原型结构相比,尺寸一般按比例缩小,模型制作成本降低,对试验占用的场地及加载设备能力的要求均可降低,有利于节约资金、人力、时间和空间。由于有较好的经济性能,模型试验可以重复进行。

③ 模型试验可以用来预测尚未建造结构的性能,例如结构在极端灾害(地震、飓风等)条件下的性能。对于原型结构,一般很难进行这类试验。

④ 模型试验可以在实验室条件下进行,良好的测试环境为精确的测试和分析提供了保证。在一定条件下,还可以反复对结构模型进行测试,消除测试误差。

在结构模型试验中,将与原型结构尺寸相同的模型称为足尺模型,将原型结构按比例缩小得到的模型称为缩尺模型。本节主要讨论缩尺模型的设计和试验方法。

相似理论是模型试验的基础。进行结构模型试验的目的是试图根据模型试验的结果分析、预测原型结构的性能。相似性要求将模型结构和原型结构联系起来。

一个物理现象区别于另一个物理现象在于两个方面,即质的区别和量的区别。我们采用基本物理量实现对物理现象量的描述。物理学中的基本物理量包括机械量、热力学量和电量,常用的基本物理量为长度、力(或质量)、时间、温度和电荷。这些基本物理量称为量纲(dimension)。大多数结构模型试验只涉及机械量,因此最重要的基本物理量为长度、力和时间。量的特征由数量和比较标准构成。这里的比较标准是指标准单位。例如,国际单位制就建立了一种比较标准。在结构模型设计和试验中,通过量纲分析确定模型结构和原型结构的相似关系。

3.3.2 相似理论

3.3.2.1 模型的相似要求和相似常数

结构模型试验中的"相似"是指原型结构和模型结构的主要物理量相同或成比例。在相似系统中,各相同物理量之比称为相似常数、相似系数或相似比。

(1) 几何相似

几何相似要求模型结构和原型结构对应的尺寸成比例,该比例即为几何相似常数。以矩形截面简支梁为例,原型结构的截面尺寸为 $b_p \times h_p$,跨度为 L_p,模型结构的截面尺寸为 $b_m \times h_m$,跨度为 L_m,则几何相似可以表达为:

$$\frac{h_m}{h_p} = \frac{b_m}{b_p} = \frac{L_m}{L_p} = S_L \tag{3-1}$$

式中,S_L 为几何相似常数;下标 m 取自英文 model 的首字母,表示模型;下标 p 取自英文 prototype 的首字母,表示原型。

对于几何相似的矩形截面简支梁,可以导出下列关系:

$$S_A = \frac{A_m}{A_p} = \frac{b_m h_m}{b_p h_p} = S_L^2 \tag{3-2}$$

$$S_W = \frac{W_m}{W_p} = \frac{b_m h_m^2/6}{b_p h_p^2/6} = S_L^3 \tag{3-3}$$

$$S_I = \frac{I_m}{I_p} = \frac{b_m h_m^3/12}{b_p h_p^3/12} = S_L^4 \tag{3-4}$$

式中,S_A、S_W、S_I 分别为由几何相似常数导出的面积比、截面抵抗矩比和惯性矩比。

（2）质量相似

在动力学问题中,结构的质量是影响结构动力性能的主要因素之一。结构动力模型要求模型的质量（包括集中质量）分布与原型的质量分布相似,即模型与原型对应部位的质量成比例:

$$S_m = \frac{m_m}{m_p}$$

或用质量密度表示为:

$$S_\rho = \frac{\rho_m}{\rho_p} \tag{3-5}$$

注意到质量等于密度与体积的乘积,则:

$$S_\rho = \frac{\rho_m}{\rho_p} \cdot \frac{V_m}{V_p} \cdot \frac{V_p}{V_m} = \frac{S_m}{S_L^3} \tag{3-6}$$

由此可见,给定几何相似常数后,密度相似常数可由质量相似常数导出。

（3）荷载相似

荷载或力相似要求模型和原型在对应部位所受的荷载大小成比例,方向相同。集中荷载与力的量纲相同,而力又可用应力与面积的乘积表示,因此集中荷载相似常数可以表示为:

$$S_P = \frac{P_m}{P_p} = \frac{A_m \sigma_m}{A_p \sigma_p} = S_L^2 S_\sigma \tag{3-7}$$

式中,S_σ 为应力相似常数。如果模型结构的应力与原型结构的应力相同,即 $S_\sigma = 1$,则由上式可以得到 $S_P = S_L^2$。可见,引入应力相似常数后,力相似常数可用几何相似常数表示。类似地,可以得到:

线荷载相似常数为

$$S_w = S_L S_\sigma \tag{3-8}$$

面荷载相似常数为

$$S_q = S_\sigma \tag{3-9}$$

集中力矩相似常数为

$$S_M = S_L^3 S_\sigma \tag{3-10}$$

（4）应力和应变相似

如果模型和原型采用相同的材料,则弹性模量相似常数 $S_E = 1$,模型的应力相似常数和应变相似常数相等。如果模型和原型采用不同的材料制作,则有:

$$S_\sigma = S_E S_\varepsilon \tag{3-11}$$

式中,S_ε 为应变相似常数。除正应力和正应变相似常数外,有些模型试验涉及剪应力和剪应变相似常数,其关系式与式（3-11）基本相同。与材料特性相关的还有泊松比相似常数 S_ν。应力或应变相似是模型设计中的一个重要条件,如前所述,可以采用应力相似常数表示荷载相似常数。

（5）时间相似

时间相似常数 S_t 是结构模型设计中的一个独立常数。在描述结构的动力性能时,虽然有时不直接采用时间这个基本物理量,但速度、加速度等物理量都与时间有关。按相似性要求,模型结构和原型结构的速度或加速度应成比例。

（6）边界条件和初始条件相似

在材料力学和弹性力学中,常用微分方程描述结构的变形和内力,边界条件和初始条件是求解微分方程的必要条件。按照相似性要求,原型结构和模型结构的内力-变形关系应采用同一组微分方程和边界条件、初始条件描述。

边界条件相似是模型试验中一个非常重要的相似性要求。在结构试验中,边界条件分为位移边界条件和力边界条件。边界条件相似要求模型结构在边界上受到的位移约束及支座反力与原型结构相似。有些结构的性能对边界条件十分敏感。例如,拱桥模型试验要求支座水平位移为 0,因为支座的微小水平位移可能会使拱的内力发生显著变化。

对于结构动力问题,初始条件包括在初始状态下结构的几何位置（初始位移）、初始速度和初始加速度。一般情况下,结构模型动力试验的初始条件相似要求较容易满足,因为绝大多数的试验都采用初始位移和初始速度为 0 的初始条件。

在国际单位制中,规定了若干物理量的单位为基本单位,即长度用 m,时间用 s,力用 N（质量用 kg）,温度用 K,电流用 A。在相似模型中,以上 5 个物理量的相似常数称为基本相似常数。除这 5 个基本相似常数外,其他相似常数称为导出相似常数。例如,速度的相似常数可用长度相似常数和时间相似常数表示。结构静力模型涉及长度和力 2 个基本物理量,结构动力模型涉及长度、力和时间 3 个基本物理量。

3.3.2.2 相似定理

相似定理涉及下列基本概念。

（1）相似指标

两个系统中相似常数之间的关系式称为相似指标。若两系统相似,则相似指标为 1。下面以牛顿第二定律为例加以说明。

原型:

$$F_p = m_p \frac{dv_p}{dt_p} \tag{3-12}$$

模型:

$$F_m = m_m \frac{dv_m}{dt_m} \tag{3-13}$$

引入相似常数后,可得:

$$F_m = S_F F_p, \quad m_m = S_m m_p, \quad v_m = S_v v_p, \quad t_m = S_t t_p \tag{3-14}$$

将式（3-14）表示的关系代入式（3-12）,得到:

$$\frac{S_m S_v}{S_F S_t} F_m = m_m \frac{dv_m}{dt_m}$$

因模型与原型相似,由式（3-13）,得到相似指标:

$$\frac{S_F S_t}{S_m S_v} = 1 \tag{3-15}$$

（2）相似判据

相似判据又称为相似准则或相似准数,它是由物理量组成的无量纲量。例如,将式（3-14）中的关系代入式（3-15）,得到:

$$\frac{F_p t_p}{m_p v_p} = \frac{F_m t_m}{m_m v_m} \tag{3-16}$$

上式就表示了一个相似判据。当模型和原型的各物理量满足上式时,两个系统相似。在相似定理中,习惯上用希腊字母 π 表示相似判据,即:

$$\pi = \frac{F_p t_p}{m_p v_p} = \frac{F_m t_m}{m_m v_m} = 不变量 \tag{3-17}$$

（3）单值条件

单值条件是指决定一个物理现象基本特性的条件。单值条件将该物理现象同其他众多物理现象区分开来。属于单值条件的因素有:系统的几何特性,材料特性,对系统性能有重大影响的物理参数,系统的初始状态,边界条件等。

(4) 相似误差

在结构模型试验中,由于相似条件不能得到完全满足,由模型试验的结果推演原型结构性能时会产生误差,称为相似误差。应当指出的是,在结构试验中,相似误差是很难完全避免的,但应减小相似误差对主要研究物理现象的影响。

(5) 相似第一定理

相似第一定理表述为:彼此相似的现象,单值条件相同,相似判据的数值相同。这个定理揭示了相似现象的本质,说明两个相似现象在数量上和空间中的相互关系。

相似第一定理所确定的相似现象的性质,最早是由牛顿发现的,以下仍用牛顿第二定律说明。式(3-16)中给出了两个系统的相似判据,如果去掉式(3-16)中各物理量的下标,则可写出一般表达式为:

$$\frac{Ft}{mv}=\pi=\text{不变量} \qquad (3\text{-}18)$$

此式表示各物理量之间的比例为一常数。相似第一定理中的相似判据的数值相同,就是指原型系统的 π 和模型系统的 π 相同时,两个系统相似。

在结构模型试验中要判断模型和原型是否相似,几何相似虽然是十分重要的条件,但并不是决定模型性能与原型性能相似的唯一条件。相似第一定理中,除要求相似判据的数值相同外,还要求单值条件相同。单值条件构成相似性要求的独立条件。例如,对于上述牛顿第二定律系统,如果模型和原型的初始条件不同,即使两个系统的 π 值相同,两个系统也不会相似。

按照相似第一定理,利用相似判据把相似现象中对应的物理量联系起来,并说明它们之间的关系,这样就便于在结构模型试验中,应用相似理论从描述系统性能的基本方程中寻求所研究现象的相似判据及其具体形式,以便将模型试验的结果正确地转换到原型结构。

(6) 相似第二定理

相似第二定理表述为:当一物理现象由 n 个物理量之间的函数关系来表示,且这些物理量中包含 m 种基本量纲时,可以得到 $(n-m)$ 个相似判据。

描述物理现象函数关系的一般方程可写成:

$$f(x_1,x_2,\cdots,x_n)=0 \qquad (3\text{-}19)$$

按照相似第二定理,上式可改写为:

$$\varphi(\pi_1,\pi_2,\cdots,\pi_{n-m})=0 \qquad (3\text{-}20)$$

这样,利用相似第二定理,可将物理方程转换为相似判据方程。同时,因为现象相似,所以模型和原型的相似判据都保持相同的 π 值,π 值满足的关系式也应相同,即:

$$f[\pi_{m1},\pi_{m2},\cdots,\pi_{m(n-m)}]=f[\pi_{p1},\pi_{p2},\cdots,\pi_{p(n-m)}]=0 \qquad (3\text{-}21)$$

其中

$$\pi_{m1}=\pi_{p1},\pi_{m2}=\pi_{p2},\cdots,\pi_{m(n-m)}=\pi_{p(n-m)}$$

上述过程说明,如果将模型试验的结果整理成式(3-21)所示的形式,这个无量纲的 π 关系式可以推广到与其相似的原型结构。由于相似判据习惯上用 π 表示,因此相似第二定理也称为 π 定理。

相似第二定理没有规定由系统的基本方程式(3-19)如何得到相似判据方程式(3-20)(即 π 关系式)。实际上,可以由多种途径得到 π 关系式。相似第二定理表明,若两个系统彼此相似,不论采用何种方式得到相似判据,描述物理现象的基本方程均可转化为无量纲的相似判据方程。

下面以简支梁为例加以说明。如图 3-13 所示,长度为 L 的简支梁,其上作用有集中荷载 F 和均布荷载 q。由材料力学可知,梁的跨中截面边缘应力为:

$$\sigma=\frac{FL}{4W}+\frac{qL^2}{8W}$$

式中,W 为梁的截面抵抗矩。由物理意义可知,上式中各项的量纲相等,容易写出无量纲方程:

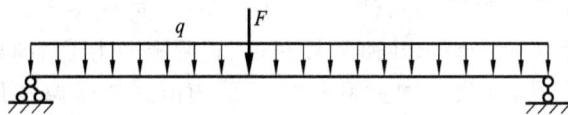

图 3-13　简支梁承受均布荷载与集中荷载

$$1 = \frac{FL}{4\sigma W} + \frac{qL^2}{8\sigma W}$$

引入相似常数,模型简支梁和原型简支梁各物理量之间的关系为:

$$F_m = S_F F_p , \quad q_m = S_q q_p , \quad W_m = S_W W_p , \quad L_m = S_L L_p , \quad \sigma_m = S_\sigma \sigma_p$$

模型简支梁和原型简支梁的各物理量满足下列关系式:

$$\frac{F_m L_m}{4\sigma_m W_m} + \frac{q_m L_m^2}{8\sigma_m W_m} = 1 , \quad \frac{F_p L_p}{4\sigma_p W_p} + \frac{q_p L_p^2}{8\sigma_p W_p} = 1$$

将相似常数表示的关系代入上述第一式,则:

$$\frac{S_F S_L}{S_\sigma S_W} \cdot \frac{F_p L_p}{4\sigma_p W_p} + \frac{S_q S_L^2}{S_\sigma S_W} \cdot \frac{q_p L_p^2}{8\sigma_p W_p} = 1$$

显然,要使模型与原型相似,必须满足:

$$\frac{S_F S_L}{S_\sigma S_W} = 1 , \quad \frac{S_q S_L^2}{S_\sigma S_W} = 1$$

而一般形式的相似判据为:

$$\pi_1 = \frac{FL}{\sigma W} , \quad \pi_2 = \frac{qL^2}{\sigma W}$$

由以上分析可知,无量纲方程的各项就是相似判据,因此各物理量之间的关系方程均可写成相似判据方程。

(7) 相似第三定理

相似第三定理表述为:凡具有同一特性的物理现象,当单值条件彼此相似,且由单值条件的物理量所组成的相似判据在数值上相等时,这些现象彼此相似。按照相似第三定理,两个系统相似的充分必要条件是决定系统物理现象的单值条件相似。

考查承受静力荷载的结构,其应力的表达式可写为:

$$\sigma = f(L, F, E, G)$$

式中　F——结构受到的荷载;

　　　L——结构几何尺寸;

　　　E, G——材料的弹性模量和剪切模量。

将上式写成如下无量纲形式。

对于模型:

$$\frac{\sigma_m L_m^2}{F_m} = \varphi\left(\frac{F_m}{E_m L_m^2}, \frac{E_m}{G_m}\right),$$

对于原型:

$$\frac{\sigma_p L_p^2}{F_p} = \varphi\left(\frac{F_p}{E_p L_p^2}, \frac{E_p}{G_p}\right)$$

当由单值条件组成的相似判据的数值相等时,即

$$\frac{F_m}{E_m L_m^2} = \frac{F_p}{E_p L_p^2} , \quad \frac{E_m}{G_m} = \frac{E_p}{G_p}$$

则模型与原型相似,相似的结果为:

$$\frac{\sigma_m L_m^2}{F_m} = \frac{\sigma_p L_p^2}{F_p}$$

应当指出的是,上述单值条件是指某一特定的物理现象与其他物理现象有所区别的条件。在结构模型

试验中,主要加以考虑的单值条件包括结构几何尺寸、边界条件、物理参数、时间、温度、初始条件等。对于常规结构静力模型试验,单值条件相似要求几何尺寸相似、边界条件相似、荷载相似和材料特征相似;对于结构动力模型试验,除上述要求外,还要求时间和初始条件相似。考虑温度作用时,还要求温度单值条件相似。

相似第一定理和相似第二定理是判别相似现象的重要法则。这两个定理确定了相似现象的基本性质,但它们是在假定现象相似的基础上导出的,未给出相似现象的充分条件。而相似第三定理则确定了物理现象相似的必要和充分条件。

上述三个相似定理构成了相似理论的基础。相似第一定理又称为相似正定理,相似第二定理又称为 π 定理,相似第三定理又称为相似逆定理。

在结构模型试验中,完全满足相似定理有时是很困难的,只要能够抓住主要矛盾,正确地运用相似定理,就可以保证模型试验的精度。

3.3.2.3 量纲分析

在讨论相似定理时,我们往往假定已知结构系统各物理量之间的基本关系。而在进行结构模型试验时,并不能确切地知道关于结构性能的某些关系。这时,借助于量纲分析能够对结构体系的基本性能作出判断。

研究物理量的数量关系时,一般选择几个物理量的单位就能求出其他物理量的单位。将这几个物理量称为基本物理量,基本物理量的单位为基本单位。

(1)量纲的基本概念

量纲又称因次,它说明测量物理量时所采用单位的性质。例如,测量长度时用 m、cm、mm 或 nm 等不同的单位,但它们都属于长度这一性质,因此将长度称为一种量纲,以[L]表示。时间用 a、h、s 等单位表示,也是一种量纲,以[T]表示。每一种物理量都对应一种量纲。有些相对物理量是无量纲的,用[1]表示。选择一组彼此独立的量纲为基本量纲,其他物理量的量纲可由基本量纲导出,称为导出量纲。在结构试验中,取长度、力、时间的量纲为基本量纲,组成力量系统或绝对系统;如果取长度、质量、时间的量纲为基本量纲,则组成质量系统。表 3-6 中列出了常用物理量的量纲。

表 3-6　　　　　　　　　　　　　　　常用物理量及物理常数的量纲

物理量	质量系统	绝对系统	物理量	质量系统	绝对系统
长度	$[L]$	$[L]$	冲量	$[MLT^{-1}]$	$[FT]$
时间	$[T]$	$[T]$	功率	$[ML^2T^{-3}]$	$[FLT^{-1}]$
质量	$[M]$	$[FL^{-1}T^2]$	面积二次矩	$[L^4]$	$[L^4]$
力	$[MLT^{-2}]$	$[F]$	质量惯性矩	$[ML^2]$	$[FLT^2]$
温度	$[\Theta]$	$[\Theta]$	表面张力	$[MT^{-2}]$	$[FL^{-1}]$
速度	$[LT^{-1}]$	$[LT^{-1}]$	应变	$[1]$	$[1]$
加速度	$[LT^{-2}]$	$[LT^{-2}]$	比重	$[ML^{-2}T^{-2}]$	$[FL^{-3}]$
频率	$[T^{-1}]$	$[T^{-1}]$	密度	$[ML^{-3}]$	$[FL^{-4}T^2]$
角度	$[1]$	$[1]$	弹性模量	$[ML^{-1}T^{-2}]$	$[FL^{-2}]$
角速度	$[T^{-1}]$	$[T^{-1}]$	泊松比	$[1]$	$[1]$
角加速度	$[T^{-2}]$	$[T^{-2}]$	线膨胀系数	$[\Theta^{-1}]$	$[\Theta^{-1}]$
应力或压强	$[ML^{-1}T^{-2}]$	$[FL^{-2}]$	比热	$[L^2T^{-2}\Theta^{-1}]$	$[L^2T^{-2}\Theta^{-1}]$
力矩	$[ML^2T^{-2}]$	$[FL]$	导热率	$[MLT^{-3}\Theta^{-1}]$	$[FT^{-1}\Theta^{-1}]$
热或能量	$[ML^2T^{-2}]$	$[FL]$	热容量	$[ML^{-1}T^{-2}\Theta^{-1}]$	$[FL^{-1}T^{-1}\Theta^{-1}]$

（2）物理方程的量纲均衡性和齐次性

在描述物理现象的基本方程中，各项的量纲应相等，同名物理量应采用同一种单位，这就是物理方程的量纲均衡性。应当指出的是，物理方程的量纲均衡性与数学方程的齐次性是两个不同范畴的概念，但对物理方程的量纲进行分析时，这两个概念是一致的。从物理方程所包含物理量的量纲方面进行考查，应得到量纲均衡的结论；从数学角度对方程进行分析，则可得到正确的物理方程在数学上均可表示为齐次方程的结论。

下面以胡克定律为例，来说明量纲的均衡性和齐次性。胡克定律描述了材料应力和应变的关系，其物理方程为：

$$\sigma - E\varepsilon = 0$$

将上式中的各项用基本单位表述，则有：

$$K_1 \frac{力单位}{(长度单位)^2} - \left[K_2 \frac{力单位}{(长度单位)^2} \cdot K_3 \frac{长度单位}{长度单位} \right] = 0$$

整理后可得：

$$K_1 \frac{力单位}{(长度单位)^2} - K_2 K_3 \frac{力单位}{(长度单位)^2} = 0$$

物理方程的均衡性和齐次性由上式可清楚表现出来。而且，方程的均衡性和齐次性与力及长度单位的种类无关（如不论是工程单位制还是国际单位制，都不影响方程的均衡性和齐次性）。

（3）量纲分析实例

【例 3-1】　静力集中荷载作用下的简支梁如图 3-14 所示。梁的跨度为 L，集中荷载为 F，弹性模量为 E，截面抵抗矩为 W，截面惯性矩为 I；集中荷载作用点到两个支座的距离分别为 a 和 b，截面弯矩为 M，截面边缘应力为 σ，跨中挠度为 f。试进行量纲分析。

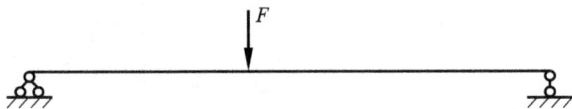

图 3-14　例 3-1 图

【解】　在模型试验中，当模型梁与原型梁相似时，得到下列关系：

$$L_m = S_L L_p, \quad a_m = S_L a_p, \quad b_m = S_L b_p, \quad W_m = S_L^3 W_p, \quad I_m = S_L^4 I_p, \quad F_m = S_F F_p, \quad \sigma_m = S_\sigma \sigma_p \quad (3\text{-}22)$$

由材料力学可知，简支梁在集中荷载作用下，荷载作用点处的弯矩、截面边缘应力和挠度的物理方程为：

$$M = \frac{Fab}{L}, \quad \sigma = \frac{M}{W} = \frac{Fab}{LW}, \quad f = \frac{Fa^2 b^2}{3LEI}$$

因模型与原型相似，在荷载作用点处，模型梁和原型梁的截面边缘应力为：

$$\sigma_m = \frac{F_m a_m b_m}{L_m W_m} \tag{3-23}$$

$$\sigma_p = \frac{F_p a_p b_p}{L_p W_p} \tag{3-24}$$

利用式（3-22）表示的相似关系，式（3-23）可写为：

$$\frac{S_\sigma S_L^2}{S_F} \sigma_p = \frac{F_p a_p b_p}{L_p W_p}$$

由式（3-24）可得相似指标为：

$$\frac{S_\sigma S_L^2}{S_F} = 1 \tag{3-25}$$

相似判据为：

$$\pi_1 = \frac{\sigma \cdot L^2}{F}$$

式(3-25)中有 3 个相似常数,可先选定几何相似常数 S_L,再根据需要给出模型应力与原型应力相等的条件,即 $S_\sigma=1$,得到 $S_F=S_L^2$。例如,当缩尺比例等于 8,即模型尺寸为原型尺寸的 1/8 时,若模型所受荷载为原型所受荷载的 1/64,则模型梁截面边缘应力和原型梁截面边缘应力相等。此时,如果模型梁的弹性模量与原型梁的弹性模量相同,则将模型梁荷载作用点的挠度放大 8 倍,可得到原型梁对应点的挠度。读者可自行证明。

【例 3-2】 单自由度振动体系的振动微分方程如下:

$$m\frac{d^2x}{dt^2}+c\frac{dx}{dt}+kx-P(t)=0$$

式中,x 为振动质量的位移,m、c、k 分别为振动体系的质量、阻尼和刚度,$P(t)$ 为振动体系受到的随时间变化的外力。试分析原型与模型相似的条件。

【解】 将振动微分方程改写为一般函数形式,为:

$$f(m,c,k,x,t,P)=0 \tag{3-26}$$

方程中物理量个数 $n=6$,采用绝对系统,基本量纲数 $m=3$,π 数目 $n-m=3$,则 π 函数为:

$$\varphi(\pi_1,\pi_2,\pi_3)=0 \tag{3-27}$$

所有物理量参数组成无量纲形式,π 数的一般形式为:

$$\pi=m^{a_1}c^{a_2}k^{a_3}x^{a_4}t^{a_5}P^{a_6} \tag{3-28}$$

式中,a_1、a_2、a_3、a_4、a_5、a_6 为待定的指数。根据各物理量的量纲,上式可写为:

$$[1]=[FL^{-1}T^2]^{a_1}[FL^{-1}T]^{a_2}[FL^{-1}]^{a_3}[L]^{a_4}[T]^{a_5}[F]^{a_6}$$

根据量纲均衡性要求,上式右边的运算结果应为无量纲量,即力、长度、时间量纲的指数均应为 0,由此得到下列方程。

$[F]$ 量纲指数:

$$a_1+a_2+a_3+a_6=0$$

$[L]$ 量纲指数:

$$-a_1-a_2-a_3+a_4=0$$

$[T]$ 量纲指数:

$$2a_1+a_2+a_5=0$$

以上 3 个方程中包含 6 个待定常数,可将上述方程改写为如下形式。
由 $[T]$ 量纲方程,得:

$$a_2=-2a_1-a_5$$

将上式代入 $[L]$ 量纲方程,得:

$$a_3=a_1+a_4+a_5$$

再将以上两式代入 $[F]$ 量纲方程,得:

$$a_6=-a_4$$

给定 a_1、a_4、a_5 的值后,可得到 a_2、a_3、a_6 的值。根据上列运算结果,将式(3-28)重写为:

$$\pi=m^{a_1}c^{-2a_1-a_5}k^{a_1+a_4+a_5}x^{a_4}t^{a_5}P^{-a_4}=\left(\frac{mk}{c^2}\right)^{a_1}\left(\frac{kx}{P}\right)^{a_4}\left(\frac{kt}{c}\right)^{a_5}$$

从上式中可以看出,a_1、a_4、a_5 取不同的值可得到不同的 π 数。由于 a_1、a_4、a_5 这 3 个待定系数相互之间是完全独立的,3 个待定系数独立的取值对应了 3 个独立的 π 数,因此取

$$a_1=1,\quad a_4=0,\quad a_5=0$$
$$a_1=0,\quad a_4=1,\quad a_5=0$$
$$a_1=0,\quad a_4=0,\quad a_5=1$$

由此可以得到 3 个独立的 π 数:

$$\pi_1=\frac{mk}{c^2},\quad \pi_2=\frac{kx}{P},\quad \pi_3=\frac{kt}{c}$$

因此,根据相似第二定理,当下列条件满足时原型与模型相似:

$$\frac{m_m k_m}{c_m^2} = \frac{m_p k_p}{c_p^2}, \quad \frac{k_m x_m}{P_m} = \frac{k_p x_p}{P_p}, \quad \frac{k_m t_m}{c_m} = \frac{k_p t_p}{c_p}$$

在例 3-1 中,采用了分析方程法,该方法基于描述物理过程的方程式,经过相似常数的转换得到相似判据。在例 3-2 中,采用了量纲均衡分析法,该方法不要求建立描述物理现象的方程式,只要求确定参与所研究物理现象的物理量,利用相似第二定理和待定系数法,得到 π 数表达式。在结构模型试验中,还可采用量纲矩阵分析法。量纲矩阵分析法的实质与量纲均衡分析法相同,但采用量纲矩阵形式排列可以使分析更有条理,适用于较复杂的量纲分析问题。

3.3.3 结构模型设计

对于结构模型试验,工程师和研究人员最关心的问题是结构模型试验结果能够在多大程度上反映原型结构的性能。模型设计是结构模型试验的关键环节。一般情况下,结构模型设计的程序为:

① 分析试验目的和要求,选择模型基本类型。缩尺比例大的模型多为弹性模型,强度模型要求模型的材料性能与原型材料性能较为接近。

② 对研究对象进行理论分析,用分析方程法或量纲分析法得到相似判据。对于复杂结构,其力学性能常采用数值方法计算,很难得到解析的方程式,多采用量纲分析法确定相似判据。

③ 确定几何相似常数和结构模型主要部位的尺寸,选择模型材料。

④ 根据相似条件确定各相似常数。

⑤ 分析相似误差,对相似常数进行必要的调整。

⑥ 根据相似第三定理分析相似模型的单值条件,在结构模型设计阶段,主要关注边界条件和荷载作用点等局部条件。

⑦ 形成模型设计技术文件,包括结构模型施工图、测点布置图、加载装置图等。

在上述各步骤中,对结构模型设计和试验影响最大的是结构模型尺寸的确定。通常,模型尺寸确定后,其他因素如模型材料、模型加工方式、试验加载方式、测点布置方案等也就基本确定了。表 3-7 中给出了几种类型的结构模型常用的缩尺比例。

表 3-7 结构模型的缩尺比例

结构类型	壳体结构	高层建筑	大跨度桥梁	砌体结构	结构节段	风洞模型
弹性模型	1:200~1:50	1:60~1:20	1:50~1:10	1:8~1:4	1:10~1:4	1:300~1:50
强度模型	1:30~1:10	1:10~1:5	1:10~1:4	1:4~1:2	1:6~1:2	无强度模型

3.3.3.1 静力结构模型设计

(1) 线弹性模型设计

线弹性性能是工程结构的主要性能之一。不论采用何种结构类型,当结构的应力水平较低时,结构的性能都可以用线弹性理论来描述。按照线弹性理论,结构所受荷载与结构产生的变形以及应力之间均为线性关系。对于由同一种材料组成的结构,影响应力大小的因素有荷载 F、结构几何尺寸 L 和材料的泊松比 ν。于是,应力表达式可写为:

$$\sigma = f(F, L, \nu) \tag{3-29}$$

通过量纲分析,有:

$$\frac{L^2 \sigma}{F} = \varphi(\nu) \tag{3-30}$$

由上式可知,线弹性结构的相似条件为几何相似、荷载相似、边界条件相同,不要求胡克定律相似,但要求泊松比相似,即:

$$S_\nu = 1 \tag{3-31}$$

设计线弹性相似模型时,要求:

$$S_\sigma = \frac{S_L^2}{S_F} \tag{3-32}$$

（2）非线性结构模型设计

工程结构可能出现两类典型的非线性现象。一类是由材料的应力-应变关系为非线性关系所引起的,称为材料非线性。例如,钢筋混凝土结构的强度模型一般具有材料非线性特征。另一类是由结构产生较大的变形或转动而使结构的平衡关系发生变化引起的,称为几何非线性。例如,大跨径悬索桥中悬索的受力特性具有几何非线性特征。两种非线性的共同之处是它们都使得结构荷载与结构变形之间为非线性关系。但对于几何非线性的结构,结构的应力和应变之间可以保持线性关系。对于这种情况,应力与荷载、结构尺寸、材料弹性模量、泊松比有关,于是应力表达式变为:

$$\sigma = f(F, E, L, \nu) \tag{3-33}$$

通过量纲分析,可将包含 5 个物理量的基本方程转化为包含 3 个无量纲量 π_1、π_2、π_3 的关系式:

$$\frac{L^2\sigma}{F} = \varphi\left(\frac{EL^2}{F}, \nu\right) \tag{3-34}$$

或写为

$$\pi_1 = \varphi(\pi_2, \pi_3) \tag{3-35}$$

这就是考虑几何非线性的弹性结构模型的相似判据方程。为了求得原型结构的应力,模型结构应与原型结构几何尺寸相似、荷载相似及边界条件相同。利用式（3-34）的关系:

$$\left(\frac{L^2\sigma}{F}\right)_m = \varphi\left[\left(\frac{EL^2}{F}\right)_m, \nu_m\right] \tag{3-36}$$

显然,模型与原型应满足下列相似关系:

$$\left(\frac{EL^2}{F}\right)_m = \left(\frac{EL^2}{F}\right)_p, \quad \nu_m = \nu_p \tag{3-37}$$

由以上分析可以知道,采用与原型相同材料制作的模型,可以模拟原型结构线弹性阶段和几何非线性弹性阶段的受力性能。

（3）钢筋混凝土强度模型设计

钢筋混凝土结构的承载能力很大程度上取决于混凝土和钢筋的力学性能。当缩尺比例较大时,由于材料特性与其构成尺寸密切相关,故钢筋混凝土强度模型很难做到完全相似的程度。而模型设计的成功与否主要取决于材料特性的相似设计。

钢筋混凝土结构的力学性能比较复杂。例如,建筑结构中的钢筋混凝土梁类构件,在荷载作用下,其抗弯性能一般经历弹性阶段、裂缝开展阶段和纵向受拉构件屈服后的破坏阶段。影响钢筋混凝土梁力学性能的因素包括混凝土的力学性能、钢筋的力学性能,以及钢筋和混凝土的黏结性能。完全相似模型要求模型结构在各个受力阶段的性能与原型结构各个受力阶段的性能相似。其中,最难满足的是裂缝开展阶段的相似要求,因为钢筋混凝土结构的裂缝宽度与钢筋直径、钢筋表面形状、配筋率、混凝土保护层厚度等因素有关。当几何相似要求确定后,模型结构的各部位尺寸也相应地确定,但所列举的这些因素及相关变量通常不能全部根据几何相似要求缩小。因此,钢筋混凝土结构强度模型的相似误差是不可避免的。但是,经过精心设计的钢筋混凝土结构的强度模型,可以正确反映原型结构承载性能的一些重要特征。例如,可以给出与原型结构相似的破坏形态、塑性铰出现顺序、极限变形能力和极限承载能力等。

对钢筋混凝土强度模型选用的材料有较严格的相似要求。理想的模型结构中的混凝土和钢筋应与原型结构中的混凝土和钢筋之间满足下列相似要求:

① 有几何相似的混凝土受拉和受压应力-应变曲线;

② 在承载能力极限状态下,有基本相近的变形能力;

③ 在多轴应力状态下,有相同的破坏准则;

④ 钢筋和混凝土之间有相同的黏结-滑移性能;

⑤ 有相同的泊松比。

图 3-15 中给出了一组相似混凝土的应力-应变曲线。从图 3-15 中可以看出，模型混凝土和原型混凝土的应力-应变曲线基本上是相似的，可以采用相同的函数描述曲线，如二次抛物线。

但在图 3-15 中，由于模型混凝土的强度低于原型混凝土的强度，导致它们的初始弹性模量不同。随着应力的增加，混凝土的切线模量也不相同。在相似理论中，这种材料性能的差别导致模型结构与原型结构在性能上差别的现象，有时称为模型的畸变，或称模型为畸变模型。由于结构几何尺寸缩小，模型混凝土的粗骨料粒径也必须减小，这使模型混凝土的级配不同于原型混凝土。一般通过试验选择级配，确定模型混凝土的性能。应当指出的是，粗骨料粒径和级配改变后，模型混凝土和原型混凝土实际上是两种不同的材料。在结构模型试验中，常称模型混凝土为微粒混凝土或微混凝土。表 3-8 中给出了钢筋混凝土结构强度模型的相似要求。

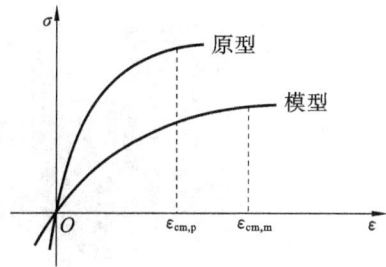

图 3-15 原型与模型混凝土应力-应变曲线

表 3-8   钢筋混凝土结构强度模型的相似常数

类型	物理量	量纲	理想模型	实际应用模型
材料性能	混凝土应力	FL^{-2}	S_σ	1
	混凝土应变	—	1	1
	混凝土弹性模量	FL^{-2}	S_σ	1
	混凝土泊松比	—	1	1
	混凝土比重	FL^{-3}	S_σ/S_L	$1/S_L$
	钢筋应力	FL^{-2}	S_σ	1
	钢筋应变	—	1	1
	钢筋弹性模量	FL^{-2}	S_σ	1
	黏结应力	FL^{-2}	S_σ	1
几何特征	线尺寸	L	S_L	S_L
	线位移	L	S_L	S_L
	角位移	—	1	1
	钢筋截面面积	L^2	S_L^2	S_L^2
荷载	集中荷载	F	$S_\sigma S_L^2$	S_L^2
	线荷载	FL^{-1}	$S_\sigma S_L$	S_L
	分布荷载	FL^{-2}	S_σ	1
	弯矩或扭矩	FL	$S_\sigma S_L^3$	S_L^3

（4）砌体结构强度模型设计

与混凝土结构相似，砌体结构的性能也与其构成尺寸有密切的关系。砌体结构的缩尺模型试验能否反映原型结构的主要性能，关键在于模型砌体结构中的块体和灰缝如何模拟。在原型结构中，普通黏土砖的尺寸为 53 mm×115 mm×240 mm，水平灰缝厚度为 10 mm。20 世纪 50 年代，国外有人研究采用最小为 1/10 比例模型砖砌筑的砌体结构的性能，但一般认为模型砌体结构的最大缩尺比例不宜超过 4，也就是采用 1/4 比例的模型砖。模型砖的长度为 60 mm，大多采用原型砖切割加工而成。

图 3-16 所示为 1/4 比例的混凝土小型砌块及其模型砌体结构。

砌体结构模型试验的主要目的是检验结构的抗震性能。按照相似理论，最主要的单值条件及相似要求是砌体结构达到承载能力极限状态时的主要性能，包括极限承载能力、破坏形态和极限变形。与钢筋混凝土强度模型类似，砌体结构几何尺寸的缩小，使得砌体结构模型发生畸变，模型与原型完全相似是不可能的。如果能够使模型砖砌筑砌体的应力-应变曲线与原型砌体的应力-应变曲线相似，并且使得极限应变相

图 3-16 1/4 比例的混凝土小型砌块及其模型砌体结构

(a) 1/4 比例的混凝土小型砌块;(b) 采用 1/4 比例的混凝土小型砌块模型砌筑的砌体结构

同,则模型试验的主要目的就可以实现。应当指出的是,模型砌体结构的抗震试验涉及砌体的抗压性能和抗剪性能,上述应力-应变关系应理解为砌体的广义应力-应变关系。

在空心砌块中浇灌芯柱的配筋墙体在性能上更接近钢筋混凝土剪力墙,可按设计钢筋混凝土强度模型的基本方法设计配筋砌体强度模型。

3.3.3.2 动力结构模型设计

与结构静力性能相比,结构动力性能的差别主要是因结构本身的惯性作用引起的。因此,动力结构模型的设计应仔细考虑与时间相关物理量的相似关系。

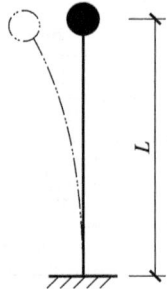

图 3-17 悬臂梁的振动

下面考查悬臂梁的振动问题。如图 3-17 所示,为简化分析,假设梁的质量全部集中在悬臂梁的端部,因此 $m=\rho AL$,梁的刚度 $k=3EI/L^3$,这个单自由度体系的固有圆频率为:

$$\omega=\sqrt{\frac{k}{m}}=\frac{1}{L^2}\sqrt{\frac{3EI}{\rho A}} \tag{3-38}$$

假设模型和原型采用相同的材料,实测模型梁的固有圆频率为 ω_{im},可得原型梁的固有圆频率为:

$$\omega_{ip}=\omega_{im}S_L \tag{3-39}$$

式中,$S_L=L_m/L_p$,为几何相似常数。从上式中可以看出,对于固有频率问题,无须特别考虑相似关系。几何相似的结构,当材料特性相同时,可以通过模型结构的固有频率和式(3-39)得到原型结构的固有频率。应当指出的是,式(3-38)没有考虑阻尼的影响,如果模型结构和原型结构均为小阻尼体系,考虑阻尼的影响,式(3-39)仍可近似成立。

进一步考虑单自由度悬臂梁的受迫振动问题。体系受到简谐荷载作用,为简化分析,仍不考虑阻尼的作用,振动微分方程可写为:

$$m\ddot{x}+kx=P_0\sin(\omega t) \tag{3-40}$$

式中,ω 为荷载作用频率。容易求得式(3-40)的稳态解为:

$$x=\frac{P_0L^3\sin(\omega t)}{3EI-\rho AL^4\omega^2} \tag{3-41}$$

悬臂梁端的弯矩 M 为:

$$M=\frac{3P_0EIL\sin(\omega t)}{3EI-\rho AL^4\omega^2} \tag{3-42}$$

将上式改写为:

$$\frac{M}{P_0L}=\frac{3\sin(\omega t)}{3-\dfrac{\rho AL^4\omega^2}{EI}} \tag{3-43}$$

按照相似定律,可由上式得到 3 个 π 项:

$$\pi_1 = \frac{M}{P_0 L}, \quad \pi_2 = \omega t, \quad \pi_3 = \frac{\rho A L^4 \omega^2}{EI} \tag{3-44}$$

注意到式(3-40)是以模型和原型的重力场相同为条件建立的。实际上,模型和原型均处在同一重力场中,即 $g_p = g_m$。根据加速度的量纲,可知模型和原型之间必须满足下列关系:

$$\frac{L_p}{t_p^2} = \frac{L_m}{t_m^2}$$

得到

$$S_L = S_t^2 \tag{3-45}$$

在式(3-44)的 3 个 π 项中,最难满足的是 π_3。根据量纲分析,π_3 可写为:

$$\pi_3 = \frac{\rho a L}{E} \tag{3-46}$$

式中,$a = L\omega^2$,为加速度的量纲。由于 $S_g = 1$,得到 $S_a = 1$。这意味着

$$\left(\frac{\rho L}{E}\right)_p = \left(\frac{\rho L}{E}\right)_m \tag{3-47}$$

即

$$S_\rho S_L = S_E \quad 或 \quad S_E / S_\rho = S_L \tag{3-48}$$

在强度模型设计中,要求模型的应力与原型的应力相等,无量纲的应变也相等,即 $S_\sigma = 1$,$S_\varepsilon = 1$,由此得到 $S_E = 1$。结合式(3-48),这要求模型结构的材料弹性模量与原型结构的材料弹性模量相等,但模型材料的密度与几何相似常数成反比。例如,当模型比原型小 10 倍时,模型材料的密度应比原型材料的密度扩大 10 倍。这是在模型设计中不大可能满足的要求,因为材料本身的密度不能随几何相似常数而变化。解决这个问题有两个办法:

① 利用一种称为离心机的大型试验设备(图 3-18)产生数值很大的均匀加速度,使模型结构所处的加速度场满足相似要求,即在我们感兴趣的方向上使 $S_a = a_m / a_p = L_p / L_m = 1/S_L$,式(3-46)所示的 π 项得到满足,模型材料就可以与原型材料基本相同。

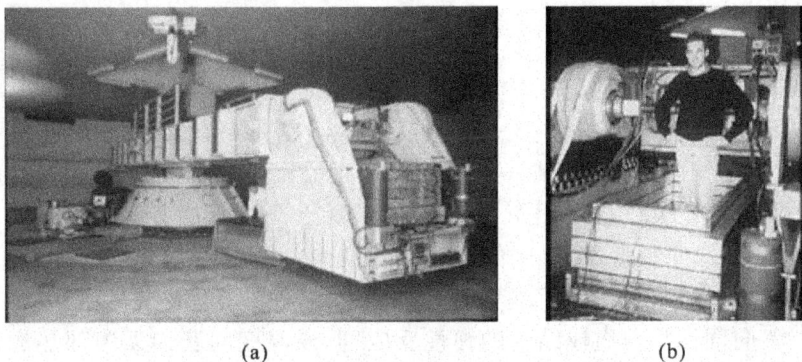

图 3-18 大型离心机

(a) 离心试验机;(b) 离心机的挂斗

② 在模型结构上附加质量,但附加的质量不影响结构的强度和刚度特性。也就是说,通过附加质量使材料的名义密度增加。因此,式(3-48)的关系近似地得到满足。模型结构振动时,附加质量随之振动。附加质量产生的惯性力作用在模型结构上,其大小满足相似要求。在地震模拟振动台试验中,大多采用附加质量的方法来近似满足结构模型的材料密度相似要求。

利用式(3-45)所示的时间相似常数和几何相似常数的关系,可将式(3-44)中 π_2 项的关系式写为:

$$\frac{\omega_m}{\omega_p} = \frac{t_p}{t_m} = \frac{1}{S_t} = \frac{1}{S_L^{1/2}} \tag{3-49}$$

这表示在对缩尺结构模型作用简谐振动荷载时,荷载频率应提高。例如,当模型结构的几何尺寸为原型结构的 1/4 时,模型结构荷载频率应为原型结构荷载频率的 2 倍。

在有些情况下,重力效应引起的应力比动力效应产生的应力小得多。对于这类结构的模型试验,可以忽略重力加速度的影响,即排除相似条件 $S_g=1$。这样,可以增加一个独立的模型参数,简化模型设计。例如,承受冲击荷载的结构模型试验中,由于冲击荷载产生的加速度 a 是影响结构性能的主要因素,设计模型时可引入加速度相似常数 S_a,且 S_a 可以不等于 1。

表 3-9 中给出了动力结构模型的相似要求。在表 3-9 中,还列举了应变失真模型的相似要求。这类模型的应变相似常数不等于 1,即 $S_\varepsilon \neq 1$,属于所谓的畸变模型。

表 3-9 动力结构模型的相似要求

物理量	相似常数	真实极限强度模型	附加质量的强度模型	忽略重力的线弹性模型	应变失真的强度模型
长度	S_L	S_L	S_L	S_L	S_L
时间	S_t	$S_L^{1/2}$	$S_L^{1/2}$	$S_L(S_E/S_\rho)^{-1/2}$	$(S_\varepsilon S_L)^{1/2}$
频率	S_ω	$S_L^{-1/2}$	$S_L^{-1/2}$	$S_L^{-1}(S_E/S_\rho)^{1/2}$	$(S_\varepsilon S_L)^{-1/2}$
速度	S_v	$S_L^{1/2}$	$S_L^{1/2}$	$(S_E/S_\rho)^{1/2}$	$(S_\varepsilon S_L)^{-1/2}$
重力加速度	S_g	1	1	忽略	1
加速度	S_a	1	1	$S_L^{-1}S_E S_\rho^{-1}$	1
密度	S_ρ	S_E/S_L		S_ρ	$S_\varepsilon S_E S_L^{-1}$
应变	S_ε	1	1	1	S_ε
应力	S_σ	S_E	S_E	S_E	$S_E S_\varepsilon$
位移	S_δ	S_L	S_L	S_L	$S_L S_\varepsilon$
力	S_F	$S_E S_L^2$	$S_E S_L^2$	$S_E S_L^2$	$S_E S_L^2 S_\varepsilon$
弹性模量	S_E	S_E	S_E	S_E	S_E
能量	S_U	$S_E S_L^3$	$S_E S_L^3$	$S_E S_L^3$	$S_E S_L^3$

3.3.3.3 热应力结构模型设计

工程结构可能处在不同的温度环境下,有时温度作用对结构性能有决定性的影响。典型结构试验实例是核反应堆压力容器的热应力模型试验。另一类温度应力问题是超静定结构在常温下的工作性能问题。例如,考虑温度应力,建筑结构应设置伸缩缝;钢筋混凝土无铰拱桥在温度作用下可能产生较大约束应力;大体积混凝土结构在混凝土的水化热作用下可能导致混凝土开裂。这些都涉及温度作用下的结构模型试验。

温度是一个独立的物理量,其量纲属于基本量纲。

首先讨论由均匀、各向同性材料组成结构的弹性反应,假设温度问题为无内部热源的瞬态热传导问题。对于这类问题,涉及的热性能常数为热膨胀系数 α 和热扩散系数 D。为简化分析,假设材料的热性能常数不随温度变化。

表 3-10 中给出了与热应力结构模型设计有关的 10 个物理量。热扩散系数 $D=k/(c\gamma)$。其中,k 为热传导系数,c 为材料单位重量的比热,γ 为材料比重。选择 4 个基本物理量,即力 F 或质量 m、长度 L、时间 T 和温度 θ 来度量这 10 个物理量,可得如下一组 π 项:

$$\pi_1=\sigma/E, \quad \pi_2=\varepsilon, \quad \pi_3=\mu, \quad \pi_4=\delta/L, \quad \pi_5=\alpha\theta, \quad \pi_6=t_D/L^2$$

式中,π_6 在热传导中称为傅立叶数。如表 3-10 所示,对于理想模型,根据 π_6 可以得到时间相似常数 $S_t=S_L^2/S_D$。利用时间相似常数与几何相似常数成反比这一特性,模型试验可以大大缩短长时热效应试验的时间。

当模型材料与原型材料相同且温度环境也相同时,只需确定几何相似常数就可以通过模型试验的结果推断原型结构的性能。由于模型和原型的材料特性相同,故不存在模型材料与温度的相关性问题。这是这类模型的一个优点。

在热应力结构模型试验中,也可能遇到(应变)畸变模型,在表 3-9 中称为应变失真模型。在静力和动力结构模型试验中,由于实现完全相似困难,故有时只能采用应变失真模型。出于同样的理由,热应力结构模型也可能是应变失真模型。从表 3-9 中可以看出,对于应变失真模型,引入了两个独立相似常数,即线膨胀系数相似常数 S_a 和温度相似常数 S_θ。这导致模型中温度产生的应变(线膨胀)相对于原型发生了失真,因此需要进行修正。

表 3-10   **热应力结构模型相似常数**

物理量	量纲	相似常数	理想模型	模型与原型同材料、同温度	应变失真模型
应力	$[FL^{-2}]$	S_σ	S_E	1	$S_a S_\theta S_E$
应变	—	S_ε	1	1	$S_a S_\theta$
弹性模量	$[FL^{-2}]$	S_E	S_E	1	S_E
泊松比	—	S_ν	1	1	1
热膨胀系数	$[\Theta^{-1}]$	S_a	S_a	1	S_a
导热率	$[L^2 T^{-1}]$	S_D	S_D	1	S_D
长度	L	S_L	S_L	S_L	S_L
位移	L	S_δ	S_L	S_L	$S_a S_\theta S_L$
温度	Θ	S_θ	$1/S_a$	1	S_θ
时间	T	S_t	S_L^2 / S_D	S_L^2	S_L^2 / S_D

3.3.4 模型的材料、制作与试验

3.3.4.1 模型材料的选择

正确地了解并掌握模型材料的物理性能及其对模型试验结果的影响,合理地选用模型材料是结构模型试验的关键之一。一般而言,模型材料可以分为三类:一类是与原型结构材料完全相同的材料,例如采用钢材制作的钢结构强度模型;另一类模型材料与原型结构材料不同,但性能较接近,例如采用微粒混凝土制作的钢筋混凝土结构强度模型;还有一类模型的材料与原型结构的材料完全不同,主要用于结构弹性反应的模型试验,例如采用有机玻璃制作的弹性结构模型。

模型材料的选择应考虑以下几方面的要求:

① 根据模型试验的目的选择模型材料。如果模型试验的主要目的是了解结构的弹性性能,如复杂体形高层建筑结构的内力状态(应力状态),则必须保证模型材料在试验范围内有良好的线弹性性能。对于强度模型,通常希望模型试验结果可以反映原型结构的全部特性,即从弹性阶段开始直到破坏阶段的全部受力特性。这时,应优先选用与原型结构材料性能相同或相近的材料,以保证模型结构破坏时的性能得到尽可能真实的模拟。

② 模型结构材料满足相似要求。模型材料的性能指标包括弹性模量、泊松比、容重及应力-应变曲线等。模型材料满足相似要求有两方面的含义:一方面是模型材料本身与原型材料具有相似的特性;另一方面是根据模型设计的相似指标选择模型材料,保证主要的单值条件得到满足。

③ 模型材料性能稳定且具有良好的加工性能。大比例缩尺模型的几何尺寸较小,模型材料对环境的敏感性超过原型材料。例如,温度、湿度对模型混凝土的影响大于其对原型混凝土的影响。如果模型和原型选用不同的材料,则它们对环境的敏感程度不同,有可能导致模型试验的结果偏离原型结构的性能。此外,模型材料应易于加工和制作。例如,研究结构的弹性反应时,虽然钢材具有可靠的线弹性性能,但加工制作的难度较大,有机玻璃在一定范围内也具有线弹性性能,而且加工方便,因此线弹性模型多采用有机玻璃模型。

④ 满足必要的测量精度。结构模型试验总是希望在小荷载作用下产生足够大的变形,以获得一定精度

的试验结果。为了提高应变测量精度,宜采用弹性模量较小的材料。上述结构线弹性反应的模型试验多采用有机玻璃材料,就是利用了有机玻璃弹性模量较小这个特点。同时还应注意,模型材料应有足够宽的线弹性工作范围,以避免超出弹性范围的材料非线性对试验结果的影响。

在选择模型材料时,应特别注意材料的蠕变和温度特性。蠕变又称为徐变,常用黏弹性力学方法研究蠕变材料的力学性能。在静力模型试验中,没有时间这个物理量,模型受力的时间尺度可能不同于原型受力,材料蠕变对模型和原型将产生不同的影响。如果模型和原型采用不同的材料,则其线膨胀系数可能不同,这使模型试验中的温度应力不同于原型结构的温度应力。在有些条件下,温度应力可以大于荷载产生的应力,导致模型试验结果与原型性能产生较大的偏差。

3.3.4.2 常用模型材料

(1)金属

常用金属材料有铁、铝、铜等。这些金属材料的力学特性符合弹性理论的基本假定。如果原型结构为金属结构,则最合适的模型材料为金属材料。在工程结构中,最常见的金属结构为钢结构,模型试验多采用钢材或铝合金制作相似模型。钢结构模型加工困难,特别是构件的连接部位不易满足相似要求。铝合金的加工性能略优于钢材,但也要经过机械加工才能成形。此外,铝合金的导热性能与钢材或混凝土有一定差别,在模型设计时应加以考虑。

(2)无机高分子材料

无机高分子材料又称为塑料,包括有机玻璃、环氧树脂、聚酯树脂、聚氯乙烯等。在结构模型试验中,这类高分子材料的主要优点是在一定应力范围内具有良好的线弹性性能,弹性模量小,容易加工。但无机高分子材料的导热性能差,在持续应力作用下的徐变较大,弹性模量随温度变化。这是无机高分子材料作为结构模型材料的主要缺点。

在各类无机高分子材料中,有机玻璃是最常用的结构模型材料之一。有机玻璃属于热塑性高分子材料,具有均匀、各向同性的基本性能,弹性模量为$(2.3\sim2.6)\times10^3$ MPa,泊松比为$0.33\sim0.35$,抗拉强度为$30\sim40$ MPa。为避免其在试验中产生过大的徐变,一般控制其最大应力不超过 10 MPa,在单向应力状态下,对应的应变可以达到 3000 $\mu\varepsilon$,完全可以满足测试精度的要求。

有机玻璃板材、棒材和管材可以用一般木工工具切割加工,用氯仿溶剂黏结,也可以采用热气焊接,还可以通过加热(110 ℃)使之软化,进行弯曲加工。

无机高分子材料除直接用于制作结构模型,进行力学性能试验外,另一个主要用途就是用来制作光弹性模型,最常用的光弹性模型材料是环氧树脂类材料。

(3)石膏

石膏常用作钢筋混凝土结构模型的材料,因为它的性质和混凝土相近,均属于脆性材料。其弹性模量为 1000~5000 MPa,泊松比约为 0.2。石膏性能稳定,成型方便,易于加工,适用于制作线弹性模型。此外,石膏受拉时的断裂现象与混凝土相似,有时利用这一特性通过配筋制作石膏模型,模拟钢筋混凝土板、壳结构的破坏图形。

纯石膏弹性模量较高,但较脆,制作时凝结很快。采用石膏制作结构模型时,常掺入外加料来改善材料的力学性能。外加料可以是硅藻土粉末、岩粉、水泥或粉煤灰等粉末类材料,也可以在石膏中加入颗粒类材料,如砂、浮石等。一般石膏与硅藻土的配合比为 2∶1,水与石膏的配合比为 0.7~2.0,相应的弹性模量在 6000~10000 MPa 之间变化。

采用石膏制作的结构模型在胎模中浇注成型,成型脱模后还可以进行铣、削、切等机械加工,使模型结构尺寸满足设计要求。

(4)水泥砂浆

水泥砂浆类的模型材料以水泥为基本胶凝材料,外加料可用粒状或粉状材料,按适当的比例配制而成。属于这一类材料的有水泥浮石、水泥炉渣混合料及水泥砂浆。水泥砂浆与混凝土的性能比较接近,常用来制作钢筋混凝土板、薄壳等结构模型。

(5) 微混凝土

微混凝土又称为微粒混凝土或细石混凝土,与普通混凝土的差别主要在于混凝土的最大粒径明显减小。当模型的缩尺比例不大于1:4时,混凝土粗骨料的最大粒径为8～10 mm,结构模型中构件的最小尺寸为40～50 mm,属于所谓的小尺寸结构模型。当模型的缩尺比例加大到1:10～1:6时,混凝土粗骨料的最大粒径小于5 mm,与普通混凝土相比,这类混凝土的性能开始表现出明显的差别。在高层建筑结构的地震模拟振动台试验中,结构模型的缩尺比例可能达到1:30或更小,模型中构件的最小尺寸仅为5 mm。相应地,混凝土粗骨料的最大粒径只有2 mm。

当粗骨料粒径很小时,微混凝土似乎与水泥砂浆没有明显差别,但微混凝土的配合比与水泥砂浆不同。通常,主要考虑微混凝土的水灰比、骨料体积含量、骨料级配等因素,通过试配使微混凝土和原型混凝土有相似的力学性能。

对于缩尺比例大的钢筋混凝土强度模型,除应仔细考虑微混凝土的性能外,模型用钢筋也应仔细选择。模型钢筋的特性在一定程度上对结构非弹性性能的模拟起着决定性的影响,而在钢筋混凝土强度模型中,获取破坏荷载和破坏形态往往是模型试验的主要目的之一。因此,应充分注意模型钢筋的力学性能相似要求,这些相似要求主要包括弹性模量、屈服强度和极限强度。必要时,可制作简单的机械装置在模型钢筋表面压痕,以改善钢筋和混凝土的黏结性能。

3.3.4.3　结构模型的制作与试验要点

结构模型的制作主要包括两个方面:一方面是如上所述的材料选择和配制,另一方面就是模型的制作。模型制作应满足以下要求:

(1)严格控制模型制作误差

模型的几何尺寸较原型结构大大缩小,对模型尺寸的精度要求比一般结构试验中对构件尺寸的要求要严格得多。与原型结构相比,理论上模型制作的控制误差也应按几何相似常数缩小。例如,原型钢筋混凝土结构构件在施工中截面尺寸的控制误差为－5～8 mm,如果模型缩小至原来的1/10,模型中构件尺寸的加工误差一般应不大于±1 mm。当模型的力学性能对几何非线性较为敏感时,模型加工误差的控制要求更为严格。例如,钢结构的极限强度有可能由构件或结构的一部分丧失稳定来控制,模型中构件及连接部位的几何误差构成结构构件的初始缺陷,对模型的承载能力产生明显的影响。除构件截面尺寸外,整体模型结构的几何偏差,如楼面板或桥面板的平整度、高层结构的垂直度等也应进行严格控制。

(2) 保证模型材料性能分布均匀

高层钢筋混凝土结构模型逐层制作过程较长,模型混凝土强度随时间的变化,以及模型混凝土配合比控制误差可能使模型各层的强度分布偏离模型设计要求。如上所述,焊接钢结构对初始缺陷十分敏感,加工过程中,由于焊缝不均匀等原因,可能会使试验结果不能反映原型结构的性能。

(3) 模型的安装和加载部位的连接满足试验要求

为防止模型结构在试验过程中发生局部破坏,通常对模型支座及加载部位进行局部加强处理,局部加强部位的几何关系也应考虑相似要求。模型支座部位不但要满足强度要求,还应考虑刚度要求。此外,钢结构和钢筋混凝土结构模型的支座常采用钢板,模型加工时,应保证支座钢板平整、连接可靠。

模型试验和原型试验的基本原理是相同的。但模型试验有自身的特点,试验对象在局部缩小,但整个试验的规模和难度却不一定缩小。在模型试验中,应注意以下问题:

① 较大尺寸或原型结构试验前,结构材料性能试验可以采用标准的试验方法,如混凝土的立方体抗压强度试验、钢筋的抗拉强度试验等。模型试验前,同样应进行材料性能试验。由于模型尺寸的缩小,材料试验的方法也要相应地改变。例如,普通混凝土的弹性模量和轴心抗压强度在尺寸为150 mm×150 mm×450 mm的棱柱体试件上测取;对于试件最小截面尺寸为10 mm、最大粗骨料粒径为2 mm的微混凝土,由于尺寸效应的影响,若仍采用150 mm边长的棱柱体,显然不能真实地反映模型材料的受力特点。这时,必须建立适合模型材料特点的试验标准,对材料性能试件的尺寸进行约定,利用这样获取的材料性能指标,才能对模型试验的结果做出合理的分析和评价。另一方面,我们希望通过模型试验的结果来推断原型结构的性

能,这个推断过程往往需要运用结构分析的手段,因此希望获取更多的模型材料性能指标,如应力-应变曲线、泊松比等。而在原型结构试验中,这些指标往往不太重要。

② 模型结构试验对试验环境有更高的要求。如前所述,有些无机高分子模型材料的力学性能对温度的变化十分敏感,如有机玻璃,因此要求模型试验在温度十分稳定的环境中进行。对于由无机高分子材料(塑料或有机玻璃等)制作的模型,一般要求试验环境的温度变化不超过±1 ℃。这类模型试验最好能够在安装了空调设备的室内进行,或选择温度变化较小的夜间进行,尽可能消除温度变化的不利影响。

③ 模型尺寸缩小,对测试仪器和加载设备有更高的精度要求。在模型试验中,一般可采用相对精度控制试验数据的量测。也就是说,如果在原型结构试验中,对测试数据的精度要求是误差不大于 1%,那么在模型结构试验中,测试数据的误差也不大于 1%。例如,在采用与原型相同材料制作的简支梁模型弹性性能试验中,在跨中集中荷载作用下,梁截面边缘应力相同时,集中荷载相似常数 $S_P = S_L^2$,如果缩尺比例为 1:8,则荷载应缩小 64 倍。这意味着模型试验采用的力传感器的量程应相应减小,否则测试精度很难保证;模型简支梁跨中挠度比原型缩小 S_L 倍,位移传感器的精度也应提高。

④ 由于尺寸缩小,模型结构及构件的刚度和强度都将远小于原型结构。在模型结构上安装测试元件后,应不改变元件安装部位构件的局部受力状态和整体性能。因此,模型结构的应变测试大多选用小标距的电阻应变计。位移测试元件施加在模型结构上的弹性力也应加以控制。例如,由重锤牵引的张线式位移计一般不用于缩尺比例较大的模型试验,因为位移计的重锤施加的牵引力可能改变模型的受力状态。在结构动力试验中,常采用压电式加速度传感器测量振动信号,但在模型结构的动力试验中,应考虑加速度传感器的质量对模型动力性能的影响。测试结果表明,安装在模型结构上的加速度传感器有可能显著地改变模型结构的动力特性。

4 试验数据的处理与分析

4.1 概 述 >>>

试验的最终结果和最终结论都是以试验数据为依据的。而试验数据是在一定的环境中、一定的条件下获得的。因此,它会受到各种各样客观因素的影响。在试验过程中量测的数据,从严格意义上说,它只能是力求接近于某个客观实际真值,而无法得到真正的真值。这是由观测者的人为错误导致的测量偏差、仪器内部的某种缺陷导致的测量偏差及测量时外部环境的影响(如温度、湿度、气流、电磁场的干扰等)所导致的测量偏差等因素造成的,这些误差均难以避免。为此,必须对测得的数据进行分析、加工处理。

因为在试验测量过程中的各阶段、各环节都存在产生误差的原因,所以要了解各种试验误差的特性,了解处理各种误差的理论依据和对试验数据进行加工处理、分析的方法,从而在试验测量的数据中控制和减小误差。

此外,在试验测量中,对某物理量进行测量,其目的往往是了解该物理量与另一物理量之间的相互关系。为此,就要了解和掌握如何建立两者之间关系的表达式。本章即阐述以上的问题。

4.2 测量中的误差 >>>

试验中的测量误差是指在测量过程中,所测量的实测值 x 与被测量值的真值 μ 之间的差值 δ,即 $\delta = |\mu - x|$,它们之间的关系也可写为 $\mu = x \pm \delta$。

测量误差根据性质的不同又可分为系统误差、偶然误差和过失误差三种。

4.2.1 系统误差

系统误差又称为经常误差,它是由某些固定的原因造成的。其在整个测量过程中总是有规律地存在着,其大小和符号都不变或按某一规律改变。由于系统误差的大小是固定(或按一定规律改变)的,因此它是可以测定的,故又将系统误差称为可测误差。

系统误差有如下几个来源:

(1) 方法误差

它是由采用了不完善的测量方法或数学处理方法导致的。例如,采用了某种简化的测量方法或近似计算方法,或忽略了某些经常作用外界条件的影响等,从而导致测量结果偏高或偏低。

(2) 工具误差

它是由测量仪器或工具结构不完善或零部件制造时的缺陷所导致的测量误差,例如仪表刻度不均匀、百分表的无效行程等造成的误差。

（3）条件误差

它是在测量过程中由测量条件变化所造成的误差，例如测量工作开始和结束时某些条件（如温度、湿度、气压……）发生变化所导致的误差。

（4）调整误差

它是由测量人员没有调整好仪器所带来的误差，例如测量前未将仪器放在正确位置、仪器未校准或使用零点调整不准的仪器所造成的误差。

（5）主观误差

它是由测量人员本身的一些主观因素造成的误差，例如用眼在刻度上估读时习惯性地偏向某一个方向等引起的误差。

4.2.2　偶然误差

它是指由一些不确定的随机因素造成的误差，例如测量时环境温度、湿度和气压的变化或测量人员手、眼在每次测量时的不确定性引起的误差。偶然误差不像系统误差那样是固定的或有一定规律。即使是一个很有经验的测量者也不可能使多次测量的结果完全相同。偶然误差很难找出确定的因素，似乎没有规律，但经多次测量会发现其数据有一定的统计规律，这也是随机性的特征。

4.2.3　过失误差

它是指由人为错误所造成的误差，例如工作中的粗枝大叶、读错刻度、记录或计算差错、不按操作规程办事等所造成的误差。此类误差往往误差数值较大，极易发现。为此，当发现出现很大误差时，应分析原因并及时纠正或在计算时予以剔除。

4.3　数据的整理依据及误差的检验 ＞＞＞

以上介绍了三种常见的误差概念。其中，系统误差是由某些固定因素造成的，误差值较为稳定或有一定规律，可用试验分析的方法查明其产生的原因并测定其数值的大小，可以改换另一种测量方法作对比测量来减小或消除这一误差。对于过失误差，由于它的数值往往很大，极易被发现，因此可从测量记录中及时识别、更正或剔除。

4.3.1　偶然误差的分布

偶然误差是随机因素造成的，不易克服。它存在随机性，服从统计规律，可用统计的方法来解决。若对同一量值进行反复多次测量（如果其中不包括系统误差或过失误差），就会发现特别大的数值是少数，特别小的数值也是少数。这表明它服从正态分布曲线。所以，可以把偶然误差的分布用正态分布曲线来描述。

偶然误差用正态分布曲线描述时有如下的特点。

① 单峰性：绝对值小的误差出现的概率比绝对值大的误差出现的概率大。

② 对称性：绝对值相等的正误差与负误差出现的概率相等。

③ 有界性：在一定条件下，误差的绝对值实际上不超过一定界限。

此外，在测量的数据列中，若数据的离散性大，则表明该数据列的可靠性低，反之则高。

偶然误差服从正态分布 $N(\mu, \sigma^2)$。其中，σ 为总体样本中由所有偶然误差算出的标准差：

$$\sigma = \sqrt{\frac{\sum \sigma_i^2}{n}} = \sqrt{\frac{\sum (x_i - \mu)^2}{n}} \tag{4-1}$$

式中　x_i——各测量数据；

n——数据个数。

若横轴 Z 以 $Z_a = \dfrac{\delta_i}{\sigma}$ 来描述,纵轴代表同一偶然误差出现的次数(频数),则偶然误差的正态分布曲线方程式可表达为:

$$y = f(x) = \frac{1}{\sqrt{2\pi}\sigma} e^{-\frac{(x-\mu)^2}{2\sigma^2}} \qquad (4\text{-}2)$$

它具有如下性质:

$$\int_{-\infty}^{+\infty} f(\delta)\mathrm{d}\delta = 1 \qquad (4\text{-}3)$$

将式(4-2)代入式(4-3)中,则有:

$$\frac{1}{\sqrt{2\pi}\sigma}\int_{-\infty}^{+\infty} e^{-\frac{x^2}{2\sigma^2}}\mathrm{d}\delta = 1 \qquad (4\text{-}4)$$

将 $Z_a = \dfrac{x_i-\mu}{\sigma} = \dfrac{\delta_i}{\sigma}$ 代入式(4-4),如图 4-1 所示,把偶然误差大于 Z_a 和小于 $-Z_a$ 的部分加在一起,出现概率设为 α,则单侧($Z > Z_a$)的概率为:

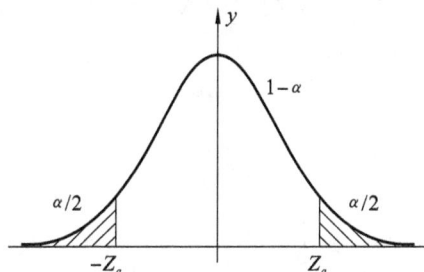

图 4-1　偶然误差正太分布曲线

$$p(Z > Z_a) = \frac{1}{\sqrt{2\pi}}\int_{Z_a}^{+\infty} e^{-\frac{x^2}{2}}\mathrm{d}\delta = \frac{\alpha}{2} \qquad (4\text{-}5)$$

在计算大于某偶然误差 Z_a 出现的概率时,可查标准正态分布表。其方法是将服从正态分布的统计数据转为标准正态分布。这是因为概率分布表格中不可能也没有必要把所有不同的均值和不同标准差的分布函数全都列出来,只要将标准正态分布表列出并将非标准正态分布转换为标准正态分布,就能在标准正态分布表上查找出概率函数值。

例如,$\mu = 6$,$\sigma = 1$,求测量值为 8 时的偶然误差概率,则先算出:

$$Z_a = \frac{\delta_i}{\sigma} = \frac{x_i-\mu}{\sigma} = \frac{8-6}{1} = 2$$

查表可知,当 $Z_a = 2$ 时,$\dfrac{\alpha}{2} = 0.0228$,即测量值为 8 时的偶然误差概率为 2.28%。

由 $Z_a = \dfrac{\delta_i}{\sigma} = 2$,则有当 $Z_a = 2$ 时,$\delta = 2\sigma$。

当 $Z_a = 2$ 时,偶然误差概率 $\dfrac{\alpha}{2} = 0.0228$,而 $0.0228 \approx \dfrac{1}{44}$,则另一层含义为 44 次测量中只有一次偶然误差大于 2σ。

同理,当 $Z_a = 3$ 时,$\delta = 3\sigma$,此时 $\dfrac{\alpha}{2} = 0.00135$,即意味着 740 次测量中只有一次偶然误差大于 3σ。

因为测量的次数一般不会超过几十次,所以通常认为不会出现绝对值大于 3σ 的偶然误差。故将此最大偶然误差称为偶然误差的极限误差,即:

$$\Delta_{\lim} = \pm 3\sigma$$

由于以上极限误差为 3σ,故误差大于 3σ 的就可认为不是偶然误差,最有可能的是过失误差。

4.3.2　误差的传递

在对试验结果进行数据处理时,通常需要用若干个直接测量值计算某一些物理量的值。它们之间的关系可以用下面的函数形式表示:

$$y = f(x_1, x_2, \cdots, x_n)$$

式中　$x_1, x_2, \cdots, x_n$——直接测量值;

　　　　y——所要计算物理量的值。

若直接测量值 x 的最大绝对误差为 $\Delta x_i (i=1,2,\cdots,m)$，则 y 的最大绝对误差 Δy 和最大相对误差 δy 分别为：

$$\Delta y=\left|\frac{\partial f}{\partial x_1}\right|\Delta x_1+\left|\frac{\partial f}{\partial x_2}\right|\Delta x_2+\cdots+\left|\frac{\partial f}{\partial x_m}\right|\Delta x_m$$

$$\delta y=\frac{\Delta y}{|y|}=\left|\frac{\partial f}{\partial x_1}\right|\frac{\Delta x_1}{|y|}+\left|\frac{\partial f}{\partial x_2}\right|\frac{\Delta x_2}{|y|}+\cdots+\left|\frac{\partial f}{\partial x_m}\right|\frac{\Delta x_m}{|y|}$$

对一些常用的函数形式，可以得到以下关于误差估计的实用公式：

（1）代数和

$$y=x_1\pm x_2\pm\cdots\pm x_m$$

$$\Delta y=\Delta x_1+\Delta x_2+\cdots+\Delta x_m$$

$$\delta y=\frac{\Delta y}{|y|}=\frac{\Delta x_1+\Delta x_2+\cdots+\Delta x_m}{|x_1+x_2+\cdots+x_m|}$$

（2）乘法

$$y=x_1\cdot x_2$$

$$\Delta y=|x_2|\Delta x_1+|x_1|\Delta x_2$$

$$\delta y=\frac{\Delta y}{|y|}=\frac{\Delta x_1}{|x_1|}+\frac{\Delta x_2}{|x_2|}$$

（3）除法

$$y=\frac{x_1}{x_2}$$

$$\Delta y=\left|\frac{1}{x_2}\right|\Delta x_1+\left|\frac{x_1}{x_2^2}\right|\Delta x_2$$

$$\delta y=\frac{\Delta y}{|y|}=\frac{\Delta x_1}{|x_1|}+\frac{\Delta x_2}{|x_2|}$$

（4）幂函数

$$y=x^\alpha \quad (\alpha\text{ 为任意实数})$$

$$\Delta y=|\alpha\cdot x^{\alpha-1}|\Delta x$$

$$\delta y=\frac{\Delta y}{|y|}=\left|\frac{\alpha}{x}\right|\Delta x$$

（5）对数

$$y=\lg x$$

$$\Delta y=\left|\frac{1}{x}\right|\Delta x$$

$$\delta y=\frac{\Delta y}{|y|}=\frac{\Delta y}{|x\ln x|}$$

如 $x_1,x_2,\cdots,x_m$ 为随机误差变量，它们各自的标准差为 $\sigma_1,\sigma_2,\cdots,\sigma_m$，令 $f(x_1,x_2,\cdots,x_m)$ 为随机变量的函数，则 y 的标准差 σ 为：

$$\sigma=\sqrt{\left(\frac{\partial f}{\partial x_1}\right)^2\sigma_1^2+\left(\frac{\partial f}{\partial x_2}\right)^2\sigma_2^2+\cdots+\left(\frac{\partial f}{\partial x_m}\right)^2\sigma_m^2}$$

4.3.3 误差的检验

通过对误差进行检验，尽可能地消除系统误差，剔除过失误差，使试验数据反映事实。

4.3.3.1 系统误差的发现和消除

系统误差产生的原因较多，不容易被发现，它的规律难以掌握，也难以全部消除它的影响。从数值上看，常见的系统误差有固定的系统误差和变化的系统误差两类。

固定的系统误差是指在整个测量数据中始终存在着的一个数值大小、符号保持不变的偏差。产生固定系统误差的原因有测量方法或测量工具方面的缺陷等。固定的系统误差往往不能通过在同一条件下的多次重复测量来发现,只能用几种不同的测量方法或同时用几种测量工具进行测量比较才能发现其原因和规律,并加以消除。

变化的系统误差可分为积累变化、周期性变化和按复杂规律变化三种。当测量次数相当多时,如采用率定传感器测量时,可通过偏差的频率直方图来判别。如果偏差的频率直方图和正态分布曲线相差甚远,则由于随机误差的分布规律服从正态分布,可以判断测量数据中存在着系统误差。当测量次数不够多时,可将测量数据的偏差按测量先后次序依次排列,如其数值大小基本上呈规律地向一个方向变化(增大或减小),即可判断测量数据中存在积累变化的系统误差。如将前一半的偏差之和与后一半的偏差之和相减,两者之差不为0或不近似为0,也可判断测量数据中存在积累变化的系统误差。将测量数据的偏差按测量先后次序依次排列,如其符号基本上呈有规律的交替变化,则可认为测量数据中有周期性变化的系统误差和按复杂规律变化的系统误差,可按其变化的现象进行各种试探性的修正,来寻找其规律和原因。也可改变或调整测量方法,改用其他的测量工具,来减少或消除这一类的系统误差。

4.3.3.2　随机误差分析

随机误差通常服从正态分布,分布密度函数为:

$$y = \frac{1}{\sqrt{2\pi}\,\sigma} e^{-\frac{(x_i - x)^2}{2\sigma^2}}$$

式中　$x_i - x$——随机误差,x_i 为实测值(减去其他误差),x 为真值。实际试验时,常用 $x_i - \bar{x}$ 代替 $x_i - x$,$\bar{x}$ 为平均值。

参照呈正态分布的概率密度函数曲线图可知,标准误差 σ 愈大,曲线愈平坦,误差值分布愈分散,精密度愈低;σ 愈小,曲线愈陡,误差值分布愈集中,精密度愈高。

误差落在某一区间内的概率 $P(|x_i - x| \leqslant a_i)$ 如表 4-1 所示。

表 4-1　　　　　　　　　　　　　　　　与某一误差范围对应的概率

误差范围	0.32σ	0.67σ	σ	1.15σ	1.96σ	2σ	2.58σ	3σ
概率	25%	50%	68%	75%	95%	95.4%	99%	99.7%

一般情况下,99.7%的概率已可认为代表多次测量的全体,所以把 3σ 叫作极限误差;当某一测量数据的误差绝对值大于 3σ 时,即可认为其误差已不是随机误差,该测量数据已属于不正常数据。

4.3.3.3　异常数据的舍弃

测量中遇到个别测量值的误差较大,并且难以对其进行合理解释的数据称为异常数据,应该把它们从试验数据中剔除,通常认为其中包含过失误差。

根据误差的统计规律,绝对值越大的随机误差出现的概率越小,随机误差的绝对值不会超过某一范围。因此,可以选择一个范围来对各个数据进行鉴别。如果某个数据的偏差超出此范围,则认为该数据中包含过失误差,应予以剔除。

常用的判别范围和鉴别方法如下:

(1) 3σ 法

随机误差服从正态分布,误差绝对值大于 3σ 的概率仅为 0.3%,即在 300 多次测量中才可能出现一次。因此,当某个数据的误差绝对值大于 3σ 时,应剔除该数据。在实际试验中,可用偏差代替误差。

(2) 肖维纳法

进行 n 次测量,误差服从正态分布,以概率 $\frac{1}{2n}$ 设定一判别范围 $[-a\sigma, +a\sigma]$。当某一数据的误差绝对值大于 $a\sigma$,即误差出现的概率小于 $\frac{1}{2n}$ 时,就剔除该数据。判别范围由下式设定:

$$\frac{1}{2n} = 1 - \int_{-a}^{a} \frac{1}{\sqrt{2\pi}} e^{-\frac{t^2}{2}} \mathrm{d}t$$

即认为异常数据出现的概率小于$\frac{1}{2n}$。

（3）格拉布斯法

格拉布斯法是以 t 分布为基础，根据数理统计理论按危险率 a 和子样容量 n（即测量次数 n）求得临界值 $T_0(n,a)$（表 4-2）。如某个测量数据 x_i 的误差绝对值满足 $|x_i-\overline{x}|>T_0(n,a)S$，即应剔除该数据，上式中的 S 为子样的标准差。

表 4-2 $T_0(n,a)$

n \ a	0.05	0.01	n \ a	0.05	0.01
3	1.15	1.16	17	2.48	2.78
4	1.46	1.49	18	2.50	2.82
5	1.67	1.75	19	2.53	2.85
6	1.82	1.94	20	2.56	2.88
7	1.94	2.10	21	2.58	2.91
8	2.03	2.22	22	2.60	2.94
9	2.11	2.32	23	2.62	2.96
10	2.18	2.41	24	2.64	2.99
11	2.23	2.48	25	2.66	3.01
12	2.28	2.55	30	2.74	3.10
13	2.33	2.61	35	2.81	3.18
14	2.37	2.66	40	2.87	3.24
15	2.41	2.70	50	2.96	3.34
16	2.44	2.75	100	3.17	3.59

4.4   一元线性回归   ≫≫≫

科研型结构试验的目的是研究各种因素对结构物的强度、刚度和抗裂性的影响，找出这些因素与它们之间的关系。其通常有两种方法：一种是用理论推导的方法来建立它们之间的数学关系；另一种是试验数据的回归分析法，它是通过一系列试验数据，经过统计分析来建立它们之间某种数学关系的一种数学方法。

4.4.1   最小二乘法

在试验过程中，在不同的试验状态下，若两个被测变量的一组数据 x_1、y_1，x_2、y_2，$\cdots$，x_n、y_n 中 y 随 x 大致呈线性变化（图 4-2），虽然各散点附近可作无数条直线，但可用回归分析法得出一条最接近所有试验数据点的直线。具体的方法可采用最小二乘法。

设此直线的回归方程为：

$$\hat{y}=a+bx$$

式中，a、b 为要求得到的回归方程的回归系数。

对于每一个 x_i 值，可确定一个回归值 $\hat{y}_i$，$\hat{y}_i$ 与试验测量值 y_i 之差表明了回归直线与试验数据的偏离程度。所谓最接近所有试验数据点的直线，

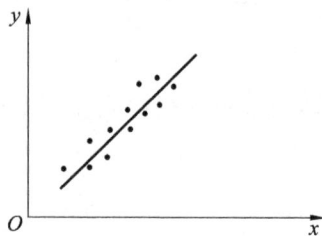

图 4-2   两变量对应的散点图

即使得 $y_i - \hat{y_i}$ 对于所有的 x_i 都最小，即要使下式中的 Q 最小：

$$Q = \sum_{i=1}^{n} (y_i - \hat{y_i})^2 = \sum_{i=1}^{n} (y_i - a - bx_i)^2 = Q(a,b)$$

要使 Q 值最小，显然要使 $\frac{\partial Q}{\partial a} = 0, \frac{\partial Q}{\partial b} = 0$，即：

$$\begin{cases} \dfrac{\partial Q}{\partial a} = -2 \sum_i (y_i - a - bx_i) = 0 \\ \dfrac{\partial Q}{\partial b} = -2 \sum_i (y_i - a - bx_i)x_i = 0 \end{cases}$$

解此方程得：

$$\begin{cases} a = \bar{y} - b\bar{x} \\ b = \dfrac{\sum\limits_i x_i y_i - \dfrac{1}{n}\left(\sum\limits_i x_i\right)\left(\sum\limits_i y_i\right)}{\sum\limits_i x_i^2 - \dfrac{1}{n}\left(\sum\limits_i x_i\right)^2} \end{cases}$$

其中，$\bar{x} = \dfrac{1}{n} \sum\limits_i x_i, \bar{y} = \dfrac{1}{n} \sum\limits_i y_i$。

在实际计算中，往往计算：

$$S_{xx} = \sum_i (x_i - \bar{x})^2 = \sum_i x_i^2 - \frac{1}{n}\left(\sum_i x_i\right)^2$$

$$S_{xy} = \sum_i (x_i - \bar{x})(y_i - \bar{y}) = \sum_i x_i y_i - \frac{1}{n}\left(\sum_i x_i\right)\left(\sum_i y_i\right)$$

则

$$b = \frac{S_{xy}}{S_{xx}}$$

4.4.2　直线回归方程的有效性

检验直线回归方程的有效性是十分必要的。因为所测数据尽管是杂乱无章的，应用最小二乘法也可得出一条直线来，而此直线方程显然是无意义的。

测定的应变量 $y_1, y_2, \cdots, y_n$ 之间存在差异有两方面的原因：

① 由自变量 x 在不同的试验状态下测取的数据值不同（这是正常的）引起；

② 由试验误差引起。

如能从 y 的总差异中区分出这两种差异，就可检验这两方面的影响哪个是主要的。显然，若主要是由在不同试验状态下自变量 x 测取的数据不同引起的，则所得的直线回归方程才有效。

用观测值 y_i 与算术平均值 $\bar{y}$ 的偏差平方和来表示总偏差平方和：

$$S_{总} = \sum_i (y_i - \bar{y})^2 = S_{yy}$$

$$S_{总} = \sum_i [(y_i - \hat{y_i}) + (\hat{y_i} - \bar{y})]^2 = \sum_i (y_i - \hat{y_i})^2 + 2\sum_i (y_i - \hat{y_i})(\hat{y_i} - \bar{y}) + \sum_i (\hat{y_i} - \bar{y})^2$$

由于

$$\sum_i (y_i - \hat{y_i})(\hat{y_i} - \bar{y}) = 0$$

则

$$S_{总} = \sum_i (y_i - \hat{y_i})^2 + \sum_i (\hat{y_i} - \bar{y})^2$$

式中　$\sum\limits_i (y_i - \hat{y_i})^2$——剩余平方和，以 $S_{剩}$ 表示，它是由试验误差和其他未加控制的偶然因素引起的，其大小反映试验误差及其他因素对试验结果的影响；

$\sum\limits_{i}(\hat{y_i}-\bar{y})^2$——回归平方和,以 $S_{回}$ 表示,它是由自变量的变化引起的,其大小反映自变量的重要性。

$$S_{回}=\sum_{i}(\hat{y_i}-\bar{y})^2=\sum_{i}(a+bx_i-a-b\bar{x})^2=b\sum_{i}(x_i-\bar{x})^2=b^2 S_{xx}=b S_{xy}$$

则有

$$b=\frac{S_{xy}}{S_{xx}}=\frac{S_{回}}{S_{xy}}$$

回归效果可行与否取决于比值 $S_{回}/S_{总}$ 的大小。其定义为相关系数 r:

$$\sqrt{\frac{S_{回}}{S_{总}}}=\sqrt{\frac{b S_{xy}}{S_{yy}}}=\frac{S_{xy}}{\sqrt{S_{xx}S_{yy}}}=r$$

① 当 $r=0$ 时,x 与 y 不相关。因为 $r^2=\dfrac{b S_{xy}}{S_{yy}}=0$,说明回归方程中 $b=0$,即 x 与 y 之间无线性关系。

② 当 $r^2\leqslant1$,即 $|r|\leqslant1$ 时,$|r|$ 值越小,说明散点越分散,线性关系越差。

③ 当 $|r|$ 值越接近于 1 时,说明散点越靠近回归直线,线性关系越好。

④ 当 $|r|=1$ 时,所有实测点都在回归直线上,即 x 与 y 完全线性相关。

在实际使用中,由于抽样误差的影响,相关系数 r 与测定的次数 n 有关。表 4-3 中给出了不同子样容量 n 在三种置信度(0.95,0.98,0.99)下,相关系数达到的最小值。若观测数据的相关系数低于表 4-3 中的数值,则所得的直线是不合理的,即无意义的。

表 4-3　　　　　　　　　　不同置信度下的线性回归相关系数

$n-2$	置信度			$n-2$	置信度		
	95%	98%	99%		95%	98%	99%
1	0.9969	0.9995	0.9999	17	0.4555	0.5265	0.5751
2	0.9500	0.9800	0.9900	18	0.4438	0.5155	0.5614
3	0.8783	0.9343	0.9587	19	0.4329	0.5034	0.5487
4	0.8114	0.8822	0.9172	20	0.4227	0.4921	0.5368
5	0.7545	0.8329	0.8745	25	0.3809	0.4451	0.4869
6	0.7067	0.7837	0.8343	30	0.3494	0.4093	0.4487
7	0.6664	0.7498	0.7977	35	0.3246	0.3810	0.4182
8	0.6319	0.7155	0.7646	40	0.3044	0.3578	0.3932
9	0.6021	0.6851	0.7348	45	0.2876	0.3384	0.3721
10	0.5760	0.6581	0.7079	50	0.2732	0.3218	0.3541
11	0.5529	0.6339	0.6835	60	0.2500	0.2948	0.3248
12	0.5324	0.6120	0.6614	70	0.2319	0.2737	0.3017
13	0.5139	0.5923	0.6411	80	0.2172	0.2565	0.2830
14	0.4973	0.5742	0.6226	90	0.2050	0.2422	0.2673
15	0.4821	0.5577	0.6055	100	0.1946	0.2301	0.2540
16	0.4683	0.5425	0.5897				

4.4.3　直线回归方程的精度

虽然在建立直线回归方程时采用了最小二乘法使 $S_{剩}=\sum\limits_{i}(y_i-\hat{y_i})^2$ 达到最小,但它不可能为 0。回归直线不可能通过所有的实测点。这反映了试验误差及其他未加控制的因素对试验结果的影响。在统计学中,以剩余标准差 S_Q 来衡量所有随机因素对 y 观测值的影响。

$$S_Q = \sqrt{\frac{S_{剩}}{n-2}} = \sqrt{\frac{S_{总} - S_{回}}{n-2}} = \sqrt{\frac{S_{yy} - bS_{xy}}{n-2}}$$

上式表明:此剩余标准差 S_Q 除与 $S_{剩}$ 有关外,还与测定次数 n 有关。在此,可以利用剩余标准差来计算出在某种置信度下所得直线回归方程的置信区间,亦即可估计其精度或误差范围。如对于服从正态分布的测量误差,将使 y 值具有如下置信区间及概率;对于某一 $\hat{y_0} = a + bx_0$,出现的概率及区间为:

① 落在 $\hat{y_0} \pm 0.5S_Q$ 区间的概率为 38%;

② 落在 $\hat{y_0} \pm S_Q$ 区间的概率为 68%;

③ 落在 $\hat{y_0} \pm 2S_Q$ 区间的概率为 95%;

④ 落在 $\hat{y_0} \pm 3S_Q$ 区间的概率为 99.7%。

4.5　试验数据的表达方法　>>>

在结构试验中,在不同时刻和不同的测试仪器、仪表上可获得不同的数据。根据结构受力的规律,采用各种方式表达试验结果,以便完整、准确地理解结构性能。

4.5.1　表格方式

用表格方式给出试验结果是最常见的方式之一。表格方式列举试验数据具有下列特点:

① 表格数据为二维数据格式,可以精确地给出实测的多个物理量与某一个物理量之间的对应关系。

② 表格可以采用标签方式列举试验参数以及对应的试验结果。

③ 表格可以给出离散的试验数据。

表格按内容和格式可以分为标签式汇总表格和关系式数据表格。标签式汇总表格常用于试验结果的总结、比较或归纳,将试验中的主要结果和特征数据汇集在表格中,便于一目了然地浏览主要试验结果。对于结构构件试验,通常表格的每一行表示一个构件;对于较大型的结构试验,表格的每一行可用来表示一种试验工况。表 4-4 所示为某一实际工程保护层厚度碳化残量的检测结果。

表 4-4　　某实际工程保护层厚度碳化残量的检测结果

试件编号	保护层厚度/mm c_1	保护层厚度/mm c_2	碳化深度/mm x_1	碳化深度/mm x_2	钢筋锈蚀状况描述	$c_1 - x_1$/mm	$c_2 - x_2$/mm	最小值 x_0/mm
A_6	35.0	42.0	26.33	29.00	基本未锈,局部有锈迹	8.67	13.00	8.67
A_9	22.4	40.0	7.23	16.70	基本未锈,局部有锈迹	15.17	23.30	15.17
A_{33}	40.0	43.0	7.33	16.67	基本未锈,局部肋有锈迹	32.67	25.33	25.33
A_{43}	29.0	30.0	5.17	12.00	基本未锈,肋上有锈迹	23.83	18.00	18.00
B_9	29.0	25.0	6.50	20.33	局部有锈迹	22.50	4.67	4.67
C_3	28.0	30.0	5.83	20.67	基本未锈	22.17	9.33	9.33
C_3	25.0	32.0	11.17	20.00	主肋局部有锈迹	13.83	12.00	12.00
C_{14}		27.5		13.50	局部有锈迹,大肋无锈,总体较好		14.00	14.00
C_{16}	32.0	31.0	8.00	18.00	大肋局部有锈迹,其他无锈	24.00	13.00	13.00
C_{19}	44.0	50.0	3.00	22.33	局部有锈迹,大部分无锈	41.00	27.67	27.67
C_{26}	42.0	35.0	21.67	20.67	局部有锈迹	20.33	14.33	14.33
C_{27}	44.0	33.5	5.50	21.33	未锈,局部有锈迹	38.50	12.17	12.17
C_{43b}	27.0	35.0	5.33	19.33	基本未锈	21.67	15.67	15.67

关系式数据表格用来给出试验中实测物理量之间的关系,例如荷载与位移的关系、试件中点位移和其他测点位移的关系等。通常,一个试验或一个试件使用一张表格。表格的第一列一般为控制试验进程的测试数据,表格的其他列为试验过程中的其他测试数据。例如,钢筋混凝土简支梁的静力荷载试验由施加的荷载控制试验进程,因此,第一列为试验荷载实测值,其他列的数据为荷载作用下测得的位移、应变等数据。一般而言,第一列和其他任意一列的数据可以用曲线描绘在一个平面坐标系内。表格的最后一列为备注,常用来描述试验中一些重要现象。表 4-5 中给出了梁试验数据表格的一个实例。

在表 4-5 中,某一个物理量的试验数据按列布置,称为列表格。有时,也可将数据按行布置,称为行表格。选用哪种方式一般根据数据量的大小确定。

表 4-5 钢筋混凝土简支梁试验数据表(试件编号:No. 02)

荷载/kN	1# 测点位移/mm	2# 测点位移/mm	3# 测点位移/mm	支座位移/mm	最大裂缝宽度/mm	备注
0.00	0.00	0.00	0.00	0.00		
3.00	0.56	0.64	0.55	0.07		
6.00	1.41	1.64	1.48	0.13	0.20	
9.00	2.40	2.75	2.67	0.17	0.25	
12.00	3.35	3.85	3.57	0.19	0.30	
15.00	4.32	4.94	4.55	0.22	0.30	
18.00	5.43	6.21	5.67	0.26	0.50	
20.00	6.37	7.27	6.69	0.30	0.50	
21.60	7.20	8.21	7.55	0.33	0.80	
22.10	10.53	13.24	10.97	0.36	1.50	
22.50	14.41	18.32	14.69	0.39	2.00	

表格的主要组成部分和基本要求如下:

① 每一个表格都应该有一个名称,说明表格的基本内容。当一个试验有多个表格时,还应该为表格编号。

② 表格中每一列的起始位置都必须有列名,说明该列数据的物理量及单位。

③ 表格中的符号和缩写应采用标准形式。对于相同的物理量,应采用相同精度的数据。数据的写法应整齐规范,数据为 0 时记为"0.00",不可遗漏;数据空缺时记为"—"。

④ 受表格形式的限制,有些试验现象或需要说明的内容可以在表格下面添加注解,注解构成表格的一部分。

4.5.2 图形方式

采用图形方式给出试验结果的最主要优点是直观明了。与表格方式比较,它更加符合人的思维方式。在试验研究报告和科技论文中,常采用曲线(曲面)图、形态图、直方图、散点分布图、条码图、扇形图等。

4.5.2.1 曲线(曲面)图

曲线图用来表示两个试验变量之间的关系,曲面图则可以表示三个变量之间的关系。试验数据之间的关系可以清楚地通过曲线(曲面)图加以表示。图 4-3 中给出了钢筋混凝土偏心受压柱的荷载-中点位移曲线。从图中可以看到,大偏心受压构件的中点位移较大,达到最大荷载后曲线平缓地下降;对于相同配筋的小偏心受压柱,最大荷载明显增加,但达到最大荷载后曲线迅速下降,说明破坏具有脆性特征。图 4-4 所示为钢筋混凝土简支梁的荷载-挠度曲线,受拉混凝土开裂、钢筋屈服等现象对梁性能的影响可在曲线上清楚地表现出来。从图 4-3 和 4-4 中还可以看出,在一个图中可以描绘多条曲线。图 4-3 中比较了不同偏心距的试验曲线。而在图 4-4 中绘出了荷载作用点的挠度曲线。按照对称性,两个荷载作用点的挠度应当相同,实测结果说明梁的受力是基本对称的。

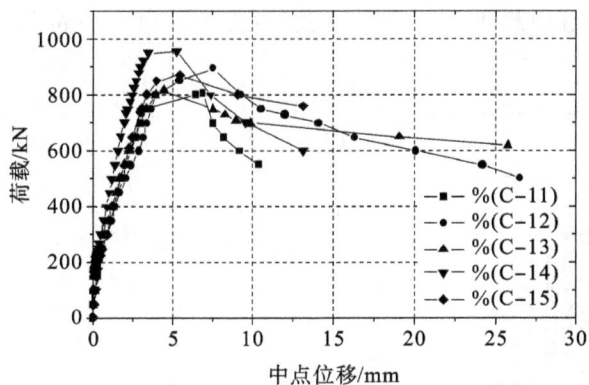

图 4-3 钢筋混凝土偏心受压柱荷载-中点位移曲线

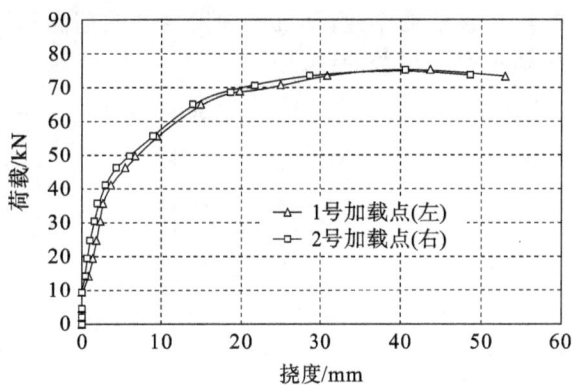

图 4-4 简支梁荷载-挠度曲线

运用曲线(曲面)图表示试验结果的基本要求是：

① 标注清楚。图名，图号，纵、横坐标轴的物理意义及单位，试件及测点编号等，都应在图中表示清楚。

② 合理布图。曲线图常用直角坐标系，选择合适的坐标分度和坐标原点，根据数据的性质采用均匀分度的坐标轴或对数坐标轴。

③ 选用合适的线型。对于离散的试验数据(例如分级加载记录的数据)，一般用直线连接试验点。当一个图中有多条试验曲线时，可以采用不同的线型，如实线、虚线、点画线等。试验点也可采用不同的标记，如实心圆点、空心圆点、三角形等。

④ 对试验曲线给出必要的文字或图形说明，如加载方式、测点位置、试验现象或试验中出现的异常情况。

在有些曲线图中，也可以采用光滑曲线或理论曲线逼近试验点。如图 4-5 所示，通过试验模态分析得到柱上条形基础的振型值，试验点可不连接，采用光滑曲线说明楼层的相对振动位移与试验实测值间的关系。

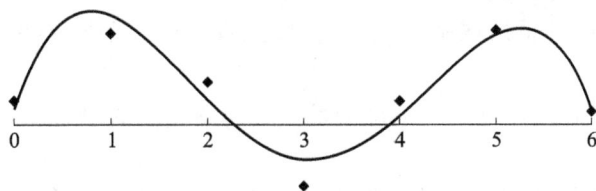

图 4-5 采用光滑曲线或理论曲线逼近试验点

4.5.2.2 形态图

形态图直接用图形或照片给出试验观察到的现象，例如钢筋混凝土结构或砌体结构的裂缝分布与破坏特征、钢结构的失稳破坏形态、多层框架结构的塑性铰位置等。

形态图的制作方式有手工绘制和摄影制作两种。摄影得到的照片可以真实地反映试验现象，而手工绘制的图形可以突出地表现我们关心的试验现象。在摄影照片中，由于透视关系，有些物理量的数值特征很难直观地反映。例如，钢筋混凝土梁的裂缝分布就很难用一张照片清楚地反映出来，所以一般采用手工绘制的裂缝分布图。

近年来，基于 CCD 技术的数码照相机、数码摄像机及与计算机相连的图像处理技术的发展，数字图像在结构试验中的应用越来越普遍。试验过程中可以拍摄大量的照片并很容易将这些照片传送至计算机，利用计算机的文字处理和图像处理技术形成对试验现象的正确描述。传统的摄影照相技术已较少在结构试验中应用。

4.5.2.3 直方图

直方图的主要作用是统计分析。直方图的纵坐标为试验中观测的物理量取某一数值的频率，横坐标为物理量的值。图 4-6 中给出了某一工地 C30 混凝土立方体抗压强度试验结果的直方图。从图中可以看出，在 192 组试验结果中，立方体抗压强度低于 30 N/mm^2 的试验结果很少，可以满足规范规定的 95% 保证率的要求。按照概率论,随机事件发生的频率随试验数目的增加趋于其概率。因此,直方图给出的分布曲线趋于概率密度函数曲线。

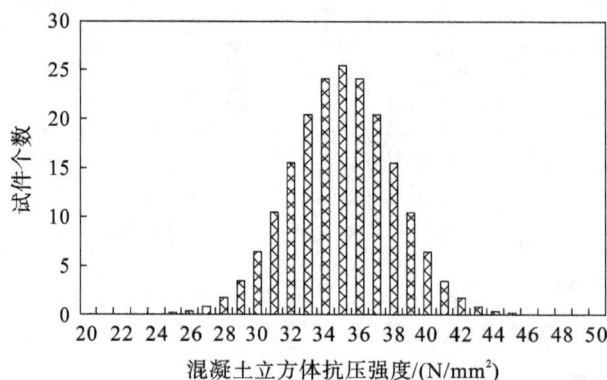

图4-6 某一工地 C30 混凝土立方体抗压强度试验结果的直方图

直方图的制作应注意以下两点:

① 应有足够多的观测数据或试验数据。绘制直方图时首先要对试验数据进行分组,一般至少将全部数据分为 5 组,每组若干个试验数据,这样才可以从直方图中看出试验数据的分布规律。数据太少时绘制直方图是没有意义的。

② 按等间距确定数据的分组区间,统计每一区间内试验观测值的数目。位于区间端点的试验数据不能重复统计。在数据量不是很大时,直方图的整体形状与分组区间的大小有密切的关系。如果区间分得太小,落在每一区间内的数据可能很少,直方图显得较为平坦;如果区间分得太大,又会降低统计分析的精度。

4.5.2.4 散点分布图

散点分布图在建立试验结果的经验公式或半经验公式时最为常用。在相对独立的系列试验中得到试验观测数据,采用回归分析法确定系列试验中试验变量之间的统计规律,然后用散点分布图给出数据分析的结果。

图 4-7 所示为混凝土轴拉强度与立方体强度的散点分布图。从图中可以直观地看出两者之间的关系及数据的偏离程度。

有时用散点分布图说明计算公式与试验数据之间的偏差。如图 4-8 所示,采用半理论半经验的方法得到钢筋混凝土受弯构件的裂缝宽度计算公式,将按公式计算的裂缝宽度与试验得到的裂缝宽度的比值绘制在散点分布图中。若比值等于 1,则散点位于 45°线上;若大于 1,则偏向试验数据轴;若小于 1,则偏向计算公式轴。以此说明计算公式的偏差范围。

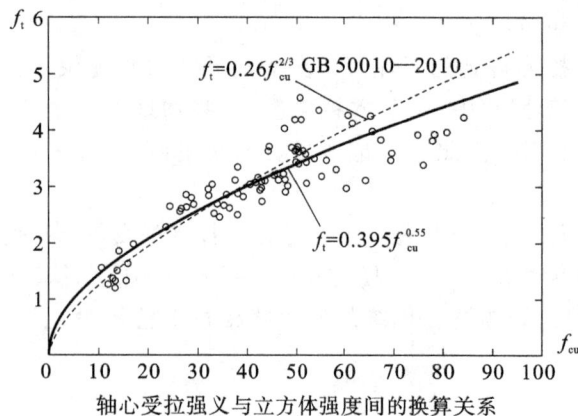

图 4-7 混凝土轴拉强度与立方体强度的散点分布图

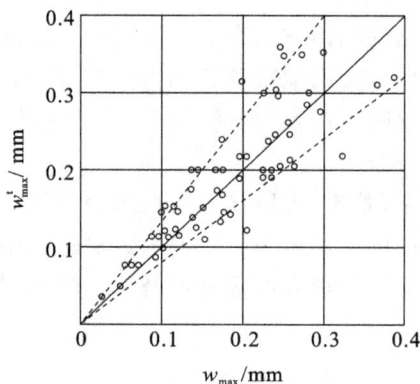

图 4-8 裂缝宽度散点分布图

w_{max}—计算最大裂缝宽度; w_{max}^t—实测最大裂缝宽度

4.5.2.5 其他图形

图 4-9 所示为一条码图(柱形图)。它与商标中的条形码不同:在商标的条形码中,改变条码的宽度和间距以对不同商品作出区别;试验数据的条码图是为了将两个性质相同的物理量进行对比,并利用横坐标来说明对比的物理量与另一物理量或试验中控制因素的关系。

图 4-10 所示为一扇形图,有时也形象地称为馅饼图。扇形图可以直观地给出数据的分布情况,但一般要求每一个扇形区域内的数据都有其明确的特征,从而区别于其他扇形区域。如果数据具有模糊特性,则一般不用扇形图表示。

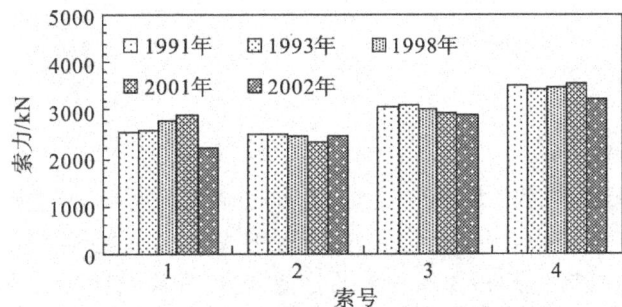

图 4-9 条码图(柱形图)

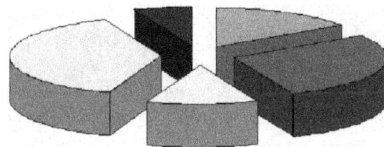

图 4-10 扇形图

4.5.3 用曲线拟合的方式表达数据

前面提到了数据归纳的直线回归分析。通过回归分析,可确定试验数据之间的线性关系。但在实际结构中,反映其物理性能的各数据间不一定存在线性关系,而是复杂的非线性关系。用不同于直线方程的函数曲线表示这些关系,可以更准确地描述试验现象,寻找结构性能的内在规律。

采用函数表达试验数据,本质上就是用函数所表示的曲线去拟合试验数据。在线性回归分析中,常用直线拟合试验数据,但一般情况下是采用曲线拟合试验数据。

为两组试验数据之间建立一种函数关系包括两方面的工作:一是确定函数形式,二是求出函数表达式中的系数。结构试验获取的各种数据理论上应有其内在的关系,但是这种内在关系可能非常复杂。例如,钢梁在屈服以前,荷载和挠度之间为线性关系;钢筋混凝土梁的荷载和挠度之间不是线性关系,它们之间显然存在因果关系,但我们很难从理论上给出因果关系的表达式。采用曲线拟合的方式表达试验数据,就是要寻找一个最佳的近似函数。用于建立函数关系的方法主要有回归分析法和系统识别法。

4.5.3.1 函数形式的选择

在对试验数据进行曲线拟合时,函数形式的选择对曲线拟合的精度有很大的影响。如果试验点形成的轨迹接近一个半圆,则应考虑采用二次抛物线或圆的曲线来逼近试验结果;如果采用直线进行拟合,则所得相关系数接近 0,显然没有达到拟合的目的。

常用的函数形式有以下几种:

(1) 多项式曲线

多项式曲线的形式为:

$$y = a_0 + a_1 x + a_2 x^2 + a_3 x^3 + \cdots \tag{4-6}$$

当取前两项时,为一线性方程;若取前 3 项,则得到二次抛物线。图 4-11(a)所示为钢筋混凝土框架结构水平受荷示意图;图 4-11(b)所示为该框架的水平荷载-侧向位移曲线,图中给出了采用二次抛物线的拟合结果。可以看到,二次抛物线在整体上与实测曲线十分吻合。

(2) 双曲线

在试验数据的曲线拟合中,双曲线可以有多种形式,如:

$$y = a + \frac{b}{x} \tag{4-7a}$$

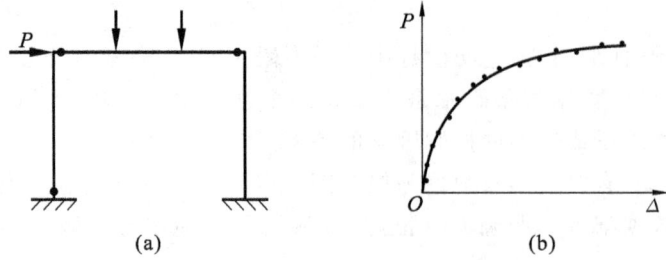

图 4-11　钢筋混凝土框架结构水平受荷示意图和水平荷载-侧向位移曲线

$$\frac{1}{y} = a + \frac{b}{x} \tag{4-7b}$$

$$y = \frac{1}{a + bx} \tag{4-7c}$$

双曲线的形式简单，一般只包含两个待定的参数。通过简单的变换，上列三个方程都可以转换为直线方程。例如，在式(4-7a)中，用 x' 替代 $1/x$；在式(4-7b)中，用 y' 替代 x/y；而对于式(4-7c)，将 x 和 y 的位置互换，就可得到式(4-7a)的形式。将试验数据按变量转换的格式作相应的处理，就可采用线性回归分析法得到回归系数 a 和 b。图 4-12 所示为钢筋混凝土压弯构件的延性系数与配筋率的关系曲线。图中，延性系数等于构件的极限位移与其屈服位移的比值。可以看出，双曲线较好地表示了两者之间的关系。

（3）幂函数

幂函数的形式为：

$$y = ax^b \tag{4-8}$$

幂函数曲线通过零点，其指数 b 可以是任意实数。对上式等号两边取对数，引入 $y' = \lg y$、$a' = \lg a$ 和 $x' = \lg x$，则式(4-8)转换为直线方程：

$$y' = a' + bx' \tag{4-9}$$

这样，可以采用线性回归分析方法得到相关的参数。图 4-13 所示为混凝土轴心抗拉强度与混凝土立方体抗压强度间的关系，拟合曲线采用了幂函数曲线。

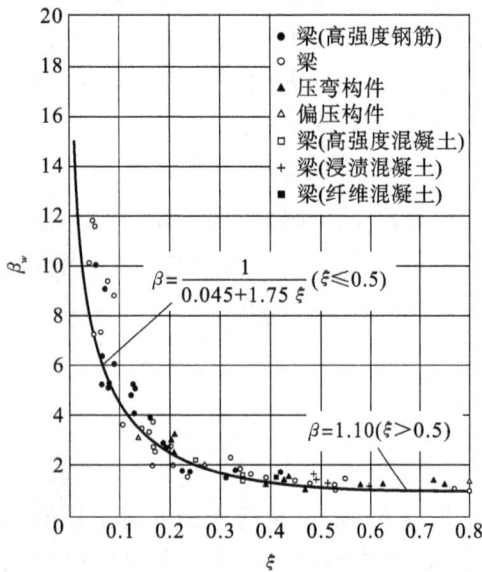

图 4-12　钢筋混凝土压弯构件的延性系数与配筋率的关系曲线

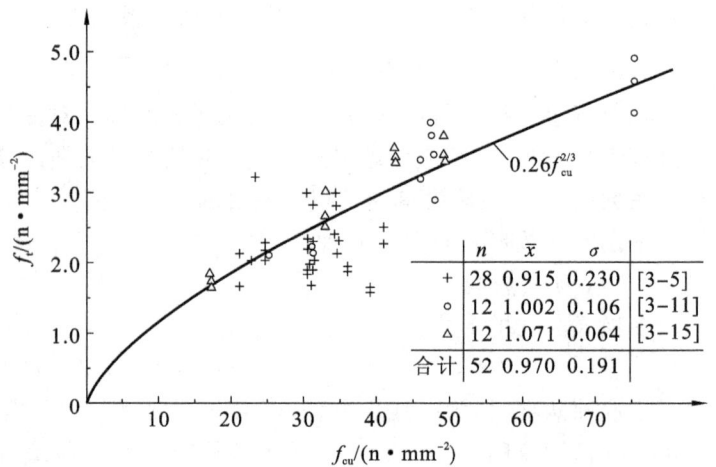

图 4-13　混凝土轴心抗拉强度与立方体抗压强度的关系

（4）对数函数和指数函数

对数函数的方程为：

$$y = a + b\lg x \tag{4-10}$$

一般常采用自然对数 $\ln x$。在拟合试验数据时，只要先将观测数据取对数，就可以采用线性回归分析的方法得到系数 a 和 b。图 4-14 所示为轴心受压砌体的应力-应变曲线，函数形式为：

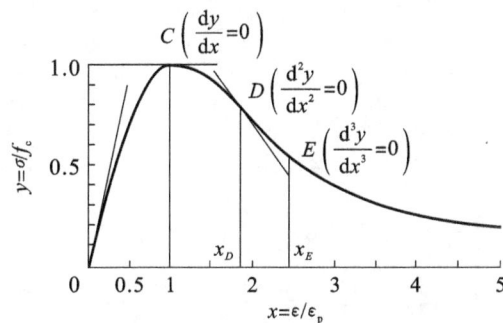

$$\varepsilon = -\frac{1}{\xi}\ln\left(1 - \frac{\sigma}{f}\right) \tag{4-11}$$

式中　ξ—— 一与砂浆强度有关的系数；

　　　f——砌体抗压强度。

指数函数与对数函数互为反函数，指数函数的形式为：

$$y = a e^{bx} \tag{4-12}$$

当 $b > 0$ 时，其为单调上升曲线；当 $b < 0$ 时，其为单调下降曲线。

除上述函数曲线外，还可采用其他函数或各种组合得到的曲线。有时，根据具体情况还可以采用分段函数。图 4-15 中给出了轴心受压混凝土的应力-应变关系，为分段式曲线方程，上升段为三次多项式，下降段为有理分式：

当 $x \leqslant 1$ 时

$$y = \alpha_a x + (3 - 2\alpha_a)x^2 + (\alpha_a - 2)x^3 \tag{4-13a}$$

当 $x > 1$ 时

$$y = \frac{x}{\alpha_d(x-1)^2 + x} \tag{4-13b}$$

式中，$y = \sigma/f_c$，为混凝土压应力与混凝土轴心抗压强度的比值；$x = \varepsilon/\varepsilon_0$，为混凝土压应变与峰值应力时混凝土压应变的比值，$x \leqslant 1$ 时处于曲线的上升段，$x > 1$ 时进入曲线的下降段；α_a 和 α_d 分别为曲线的上升段和下降段参数。

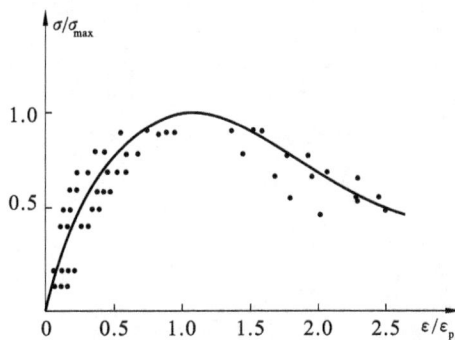

图 4-14　轴心受压砌体的应力-应变曲线　　图 4-15　轴心受压混凝土的应力-应变关系

4.5.3.2　曲线拟合的方法

在进行曲线拟合前，先将试验数据描绘在散点分布图上，可以看出试验结果的大致趋势，然后初步选定函数曲线。一般情况下，要对试验数据进行预处理。数据预处理的内容包括剔除异常数据，确定曲线拟合的区间，对数据进行无量纲化处理。如式(4-13)所示的轴心受压混凝土的应力-应变曲线方程，表示应力和应变的 x 和 y 均为无量纲量。

选定函数曲线形式后，曲线拟合的主要任务就是确定函数表达式中相关的系数。最常用的拟合方法是前面讨论的线性回归分析方法。双曲线、幂函数、指数函数、对数函数等曲线都可以通过变量代换转化为线性函数。在作线性回归分析之前，根据代换的函数关系对试验数据进行换算，得到新的 x_i' 和 y_i'，再按线性回归分析的步骤进行计算。

当所研究的问题中有两个以上的变量时，可以采用多元回归分析方法来寻找这些变量之间的关系。一般情况下，假设有 $n+1$ 个试验变量的观测数据 $(x_{1i}, x_{2i}, \cdots, x_{mi}, y_i)$，每个试验变量观测的数据量为 m，即 $i = 1, 2, \cdots, m$。多元线性回归假设试验变量 y 与 x_i 间有如下关系：

$$y = a_0 + a_1 x_1 + a_2 x_2 + \cdots + a_n x_n \tag{4-14}$$

其与前述的一元线性回归分析相同,采用最小二乘法得到由 $n+1$ 个方程组成的线性方程组,求解方程组可得回归系数 $a_0,a_1,\cdots,a_n$。

多元线性回归分析的一个主要用途是处理非线性回归分析问题。例如,采用多项式曲线拟合试验数据:

$$y=a_0+a_1x+a_2x^2 \tag{4-15}$$

因涉及 x 的平方项,所以这是一个一元非线性回归问题。作变量代换,令 $x_1=x$、$x_2=x^2$,上式变为:

$$y=a_0+a_1x_1+a_2x_2 \tag{4-16}$$

问题转化为二元线性回归分析问题。

有些函数不能转换为线性函数,例如有理分式函数和一些组合函数。这时,可以采用非线性回归分析方法。非线性回归分析的基本思路与线性回归分析大体相同,也是采用最小二乘法。首先构造误差函数,回归系数应使误差函数取极小值,以此为条件得到一个方程组,求解这个方程组可得到回归系数。在非线性回归分析中,方程组一般为非线性方程组。对于由较复杂的初等函数构成的非线性方程组,求解往往十分困难,在结构试验的数据处理中应用不多。

在非线性回归分析中,对变量 x 和 y 进行相关性检验,可以用下列的相关指数 R 或 R^2 来表示:

$$R^2=1-\frac{\sum(y_i-\hat{y}_i)^2}{\sum(y_i-\bar{y})^2} \tag{4-17}$$

式中　y_i——试验观测值;

　　　$\hat{y}_i$——回归分析得到的值;

　　　$\bar{y}$——y_i 的平均值。

当 R 趋近于 1 时,说明回归方程与试验数据的吻合度较好。

第2篇

应 用 篇

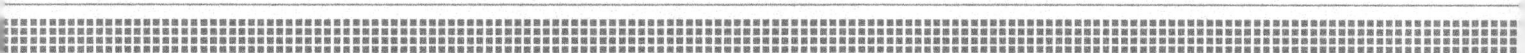

5 工程结构静载试验

5.1 概　　述　　>>>

在结构的直接作用中,起主导作用的是静力荷载,因此结构静载试验是土木工程结构试验中最基本、最常见的试验。静载试验主要用于模拟结构在静力荷载作用下的工作情况。试验时,可以观测和研究结构或构件的承载力、刚度、抗裂性等基本性能和破坏机理。土木工程结构是由大量的基本构件组成的,主要是承受拉、压、弯、剪、扭等基本作用力的梁、板、柱等系列构件。通过静载试验,可以深入了解这些构件在各种基本作用力作用下的结构性能和承载力问题、荷载与变形的关系以及混凝土结构的荷载与裂缝的关系,还有钢结构的局部或整体失稳等问题。相对动载试验而言,结构静载试验所需的技术与设备也比较简单,容易实现,这也是静载试验被经常应用的原因之一。

单调加载静载试验是工程结构静载试验中最普遍的试验类型。其是指在短时期内对试验对象进行平稳的一次连续施加荷载,荷载从 0 开始一直加到结构构件破坏或达到预定荷载,或是在短时期内平稳地施加若干次预定的重复荷载后,再连续增加荷载,直到结构构件破坏。其加载速度很慢,结构变形速度也很慢,可以忽略加速度引起的惯性力及其对结构变形的影响。其主要用于观测和研究结构在静荷载作用下构件的强度、刚度、抗裂性等基本性能和破坏机制。

根据观测时间的不同,静载试验分为短期荷载试验和长期荷载试验。对结构施加长期荷载,以确定结构工作性能随时间的变化规律,这是长期荷载试验。

目前常采用低周反复试验(又称拟静力试验)和计算机‐电液伺服试验机联机试验(又称拟动力试验),但就其方法的实质来说,仍为静载试验。静载试验可以研究在各种力要素的单独或组合作用下结构基本构件的结构性能和承载能力等问题,揭示结构空间工作、整体刚度、非承重构件和某些薄弱环节对结构整体工作的影响。

5.2　试验前的准备工作　>>>

进行充分的试验准备与周密拟订试验的详细工作计划,是顺利进行试验的必要条件。这两项工作在整个试验过程中时间最长,工作量最大,内容也最庞杂。准备工作是否充分,将直接影响试验成果。因此,准备工作的每一阶段、每一细节都必须认真、周密地进行。具体内容包括以下几点。

5.2.1　调查研究,收集资料

首先要掌握信息,这就要进行调查研究、收集资料,充分了解本项试验的任务和要求,明确试验目的和性质,做到心中有数,以便确定试验的规模、形式、数量和种类,正确地进行试验设计。

在生产鉴定性试验中,试件往往是某一具体结构或构件,一般不存在试件设计和制作问题。调查研究主要是向有关设计、施工和使用单位或人员收集资料。设计方面包括设计图纸、计算书和设计所依据的原始资料(如地基勘测资料、气象资料和生产工艺资料等),施工方面包括施工日志、材料性能试验报告、施工记录和隐蔽工程验收记录等,使用方面主要是使用过程、超载情况或事故(或灾害)经过的调查记录等。此外,要对结构物进行实地考察,增强对所鉴定结构设计质量和施工质量的宏观认识。

在科学研究性试验中,调查研究针对试验目的,向有关科研单位、情报部门及必要的设计和施工单位收集与本试验有关的历史(如国内外有无做过类似的试验,采用的方法及其结果等)、现状(如已有哪些理论、假设,设计、施工技术水平,材料、技术状况等)和将来发展的要求(如生产、生活和科学技术发展的趋势与要求等)。

5.2.2 制订试验大纲

结构试验设计最终要求拟订一个试验大纲,并汇总所有与设计有关的资料和文件。试验大纲是进行整个试验工作的指导性文件,它的内容详细程度视不同性质的试验而定,一般应包括以下各方面的内容。

(1)概述

简要介绍调查研究的情况,提出试验的依据及试验目的、意义与要求等。必要时,还应有相关理论分析和计算。

(2)试件的设计及制作要求

科研性试验应包括设计依据,理论分析和计算,试件的规格和数量,施工详图以及对原材料、施工工艺的要求等。施工详图中应考虑支座及加载、量测等要求在试件内设置的预埋件。对于鉴定性试验,也应阐明原设计要求、施工或使用情况等。试验数量按结构或材质的变异性与研究项目间的相关条件来确定,宜少不宜多。对于一般鉴定性试验,为避免尺寸效应的影响,根据加载设备的能力和试验经费情况,试件尺寸应尽量接近实体。

(3)试件安装与就位

其内容包括就位的形式(正位、卧位或反位)、支承装置、边界条件模拟、保证侧向稳定的措施和安装就位的方法、装置及机具等。

(4)加载方法和设备

其内容包括荷载种类及数量、加载设备装置、荷载图式及加载制度等。

(5)观测方案设计

其主要说明观测项目,测点布置,量测仪表的选择、标定、安装方法及编号图,量测顺序的规定和补偿仪表的设置等。

(6)辅助试验

其包括材料的物理、力学性能试验和某些探索性小试件或小模型、节点试验等。这些辅助试验是估算试件承载力和变形、处理分析试验结果时必需的原始资料,应列出辅助试验的项目和方法,试样尺寸、数量及制作要求等。

(7)试验安全措施

其包括试验设备仪表的安全及人身的安全。例如,应注意预应力混凝土结构锚、夹具弹出的危险性,高试件的平面外失稳等。对以具体结构为对象的工程现场鉴定性试验,其规模往往较大,安全问题较多,更应高度重视。

(8)试验进度计划

其包括试验开始时间、完成日期以及试验过程的详细进度安排。

(9)试验组织管理

一个试验(特别是大型试验),参与人数多,牵涉面广,必须严密组织,加强管理。其包括技术资料档案管理、人员组织和分工、任务落实、工作检查、指挥调度以及必要的技术交底和培训工作。

(10)附录

其包括所需器材、仪表、设备及经费预算。此外,还包括观测记录表格,加载设备、量测仪表的精度结果报告和其他必要文件、规定等。观测记录表格在设计上应使记录内容全面,以方便使用。其内容除了观测数据外,还应有测点编号、试验时间、记录人签名等栏目。

总之,整个试验必须进行充分准备和细致而全面的规划,必须明确每项工作及每个步骤,防止盲目追求试验次数多、观测内容多以及不切实际地提高测量精度等,以免给试验带来混乱和造成浪费,甚至使试验失败或发生安全事故。

5.2.3　试件准备

试件准备包括试件的设计、制作、验收及有关测点的处理等。

试验的对象根据试验目的的要求可能会经过这样或那样的简化,可能是模型,也可能是其局部(例如节点或杆件),但无论如何,均应根据试验目的与有关理论按大纲规定进行试件设计与制作。

在设计、制作时应考虑试件安装和加载测量的需要,在试件上进行必要的构造处理,如钢筋混凝土试件在支承点上预埋钢垫板、局部截面加强及加设分布筋等;平面结构侧向稳定支撑点配件安装,倾斜面上加载面增设凸肩以及吊环等。

试件制作工艺必须严格按照相应的施工规范进行,并做详细记录。按要求留足材料力学性能试验试件,并及时编号。

在试验之前,试件应按设计图纸进行仔细检查,测量各部位实际尺寸,检查构造情况、施工质量、存在的缺陷(如混凝土的蜂窝、麻面、裂纹,钢结构的焊缝缺陷、锈蚀,木材的疵病等)、结构变形和安装质量。钢筋混凝土还应检查钢筋位置、保护层的厚度和钢筋的锈蚀情况等。这些情况都将对试验结果有重要影响,应做详细记录并存档。

对试件进行检查后,应进行表面处理,例如去除或修补一些有碍试验观测的缺陷,钢筋混凝土表面的刷白、分区划格。刷白的目的是便于观测裂缝;分区划格是为了将荷载与测点准确定位,记录裂缝的发生和发展过程以及描述试件的破坏形态。观测裂缝的区隔尺寸一般取 $10\sim30$ cm,必要时还可缩小。

为方便操作,有些测点布置的处理(如手持应变仪、杠杆应变仪、百分表应变计脚标的固定,钢测点的去锈,甚至应变计的粘贴、接线盒材料力学性能非破损检测等)也应在这个阶段进行。

5.2.4　材料物理、力学性能测定

结构材料的物理、力学性能指标对结构性能有直接的影响,是结构计算的重要依据。试验中的荷载分级,试验结构承载能力和工作状态的判定与估计,试验后数据处理与分析等工作都需要材料的力学性能指标。因此,在正式试验之前,应首先对结构材料的实际物理、力学性能进行测定。测定项目通常有强度、变形性能、弹性模量、泊松比、应力-应变关系等。

测定的方法有直接测定法和间接测定法两种。

直接测定法就是将在制作结构或构件时预留的小试件,按有关标准方法在材料试验机上测定。这里仅就混凝土的应力-应变全曲线的测定方法作简单介绍。混凝土是一种弹塑性材料,应力-应变关系比较复杂,标准棱柱体轴压应力-应变曲线如图 5-1 所示。

测定全曲线的必要条件是:试验机应有足够的刚度,使试验机加载后所释放的弹性应变与峰点 C 的应变之和不大于试件破坏时的总应变值。否则,试验机释放的弹性应变能产生动力效应,会把试件击碎,曲线只能测至 C 点,在普通试验机上测定就是这样。

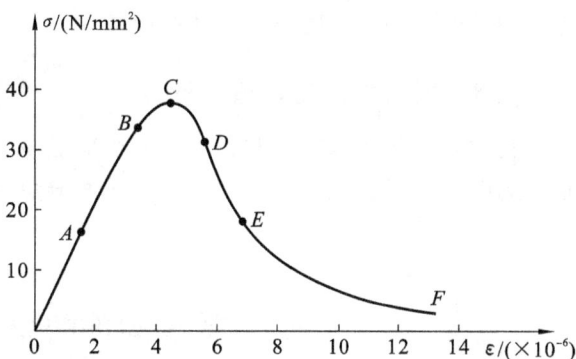

图 5-1　普通混凝土轴压应力-应变曲线

目前,最有效的方法是采用出力足够大的电液伺服试验机,以等应变控制方法加载。若在普通液压试验机上试验,则应增设刚性装置,以吸收试验机所释放的动力效应能。刚性元件要求刚度常数大(一般为 $100\sim200$ kN/mm),容许变形大,能适应混凝土曲线下降段的巨大应变[一般为 $(6\sim30)\times10^3$]。增设刚性装置后,试验后期荷载仍不应超过试验机的最大加载能力。刚性装置可用弹簧或同步液压加载器等。

间接测定法通常采用非破损试验法,即用专门仪器对结构或构件进行试验,用实测得到的与材料有关的物理量推算出材料强度等参数,而不破坏结构、构件。

5.2.5 试验设备与试验场地的准备

对于试验计划使用的加载设备和量测仪表,试验之前应进行检查、修整和必要的率定,以保证达到试验的使用要求。率定必须有报告,以供资料整理或在使用过程中修正。

试验场地在试件进场之前应加以清理和安排,包括通水、电、交通和清除不必要的杂物,集中安排好试验时需使用的物品。如果需要的话,应做场地平面设计,架设好试验中防风、防雨和防晒设施,以避免对荷载和量测造成影响。现场试验支座处的地耐力应经局部验算和处理,下沉量不宜太大,以保证结构作用力的正确传递和试验工作的顺利进行。

5.2.6 试件安装就位

按照试验大纲的规定和试件设计要求,在各项准备工作就绪后即可将试件安装就位。要保证试件在试验全过程中都能按计划模拟条件工作,避免因安装错误而产生附加应力或出现安全事故。

简支结构的两支点应在同一水平面上,高差不宜超过跨度的1/50。试件、支座、支墩和台座之间应密合稳固,为此常采用砂浆坐缝处理。各支座应保持均匀接触,最好采用可调支座。若支座带有测定支反力的测力计,则应调节至该支座应承受的试件重量为止。也可采用砂浆坐浆或湿砂调节。

嵌固支承应上紧夹具,不得有任何松动或滑移的可能。扭转试件在安装上应注意扭转中心与支座转动中心的一致性,可用钢垫板等加垫调节。对于卧位试验,试件应平放在水平滚轴或平车上,以减小试验时试件水平移位的摩阻力,同时可防止试件侧向下挠。

试件吊装时,平面结构应防止发生平面外弯曲、扭曲等变形;细长杆件的吊点应适当加密,避免弯曲过大;钢筋混凝土结构在吊装就位过程中应保证不出现裂缝,尤其是抗裂试验结构,必要时应附加夹具,提高试件刚度。

5.2.7 加载设备和量测仪器的安装

加载设备的安装应根据加载设备的特点按照大纲设计的要求进行。大多数加载设备是在试件就位后安装的,要求安装固定牢靠,保证荷载模拟正确和试验安全。有的设备的安装与试件就位同时进行,如支承机构;有的则在加载阶段进行安装。

仪表安装位置按观测设计方案确定。安装后应及时把仪表号、测点号、位置和连接仪器上的通道号一并记入记录表中。调试过程中如有变更,记录时应及时作相应的改动,以防混淆。接触式仪表还应有保护措施,例如加带悬挂,以防振动致掉落损坏。

5.2.8 试验控制特征值的计算

根据构件设计计算图式和材料性能试验数据,计算出各个荷载阶段的荷载值和各特征部位的内力、变形值等,作为试验时控制与比较的依据,从而避免试验的盲目性。

5.3 基本构件的单调加载静载试验 >>>

5.3.1 受弯构件的试验

5.3.1.1 试件的安装和加载方法

板和梁是常见的受弯构件。

　　试验时可以采用正位试验,也可采用异位(卧位、反位)试验。当采用异位试验方法时,应注意结构实际工作状态与试验状态不一致的影响,如混凝土试件自重产生裂缝,试件自重产生附加内力、变形等。

　　预制板和梁等受弯构件一般是简支的,在试验安装时都采用正位试验。要求支座符合规定的边界条件,并在试验过程中保持牢固与稳定。为了保证构件与支承面的紧密接触,在支墩与钢板、钢板与构件之间应用砂浆找平。由于板的宽度较大,故要防止支承面产生翘曲。如果做连续梁试验,则一端用固定铰支座,其余用活动铰支座,且活动铰支座需能灵活调整高度,保证在试验过程中各支座均匀下沉,避免因支座下沉而产生附加应力。

　　板一般承受均布荷载。当用重力直接加载时,荷载布置应均匀,安放的荷载之间应留有间隙,以避免构件变形后由于荷载间的相互作用而产生起拱作用,致使荷载传递不明确或改变试件受荷后的工作状态。当荷载较大而采用液压加载时,可用多点集中荷载等效并同步加载。

　　梁所受的荷载较大,一般采用液压加载,通常用液压加载器通过分配梁施加几个集中力,或用液压加载系统控制多台加载器直接加载。当荷载要求不大时,也可以用杠杆重力加载。

　　荷载布置应符合试验加荷图式。当试验加荷图式不能完全与设计的规定或实际情况相符时,或者为了试验加载的方便及受加载条件限制时,可以采用等效的原则进行换算,即使试验构件的内力图形与设计或实际的内力图形相等或接近,并使两者最大受力截面处的内力值相等,在此条件下求得试验等效荷载。

　　在受弯构件试验中,经常用几个集中荷载来代替均布荷载。如图 5-2(b)所示,采用在跨度四分点处加两个集中荷载的方式来代替均布荷载,并取试验梁的跨中弯矩等于设计弯矩时的荷载作为梁的试验荷载,这时支座截面的最大剪力也可以达到均布荷载条件下的剪力设计数值。如能采用四个等距集中荷载来进行加载试验,则将可得到更为满意的结果,如图 5-2(c)所示。

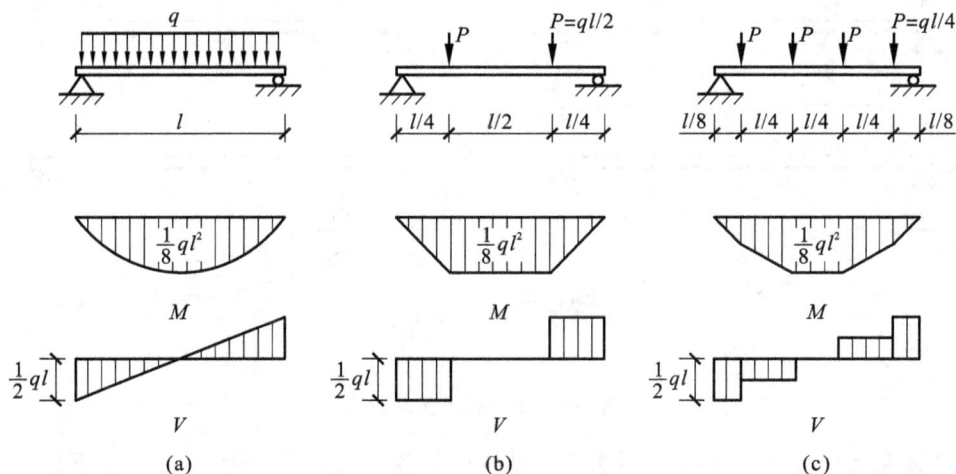

图 5-2　简支梁试验等效荷载加荷图式

　　采用上述等效荷载试验时能较好地满足 M 与 V 值的等效,但试件的变形(即刚度)不一定满足等效条件,此时应考虑进行修正。按同样原则也可求得变形相等的等效荷载。

　　对于吊车梁,由于它主要承受的荷载是吊车轮压缩产生的集中荷载,试验时要按弯矩和剪力最不利的组合来确定集中荷载的作用位置,分别进行试验。

　　正常使用荷载之前一般分五级加载,每级荷载约为使用荷载的 20%;正常使用荷载之后每级荷载加密一倍,约为使用荷载的 10%;为了得到准确的开裂荷载或破坏荷载,在达到开裂荷载或破坏荷载的 90% 后,级距再加密,约为使用荷载的 5%。加载设备吨位要适当,以大于试验最大荷载的 20%~50% 为宜。对于破坏性试验,由于混凝土梁破坏前钢筋屈服,构件变形较大,故选择和安放液压加载器时应注意加载器量程,以免因量程不够而使试验无法继续。

5.3.1.2　试验项目和测点布置

生产检验性试验一般通过观测强度、抗裂度和各级荷载作用下的挠度、裂缝开展情况,判断设计的正确性、施工的合理性及其对使用要求的满足程度,一般不测量应力及应变的分布状况。而科研试验的目的在于探求各种规律,因此除观测强度、抗裂度和裂缝之外,对构件各部分的应力分布规律、构件破坏特征等都要详尽地观测。

(1) 挠度的测量

梁的挠度值是量测数据中最能反映其总工作性能的一项指标。因为它不但直接决定使用性能的好坏,而且任何部位的异常变形或局部破坏(开裂)都将通过挠度或在挠度曲线中反映出来。测量挠度也是确定开裂荷载的方法之一。其中,最主要是测定跨中最大挠度值和梁的弹性挠度曲线。

测量挠度一般用百分表,选用时要注意量程。挠度测量必须考虑支座沉陷的影响。对于图 5-3(a)所示的梁,在试验时由于荷载的作用,其两个端点处的支座常常会有沉陷,以致使梁产生刚性位移。因此,如果跨中挠度是相对地面进行测定的话,则还必须测定梁两端支承面相对同一地面的沉陷值,所以最少要布置三个测点。值得一提的是,支座承受的巨大作用力将或多或少地引起周围地基的局部沉陷,因此安装仪器的架子必须离开支座墩子一定距离。但在永久性的钢筋混凝土台座上进行试验时,上述地基沉陷可以不予考虑。此时,通过两端部的测点可以测量梁端相对于支座的压缩变形,从而可以比较正确地测得梁跨中的最大挠度 f_{max}。

对于跨度较大的梁,为了保证量测结果的可靠性,并求得梁在变形后的弹性挠度曲线,相应地要增加至 5~7 个测点,并沿梁的跨间对称布置,如图 5-3(b)所示。对于宽度较大的梁,必要时应考虑在截面的两侧布置测点,所需仪器的数量也就需要增加一倍,此时各截面的挠度取两侧仪器读数的平均值。测定梁水平面的水平挠曲时,可按上述同样原则进行布点。

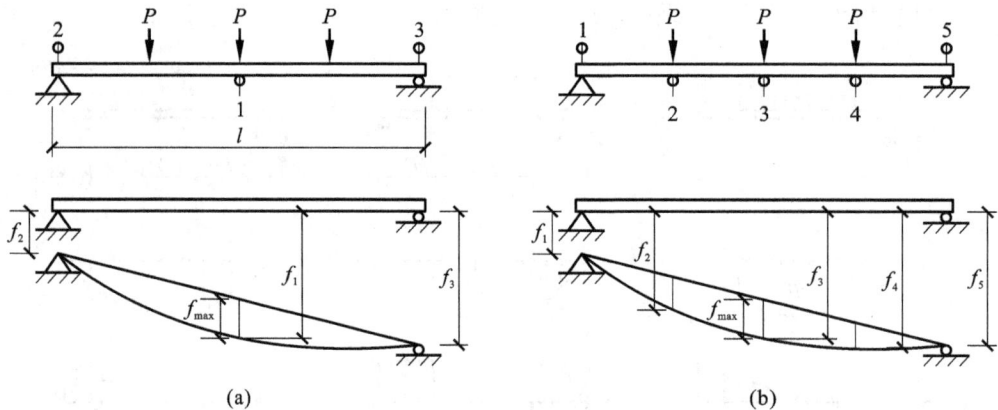

图 5-3 梁的挠度测点布置

对于预应力混凝土受弯构件,量测结构整体变形时,还需考虑构件在预应力作用下的反拱值。对于宽度较大的单向板,一般均需在板宽的两侧布点。当有纵肋时,挠度测点可按测量梁挠度的原则布置于肋下。对于肋形板的局部挠曲,则可相对于板肋进行测定。

(2) 应变测量

梁属于受弯构件,其截面通常承受弯矩与剪力的共同作用,需要按如下原则选取测量应变的截面:① 弯矩最大处;② 剪力最大处;③ 弯矩与剪力均较大处;④ 截面面积突变处;⑤ 抗弯控制截面(截面较弱且弯矩值较大处);⑥ 抗剪控制截面(截面较弱且剪力值较大处)。

如果只要求测量弯矩引起的最大应力,则只需在该截面上、下边缘纤维处安装应变计即可。为了减少误差,上、下边缘纤维上的仪表应设在截面的对称轴上[图 5-4(a)]或是在对称轴的两侧各设一个仪表,以求取平均应变量。

对于钢筋混凝土梁,由于材料的非弹性性质,梁截面上的应力分布往往是不规则的。为了求得截面上应力分布的规律,应变测点沿截面高度的布置可以是等距离的,也可以是不等距而外密里疏,以便比较准确地测得截面上较大的应变[图 5-4(b)]。对于布置在靠近中和轴位置处的仪表,由于应变读数值较小,因此相对误差可能很大,以致不起任何效用。但是,在受拉区的混凝土开裂以后,我们经常可以通过该测点读数

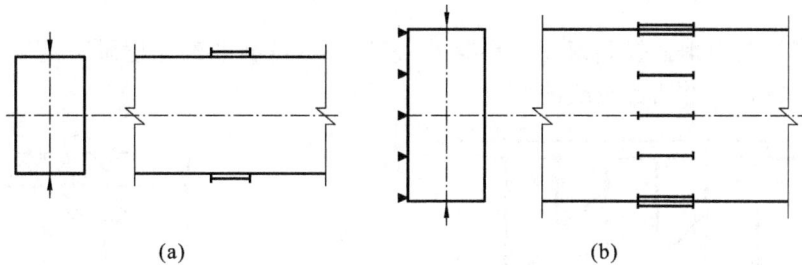

(a)   (b)

图 5-4　测量梁截面上应变分布和测点布置

值的变化来观测中和轴位置的变动。

① 弯曲应力测量。

在梁的纯弯曲区域内,梁的截面上只有正应力,故在该处截面上布置单向的应变测点即可,如图 5-5 截面 1—1 所示。

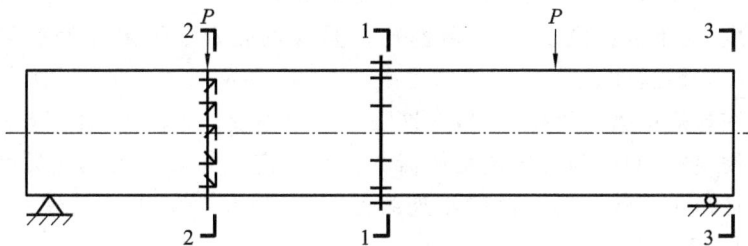

图 5-5　钢筋混凝土梁测量应变的测定布置

截面 1—1—测量纯弯曲区域内正应力的单向应变测点;

截面 2—2—测量剪应力与主应力的应变网络测点(平面应变);

截面 3—3—梁端零应力区校核测点

钢筋混凝土梁受拉区的混凝土开裂后,由于该处截面上的混凝土部分退出工作,故此时布置在混凝土受拉区的应变计将失去其量测的作用。为进一步考查截面的受拉性能,在受拉区的钢筋上也应布置测点,以便量测钢筋的应变。对于钢筋混凝土梁,通常需要求得截面上的应力分布规律及中和轴位置的变化规律,因此在截面高度上要布置不少于五个应变测点。

② 平面应力测量。

在荷载作用下的梁截面 2—2 上(图 5-5)既有弯矩作用,又有剪力作用,为平面应力状态。为了求得该截面上最大主应力及剪应力的分布规律,需要布置直角或等角应变花,测量三个方向上的应变,再求得主应力的大小及作用方向。

抗剪测点应设在剪应力较大的部位。对于薄壁截面的简支梁,除支座附近的中和轴处产生的剪应力较大外,还可能在腹板与翼缘的交接处产生较大的剪应力或主应力,这些部位也应布置测点。当要求测量梁沿长度方向的剪应力或主应力的变化规律时,则宜在梁长度方向分布较多的剪应力测点。有时为测定沿截面高度方向剪应力的变化情况,需沿截面高度方向设置测点。

③ 箍筋和弯起筋的应力测量。

对于钢筋混凝土梁来说,为研究梁的抗剪强度,除了混凝土表面需要布置测点外,还通常在梁的弯起钢筋和箍筋上布置应变测点,如图 5-6 所示。一般采用预埋或在试件表面开槽的方法来解决在钢筋上设点的问题。

④ 翼缘与孔边应力测量。

对于翼缘较宽、较薄的 T 形梁,其翼缘部分一般不能全部参与工作,即受力不均匀。这时应该沿翼缘宽度方向布置测点,测定翼缘上的应力分布情况,如图 5-7 所示。

⑤ 校核测点。

为了校核试验量测的正确性,便于在整理试验结果时进行误差修正,经常在梁端部凸角上的零应力处布置少量测点(图 5-5,截面 3—3),以检验量测结果是否正确。

（3）裂缝测量

裂缝观测内容包括：及时地捕捉到第一条裂缝的出现，并尽可能准确地记录下此时的荷载值；按加载分级跟踪描绘裂缝的开展情况，并测出裂缝的宽度。

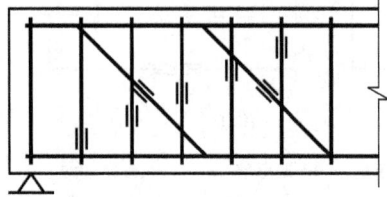

图 5-6　钢筋混凝土梁弯起钢筋和箍筋上的应变测点　　图 5-7　T 型梁翼缘的应变测点布置

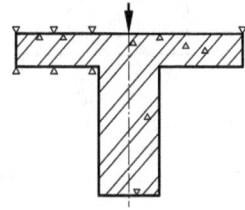

在进行钢筋混凝土梁试验时，经常需要测定其抗裂性能，因此要在估计裂缝可能出现的截面或区域内，沿裂缝的垂直方向连续地或交替地布置测点，以便准确地控制开裂，测定梁的抗裂性能。对于混凝土构件，主要控制弯矩最大的受拉区及剪力较大且靠近支座部位斜截面的开裂。对于梁抗弯截面的裂缝，应测量主拉钢筋重心处的裂缝宽度；对于抗剪区段的斜裂缝，应测量腹筋处及裂缝最宽处的裂缝宽度。生产检验性试验只测量裂缝最宽处的裂缝宽度。

一般垂直裂缝产生在弯矩最大的受拉区段，在这一区段要连续设置测点，如图 5-8（a）所示。这时选用手持式应变仪量测最为方便，各点间的间距按选用仪器的标距确定。如果采用其他类型的应变仪（如千分表、杠杆应变仪或电阻应变计），由于各仪器标距的不连续性，故为防止裂缝正好出现在两个仪器的间隙内，经常将仪器交错布置，如图 5-8（b）所示。

裂缝未出现前，仪器的读数是逐渐变化的。如果构件在某级荷载作用下初始开裂，则跨越裂缝测点的仪器读数将会有较大的跃变，此时相邻测点仪器读数可能变小，有时甚至会出现负值。如图 5-9 中的荷载-应变曲线所示，使原光滑的曲线产生突然转折。混凝土的微细裂缝常常不能光凭肉眼察觉，如果发现上述现象，则可判明构件易开裂。至于裂缝的宽度，则可根据裂缝出现前后两级荷载所产生的仪器读数差值来计算。

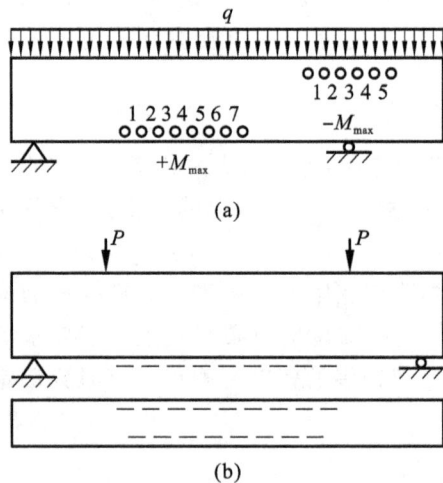

图 5-8　钢筋混凝土受拉区抗裂测点布置　　图 5-9　由荷载-应变曲线控制混凝土的开裂

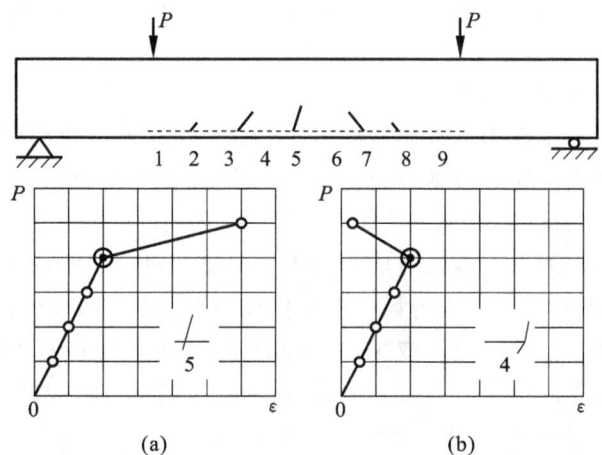

为了便于观察与描绘裂缝，在安装梁时，应用稀薄的大白浆将表面刷白，并用墨线弹上 10 cm×10 cm 的网格。当出现肉眼可见的裂缝时，其宽度可用最小刻度为 0.01 mm 及 0.05 mm 的读数放大镜测量。斜截面上的主拉应力裂缝经常出现在剪力较大的区域内。对于箱形截面或工字形截面的梁，由于腹板很薄，则腹板的中和轴或腹板与翼缘相交接处的腹板常是主拉应力较大的部位。这些部位可以设置抗裂的测点，如图 5-10 所示。由于混凝土梁的斜裂缝与水平轴成 45° 左右的角度，则仪器标距方向应与裂缝方向垂直。有时为了进行分析，在测定斜裂缝的同时设置测量主应力或剪应力的应变网络。

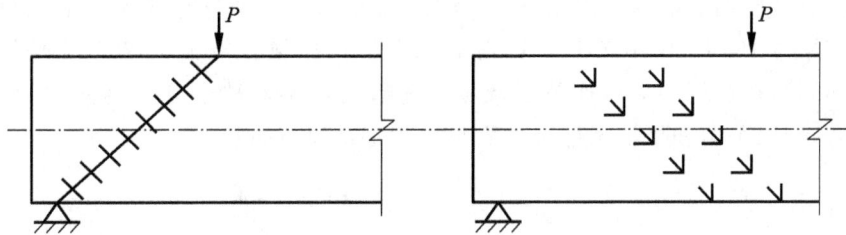

图 5-10　钢筋混凝土梁斜截面抗裂测点布置

每一构件中用于测定裂缝宽度的裂缝数目一般不少于 3 条,包括第一条出现的裂缝以及开裂最大的裂缝,取其中最大值为最大裂缝宽度值。选用测量裂缝宽度的部位应在试件上标明并编号,各级荷载作用下的裂缝宽度数据则记在相应的记录表格上。每级荷载作用下出现的裂缝均需在试件上标明,即在裂缝的尾端注出荷载级别或荷载数量。以后每加一级荷载裂缝长度有新的扩展,需在新裂缝的尾端注明相应的荷载。由于卸载后裂缝可能闭合,故应紧靠裂缝边缘 1～3 mm 处平行画出裂缝的位置和走向。裂缝的观测应一直持续到出现承载力极限标志为止,试验后绘出裂缝展开图,统计出平均裂缝宽度和平均裂缝间距。

5.3.2　受压构件的试验

受压构件(包括轴心受压和偏心受压构件)主要承受竖向压力,是工程结构中的基本承重构件。柱子是常见的受压构件。在实际工程中,钢筋混凝土柱大多数是偏心受压构件。压杆是组合构件(如桁架)的基本构件之一。

5.3.2.1　试件安装和加载方法

柱子和压杆试验可以采用正位和卧位试验方案。正位试验方案主要用在长柱试验机或液压加载系统配合反力设备的场合。卧位试验方案难以有效消除自重影响,对于长细比较大的柱子,自重产生的二阶弯矩影响愈加明显,故常用于短柱试验。对于高大的柱子,正位试验时安装困难,也不便于观测,这时改用卧位试验方案(图5-11)比较安全,但试验中要考虑卧位状态下结构自重所产生的影响。

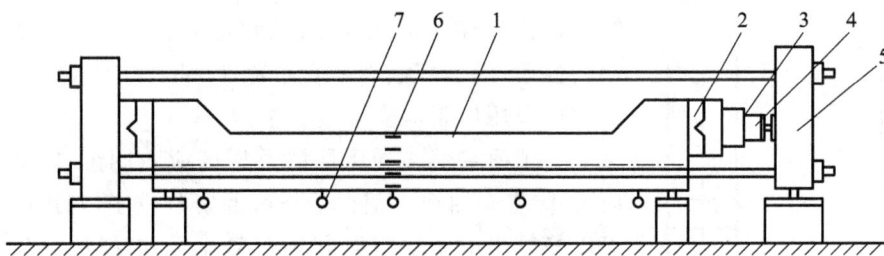

图 5-11　偏心受压柱的卧位试验
1—试件;2—铰支座;3—加载器;4—力传感器;5—荷载支承架;6—电阻应变片;7—挠度计(百分表)

为了避免加载过程中出现施力位置改变以及减小支座与柱端的转动摩擦,支座通常采用刀口铰支座:轴心受压构件采用双刀口铰支座,偏心受压构件采用单刀口铰支座。

安装时应注意偏心距的准确性。偏心距应自截面力学中心算起。截面力学中心可通过物理对中方法得到:初步对中之后,加载 20%～40% 的试验荷载,测量跨中截面的侧移或两侧应变,逐步调整加力点的位置,直到无侧移或截面应变均匀,即可确定截面力学中心。为简便起见,常把截面几何中心作为截面力学中心。轴心受压柱安装时一般先将构件进行几何对中,之后再进行物理对中,在构件物理对中后即可进行加载试验。偏压试件应在物理对中后,沿加力中线量出偏心距离,再把加载点移至偏心距的位置上进行试验。钢筋混凝土结构由于材质的不均匀性,物理对中一般难以满足,实际试验中仅需保证几何对中即可。

当要求模拟实际工程中柱子的计算图式及受载情况时,则安装和试验加载的装置将更为复杂。图 5-12 所示为跨度为 36 m,柱距为 12 m,柱顶标高为 27 m,具有双层桥式吊车重型厂房斜腹杆双肢柱的 1/3 模拟试验柱的卧位试验装置。柱的顶端为自由端,柱底固接,底端用两组垂直螺杆与静载试验台座固定。上、下层吊车轮压产生的作用力 P_1、P_2 作用在牛腿上,通过大型液压加载器(1000～2000 kN 的油压千斤顶)和水平荷载支承架进行加载。在柱端用液压加载器及竖向荷载支承架对柱子施加侧向力。在正式试验前先施加一定大小的侧向力,用以平衡和抵消试件卧位后自重和加载设备重量产生的影响。

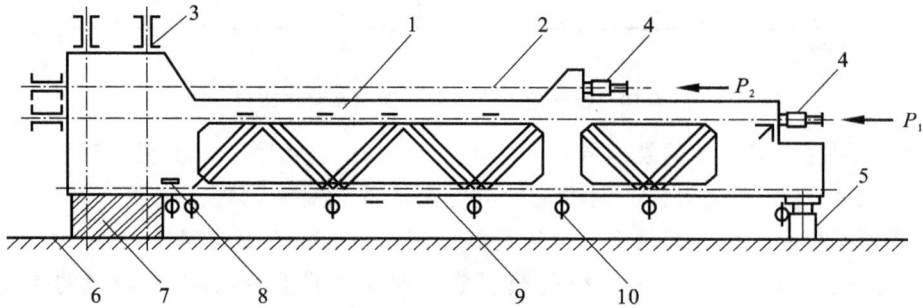

图 5-12　双肢柱卧位试验加载方式

1—试件;2—水平荷载支承架;3—竖向支承架;4—水平加载器;5—垂直加载器;
6—试验台座;7—垫块;8—倾角仪;9—电阻应变计;10—挠度计

5.3.2.2　试验项目和测点布置

压杆与柱的试验一般要测量承载力极限荷载及承载力检验标志(破坏形态),各级荷载作用下的侧向挠度值及变形曲线,控制截面或区域的应力变化规律以及裂缝开展情况。图 5-13 所示为偏心受压短柱试验时的测点布置情况。

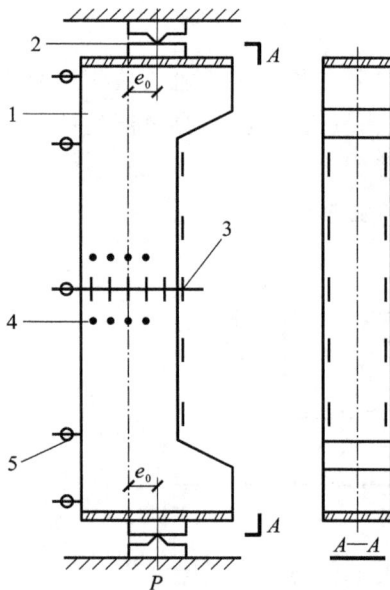

图 5-13　偏心受压短柱试验测点布置

1—试件;2—铰支座;3—应变计;
4—应变仪测点;5—挠度计

试件的挠度测量与受弯构件相似,用布置在受拉边的百分表或挠度计进行量测。除了量测中点处最大的挠度值外,还可用侧向五点布置法量测挠度曲线。对于正位试验的长柱,它的侧向变形可用经纬仪观测。

受压区边缘布置应变测点,可以单排布点于试件侧面的对称轴线上,或在受压区截面的边缘两排对称布点。为验证构件平截面变形的性质,沿压杆截面高度布置 5～7 个应变测点。受压区钢筋应变同样可以用电阻应变计进行量测。

为了研究偏心受压柱的受压区应力图形,需要预先测定混凝土应力-应变全曲线。根据受压区的实测应变,利用应力-应变全曲线就可以换算出应力。可以利用环氧水泥-铝板测力块组成的测力板进行直接测定。测力板用环氧水泥块模拟有规律的"石子"组成。它由四个测力块和八个填块用 1:1 水泥砂浆嵌缝做成,尺寸为 100 mm×100 mm×20 mm。测力块是由厚度为 1 mm 的 H 形铝板浇筑在掺有石英砂的环氧水泥中制成,尺寸为 22 mm×25 mm×30 mm,事先在 H 形铝板的两侧粘贴 2 mm×6 mm 规格的应变计两片,相距 13 mm,焊好引出线。填充块的尺寸、材料与制作方法与测力块相同,但内部无应变计。

对于双肢柱试验,除测量肢体各截面的应变外,还需测量腹杆的应变,以确定各杆件的受力情况。其中,应变测点在各截面上均应成对布置,以便分析各截面上可能产生的弯矩。

柱分为中心受压柱、小偏心受压柱、大偏心受压柱。大偏心受压柱与梁相似,承载力检验标志也与梁相似,即受拉钢筋被拉断,受拉边混凝土裂缝宽度大于 1.5 mm 或受压区混凝土被压坏。中心受压柱、小偏心受压柱的承载力检验标志是混凝土被压坏。

5.4 组合构件的单调加载静载试验 >>>

5.4.1 屋架试验

屋架是组合构件中最常见的一种承重结构,是由许多基本构件组成的组合构件。按计算假定,其基本构件之间相互连接形成的节点均为铰接节点。屋架尺寸大,重心高,平面外强度、刚度极小,因此在建筑物中屋架依靠侧向支撑系相互联系,以形成足够的空间刚度。钢筋混凝土屋架的节点刚度较大,各基本构件除承受轴向力外,还承受弯矩作用。另外,屋架的上弦往往有节间荷载作用,因而上弦杆实际上是压弯构件,类似于偏心受压柱;腹杆主要承受轴向力,也承受节点刚度影响产生的弯矩作用;下弦杆主要承受轴向拉力,对于中、大跨度的屋架,往往采用预应力构件。

5.4.1.1 试件的安装和加载方法

屋架试验在室内多采用正位加载方案,即在正常安装位置条件下进行加载。由于屋架平面外刚度较弱,安装时必须采取专门措施,设置侧向支承以保证屋架上弦的侧向稳定。侧向支承的位置应根据设计要求确定,支承点的间距应大于上弦杆出平面的设计计算长度,同时侧向支承应不妨碍屋架在其平面内的竖向位移。

在施工现场进行鉴定性试验时,也可以采用两榀屋架对顶做卧位试验。此时,屋架的侧面应垫平并设有相当数量的滚动支承,以减小屋架受载后产生变形时的摩擦力,保证屋架在平面内自由变形。有时为了获得满意的试验结果,必须对用作支承平衡的一榀屋架作适当加固,使其在强度与刚度方面大于被试验的屋架。卧位试验可以解决上弦杆的侧向稳定问题及避免高空作业,但自重影响无法消除,同时卧位朝下的试件侧面观测较困难。

屋架受力后下弦伸长,滚动支座的水平位移往往较大,故应当留有足够的位移空间。此外,要保证支座滚动后不改变屋架支撑点的位置和屋架端节点的应力状态。

图 5-14(a)所示为一般采用的屋架侧向支撑方式。支撑立柱可以用刚度很大的荷载支承架,或者在立柱安装后用拉杆将其与试验台座固定,支撑立柱屋架上弦之间设置轴承,以便于屋架受载后能在竖向自由变位。图 5-14(b)所示为另一种屋架侧向支撑方式。其水平支撑杆应有适当长度,并能够承受一定压力,以保证屋架能竖向自由变位。

屋架试验可采用重力加载或液压加载器多点同步加载。由于屋架大多是在节点处承受集中荷载,故一般可借助杠杆重力加载。利用杠杆进行多点加载时,各杠杆吊篮不应放在屋架的同一侧,以防杠杆产生的侧向推力造成屋架平面外失稳。屋架受载后的挠度较大,在安装和试验过程中应注意避免吊篮着地,从而影响试验的继续进行。如果具有有效行程足够大的液压加载器,则用同步液压加载是一种理想方案。两榀屋架同时做正位试验时,可将两榀屋架并排放置,用堆放屋面板等重物的方法加载。

在进行非破坏性试验时,在现场可以采用两榀屋架同时试验的方案。这时平面稳定问题可用图 5-14(c)所示的 K 形水平支撑体系来解决。当然也可以用大型屋面板做水平支撑,但要注意不能将屋面板三个角焊死,以防止屋面板参与工作。

当屋架的试验荷载与设计图式不相符时,可以采用等效荷载的原理来代替,但应使屋架的主要受力构件或部位的内力接近原设计情况,并应注意荷载改变后可能引起的局部影响,防止局部产生破坏。近年来,随着同步荷载液压加载系统的成功应用,已经可以实现屋架试验中需加几组不同集中荷载的要求。

有些屋架有时还需要做半跨荷载的试验,这时某些杆件可能比承受全跨荷载作用更为不利。

5.4.1.2 试验项目和测量布置

屋架试验测试的内容主要根据试验要求及结构形式而定。对于常用的各种预应力钢筋混凝土屋架,一

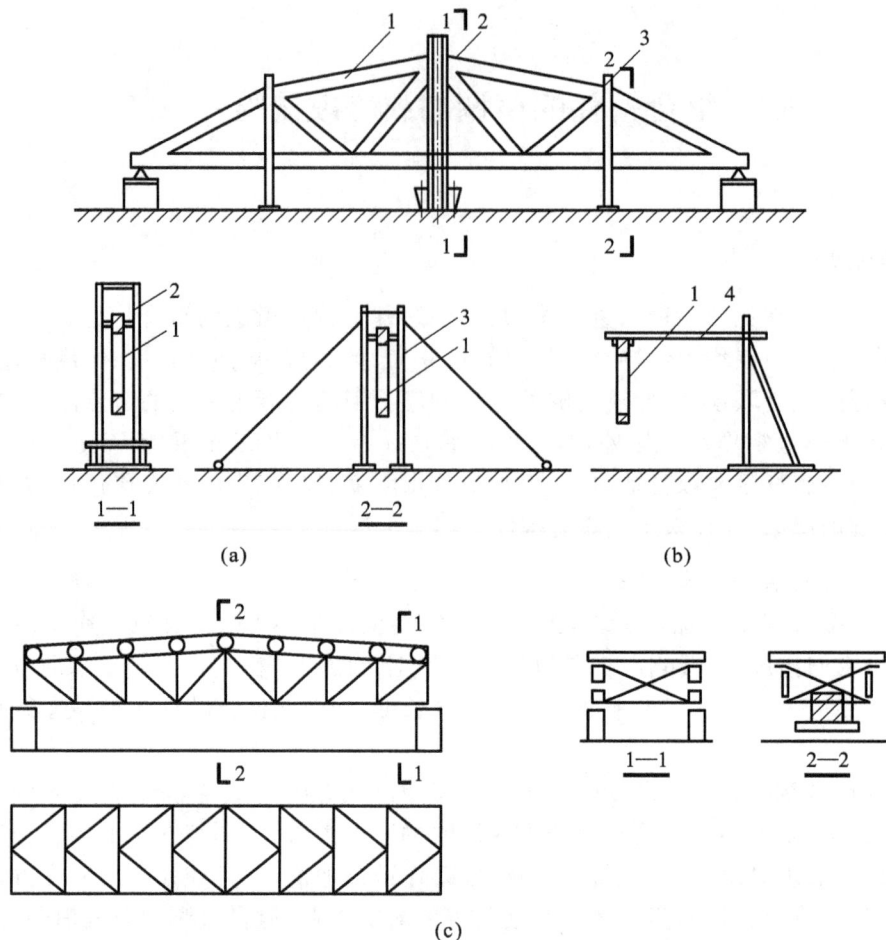

图 5-14　屋架试验时的侧向支撑方式

（a）一般侧向支撑；（b）水平侧向支撑；（c）K 形侧向支撑

1—试件；2—荷载支撑架；3—拉杆式支撑的立柱；4—水平支撑杆

般试验量测项目有：

① 屋架上、下弦挠度变形的测定；

② 屋架主要杆件控制截面应力的测定；

③ 屋架的抗裂度及裂缝的测定；

④ 屋架节点的变形及节点刚度对屋架杆件次应力影响程度的测定；

⑤ 屋架端节点的应力状态及应力分布的测定；

⑥ 预应力钢筋的张拉应力和对有关部分混凝土预应力的测定；

⑦ 屋架下弦预应力钢筋对屋架产生反拱值的测定；

⑧ 预应力锚头工作性能的测定。

对于每一个具体屋架试验，要根据试验要求及结构形式的不同确定具体试验项目。要特别注意的是，如需做有关预应力的项目，则必须与屋架的施工配合，从预应力张拉时开始测试，才能获得完整的数据。

在屋架试验的观测设计中，利用结构与荷载对称性的特点，经常在半榀屋架上布置测点与安装主要仪表，而在另半榀屋架上仅布置若干对称测点，作为校核之用。

（1）屋架挠度和节点位移的测量

屋架的跨度较大，用于测量其挠度的测点应适当增加。如屋架只承受节点荷载，则只测量上、下弦节点的挠度即可；若屋架弦杆节间很大或有节间荷载，则弦杆承受局部弯曲，此时还应该测量该杆件中点相对其两端节点的最大位移。当屋架的挠度值较大时，则需用大量程的挠度计进行观测，有时可用具有毫米刻度的标尺通过水准仪进行测量。测量屋架的挠度时必须注意支座的沉陷与局部受压引起的变形，特别是现场试验时要注意,且测量支座处的挠度计的支架距支座不可过近。

如果需要量测屋架端节点的水平位移及屋架上弦平面外的侧向水平位移,可以通过水平方向的百分表或挠度计进行量测。图 5-15 所示为屋架挠度测点布置示意图。

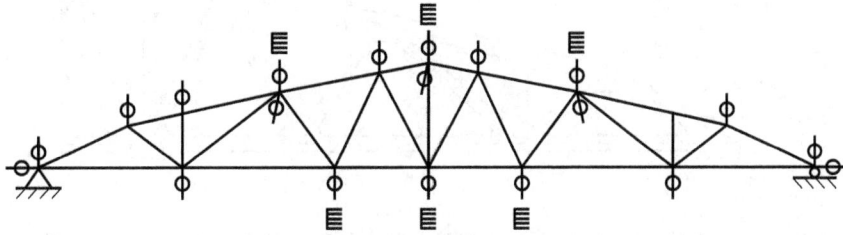

图 5-15　屋架挠度测点布置示意图

(2) 屋架杆件的内力测量

研究性屋架试验的主要目的之一就是研究屋架各杆件的内力值,研究屋架各杆件的实际内力值与理论计算内力值的差别及其影响因素。屋架的内力分析,一般只考虑结构的弹性工作,因此内力测量只在弹性阶段进行。为了准确求得杆件内力,测点所在截面的位置要经过选择。测量杆件轴力时测点布置在杆件中部,测量节点产生的弯矩时测点布置在杆件端部靠近节点处。

一般情况下,在一个截面上引起法向应力的内力最多三个,即轴向力 N、弯矩 M_x 及 M_y;对于薄壁杆件则可能有四个,即再增加扭矩。M_y 指结构出平面变形引起的弯矩,试验时往往忽略不测。

分析内力时,一般只考虑结构的弹性工作。这时,在一个截面上布置的应变测点数量只要等于未知内力数,就可以用材料力学的公式求出全部未知内力数值。应变测点在杆件截面上的布置方式如图 5-16 所示。

一般钢筋混凝土屋架的上弦杆直接承受荷载。它除承受轴向力外,还可能承受弯矩作用,所以是压弯构件,截面内力主要是轴向力 N 和弯矩 M 的组合。为了测量这两项内力,一般按图 5-16(b)所示方式在截面对称轴上下纤维处各布置一个测点。屋架下弦主要承受轴力 N 的作用,一般只需在杆件的表面布置一个测点,但是为了便于核对和使测得的结果更为精确,经常在截面的中和轴[图 5-16(a)]或对称轴[图 5-16(b)]位置上成对布点,取其平均值计算内力 N。屋架的腹杆主要承受轴力作用,故布点方式可与下弦杆相同。

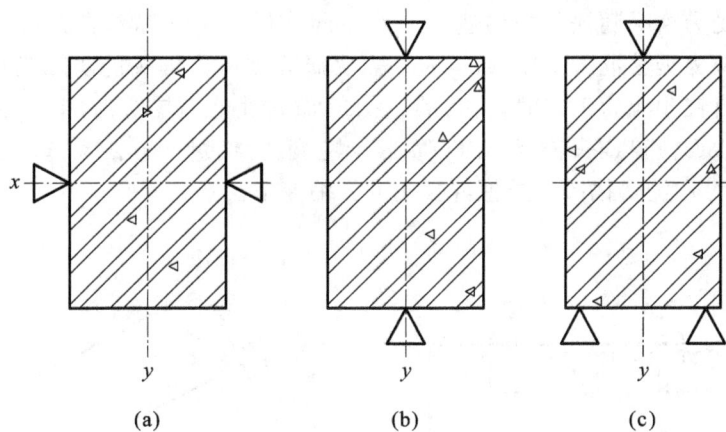

图 5-16　屋架杆件截面上应变测点的布置方式

(a) 只有轴力 N 作用;(b) 有轴力 N 和弯矩 M_x 作用;(c) 有轴力 N 和弯矩 M_x、M_y 作用

如果用电阻应变计来测量弹性均质杆件或钢筋混凝土杆件开裂前的内力,除了可按上述方法外,还可以利用应变仪测量电桥的特性及电阻应变计与电桥连接方式的不同,使量测结果直接等于某一个内力所引起的应变。

实际情况中节点有刚度,以致在杆件中邻近节点处还有次弯矩的作用,并由此在杆件截面上产生次应力。因此,如果我们仅希望求得屋架在承受轴力或轴力和弯矩组合影响下的应力并避免节点刚度的影响时,测点所在截面要尽量离节点远一些。反之,假如要求测定由节点刚度引起的次弯矩,则应该把应变测点布置在紧靠节点的杆件截面上。

图 5-17 所示为 9 m 柱距、24 m 跨度的预应力钢筋混凝土屋架试验中杆件内力测点布置示例。

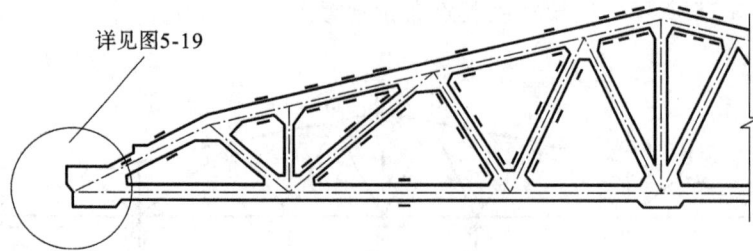

详见图5-19

图 5-17　9 m 柱距、24 m 跨度预应力钢筋混凝土屋架试验中杆件内力测点布置示例

应该注意,在布置屋架杆件的应变测点时,不能将测点布置在节点上,因为该处截面的作用面积不明确。如图 5-18 所示,屋架上弦节点中截面 1—1 处的测点用于量测上弦杆内力,截面 2—2 处的测点用于量测节点次应力的影响。比较两个截面的内力变化,就可以求出次应力。而截面 3—3 则是错误的布置。

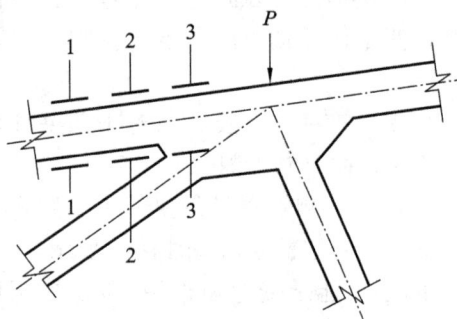

图 5-18　屋架上弦节点应变测点布置

（3）屋架端节点的应力分析

屋架的端节点是支承反力作用点,也是上弦与下弦杆件交汇节点,应力状态比较复杂。对于预应力钢筋混凝土屋架,下弦预应力钢筋的锚头也直接作用在节点端头。而且端节点由于构造和施工上的原因,经常过早开裂和破坏。鉴于上述情况,端节点的应力状态需要通过试验来研究。为了测出端节点的应力分布,必须对整个端节点按平面网格坐标布置三向应变花(图5-19),一般应采用电阻应变片测量;用标距合适的手持式应变仪亦可,但测量速度较慢。利用应变花的三个方向应变,可通过计算或图解法求得端节点上剪应力、正应力及主应力的数值与分布规律。为了量测上、下弦杆交接处豁口应力情况,可沿豁口周边布置单向应变测点。

（4）预应力锚头性能测量

预应力锚头部位的受力情况随锚具的构造不同而不同。任何一种锚具在推广使用之前都须做详尽的专门试验研究。对于预应力钢筋混凝土屋架,有时还需要研究预应力锚头的实际锚具在传递预应力时对端节点的影响。采用后张自锚预应力工艺时,为检验锚头的锚固性能与锚头对端节点外框架混凝土的作用,在屋架端节点的混凝土表面沿自锚头长度方向布置若干应变测点,量测自锚头部所示测点布置量测纵向应变时,如图 5-20 所示,则可以测得锚头对外框混凝土的压缩变形。

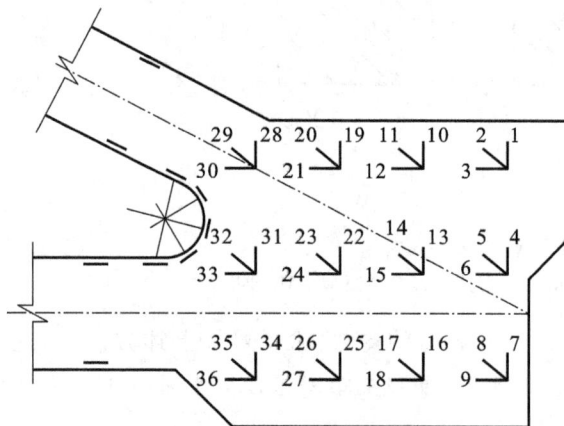

图 5-19　屋架端节点上的应变测点布置

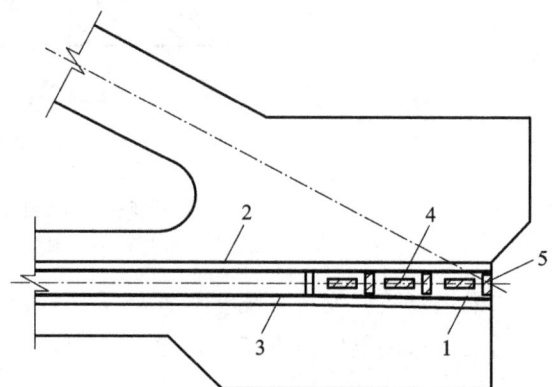

图 5-20　屋架端节点自锚头部位的测点布置

1—混凝土自锚头;2—屋架下弦预应力钢筋预留孔;
3—预应力钢筋;4—纵向应变测点;5—横向应变测点

5.4.2　薄壳和网架结构试验

薄壳和网架结构是组合构件中比较特殊的结构,一般适用于大跨度公共建筑。网架在剧场礼堂、仓库、体育馆等大空间建筑物中应用广泛,是建筑中应用最广的钢结构之一。北京火车站中央大厅 35 m×35 m 钢筋混凝土双曲扁壳和大连港运仓库 33 m×23 m 的钢筋混凝土组合扭壳等,都是具有代表性的薄壳结构。对于这类大跨度新结构的发展,一般都须进行大量的试验研究工作。

经过多年的研究试验,网架和薄壳的设计计算技术日臻成熟。大型试验已不多见,但模型及局部试验仍是发展薄壳和网架结构必不可少的手段。在科学研究和工程实践中,模型的材料、杆件、节点基本上与实物类似,结构实际尺寸为缩小至 1/20～1/5 的大比例模型,可将这种模型当作缩小了若干倍的实物结构直接计算,并将试验值和理论值直接比较,不必做任何模拟计算。这种方法比较简单,试验结果基本上可以说明实物的实际工作情况。一般进行重点工程建设时,均需采用这种方法进行试验研究。

5.4.2.1　试件安装和加载方法

薄壳和网架结构都是平面较大的空间结构。

薄壳结构不论是筒壳、扁壳还是扭壳,一般均有侧边构件。其支承方式类似双向平板,采用四角支承或四边支承,这时结构支承可由固定铰、活动铰及滚轴支承等组成。

网架一般有四边支承和四柱及多柱支承两类。对于四边支承的网架,要制作一个刚度足够的钢质或钢筋混凝土圈梁。按网架的计算假定,一个边上的每一节点用固定铰支座,其余边节点用活动铰支座支承在圈梁上。活动铰支座的平移自由度方向应与圈梁轴线垂直。一般支座均为受压,采用螺栓做成的高低可调节的支座,固定在型钢梁上。网架支座节点下面焊上带尖端的短圆柱,支承在螺栓支座的顶面,在圆柱上贴有应变计,可测出支座反力,如图 5-21(a)所示。由于网架平面体形的不同,受载后除大部分支座受压外,边界角点及其邻近的支座经常可能出现受拉现象。为适应受拉支座的出现,并做到各支承点支座构造的统一,即既可受压又可抗拉,在有的工程试验中采用了钢球铰点支承形式。如图 5-21(b)所示,钢球安装在特殊的圆形支座套内,钢球顶端与网架边节点支座竖杆相连,支座套上设有盖板,当支座出现受拉时可限制球铰从支座套内拔出,同样可以由支座竖杆上的应变计测得支座位移。圆形支座套下端同样用螺栓与钢圈梁连接,可以调整高低,使网架所有支座在加载前能统一调整,保证整个网架有良好的接触。如图 5-21(c)所示,锁形拉压铰点支座可安装于反力方向无法确定的支座上,它可以适应受压或受拉的受力状态。在某些

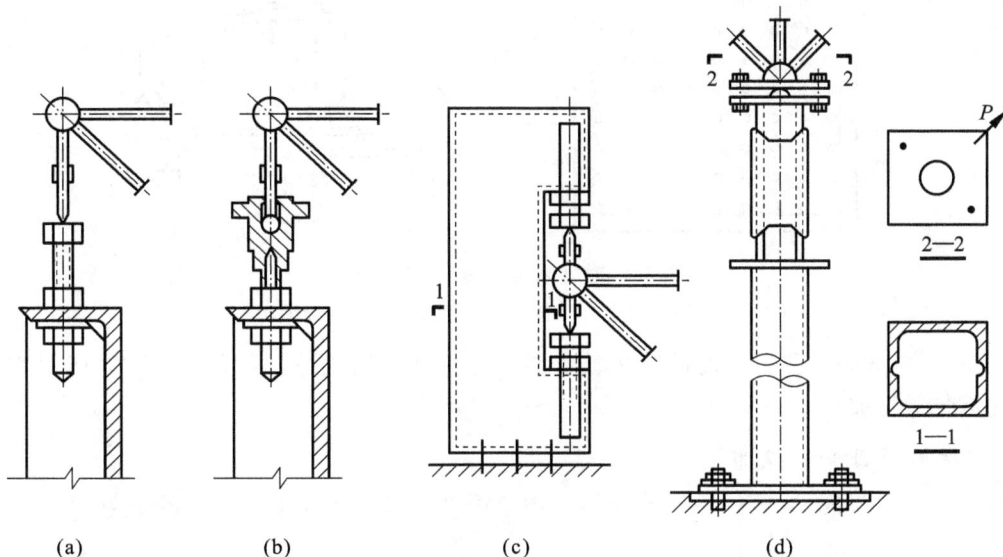

图 5-21　网架试验的支座形式与构造

(a)铰点支座;(b)钢球铰点支座;(c)锁形拉压铰点支座;(d)球面板铰接支座

体育馆四立柱支承的方形双向正交网架模型试验中,采用了球面板做成的铰接支座,柱子端用螺杆及可调节的套管调整网架高度。这种构造在承受竖向荷载时是可以的,但在水平荷载作用下就显得太弱,变形较大,如图5-21(d)所示。

我国大部分的网架结构采用钢结构杆件组成的空间体系,竖向荷载主要通过其节点传递。在较多试验中用水压加载来模拟竖向荷载。为使网架承受较均匀的节点荷载,一般在网架上弦的节点上焊接小托盘,上放传递水压的小木板,木板依网架的网格形状及节点布置形状而定,要求该木板互不联系,以保证荷载传递作用明确,挠曲变形自由。

对于变高度网架或上弦有坡度时,可通过连接托盘的竖杆调节高度,使荷载作用点在同一水平面上,便于用水压加载。在网架四周用薄钢板、铁皮或木板按网架平面体形组成外框,用于专门支撑外框的自重,然后在网架上弦的木板上和四周外框内衬以特制的开口大型塑料袋。这样,试验加载时水的重量在竖向通过塑料袋、木板直接经上弦节点传至网架杆件,水的侧向压力由四周的外框承受。由于外框不直接支承于网架,故施加荷载可直接由水面的高度来计算。

当需要进行破坏试验时,由于破坏荷载较大,故可用多点同步液压加载系统经支承于网架节点的分配梁施加荷载。

网架试验时,依工程实际可能遭遇的荷载情况,一般要进行均布荷载试验、半边荷载试验及支座沉陷试验等各种工况试验。

薄壳结构是空间受力体系。在一定的曲面形式下,壳体弯矩很小,荷载主要产生轴向力。壳体所受荷载主要是分布荷载,单位面积上的荷载量不会太大。一般情况下可以用重力直接加载,将荷载分堆布设于壳体表面;也可在壳体上预留孔洞,通过孔洞直接悬挂荷载,或通过孔洞设置吊杆用分配梁系统施加集中荷载。还可利用气囊通过空气压力和支承装置对壳面施加均布荷载,有条件时还可以采用密封措施,在壳体内部用抽真空的方法,利用大气压差,即利用负压作用,对壳面进行加载。这时壳面由于没有加载设备的影响,比较便于进行量测和观测裂缝。

在双曲扁壳或扭壳试验中可用特制的三脚架代替分配梁系统,在三脚架的形心位置上通过壳面预留孔用钢丝悬吊荷重。为适应壳面各点曲率变化,三脚架的三个支点可用螺栓调节高度。为使加载方便,也可以通过壳面预留孔洞设置吊杆,而在壳体下面用分配梁系统通过杠杆施加集中荷载,如图5-22所示。

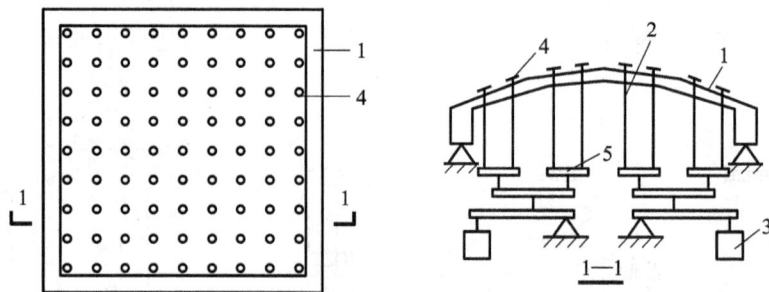

图5-22 对壳体结构施加荷载的装置
1—试件;2—荷重吊杆;3—荷重;4—壳面预留孔;5—分配梁杠杆系统

同网架试验一样,如果需要较大的试验荷载或要求进行破坏试验时,则可如图5-23所示用同步液压加载器和荷载支承装置施加荷载。

5.4.2.2 试验项目和测点布置

薄壳结构既是空间结构,又具有复杂的外形。由于受力上的特点,薄壳结构的测量要比一般平面结构复杂得多。

薄壳结构观测的内容主要是位移和应变两大类。

一般测点按平面坐标系统布置,所以测点的数量比较多。如在平面结构中测量挠度曲线按径向五点布置法,则在薄壳结构中为了量测壳面的变形,即受载后的挠曲面,就需要25(5²)个测点。为此,经常可以利

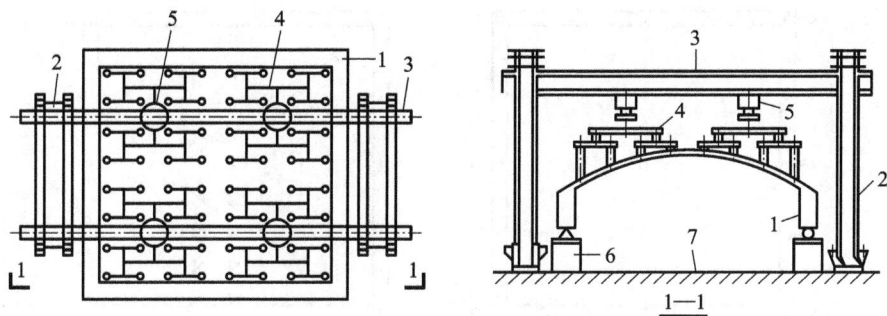

图 5-23 用液压加载器进行壳体结构加载试验
1—试件；2—荷载支承架立柱；3—横梁；4—分配梁系统；5—液压加载器；6—支座；7—试验台座

用结构对称和荷载对称的特点，在结构的 1/2、1/4 或 1/8 的区域内布置主要测点作为分析结构受力特点的依据，而在其他对称区域内布置适量的测点进行校核。这样既可减少测点数量，又不影响对结构实际受力情况的了解。校核测点的数量可依试验要求而定。

薄壳结构都有侧边构件。为了校核壳体的边界支承条件，都需要在侧边构件上布置挠度计来测量它的垂直及水平位移。有时为了研究侧边构件的受力性能，还要测量它的截面应变分布规律，这时完全可按梁式构件的测点布置原则与方法进行。

对于薄壳结构的挠度与应变测量，要根据结构形状和受力特征分别加以研究决定。

圆柱形壳体受载后的内力相对比较简单。一般在跨中和 1/4 跨度的横截面上布置位移和应变测点，测量该截面的径向变形和应变分布。图 5-24 所示为圆柱形金属壳在集中荷载作用下的测点布置图。利用挠度计测量壳体侧边构件受力后的垂直和水平位移，其中以壳体跨中 $L/2$ 截面上的五个测点最有代表性，即分别用于测量侧边构件边缘的水平位移、壳体中间顶部垂直位移以及壳体表面上 2 及 2′ 处的法向位移，并在壳体两端部截面布置测点。利用应变仪测量纵向应力，仅布置在壳体曲面之上，主要布置在跨度中央、$L/4$ 处与两端部截面上，其中两个 $L/4$ 截面和两个端部截面中的一个为主要测量截面，另一个与它对称的截面为校核截面。在测量的主要曲面上布置 10 个应变测点，校核截面仅在半个壳面上布置五个测点。在跨中截面上因加载点的存在而使测点布置困难（即在轴线 4—4 和 4′—4′ 上），所以可在 $3L/8$ 及 $3L/5$ 截面的相应位置上布置补充测点。

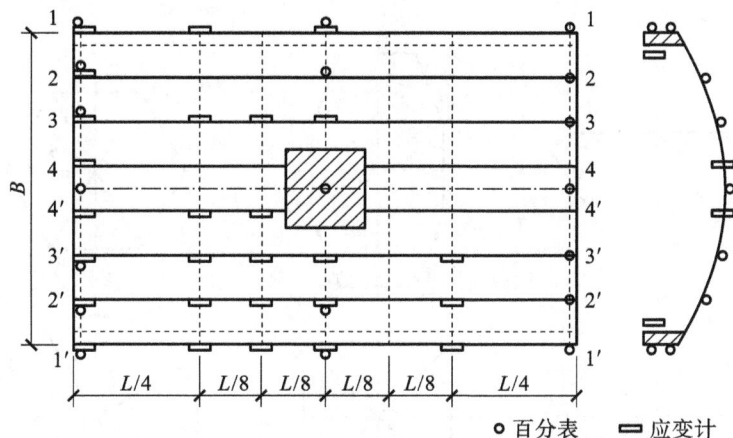

○ 百分表 ▭ 应变计

图 5-24 圆柱形金属薄壳在集中荷载作用下的测点布置

对于双曲扁壳结构的挠度测点，一般除沿侧边构件布置垂直和水平位移测点外，壳面的挠曲面可沿壳面对称轴线或对角线布点测量，并在 1/4 或 1/8 壳面区域内布点 [图 5-25(a)]。

为了测量壳面主应力的大小和方向，一般均需布置三向应变网络测点。由于壳面对称轴上的剪应力等于 0，主应力方向明确，故只需布置二向应变测点，如图 5-25(b) 所示。有时为了查明应力在壳体厚度方向的变化规律，在壳体内表面的相应位置上也对称布置应变测点。

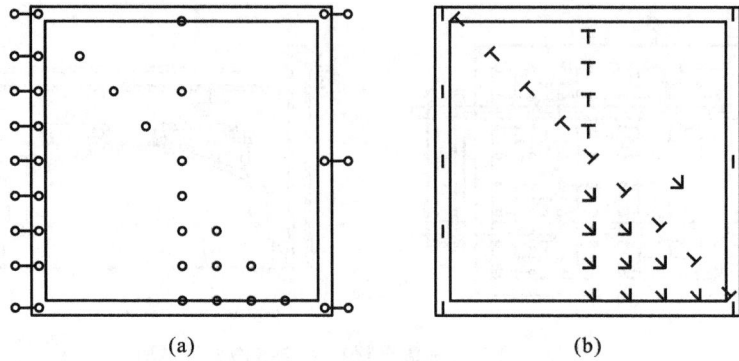

图 5-25 双曲扁壳的测点布置
(a) 挠度测点；(b) 应变花测点

如果是加肋双曲扁壳，还必须测量肋的工作状况。这时壳面挠曲变形测点可在肋的交点上布置。由于主要是单向受力，故只需沿肋的走向布置单向应变测点，通过在壳面平行于肋向的测点配合，即可确定其工作性质。

壳体一般不出现拉应力，出现裂缝就是丧失承载力的象征。对壳体来说，就是监视壳体上表面是否被压坏，确定承载力极限荷载。壳体试验以弹性试验为主。

网架的测量项目包括各节点位移及杆件内力。由于测点很多，故最理想的选择是采用电测挠度计及电阻应变片，用数据采集系统进行测量。用普通挠度计及应变仪测量亦可，但耗费人力和时间较多。对于支座处节点（尤其是柱支承的网架支座处节点）及其周围节点，除测量竖向位移（挠度）外，还要测量水平位移。其余节点只测量竖向位移（挠度）即可。

网架结构形式多样，有双向正交、双向斜交和三向斜交等，可看作屋架梁相互交叉组成，所以其测点布置的特点有些类似于平面结构中的屋架。

网架的挠度测点可沿各向屋架梁布置在下弦节点，应变测点布置在网架的上下弦杆、腹杆、竖杆及支座竖杆上。由于网架平面体形不一，故同样可以利用荷载和结构对称性的特点。对于仅有一个对称平面的结构，可在 1/2 区域内布点；对于有两个对称平面的结构，则可在 1/4 或 1/8 区域内布点；对于三向正交网架，则可在 1/6 或 1/12 区域内布点。与壳体结构一样，其主要测点应尽量集中在某一区域内，其他区域仅布置少量校核测点，如图 5-26 所示。

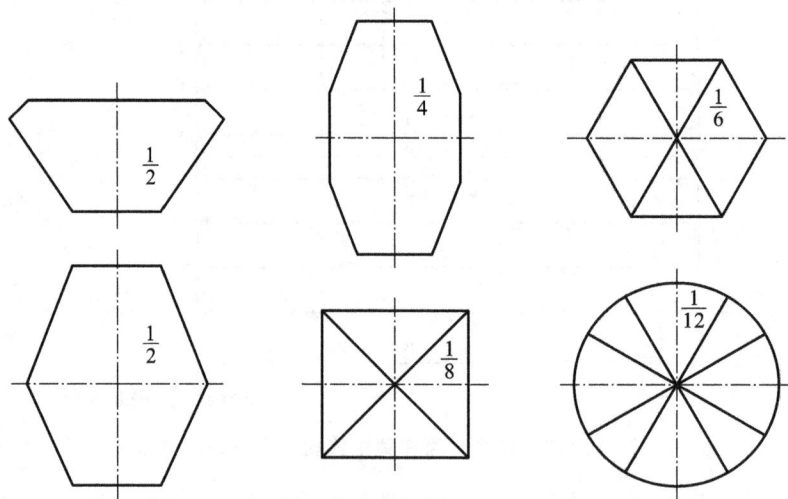

图 5-26 按网架平面体形特点分区布置测点

对于杆件内力测量，网架的杆件主要承受轴向力，测点应布置在杆件的中部。

网架的节点也是研究项目之一，一般单独制作试件，研究应力分布及承载能力。网架的破坏形式主要是压杆失去稳定而导致整个网架丧失承载能力，此外还有拉杆屈服或挠度过大。

5.5　试验资料整理与分析 >>>

试验所得到的数据包含着丰富的结构工作信息。只有对试验数据进行计算、表达和分析,才能找出结构工作的规律,才能对结构的工作性能进行评定。试验结果的计算、表达和分析过程就是资料整理过程。

5.5.1　试验原始资料的整理

试验原始资料主要有:① 试验对象的考查记录、图例、照片;② 试验大纲,材料力学性能试验结果;③ 仪表的测读数据记录及裂缝记录图;④ 试验情况记录;⑤ 破坏形态描述、图例、照片。试验原始记录汇集时应保持完整性、科学性、严肃性,不得随意更改。

为了方便观察、分析规律,试验测读数据应列表计算,算出每个测点在各级荷载下的递增值和累计值,多测点还要算出平均值。对于最大变形、最大应变等控制性数据,应在现场及时整理、通报,以便指导下一步试验。

资料整理时,对异常数据应进行判断,判断其是否是仪器故障或安装不当造成的。如果是,则可舍去;如果分析不出原因,则应根据统计学的偶然误差理论来处理这些异常数据。异常数据有时包含着我们尚未认识的客观规律,决不能轻易舍弃。

5.5.2　试验结果的表达

为了方便分析,试验数据常用表格、图像或函数表达。同一组数据可以同时用这三种方法表达,目的就是为了使分析简单、直观。建立函数关系的方法主要有回归分析、系统识别等方法。这里介绍表格和图像。

5.5.2.1　表格

表格是最基本的数据表达方法,无论绘制图像还是建立函数表达式,都需要数据表。表格分为汇总表格和关系表格两大类。汇总表格是把试验结果中的主要内容或试验中的某些重要数据汇集于一个表格中,起着类似于摘要和结论的作用,表中的行与行、列与列之间没有必然的关系;关系表格是把相互有关的数据按一定的格式列于表中,表中的行与行、列与列之间有一定的关系,它的作用是使有一定关系的若干变量的数据更加清楚地表示出变量之间的关系和规律。

表格的形式不拘一格,关键在于完整、清楚地显示数据内容。对于工程检测试验记录表格,表格内容除了数据外,还应适当包括工程名称,委托单位,检测单位,检测日期,气象环境条件,仪器名称,仪器编号及试验、测读、记录、校核、项目负责人的签字等内容。

5.5.2.2　图像

表格的直观性不强,试验数据经常用图像表达。图像表达方式有曲线图、形态图、直方图和馅饼图等。试验中常用曲线图表达数据关系,用形态图表达试件破坏形态和裂缝扩展形态。

（1）曲线图

对于定性分析和整体分析来说,曲线图是最合适的方法,它可以直观反映数据的最大值、最小值、走势、转折。

① 坐标的选择与试验曲线的绘制。

选择适当的坐标系、坐标参数和坐标比例,有时对于反映数据规律是相当重要的。

试验分析中常用直角坐标反映试验参数间的关系。直角坐标系只能反映两个变量间的关系。有时会遇到变量不止两个的情况,这时可采用无量纲变量作为坐标来表达。例如,为了验证钢筋混凝土矩形单筋梁的截面承载力公式:

$$M_\mu = A_s \sigma_b \left(h_0 - \frac{A_s \sigma_s}{2bf_{cu}} \right)$$

需要进行大量的试验研究,而每一个试件的配筋率 $\rho = \dfrac{A_s}{bh_0}$、混凝土强度等级 f_{cu}、截面形状和尺寸$(b、h_0)$都有差别。若对每一试件的实测极限弯矩 M_μ^o 和计算极限弯矩 M_μ^c 逐一比较,就无法用曲线表示。但若将纵坐标改为无量纲,用 $\dfrac{M_\mu^o}{M_\mu^c}$ 来表示,横坐标分别用 ρ 和 f_{cu} 表示,如图 5-27 所示,即使截面相差较大的梁,也能反映其共同的规律。图 5-27 说明,当配筋率超过某一临界值或混凝土等级低于某一临界值时,则按上述公式算得的极限弯矩将偏于不安全。上面例子告诉我们,如何组合试验参数作为坐标轴应根据分析目标而定,同时要经过专业的、仔细的考虑。

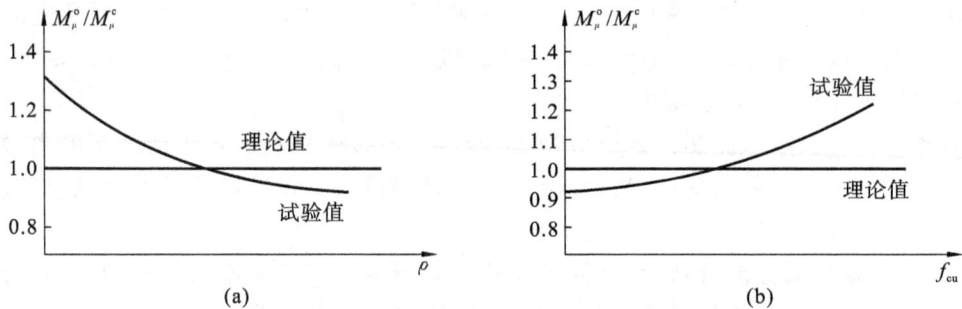

图 5-27　混凝土梁承载力试验曲线

（a）配筋率相同；（b）混凝土等级相同

不同的坐标比例和坐标原点会使曲线变形、平移,应选择适当的坐标比例和坐标原点,使曲线特征突出并占满整个坐标系。

绘制曲线时,运用回归分析的基本概念使曲线通过较多的试验点,并使曲线两旁的试验点大致相等。

② 常用试验曲线。

常用的试验曲线有荷载-变形曲线、荷载-应力曲线等。

荷载-变形曲线有很多种,如结构或构件的整体变形曲线、控制点或最大挠度点的荷载-变形曲线、截面的荷载-变形(转角)曲线、铰支座与滚动支座的荷载-侧移曲线、变形-时间曲线、反复荷载作用下的结构构件的延性曲线、滞回曲线等。

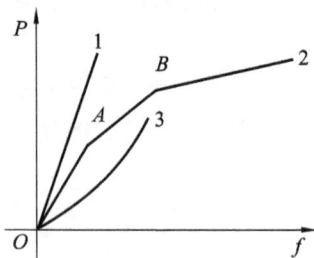

图 5-28　荷载-挠度曲线

图 5-28 所示为三条荷载-挠度曲线。曲线 1 和曲线 2 的 OA 段说明结构处于弹性状态。曲线 2 整体表现出结构的弹性和弹性性质,这是钢筋混凝土结构的典型现象。钢筋混凝土结构由于结构裂缝、钢筋屈服会在曲线上先后出现两个转折点。结构变形曲线反映出的这种特性可以在整体挠曲曲线和支座侧移曲线中得到验证。对于加载过程,曲线 3 属于反常现象,说明试验存在问题。

荷载-变形曲线可反映出结构工作的弹塑性性质,反复荷载作用下的结构构件的延性曲线可反映出结构软化性质,滞回曲线可反映出结构的恢复力性质,变形时间曲线可反映出结构长期工作性质等。这些曲线还包含了什么信息、反映了结构工作的什么问题、什么时候需要绘制,可以根据相关专业知识得到了解。

（2）形态图

试验过程中,应在构件上按裂缝展开面和主侧面绘出其开展过程,并注上出现裂缝的荷载值及宽度、长度,直至破坏。待试验结束后用照相或用坐标纸按比例描绘记录。

此外,结构破坏形态、截面应变图都可以采用绘图方式记录。

除上述试验曲线和图形外,根据试验研究的结构类型、荷载性质、变形特点等,还可以绘出一些其他结构特性曲线,如超静定结构的荷载反力曲线、节点局部变形曲线、节点主应力轨迹图等。

5.5.3 应变测量结果分析

通过应变测量结果分析,可得到截面应力、平面应力状态。

5.5.3.1 截面弹性内力计算

通过对轴向受力、拉弯、压弯等构件的实测应变分析,可以得到构件的截面弹性内力。

（1）轴向受拉、压构件

轴向受拉、压构件的测点布置如图 5-29（a）所示。根据截面中和轴或最小惯性矩轴上布置的测点的应变,截面轴向力可按下式计算:

$$N = \sigma \cdot A = \bar{\varepsilon} E \cdot A \tag{5-1}$$

式中 E, A——材料弹性模量和截面面积;

$\bar{\varepsilon}$——实测的截面平均应变,$\bar{\varepsilon} = \dfrac{1}{n} \sum \varepsilon_i$。

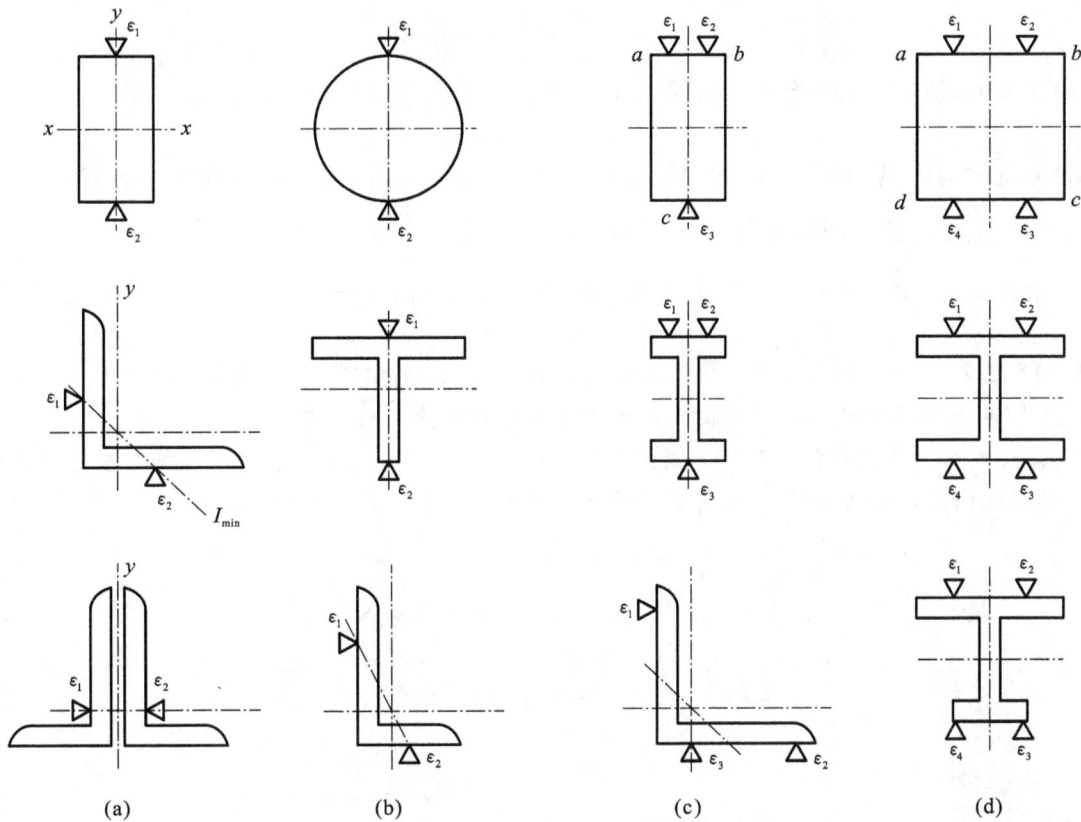

图 5-29 各种受力截面上的测点布置

（2）单向压弯、拉弯构件

这类构件的测点布置如图 5-29（b）所示。由材料力学知,截面边缘应力计算公式为:

$$\sigma_1 = \frac{N}{A} \pm \frac{M y_1}{I} \tag{5-2}$$

$$\sigma_2 = \frac{N}{A} \pm \frac{M y_2}{I} \tag{5-3}$$

注意到 $y_1 + y_2 = h$,$\sigma_1 = \varepsilon_1 E$,$\sigma_2 = \varepsilon_2 E$,则截面轴力及弯矩计算公式为:

$$N = \frac{EA}{h} (\varepsilon_1 y_2 + \varepsilon_2 y_1) \tag{5-4}$$

$$M = \frac{EI}{h} (\varepsilon_1 - \varepsilon_2) \tag{5-5}$$

式中 A,E——构件截面面积和惯性矩;

$\varepsilon_1,\varepsilon_2$——截面上、下边缘的实测应变值;

y_1,y_2——截面中和轴至截面上、下边缘测点的距离。

（3）双向弯曲构件

构件受轴力 N、双向弯矩 M_x 和 M_y 作用时,截面上的测点布置如图 5-29(d)所示。根据测得的四个应变 ε_1、ε_2、ε_3、ε_4,利用外插法求出截面相应四个角的应变值 ε_a、ε_b、ε_c、ε_d,利用式(5-6)中的任意三个方程,即可求解 N、M_x 和 M_y。

$$\left.\begin{array}{l}
\sigma_a = \varepsilon_a E = \dfrac{N}{A} + \dfrac{M_x}{I_x}y_1 + \dfrac{M_y}{I_y}x_1 \\[2mm]
\sigma_b = \varepsilon_b E = \dfrac{N}{A} + \dfrac{M_x}{I_x}y_1 + \dfrac{M_y}{I_y}x_2 \\[2mm]
\sigma_c = \varepsilon_c E = \dfrac{N}{A} + \dfrac{M_x}{I_x}y_2 + \dfrac{M_y}{I_y}x_1 \\[2mm]
\sigma_d = \varepsilon_d E = \dfrac{N}{A} + \dfrac{M_x}{I_x}y_2 + \dfrac{M_y}{I_y}x_2
\end{array}\right\} \tag{5-6}$$

对于图 5-29(c)所示的测点布置,可利用上式中的前三个方程,取消 σ_c 中的最后一项,即可求出 N、M_x 和 M_y。

若构件除受轴向力 N 和弯矩 M_x 及 M_y 作用外,还受扭转力矩 B 作用,则在上述各式中再加上一项 $\sigma_{bc} = B\dfrac{\omega}{I_{bc}}$。利用上述四式可同时解出 N、M_x、M_y 和 B。

一般 3 个测点以上的分析采用数解法比较困难,多采用图解法求解。下面通过两个例子说明图解法。

【例 5-1】 已知 T 形截面形心 $y_1 = 200$ mm,高度 $h = 600$ mm;实测上、下边缘的应变为 $\varepsilon_1 = 100 \times 10^{-6}$,$\varepsilon_2 = 400 \times 10^{-6}$,用图解法分析截面上存在的内力及其在各测点产生的应变值。

【解】 按比例画出截面几何形状及实测应变图,如图 5-30 所示。通过水平中和轴与应变图的交点 e 作一条垂线,得到轴向力产生的应变 ε_N 和弯曲产生的应变 ε_M,其值计算如下:

$$\varepsilon_0 = \left(\frac{\varepsilon_2 - \varepsilon_1}{h}\right)y_1 = \left(\frac{400 \times 10^{-6} - 100 \times 10^{-6}}{600}\right) \times 200 = 100 \times 10^{-6}$$

$$\varepsilon_N = \varepsilon_1 + \varepsilon_0 = (100 + 100) \times 10^{-6} = 200 \times 10^{-6}$$

$$\varepsilon_{1M} = \varepsilon_1 - \varepsilon_N = (100 - 200) \times 10^{-6} = -100 \times 10^{-6}$$

$$\varepsilon_{2M} = \varepsilon_2 - \varepsilon_N = (400 - 200) \times 10^{-6} = 200 \times 10^{-6}$$

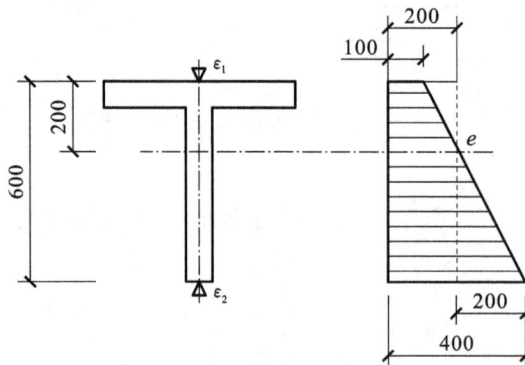

图 5-30 T 形截面应变分析

通过本例分析可知,材料力学中的概念,如弯曲应变符合平截面假定,截面形心处的应变不受双向弯曲的影响等,是图解法的基础。

【**例 5-2**】 一对称的矩形截面上布置有 4 个测点,测得应变后换算成应力,画出应力图并延长至边缘,得边缘力为 $\sigma_a = -44$ MPa,$\sigma_b = -22$ MPa,$\sigma_c = 24$ MPa,$\sigma_d = 54$ MPa,如图 5-31 所示。用图解法分析截面上的应力及其在各测点上的应力值。

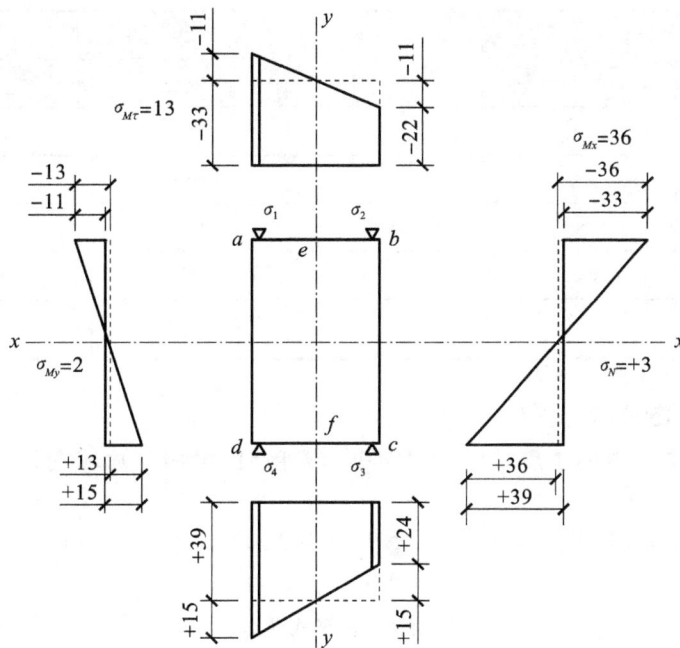

图 5-31 对称截面应力分析(单位:MPa)

【**解**】 求出上、下盖板中点处的应力,即:

$$\sigma_e = \frac{\sigma_a + \sigma_b}{2} = \frac{-44 - 22}{2} = -33(\text{MPa})$$

$$\sigma_f = \frac{\sigma_c + \sigma_d}{2} = \frac{24 + 54}{2} = 39(\text{MPa})$$

由于 σ_e、σ_f 的符号不同,可知有轴向力 N 和垂直弯矩 M_x 的共同作用。根据 σ_e、σ_f 进一步分解得图 5-31 中的右侧应力图,可知其轴向力为拉力,其值为:

$$\sigma_N = \frac{\sigma_e + \sigma_f}{2} = \frac{-33 + 39}{2} = 3 \ (\text{MPa})$$

由弯矩 M_x 产生的应力为:

$$\sigma_M = \pm \frac{\sigma_f - \sigma_e}{2} = \pm \frac{39 + 33}{2} = \pm 36(\text{MPa})$$

上、下盖板应力分布图呈两个梯形,说明除了 N 和 M_x 外,还有其他内力作用。这时可通过沿水平盖板的应力图,在 y 轴上各引水平线得到其余应力,进而可得图 5-31 中的左侧应力图。其值如下。

上盖板左右余下应力:

$$\pm \frac{\sigma_a - \sigma_b}{2} = \pm \frac{-44 + 22}{2} = \mp 11(\text{MPa})$$

下盖板左右下应力:

$$\pm \frac{\sigma_d - \sigma_c}{2} = \pm \frac{54 - 24}{2} = \pm 15(\text{MPa})$$

截面上、下相应测点余下的应力绝对值及符号均不同,说明它们是由水平弯矩 M_y 和扭矩 M_τ 联合产生的,其值为:

$$\sigma_{M_y} = \pm \frac{-15 + 11}{2} = \mp 2(\text{MPa})$$

$$\sigma_{M_\tau} = \mp \frac{-15 - 11}{2} = \pm 13(\text{MPa})$$

现将计算结果列于表 5-1。求得四种应力后,根据截面几何性质,按材料力学公式即可求得各项内力值。

表 5-1 应力分析结果

应力组成	符号	各点应力/MPa			
		σ_a	σ_b	σ_c	σ_d
垂直弯矩产生的应力	σ_{M_x}	-36	-36	$+36$	$+36$
轴向力产生的应力	σ_N	$+3$	$+3$	$+3$	$+3$
水平弯矩产生的应力	σ_{M_y}	$+2$	-2	-2	$+2$
扭矩产生的应力	σ_{M_T}	-13	$+13$	-13	$+13$
各点实测应力	$\sum$	-44	-22	$+24$	$+54$

5.5.3.2 平面应力状态分析

用应变花测量平面应力状态的主应力(应变)大小和方向时,可用二片应变计或三片应变计作为一个应变花。

当主应力方向未知时,则必须用三片应变计作为一个应变花,测量一个测点三个方向的应变。常用应变花及其形式参数见表 5-2。

表 5-2 应变花及其形式参数

应变花名称	应变花形式	应变花形式参数		
		A	B	C
45°直角应变花		$\dfrac{\varepsilon_0 + \varepsilon_{90}}{2}$	$\dfrac{\varepsilon_0 - \varepsilon_{90}}{2}$	$\dfrac{2\varepsilon_{45} - \varepsilon_0 - \varepsilon_{90}}{2}$
60°等边三角形应变花		$\dfrac{\varepsilon_0 + \varepsilon_{60} + \varepsilon_{120}}{3}$	$\varepsilon_0 - \dfrac{\varepsilon_0 + \varepsilon_{60} + \varepsilon_{120}}{3}$	$\dfrac{\varepsilon_{60} - \varepsilon_{120}}{\sqrt{3}}$
伞形应变花		$\dfrac{\varepsilon_0 + \varepsilon_{90}}{2}$	$\dfrac{\varepsilon_0 - \varepsilon_{90}}{2}$	$\dfrac{\varepsilon_{60} - \varepsilon_{120}}{\sqrt{3}}$
扇形应变花		$\dfrac{\varepsilon_0 + \varepsilon_{45} + \varepsilon_{90} + \varepsilon_{135}}{2}$	$\dfrac{\varepsilon_0 - \varepsilon_{90}}{2}$	$\dfrac{\varepsilon_{135} - \varepsilon_{45}}{2}$

为了简化计算,通常将应变花中一个应变计的方向与水平轴 x 重合,则应变花的其他应变计与轴间的夹角就为特殊角度。由材料力学可知,不同形式应变花的主应变花的主应变 ε_1、ε_2,主应变方向 θ_x(与 x 轴间的夹角)和剪应变 γ_{max} 的计算有着共同的规律,其通式为:

$$\left.\begin{array}{r}\varepsilon_1 \\ \varepsilon_2\end{array}\right\} = A \pm \sqrt{B^2 + C^2}$$

$$\left.\begin{array}{l}\gamma_{max} = 2\sqrt{B^2 + C^2} \\[2mm] \tan(2\theta_x) = \dfrac{C}{B}\end{array}\right\} \tag{5-7}$$

式中 A,B,C——应变花形式参数,见表 5-2。

主应力 σ_1、σ_2,主应力方向 θ_x(与 x 轴间的夹角)和剪应力 τ_{max} 按下式计算:

$$\left.\begin{array}{r}\sigma_1 \\ \sigma_2\end{array}\right\} = \left(\dfrac{E}{1-\nu}\right)A \pm \left(\dfrac{E}{1+\nu}\right)\sqrt{B^2 + C^2}$$

$$\left.\begin{array}{l}\tau_{max} = \left(\dfrac{E}{1+\nu}\right)\sqrt{B^2 + C^2} \\[2mm] \tan(2\theta_x) = \dfrac{C}{B}\end{array}\right\} \tag{5-8}$$

式中 E,ν——材料弹性模量和泊松比。

若主应力方向已知,可用两个应变计作为一个应变花。两个应变计分别沿主应力方向布置,测得应变即为主应变,分别为 ε_1、ε_2,则主应力 σ_1、σ_2 和剪应力 τ_{max} 按下式计算。

$$\left.\begin{array}{l}\sigma_1 = \dfrac{E}{1-\nu^2}(\varepsilon_1 + \nu\varepsilon_2) \\[2mm] \sigma_2 = \dfrac{E}{1-\nu^2}(\varepsilon_2 + \nu\varepsilon_1) \\[2mm] \tau_{max} = \dfrac{E}{2(1+\nu)}(\varepsilon_1 - \varepsilon_2) = \dfrac{\sigma_1 - \sigma_2}{2}\end{array}\right\} \tag{5-9}$$

5.5.4 挠度测量结果计算

构件挠度是指构件自身的变形,我们所测的是构件某点的沉降,因此要扣除支座影响。如图 5-32(a)所示的简支梁,消除支座影响后实测跨中最大挠度 f_q^0 为:

$$f_q^0 = \mu_m^0 - \frac{\mu_i^0 + \mu_r^0}{2} \tag{5-10}$$

如图 5-32(b)所示的悬臂梁,消除支座影响后自由端实测挠度 f_q^0 为:

$$f_q^0 = \mu_1^0 - \mu_2^0 - l \cdot \tan\alpha \tag{5-11}$$

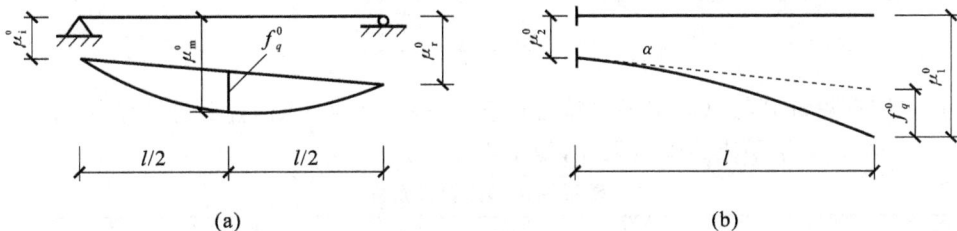

图 5-32 挠度测点布置原理图

此外,计算构件实测挠度时还应加上构件自重、加载设备等产生的挠度。构件实测短期挠度 f_b^0 计算公式如下:

$$f_b^0 = \Psi(f_q^0 + f_g^0) \tag{5-12}$$

式中 f_q^0——消除支座影响后的挠度实测值；

$\quad\quad f_g^0$——构件自重和加载设备产生的挠度；

$\quad\quad \Psi$——用等效集中荷载代替均布荷载时的加载图式修正系数。

Ψ 定义为均布荷载图式跨中挠度与等效集中荷载图式跨中挠度之比,按弹性理论计算。混凝土构件出现裂缝后,按弹性理论计算的 Ψ 进行修正会有一定的误差。

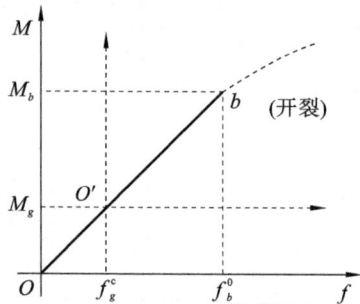

图 5-33 外插法确定自重挠度

由于仪表初读数是在试件和试验装置安装后读取的,加载后测量的挠度值中未包括自重引起的挠度,因此计算时应予以考虑。f_g^0 的值可近似按构件开裂前的线性段外插确定,如图 5-33 所示,也可按下式确定:

$$f_g^0 = \frac{M_g}{\Delta M_b} \cdot \Delta f_b^0 \qquad (5\text{-}13)$$

式中 $\Delta M_b, \Delta f_b^0$——对于简支梁分别为开裂前跨中截面弯矩增量与相应跨中挠度增量,对于悬臂梁分别为固端截面弯矩增量与相应自由端挠度增量;

$\quad\quad M_g$——构件与加载设备自重产生的截面弯矩,对于简支梁为跨中截面弯矩,对于悬臂梁为固端截面弯矩。

5.5.5 结构性能评定

通过结构试验,对结构的承载能力、变形、抗裂度、裂缝宽度进行评定,给出评定结论,也是试验数据整理的一项工作。对于鉴定性试验,应按相关设计规范的要求对结构进行评定,看其是否满足规范的要求;对于科研性试验,应对理论分析结果进行评定,看其与试验结果的符合程度。

5.5.5.1 结构、构件承载力评定

对于鉴定性试验,按下式计算构件的承载力检验系数实测值 γ_μ^0:

$$\gamma_\mu^0 = \frac{P_\mu^0}{P} \qquad (5\text{-}14)$$

$$\gamma_\mu^0 = \frac{S_\mu^0}{S} \qquad (5\text{-}15)$$

式中 P_μ^0, S_μ^0——构件破坏荷载、破坏荷载效应实测值;

$\quad\quad P, S$——构件承载力检验荷载、检验荷载效应值。

并满足:

$$\gamma_\mu^0 \geqslant \gamma_D[\gamma_\mu] \qquad (5\text{-}16)$$

式中 γ_D——结构的重要性系数,按表 5-3 取用;

$\quad\quad [\gamma_\mu]$——构件的承载力检验系数允许值,按表 5-4 取用。

对于科研性试验,按下式计算承载力检验系数实测值 γ_μ^0:

$$\gamma_\mu^0 = \frac{R(f_i^0, f_k^0, a^0, \cdots)}{S_\mu^0} \qquad (5\text{-}17)$$

当 $\gamma_\mu^0 = 1$ 时,说明理论计算与试验结果的符合程度良好;当 $\gamma_\mu^0 < 1$ 时,说明计算结果比试验结果小,偏于安全;当 $\gamma_\mu^0 > 1$ 时,说明计算结果比试验结果大,偏于不安全。

表 5-3   **建筑结构的重要性系数**

结构安全等级	γ_D
一级	1.1
二级	1.0
三级	0.9

表 5-4   混凝土构件承载力检验指标

受力情况	标志编号	承载力检验标志		$[\gamma_\mu]$
轴心受拉、偏心受拉、受弯、大偏心受压	①	主筋处裂缝宽度达到 1.5 mm 或挠度达到跨度的 1/50	Ⅰ~Ⅲ级钢筋,冷拉Ⅰ、Ⅱ级钢筋	1.20
			冷拉Ⅲ、Ⅳ级钢筋	1.25
			热处理钢筋、钢丝、钢绞线	1.45
	②	受压区混凝土破坏	Ⅰ~Ⅲ级钢筋,冷拉Ⅰ、Ⅱ级钢筋	1.25
			冷拉Ⅲ、Ⅳ级钢筋	1.30
			热处理钢筋、钢丝、钢绞线	1.40
	③	受力主筋拉断		1.50
	④	混凝土受压破坏		1.45
轴心受压、偏心受压	⑤	腹部斜裂缝宽度达到 1.5 mm 或斜裂缝末端混凝土发生剪压破坏		1.35
受弯构件的受剪	⑥	斜截面混凝土斜压破坏或受拉主筋端部滑脱,其他锚固破坏		1.50

混凝土构件有下列破坏标志之一时,即认为达到承载力极限状态。

（1）轴心受拉、偏心受拉、受弯、大偏心受压构件

① 受拉主筋应力达到屈服强度,受拉应变达到 0.01;

② 受拉主筋拉断;

③ 受拉主筋处最大垂直裂缝宽度达到 1.5 mm;

④ 挠度达到跨度的 1/50,悬臂构件挠度达到跨度的 1/25;

⑤ 受拉区混凝土压坏;

⑥ 发生锚固破坏或主筋端部混凝土滑移达 0.2 mm。

（2）轴心受压或偏心受压构件

① 混凝土受压破坏;

② 受压主筋应力达到屈服强度。

（3）受压构件剪切破坏

① 箍筋或弯起钢筋斜截面内的纵向受拉主筋应力达到屈服强度;

② 斜裂缝端部受压区混凝土发生剪压破坏;

③ 沿斜截面混凝土发生斜向受压破坏;

④ 沿斜截面撕裂形成斜拉破坏;

⑤ 箍筋或弯起钢筋与斜裂缝交汇处的斜裂缝宽度为 1.5 mm;

⑥ 发生锚固破坏或主筋端部混凝土滑移达 0.2 mm。

试验加载应保证有足够的持荷时间,因此结构承载力应按下述规定取值。在加载过程中出现上述破坏标志之一时,取前一级荷载作为结构的实测承载力;在持荷结束后出现上述破坏标志之一时,以此时荷载作为结构的实测承载力;在持荷时间内出现上述破坏标志之一时,取本级与前一级荷载的平均值作为结构的实测承载力。

试验记录资料也是确定构件承载力的参考依据,它们包括混凝土或钢筋的应变、荷载-挠度曲线、构件最大挠度、最大裂缝宽度出现时刻等。

5.5.5.2 结构挠度评定

对于鉴定性试验,应满足下式要求:

$$f_b^0 \leqslant [f_b] \tag{5-18}$$

式中 f_b^0,$[f_b]$——正常使用短期荷载作用下,构件的短期实测值和短期挠度允许值。

对于混凝土构件:

$$[f_b] = \frac{Q}{Q_1(\theta-1)+Q_1}[f] \tag{5-19}$$

或

$$[f_b] = \frac{M}{M_1(\theta-1)+M_1}[f] \tag{5-20}$$

式中 Q,Q_1 ——短期荷载组合值、长期荷载组合值；

M,M_1 ——按荷载短期效应组合值、荷载长期效应组合值计算的弯矩；

θ ——荷载长期效应组合值对挠度增大的影响系数，按《混凝土结构设计规范》(GB 50010—2010)的规定采用；

$[f]$ ——结构挠度允许值。

对于科研试验，比较计算挠度与实测挠度的符合程度。

5.5.5.3 结构抗裂性评定

对于正常使用不允许出现裂缝的混凝土构件，构件的抗裂性检验应符合下式要求：

$$\gamma_{ck}^0 \geqslant [\gamma_\sigma] \tag{5-21}$$

$$\gamma_\sigma = 0.95\frac{\gamma f_a + \sigma_\mu}{f_a \sigma_\alpha} \tag{5-22}$$

式中 γ_{ck}^0 ——构件抗裂系数实测值，即构件的开裂荷载实测值与正常使用短期检验荷载值之比；

$[\gamma_\sigma]$ ——构件的抗裂检验系数允许值；

γ ——受压区混凝土塑性影响系数；

σ_α ——荷载短期效应组合下，抗裂验算截面边缘的混凝土法向应力；

σ_μ ——检验时在抗裂验算边缘的混凝土预应力计算值，应考虑混凝土收缩徐变造成的预应力损失随时间变化的影响系数 β，$\beta=\frac{4j}{120+3j}$，j 为施加预应力后的时间，以 d 计；

f_a ——检验时混凝土抗拉强度标准值。

对于正常使用允许出现裂缝的混凝土构件，构件的裂缝宽度应符合下式要求：

$$W_{i,\max}^0 \leqslant [W_{\max}] \tag{5-23}$$

式中 $W_{i,\max}^0$ ——在正常使用短期荷载作用下，受拉主筋处最大裂缝宽度的实测值；

$[W_{\max}]$ ——构件检验的最大裂缝宽度允许值。

6 工程结构动载试验

6.1 概　述　>>>

实际工程中,许多建筑结构在使用中除了承受静力荷载外,还常常承受各种动力荷载的作用。所谓动力荷载,通俗地讲,就是随时间而变化的荷载,如风荷载、地震作用、动力机械设备对工业建筑的作用、核爆炸等产生的瞬时冲击作用、汽车荷载对桥梁的作用等。数十年来,人们越来越清楚地认识到动力荷载对工程结构的强度、刚度及稳定性的影响。全世界每年大约发生 500 万次地震,强烈振动将使结构的内力和变形均很大,从而使其发生严重的破坏。如桥梁的剧烈振动可以造成桥梁的断裂,强烈地震会使建(构)筑物倒塌。因此,人们为了减少振动造成的危害,在进行结构设计时,要按照建(构)筑物所在地区的地震烈度进行相应的结构抗震设计。对于高层建筑或者高耸结构、悬索桥这种大跨度的柔性桥梁结构,在设计时必须考虑风振影响。

与静力荷载的作用不同,动力荷载除了增大结构的受力外,还会引起结构振动,影响建筑物的使用,使结构产生疲劳破坏,甚至发生共振现象。因此,需要研究这些动力荷载对工程结构的影响,以达到在结构设计时消除或减小动力荷载不利影响的目的。虽然理论分析也是研究结构动力特性的手段,但试验研究能更真实地反映结构的工作状态,并且有的结构动力性能(如阻尼等)只能通过试验研究才能较真实地获得。结构动力试验就是通过试验的方法对结构振动进行分析研究,已成为工程结构试验工作的一个重要组成部分。

对结构进行动力试验分析的目的,是研究结构在整个使用期间在各种动力荷载作用下的工作状态,确保结构在使用环境下安全、可靠地工作。这就要求我们寻求结构在各种动力荷载作用下随时间而变化的响应,因而不可避免地要涉及结构动力试验的测试技术。

一般来说,结构动力测试主要包括以下四方面的内容:

(1) 动力荷载特性的测试

其为通过试验方法对作用在结构上的动力荷载(如动力机械、吊车等的作用力)及其特性进行测试,有时是根据建筑物的振动通过试验方法寻找振源,以便为建筑物的设计、使用提供依据。在结构动力试验中,将这些引起结构振动的动力源称为振源。振源可归纳为以下三种。

① 固定振源:包括各种固定的动力设备,如金属切削机床、各种带有旋转部件的机器设备等。

② 移动振源:包括各种运输设备(汽车、机车等)、起重运输机械(吊车、传送带)等。

③ 特殊振源:包括风力、地震力以及爆炸力等。

(2) 结构自振特性的测定

采用各种类型的激振手段对原型结构或模型进行动力荷载试验。如对各类建筑物进行稳态的正弦激振或随机的自然激振试验,以测定建筑物的动力特性参数,即固有频率、阻尼系数、振型等,以了解结构的施工水平、工作状态及结构是否损伤等。

(3) 结构在动力荷载作用下反应的测定

测定结构物在实际工作时动力荷载与结构相互作用下的振动水平(振幅、频率)及性状,例如在动力机器作用下厂房结构的振动、在车辆移动荷载作用下桥梁的振动、地震时建筑结构的振动反应(强震观测)、在风荷载作用下高层建筑或高耸构筑物的风振、精密机器设备和精密仪表所在环境的振动等。量测得到的这些资料可以用来研究结构的工作是否正常、安全,存在何种问题,薄弱环节在何处。据此对原设计及施工质量进行评价,为保证正常使用提出建议。

(4) 结构的疲劳特性试验

此种试验是为了确定结构构件及其材料在多次重复荷载作用下的受力性能,如抗裂性能、裂缝宽度、变形和强度等,并据此推算结构的疲劳寿命,一般是在专门的疲劳试验机上进行。

我国在 20 世纪 60 年代左右进行了大量砖石结构和多层钢筋混凝土结构房屋的现场实测工作。如1957 年,武汉长江大桥落成后,国家验收委员会举行了我国桥梁史上第一次正规的验收工作,开展了对大桥的振动实测,其中包括跨间结构的静载和动载试验,从而全面评定了大桥结构的动力性能(动应力和动挠度等)。20 世纪 70 年代以来,尤其是在 20 世纪 70 年代末期,我国在工程结构动载试验测试技术方面有了较快的发展,测试工作开始活跃。全国土建类专业各科研院所、各高等院校都相继加强了振动荷载、地震力对工程结构影响的研究。到 20 世纪 80 年代初期,我国已在北京、昆明、南宁、苏州、石家庄等地先后进行了十多次规模较大的足尺结构的抗震性能试验,在大量试验的基础上取得了一定的成果,同时广泛地应用结构动力测试技术进行了许多鉴定性试验,为建筑业的发展做出了贡献。

近 20 年来,我国大型结构试验机、模拟振动台、大型起振机、伪静力试验装置、高精度传感器、电液伺服控制加载系统、瞬态波形存储器、动态分析仪以及大型试验台座、风洞实验室的相继发展与建立,特别是现代计算机技术在结构动力试验中的广泛应用,高灵敏度传感器、多通道高精度大容量数据采集分析系统的发展,使得结构的动力特性测试能在短时间内准确完成,对结构进行实时健康监测也已达到了实用阶段。这标志着我国的动力试验测试技术及装备已发展到了一个新的水平。

随着我国建筑行业的不断发展,高层建筑、超高层建筑、桥梁及高速公路的不断增多,工程结构动力试验显得愈发重要,越来越多地应用于一些前沿课题中。

6.2　数字信号处理　>>>

6.2.1　数字信号处理技术简介

简单地说,数字信号处理就是用数值计算的方式对信号进行加工的理论和技术,它的英文名为 digital signal processing,简称 DSP。广义地说,数字信号处理是研究用数字方法对信号进行分析、变换、滤波、检测、调制、解调及快速算法的一门技术学科。随着数字电路与系统技术以及计算机技术的发展,数字信号处理技术相应地得到了发展,其应用领域十分广泛,现已成为现代科学技术必不可少的工具。数字信号处理主要研究有关数字滤波技术、离散变换快速算法和频谱分析方法。频谱分析又包含相关统计分析,如幅值统计、相关分析等。数字信号处理的核心算法是离散傅立叶变换(DFT),DFT 使信号在数字域和频域都实现了离散化,从而可以用通用计算机处理离散信号。而使数字信号处理从理论走向实用的是快速傅立叶变换(FFT),FFT 的出现大大减少了 DFT 的运算量,使实时的数字信号处理成为可能,极大促进了该学科的发展。

6.2.2　数字信号处理技术在结构动载试验中的应用

在结构动载试验分析中,由于各种试验干扰因素的存在,结构试验所获得的各种相应信号需经信号处理,去伪存真。这样才能提高数据分析的可靠性和精确性。现代结构动力荷载试验技术中的数据采集与分析基本实现了数字化,传感器拾取的模拟信号经过转换后成为数字信号,由计算机直接记录和分析,使结构动力特性的试验与分析实现了自动化、智能化。

进行结构动力特性数据处理时,需要具备一定的数字信号分析基础,如信号的变换与处理、滤波、数据采样及快速傅立叶变换等。本节重点介绍信号转换、频谱分析等一些基础理论。

6.2.3 周期信号的幅值谱、相位谱、功率谱

从数学分析中可知,任何周期函数在满足狄利克雷(Dirichlet)条件时,可以展开成正交函数线性组合的无穷级数,如正交函数集是三角函数集$[\sin(n\omega_0 t), \cos(n\omega_0 t)]$或复指数函数集$(e^{in\omega_0 t})$,则可展开成傅立叶级数,通常有实数形式表达式:

$$x(t) = \frac{a_0}{2} + \sum_{n=1}^{\infty} [a_n \cos(n\omega_0 t) + b_n \sin(n\omega_0 t)] \tag{6-1}$$

$$x(t) = \frac{a_0}{2} + \sum_{n=1}^{\infty} A_n \cos(n\omega_0 t - \varphi_n) \quad (n = 1, 2, \cdots) \tag{6-2}$$

以上两式中,各参数及相应关系如下。

常值分量:

$$a_0 = \frac{2}{T} \int_{-T/2}^{T/2} x(t) \mathrm{d}t \tag{6-3}$$

余弦分量的幅值:

$$a_n = \frac{2}{T} \int_{-T/2}^{T/2} x(t) \cos(n\omega_0 t) \mathrm{d}t \tag{6-4}$$

正弦分量的幅值:

$$b_n = \frac{2}{T} \int_{-T/2}^{T/2} x(t) \sin(n\omega_0 t) \mathrm{d}t \tag{6-5}$$

各频率分量的幅值:

$$A_n = \sqrt{a_n^2 + b_n^2} \tag{6-6}$$

各频率分量的相位:

$$\varphi_n = \arctan \frac{b_n}{a_n} \tag{6-7}$$

平均功率:

$$\psi_x^2 = \frac{1}{T} \int_{-T/2}^{T/2} x^2(t) \mathrm{d}t = \sum_{n=-\infty}^{\infty} |c_n^2| \tag{6-8}$$

以上各式可建立A_n-ω关系(称为幅值谱)、φ_n-ω关系(称为相位谱)、ψ_x^2-ω关系(称为功率谱)。

6.2.4 信号 A/D、D/A 转换

信号(signal)是一种物理体现,或是传递信息的函数。模拟信号(analog signal)是指时间连续、幅度连续的信号。数字信号(digital signal)是指时间和幅度上都是离散(量化)的信号,其可用一序列的数表示,每个数又可表示为二制码的形式,适合计算机处理。信号 A/D、D/A 转换是数字信号处理的必要程序。

6.2.4.1 A/D 转换

数字信号处理的目的是对真实世界的连续模拟信号进行测量或滤波,因此在进行数字信号处理之前需要将信号从模拟域转换到数字域。把连续时间信号转换为与其对应的数字信号的过程称为 A/D(Analog to Digital)转换过程,这通常通过 A/D 转换器实现。

A/D 转换器通过一定的电路将模拟量转变为数字量。模拟量可以是电压、电流等电信号,也可以是压力、温度、湿度、位移、声音等非电信号。但在 A/D 转换前,输入到 A/D 转换器的信号必须经各种传感器转换成电压信号。由于模拟量在时间和(或)数值上是连续的,而数字量在时间和数值上都是离散的,故转换时要在时间上对模拟信号离散化(采样),还要在数值上离散化(量化),一般步骤为采样→保持→量化→编

码。其工作原理如图 6-1 所示。

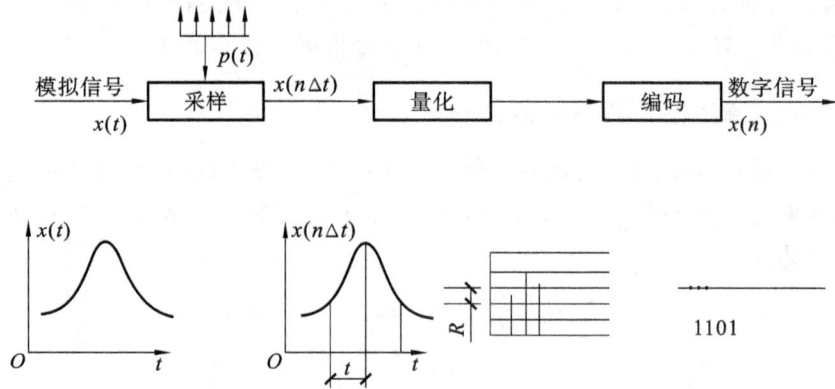

图 6-1　A/D 转换器工作原理

（1）采样

将一个时间上连续变化的信号转换成在时间上离散的信号称为采样。考虑 A/D 转换器件的非线性失真、量化噪声及接收机噪声等因素的影响,采样频率 f_s 必须大于或等于输入模拟信号包含的最高频率 f_{max} 的两倍,即 $f_s \geqslant 2f_{max}$。

（2）保持

要把一个采样信号准确地数字化,就需要将采样所得的瞬时模拟信号保持一段时间,这就是保持过程。保持是将时间离散、数值连续的信号变成时间连续、数值离散信号。虽然逻辑上保持器是一个独立的单元,但是实际上保持器总是与采样器做在一起,两者合称采样保持器。

（3）量化

将连续幅度的抽样信号转换成离散时间、离散幅度的数字信号称为量化。量化的主要问题就是量化误差。

（4）编码

编码是将量化后的信号编码成二进制代码输出。到此,也就完成了 A/D 转换。

以上四个过程通常是合并进行的。例如,采样和保持就经常利用一个电路连续完成,量化和编码也是在保持过程中实现的。

6.2.4.2　D/A 转换

数字信号经常要变换到模拟域,将数字信号恢复为连续波形的过程称为 D/A(Digital to Analog)转换,这是通过 D/A 转换器实现的。D/A 转换器是将数字信号转换为模拟信号的系统,一般用低通滤波即可以实现。

6.2.5　采样定理

采样定理又称为香农采样定理、奈奎斯特采样定理,原理为在进行 A/D 信号转换过程中,当采样频率 f_s 大于或等于输入模拟信号中最高频率 f_{max} 的 2 倍(即 $f_s \geqslant 2f_{max}$)时,采样之后的数字信号完整地保留了原始信号中的信息。采样定理说明了采样频率与信号频谱之间的关系,是连续信号离散化的基本依据。

如果不能满足上述采样条件,采样后信号的频率就会重叠,即高于采样频率一半的频率成分将被重建成低于采样频率一半的信号。这种频谱的重叠导致的失真称为混叠,而重建出来的信号称为原信号的混叠替身,因为这两个信号有同样的样本值。为了满足采样定理的要求,信号在进行采样操作前必须通过一个具有适当截止频率的低通滤波器。这个用于避免混叠的低通滤波器称为抗混叠滤波器。

从信号处理的角度来看,此采样定理描述了两个过程:其一是采样,这一过程将连续时间信号转换为离散时间信号;其二是信号的重建,这一过程将离散信号还原成连续信号。

采样频率越高,稍后恢复出的波形就越接近原信号,但是对系统的要求相应提高,转换电路必须具有更快的转换速度。在实际操作中,采样定理说明了一个问题,即当对时域模拟信号采样时,应以多大的采样频率采样,才不致丢失原始信号的信息,或者说可由采样信号无失真地恢复原始信号。实际应用中,一般保证采样频率为输入模拟信号中最高频率的 5~10 倍。

6.2.6 窗函数

数字信号处理的主要数学工具是傅立叶变换。傅立叶变换用于研究整个时间域和频率域的关系。然而,当运用计算机进行工程测试信号处理时,不可能对无限长的信号进行测量和运算,而是取有限的时间片段进行分析。其做法是从信号中截取一个时间片段,然后对观察的信号时间片段进行周期延拓处理,得到虚拟的无限长的信号,最后就可以对信号进行傅立叶变换、相关分析等数学处理了。无限长的信号被截断以后,其频谱发生了畸变,原来集中在 $f(0)$ 处的能量被分散到两个较宽的频带中去了(这种现象称为频谱能量泄漏)。为了减少频谱能量泄漏,可采用不同的截断函数对信号进行截断。截断函数称为窗函数(Window Function),简称为窗。

实际应用中的窗函数可分为以下三类:

(1)幂窗

采用时间变量某种幂次的函数,如矩形、三角形、梯形或其他时间(t)的高次幂。

(2)三角函数窗

应用三角函数,即正弦或余弦函数等组合成复合函数,例如汉宁窗、海明窗等。

(3)指数窗

采用指数时间函数,例如高斯窗等。

不同的窗函数对信号频谱的影响是不一样的。这主要是因为不同的窗函数产生泄漏的大小不一样,频率分辨能力也不一样。信号的截断产生了能量泄漏,而用 FFT 算法计算频谱又产生了栅栏效应,从原理上讲这两种误差都是不能消除的,但是我们可以通过选择不同的窗函数对它们的影响进行抑制。

6.2.7 快速傅立叶变换(FFT)

实际模拟信号经采样后得到的是一离散的时间序列,因此需要采用离散傅立叶变换(DFT)才能得到其频谱特性,但离散傅立叶变换的计算工作量巨大,很难实现。快速傅立叶变换(Fast Fourier Transform,简称 FFT)是 1965 年由 J. W. 库利和 T. W. 图基提出的,是离散傅立叶变换的快速算法。它是根据离散傅立叶变换的奇、偶、虚、实等特性,对离散傅立叶变换的算法进行改进获得的。采用这种算法能使计算机计算离散傅立叶变换所需要的乘法次数大为减少,特别是被变换的抽样点数 N 越多,FFT 算法计算量的节省就越显著。例如,对采样点 $N=1000$,DFT 算法的运算量约需 200 万次,而 FFT 大约需 1.5 万次,可见 FFT 方法大大地提高了运算效率。

6.2.8 数字信号处理系统的组成

数字信号处理前后需要一些辅助电路,它们和数字信号处理器构成一个系统。图 6-2 所示为典型的数字信号处理系统,它由 7 个部分组成,各个部分分别是一台或多台设备,信号处理机则是把这几部分集合为一体。由于数字信号处理系统和信号处理机具有运算速度快、实时能力强、运算功能多、分辨力高、操作方便等优点,为快速而准确地分析测试结果提供了方便,因此在信号分析设备中占有越来越重要的地位。

① 初始信号代表某种事物的运动变化,它经信号转换单元变为电信号。例如压力,它经压力传感器后变为电信号。

② 低通滤波单元滤除信号的部分高频成分,防止模数转换时失去原信号的基本特征。模数转换单元每隔一段时间测量一次模拟信号,并将测量结果用二进制数表示。

③ 数字信号处理单元实际上是一台计算机。它按照指令对采集到的数字信号进行分析和计算,可用数字运算器件组成信号处理器完成,也可用通用微型计算机配上一定的程序软件或采用软、硬件相结合的方法完成。数字分析计算速度快,使用简单方便,可用软件实现分析计算,运算速度较快,而且通用性强,修改

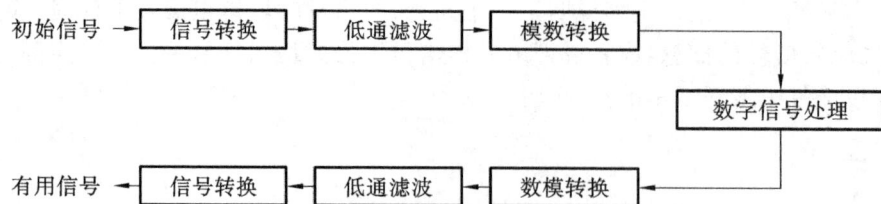

图 6-2   数字信号处理系统

容易。工程测试中信号的分析计算主要是作时域中的概率统计、相关分析、建模和识别,频域中的频谱分析、功率谱分析、传递函数分析等。

④ 数模转换单元将处理后的数字信号变为连续时间信号。这种信号的特点是由一段一段的直线相连,如图 6-3 所示,有很多地方的变化不平滑。低通滤波单元有平均的作用,不平滑的信号经低通滤波后可以变得比较平滑。

⑤ 平滑的信号经信号转换单元后就变成某种物质的运动变化。例如扬声器,它可将电波变为声波。又如天线,它可将电流变为电磁波。

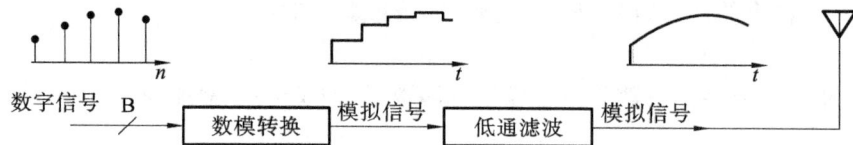

图 6-3   数模转换的原理

6.3   结构动力测试的主要内容及测量方法和手段   >>>

在 6.1 节中已提到,动力试验通常包括四方面的内容:一是动力荷载特性的测试;二是结构自振特性的测定;三是结构在动力荷载作用下动力反应的测定;四是结构疲劳试验。前面三个内容各有不同的动参数,本节将重点阐明它们各自不同的动参数测量方法和手段,以及结构疲劳试验的项目和步骤。

6.3.1   动力荷载特性的测试

对结构进行动力分析和隔振设计时,必须掌握动力荷载的特性。这些特性包括作用力的大小、方向、频率及其作用规律等。有些动力荷载的特性,比如往复式机械等,可以根据机械本身的参数进行动力荷载特性计算。但在很多情况下,动力荷载的特性不能用计算方法获得,比如风压脉动、冲击波等,这时就需用试验方法确定。

6.3.1.1   主振源的探测

引起结构振动的振源往往不止一个,通常是多个振源的共同作用。例如,对于多层厂房的楼盖结构,一般有多台机床同时作用,每台机床都是引起楼盖振动的振源,但并不是每个振源对结构的影响都相同。这就需要找出对结构振动起主导作用或危害最大的主振源,一般需要通过试验方法来确定。

确定主振源通常采用下述两种方法。

(1)逐台开动法

工业厂房内有多台动力机械设备时,可以逐台开动,观察结构在每个振源影响下的振动情况,从中找出主振源。但是这种方法往往由于影响生产而不一定能够实现。

(2)波形识别法

由于生产条件的限制,上述方法不能实施时可采用波形识别法。在正常生产的情况下,多种动力设备运行时,根据实测的振动波形图进行频谱分析。根据不同的振源将会引起规律不同的强迫振动这一特点,可以间接判定振源的某些性质,同时作为探测主振源的参考依据。

图 6-4(a)所示的振动记录波形是间歇型的阻尼振动,具有明显的尖峰和衰减的特点,说明是撞击型振源所引起的振动。图 6-4(b)所示的振动记录波形是稳定的具有周期性的简谐振动,说明是转速恒定且相同的一台或多台机器设备运转所引起的振动。

图 6-4(c)所示的振动记录波形是两个频率相差两倍的简谐振源引起的合成振动波形。

图 6-4(d)所示的振动记录波形是三个不同频率的简谐振源引起的合成波形。

图 6-4(e)所示的振动记录波形反映拍振规律,其振幅周期性地由大变小,又由小变大。这有两种可能:一种是两个频率相近的简谐振源共同作用;另一种是只有一个振源,其频率与结构的固有频率相接近。

图 6-4(f)所示的振动记录波形是随机振动波形,它是由随机荷载所引起的,如地震波等。

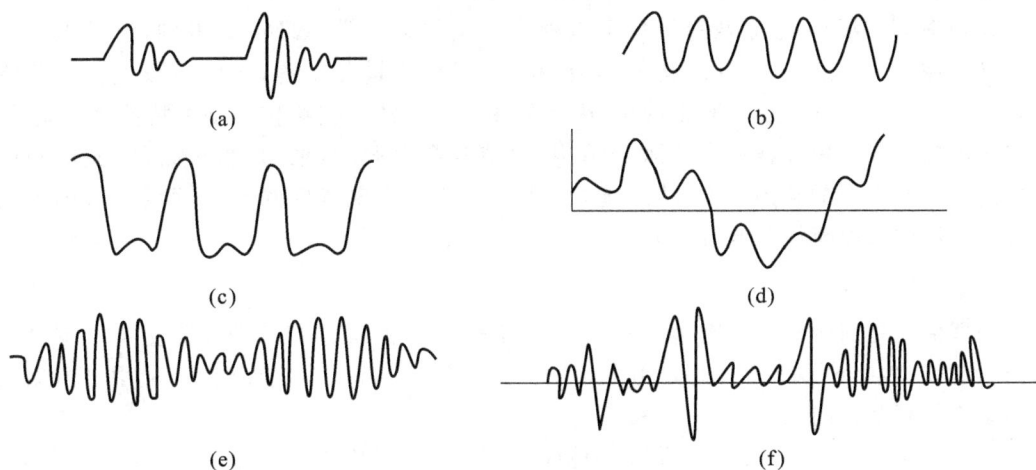

图 6-4   各种典型的振动记录波形

6.3.1.2   动力荷载特性的测定

动力荷载的特性主要包括作用力的大小、方向、频率及其作用规律等。动力荷载特性的测定并不是一件十分简单的事情,需要认真地考虑实测方案。其难度在于它是实测动力荷载特性,而不是实测结构在此动力荷载作用下的反应。为此,在实测中往往会存在难以直接实测到动力荷载特性的问题。在实测中,我们必须根据不同的动力荷载采用不同的实测方式。以下介绍三种常用的测定方法。

（1）直接测定法

这种测量方法是应用各种传感器直接测量振动力的大小及其作用的规律。例如,测定动力设备传递到结构上的动力荷载时可使用测力传感器,将传感器置于设备底座与结构之间,当设备运行时便可将其振动力用仪器记录下来。这种方法简单可靠,随着量测技术水平的不断提高,各种传感器的逐步完善,它的应用范围越来越广。

（2）间接测定法

此法是将被测机械安装在具有足够弹性变形的专用结构上,如带刚性支座的受弯钢梁或木梁结构,在机器开动前需首先对结构的动力和静力特性进行测定,确定结构的刚度、惯性力矩、固有频率、阻尼比及振幅等;然后把机器安装在结构上,启动机器,通过仪器测定结构的振动时程,据此可确定该机器运转时产生的外力。这种方法所使用的弹性梁必须避免与机器发生共振,以保证所确定的动力荷载的准确性。由于测试时需要移动机器,而实际上处于工作状态的大部分机器是固定的,因此这种方法仅适用于动力机器生产部门的检验及校准单位的产品检验和标定。

（3）比较测定法

此法是比较振源的承载结构在已知动力荷载作用下的振动情况和在待测振源作用下的振动情况,从而得出荷载的特性数据。其方法是：先开动振源，用测振仪器系统测得某一结构的振动波形；停机后，开动振动设备激振，逐渐调节激振设备的频率、作用力大小等，直至使这一结构产生与前同样的波形。这时激振设备的振动参数即为动力荷载振源的特性参数。这种方法对于产生简谐振动的振源效果最好。

6.3.2 结构自振特性的测定

结构自振特性又称为结构动力特性，它是指结构本身所固有的动态参数，如结构固有频率（或周期）、振型和阻尼系数等。它取决于结构的组成形式，如材料性质、刚度、质量大小及其分布情况等。它与外荷载无关，当结构确定后，其自振特性也就随之确定下来。

在同一地震荷载作用下，具有不同自振特性建筑物的动力反应可能相差几倍甚至几十倍。因此，实测结构自振特性的意义可以概括为：在设计受动力作用的建筑物时，总是力图避开共振区，即要使建筑物的自振频率远离强迫荷载的频率（或卓越频率），从而减少动力影响。

结构的固有频率、振型和阻尼系数等虽然可以根据结构的动力学原理计算得到，但是理论计算模型与结构的实际情况往往有较大的出入，如结构的约束、材料性质、质量分布等，从而导致理论计算值与实际值相差较大。而且阻尼系数必须通过试验来确定，因此采用试验方法研究结构的动力特性是重要的手段之一。

用试验方法求结构自振特性就要设法激励结构，使结构产生振动，根据记录的振动波形图进行分析计算。不同的结构物具有不同的动力特性，相应地，对其进行结构自振特性的测定就需要采用不同的试验方法和仪器设备。常用的自振特性试验方法有自由振动法、共振法及脉动法等。

6.3.2.1 自由振动法

自由振动法即借助外荷载使结构产生一初位移或初速度，然后突然释放使其发生自然振动。结构由于弹性而自由振动起来，由此记录下它的振动波形，从而得出其自振特性。应该注意，利用自由振动法一般只能得到结构的基本频率及其阻尼。

自由振动法又分为初速度法（突然加载法）和初位移法（突然卸载法）。

（1）突然加载法

突然加载法可分为垂直加载和水平加载两类。

① 垂直加载。

该方法是将一重物提高到某一高度，然后让其自由下落冲击结构，使结构产生振动，也可用打桩设备施加一冲击荷载使结构或构件产生一初速度而自由振动起来。该方法能用较小的荷载产生较大的振动，加载简单方便，但缺点是落下的重物附在结构上与结构一起振动，使结构的质量增大及应力分布改变，引起试验误差，故一般要求重物的质量不大于试验跨度内结构或构件自重的 0.1%。再者，为防止重物在结构上弹跳或砸损结构或构件，须在结构或构件上垫 10～20 cm 厚的砂垫层，并规定落物高度在 2.5 m 以下（图 6-5）。

② 水平加载。

它是针对质量和刚度不是很大的结构或构件而言的，可采用撞击使其自由振动起来（图 6-6）。最简单的方法是利用重锤敲击结构或构件。如对于空框架，可在其顶部敲击（图 6-7）。

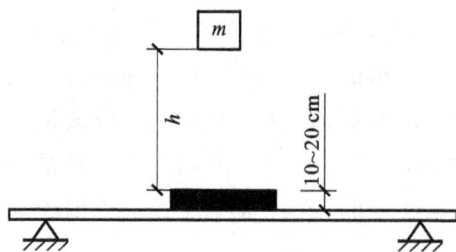

图 6-5 垂直自由落体突然加载法

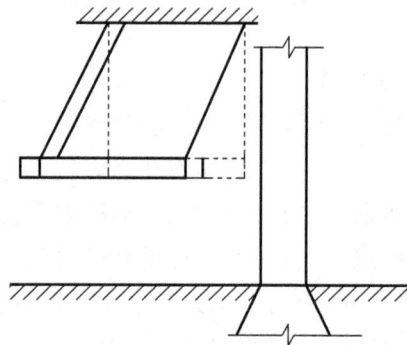

图 6-6 水平撞击式突然加载法

（2）突然卸载法

突然卸载法是用人工先使结构产生一个初位移，然后突然卸去荷载，使结构产生弹性恢复而产生振动。突然卸载法中的重物在结构自振时已不存在，因此重物本身不产生附加影响。重物大小可根据所需最大振幅计算确定，当结构物的刚度较大时，所需重物荷载较大。具体做法有以下几种。

① 采用一种张拉释放的装置（图 6-8），开动绞盘，通过钢丝绳牵拉结构物，使其产生一初位移。当拉力足够大时，钢棒突然拉断，使其荷载突然卸掉，结构便开始作自由振动。调整钢棒的截面面积即可获得不同的初始位移。

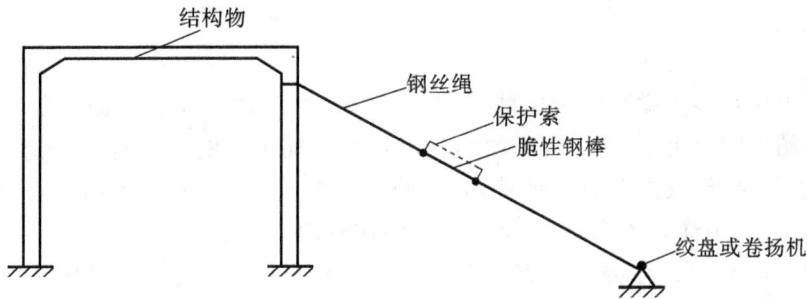

图 6-7 重锤敲击法

图 6-8 张拉释放式突然卸载法

② 对于小型试验、小型构件，可采用图 6-9 所示的悬挂重物方法。通过剪断铅丝来突然卸载，使其自由振动起来。

③ 另一种方法是在着力点上附加一脆性材料，用千斤顶施加一推力。当推力使结构达到一定位移时，脆性材料突然断开而卸载，使结构自由振动起来。此法在 1981 年石家庄框架轻板建筑原型结构抗震性能试验中得到了应用，并取得了满意的效果，如图 6-10 所示。此法一方是试验楼，另一方是支撑楼，用千斤顶顶住脆性材料砖，且使砖紧贴在两个钢棒上，而使两个钢棒紧靠在试验楼的顶层，两钢棒间隔一定距离，使砖的中间部位形成"空虚"状。而后，用千斤顶施加力于砖的"空虚"部位。由于砖是脆性材料，当千斤顶施加一定荷载时，框架试验楼产生一初位移，砖突然断开，从而实现突然卸载，使试验楼自由振动起来。此法必须要有一支撑楼。

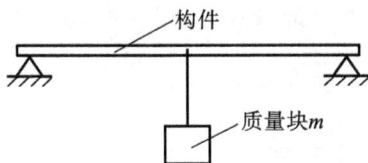

图 6-9 悬挂重物突然卸载法

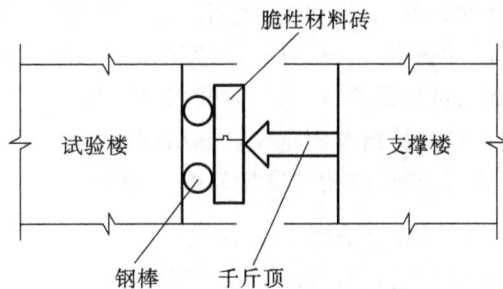

图 6-10 对脆性材料施加力的突然卸载法

6.3.2.2 共振法

共振法是利用专门的激振器对结构施加简谐动力荷载，使结构产生恒定的强迫简谐振动，借助共振现象来观察结构的自振性质。该方法由激振器产生稳态简谐振动，使被测建筑物发生周期性强迫振动。当激振器的频率由低到高（扫频）变化时，即可得到一组振幅（A）-频率（f）的关系曲线。激振器的激振方向和安装位置要根据试验结构的情况和试验目的而定。一般来说，整体建筑物的动力荷载试验多为水平方向激振，楼板和梁的动力荷载试验多为垂直方向激振。激振器的安装位置应选在所要测量的各个振型曲线都不是节点的地方。因此,试验前最好先对结构进行初步的动力分析,对所测量的振型曲线的大致形式做到心中有数。

由结构动力学可知,当干扰力的频率与结构本身固有频率相等时,结构就出现共振。这时结构的振幅

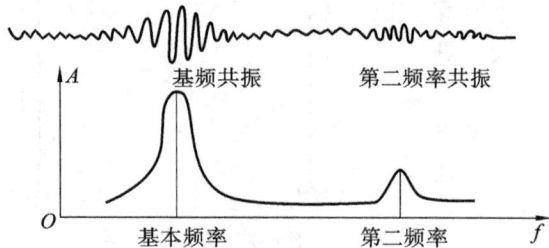

图 6-11　共振时的振动图形和共振曲线

最大,我们即可从共振曲线中获得结构动力参数。强迫振动频率可在激振设备的信号发生器上调节并读取,或在专门的测速、测频仪上读取。振幅(A)由安装在被测结构上的拾振器获得感应,由测振仪器系统记录。若结构为多自由度体系,则对应每一阶振型会出现多个峰值(图 6-11),即第一频率、第二频率、第三频率等,由此可得出此建筑物的各阶次自振频率,并可从共振曲线 A-f 上得出其他自振参数。

6.3.2.3　脉动法

在实际工程环境中存在很多微弱的激振能量,如大气流动、河水流动、机械运动、汽车行驶和人群移动等。这些激振能量使结构实际上处于不断振动中,只是这种振动很微弱,一般不为人们所注意,但当采用高灵敏度、高精度的传感器时,经放大器放大就能清楚地观测和记录下这种振动信号。由于环境引起的振动是随机的,因而又把这种方法称为环境随机激励法,也叫作脉动法。

建筑物的这种脉动是经常存在的。它有一个重要的性质,就是能明显地反映出被测建筑物的固有频率。用仪器将建筑物的脉动记录下来,经过一定的分析,可以确定建筑物的一些动力特性。它的最大优点是不用专门的激振设备,简便易行,且不受结构物大小的限制,因而得到了广泛的应用。

依振动理论可知,当外界脉动的卓越周期接近于建筑物的第一自振周期,在建筑物的脉动记录里第一振型分量必然起主要作用,可在记录中比较光滑的曲线部分上直接量出第一自振周期及振型,经过进一步的分析还可求得阻尼。如果外界脉动的卓越周期与建筑物的第二周期或第三周期接近,则在脉动记录中第二或第三振型分量起突出作用,可直接量得第二或第三自振周期和振型。这种情况只在结构的第一自振周期比较大时才出现。

脉动法测量时的传感器布置与共振法类似,但须采用灵敏度高的传感器,并且采用的抗频混滤波放大器的放大倍数要足够大,适当设置低通滤波,采样频率应不小于分析频率的 2.56 倍。当仪器通道数小于测点数时可以分批分组进行测量,测量完一组再移动传感器测量另一组。但整个测量过程中必须保持其中一个测点处的传感器始终不动,这个点称为激励点或输入点。其位置应避免放在节点或振动信号较小的位置,如支座位置。各组观测时间应相同,并保持相对稳定的激励环境,记录完后如有明显干扰的部分信号应删除。此外,实测中整套仪器应有较宽的频带,邻近不能有其他振源;要有适当长的观测时间,特别是当需要求第二、第三自振频率时,观测时间需要更长。

在实测中均将拾振器固定在被测结构或构件上,并连线于放大器及记录仪,记录下振动波形,然后对振动波形进行分析,得出结构的自振频率。

6.3.2.4　实测中应考虑的问题

以上实测结构自振特性时,无论采用哪种方法,都应考虑如下几个问题。

(1) 关于拾振器在实测振型时的标定

在实测结构自振特性时,不需要知道其具体的振动位移、速度、加速度等,也就不必在振动台上对拾振器做具体多大幅值对应多大位移、速度、加速度等的标定。在结构自振特性的实测参数中,频率和阻尼参数与振幅无关,但振型是建筑物各测点振动幅值相对大小的形状(即各测点在某一时刻振幅之比),因此要使得各测点拾振器的灵敏度相同,否则各测点无可比性,造成实测的振型图失真。由于拾振器生产厂家不可能将每个拾振器做成完全相同的灵敏度,故在实测振型时,必须对各拾振器进行标定。

具体的标定方法是:将若干个拾振器放在同一层高度,且集中放在一起,用以上所述的脉动法测得各拾振器在同一时刻的振动幅值。如各拾振器的灵敏度是一样的,则此时各拾振器的振幅也一样;如不一样则

说明各拾振器的灵敏度不同,记录下各自的幅值以便在数据处理时进行修正,从而得到真实的振型。

（2）关于横向、纵向及空间振型

由于实际建筑物是三维的,因此应分为横向、纵向及空间振型。

所谓横向,是指沿建筑物短轴方向。纵向是沿建筑物长轴的方向(图6-12)。空间振型是将若干个拾振器(至少三个)放在建筑物上依次排开,若各测点在同一时刻振幅及方向相同,则为平动;若各测点在同一时刻一部分振幅及方向相同,另一部分相反,呈反对称,则为扭转振动;若振幅相同而幅值不同,则可能是平、扭联动。同时可以根据各测点同一时刻的振幅、相位初步判断建筑物的整体性。

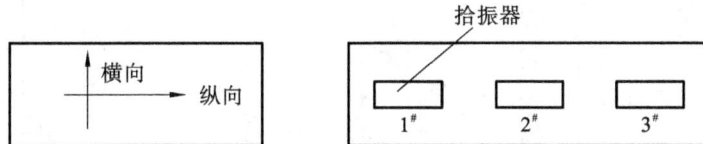

图6-12　建筑物振动的纵向、横向示意及空间振型拾振器安放示意俯视图

（3）当拾振器数量少于实际测点数时的处理方法

遇到此情况时可以采取分几次测量的方法(但至少要有两台拾振器)。其具体方法是:将某一层的拾振器固定不动,而使其他层的拾振器与该台固定不动的拾振器在同一时刻测定即可。例如,只有两台拾振器,则将其中一台固定不动,另一台分别移到各层,得到各层相对于固定不动拾振器两两同时测定幅值之比及振型。

6.3.3　结构动力反应的测定

在工程实际和科研活动中,经常要求对动力荷载作用下结构产生的动力反应进行测定,包括结构动力参数(速度、加速度、振幅、频率及阻尼)、动应变和动位移等。此外,在大量的生产鉴定性试验中,往往需要鉴定该结构在动力荷载作用下的动力反应是否符合所规定的某种动参数指标的要求,以便采取某种措施抵御或减缓动力反应。与动力荷载特性试验和结构动力特性试验不同,前者的测定对象为产生动力荷载的震源,如动力机械、吊车等,仅反映动力荷载本身的性质。后者是测定结构自身的振动特性。而结构动力反应试验则是测试动力荷载与结构相互作用下结构产生的响应,如工业建筑在动力机械作用下的振动,桥梁在汽车行驶过程中的动态反应,风荷载作用下高耸或高层建筑物产生的振动,结构在地震或爆炸作用下的反应等,这些都与动力荷载和结构的动力特性密切相关。

通过动力测试,确定动荷载在结构中引起的附加应力,从而验算结构的强度;确定动荷载引起的结构的振动位移,判断该结构的刚度能否满足使用和工作要求;确定移动荷载对结构的动力效应,为设计计算结构物(如吊车梁、桥梁等)提供实测动力系数。测定结构动力反应是确定结构在动荷载作用下安全工作的重要依据。

6.3.3.1　结构特定部位动参数的测定

在实践中经常需要测定结构物在动荷载作用下特定部位的振动参数,如振幅、频率、速度、加速度、动应变及动应力等。这种情况下,只要在结构振动时布置适当的仪器(如位移传感器、速度传感器、加速度传感器或电阻位移计等),记录其振动时的波形即可。

测点布置根据结构情况和试验目的而定。例如,为了校核结构强度,就应将测点布置在最危险的部位,即控制断面上。如果是测定振动对精密仪器的影响,一般应在精密仪器基座处测定振动参数。

除实测动参数外,多层厂房还需测定某个振源(如机床扰力)引起的振动在建筑物内的传播及衰减情况。此时,将振源处测得的振幅设定为1,其余各测点的幅值与振源处的幅值之比即为传播系数,即可了解其衰减情况。

6.3.3.2　结构振动变位图测定

有时需要全面了解结构在动荷载作用下的振动状态,这时可以安设多个测点做出振动变位图,将各个测点的振动图用记录仪器同时记录下来,根据相关关系确定变位的正负号,再按振幅(变位)大小以一定比例画在变位图上,最后连成结构在实际荷载作用下的振动变位图。图 6-13 所示为振动变位图的测量方法。

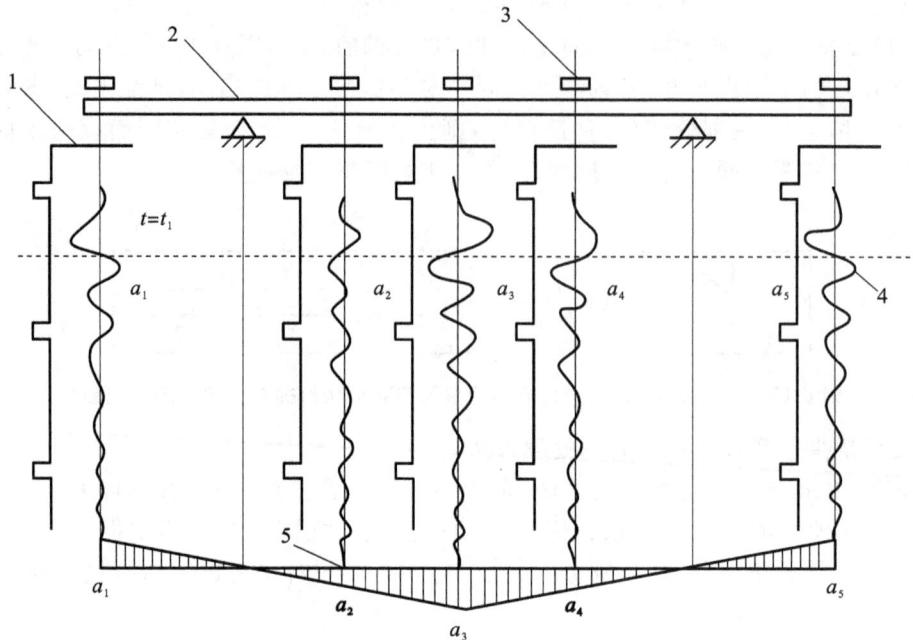

图 6-13 结构振动变位图
1—时间信号;2—构件;3—拾振器;4—记录曲线;5—$t=t_1$ 时刻的变位图

这种测量和分析方法与前面讲过的确定振型的方法类似,但在本质上是有区别的。前者是结构在动荷载作用下的变形曲线;而后者是在结构自由振动状态下的振动形状,是结构的自振特性,它与外荷载无关。

确定了振动变位图后,即有可能按结构力学的理论近似地确定结构由动荷载产生的内力。

6.3.3.3 结构动力系数的测定

承受移动荷载的结构如吊车梁、桥梁等,常常需要确定它的动力系数。这是因为对在使用过程中承受由吊车、列车车辆、汽车运输等所产生的动力荷载的结构,其计算方法虽然是以静力计算法为基础的,但在静力计算中需要引入动力系数。引入动力系数的目的是为了考虑动力效应的作用,用动力系数来判断结构的工作情况。动力系数的数值通常由设计规范加以规定,是对大量的实测资料加以统计得来的。

动力系数的定义为:在动力荷载作用下,结构动挠度与静挠度之比。

$$K_d = \frac{y_d}{y_j} \tag{6-9}$$

式中 y_d,y_j——吊车梁、桥梁等的跨中动挠度和静挠度。

实践表明:在移动荷载作用下,结构上产生的挠度 $y_d > y_j$。这是附加动力作用的缘故。因此,动力系数总是大于 1 的。

动力系数的测定方法如下。

将挠度计(可采用应变式机电百分表)布置在被测结构的跨中处,并连线于动态电阻应变仪及记录仪。

(1) 有轨的

先使移动荷载慢行通过,测量被测结构跨中静挠度 y_j,然后以一定的速度通过,测量被测结构跨中动挠度 y_d(图 6-14)。

(2) 无轨的

由于两次行驶的线路不可能完全一样,故将移动荷载一次性高速通过,取振动挠度曲线之中线最大值为 y_j,振动挠度曲线最大值为 y_d(图 6-15)。

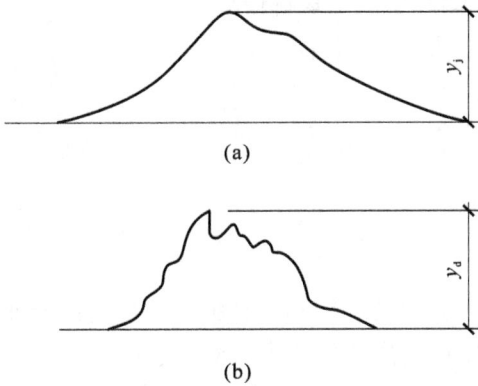

图 6-14 有轨时实测结构动力系数

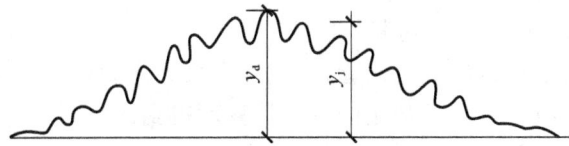

图 6-15 无轨时实测结构动力系数

6.3.4 结构疲劳试验

结构或材料在承受反复循环的荷载作用时,其应力和应变反复变化。当循环达到一定的次数时,在应力低于强度设计值时便发生脆性破坏,这种现象称为疲劳。在建(构)筑结构构件中存在着许多疲劳现象,尤其是在工业建(构)筑中大量应用的各种吊车梁,带有悬挂吊车的屋架和屋面梁等结构构件。设计这些结构时均应考虑重复荷载作用对其极限应力的降低作用。在工程结构中,直接承受重复荷载的结构一般要进行结构疲劳试验。

结构疲劳试验涉及的范围比较广,对于某一种结构而言,它包含材料的疲劳和结构构件的疲劳。例如,在钢筋混凝土结构中,有钢筋的疲劳、混凝土的疲劳以及这两种材料组成构件的疲劳。本节主要讨论结构构件的疲劳试验问题。

6.3.4.1 疲劳试验的分类

按试验对象,疲劳试验分为结构疲劳试验和材料疲劳试验;按受力状况,疲劳试验分为压力疲劳试验、弯曲疲劳试验和扭转疲劳试验;按试验机产生的脉冲信号的大小,疲劳试验分为等幅疲劳试验和变幅疲劳试验。此外,还有环境疲劳试验,如在腐蚀性环境下的疲劳试验、高温或低温下的疲劳试验、加压或真空等条件下的疲劳试验。不同条件下的疲劳试验有不同的疲劳响应,试验结果也各有特点。

6.3.4.2 疲劳试验的目的

结构疲劳试验的目的是了解结构或构件在这种多次反复荷载作用下的疲劳性能或状态以及变化规律,以确定其疲劳极限或疲劳强度。

为了获得结构疲劳极限,必须对结构施加重复荷载,并测定结构达到疲劳破坏时荷载的重复次数。研究表明,结构的疲劳强度与应力循环幅值和循环次数有关。当循环应力小于某一值时,荷载重复次数的增加不再会引起结构的疲劳破坏,而大于该值时则会产生疲劳破坏。将此应力值称为疲劳强度,结构设计时必须严格按照疲劳极限应力进行设计。

6.3.4.3 疲劳试验项目

结构疲劳试验按试验目的的不同可分为研究性试验和检验性试验。

对于研究性的疲劳试验,可按研究目的和要求来确定试验项目。如果是正截面的疲劳性能试验,试验项目一般应包括:

① 各阶段截面的应力分布状况,中和轴变化规律;

② 抗裂性及开裂荷载;

③ 裂缝宽度、长度、间距及其发展情况;

④ 最大挠度及其变化规律;

⑤ 疲劳强度的确定;

⑥ 破坏特征分析。

对于检验性疲劳试验,在控制疲劳次数内应取得如下数据,同时要满足现行设计规范的要求。

① 抗裂性及开裂荷载;

② 裂缝宽度及其发展;

③ 最大挠度及其变化幅度;

④ 疲劳强度及其疲劳寿命。

6.3.4.4 疲劳试验荷载

(1) 疲劳试验荷载的取值

对于结构的疲劳试验,首先确定最大荷载值和最小荷载值。最大荷载值 Q_{max} 是根据构件在最大准荷载、最不利组合作用下产生的弯矩计算而得到的,最小荷载值 Q_{min} 则根据疲劳试验设备的要求而定。

(2) 疲劳试验荷载频率

疲劳试验荷载在单位时间内重复作用的次数为荷载频率。荷载频率将影响材料的塑性变形和徐变。此外,荷载频率过高时为疲劳试验附属设施带来的问题较多。目前国内外尚无统一的频率规定,主要依疲劳试验机的性能而定。但为了保证构件在疲劳试验荷载下不致发生共振,构件的稳定振动范围应远离共振区,同时应使构件在试验时与实际工作时的受力状态一致。为此,荷载频率与构件固有频率 θ 间应满足如下关系:

$$\theta < 0.5\omega \quad 或 \quad \theta > 1.3\omega$$

(3) 疲劳试验的控制次数

构件经受下列控制次数的疲劳荷载作用后,抗裂性(即裂缝宽度)、刚度、强度必须满足现行规范中的有关规定。

对于中级制吊车梁,$n = 2 \times 10^6$ 次;对于重级制吊车梁,$n = 4 \times 10^6$ 次。

6.3.4.5 疲劳试验步骤

构件疲劳试验步骤可归纳为以下几个。

(1) 疲劳试验前预加静载试验

对构件施加不大于上限荷载 20% 的预加静载 1~2 次,以消除支座等连接件之间的不良接触,并检查测试仪表是否已进入正常工作状态,以及其他准备工作是否就绪等。

(2) 正式疲劳试验

第一步:先做疲劳前的静载试验。其目的是对比构件经受反复荷载后受力性能的变化。荷载分级加到疲劳上限荷载,每级荷载可取上限荷载的 20%。临近开裂荷载时应适当加密,第一条裂缝出现后仍以 20% 的荷载施加,每级荷载加完后停歇 10~15 min,记录读数。加至上限荷载后分两次或一次卸载。此外,也可采取等变形加载法。

第二步:进行疲劳试验。首先调节疲劳试验机上、下限荷载,待示值稳定后读取第一次动荷载读数。以后每隔一定次数(30~50 万次)读取数据。根据要求可在疲劳过程中进行静载试验(方法同上),完毕后重新启动疲劳机继续疲劳试验。

第三步:做破坏试验。达到要求的疲劳次数后进行破坏试验有两种情况:一种是继续施加疲劳荷载直至破坏,得到承受疲劳荷载的次数;另一种是做静载破坏试验,方法同前。此时,荷载分级可以加大。

疲劳试验的步骤可用图 6-16 表示。

应该注意,不是所有疲劳试验都采用相同的试验步骤,依试验目的和要求的不同可有多种。如带裂缝的疲劳试验,静载可不分级、缓慢地加到第一条可见裂缝出现为止,然后开始做疲劳试验。另外,在疲劳试验过程中变更荷载上限,如图 6-17 所示。提高疲劳荷载的上限可以在达到要求疲劳次数之前,也可以在达到要求疲劳次数之后。

6.3.4.6 受弯构件的疲劳破坏标志

(1) 构件正截面破坏标志

① 当构件为适筋或少筋构件时,构件截面中的某一根纵向受力主筋可能发生疲劳断裂破坏;

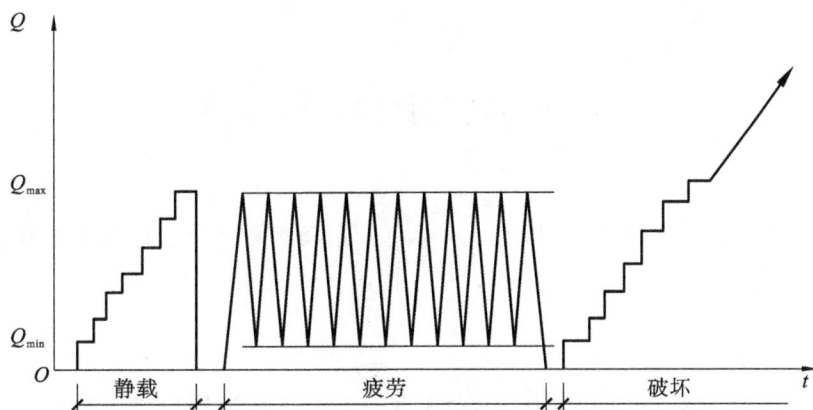

图 6-16　疲劳试验步骤示意图

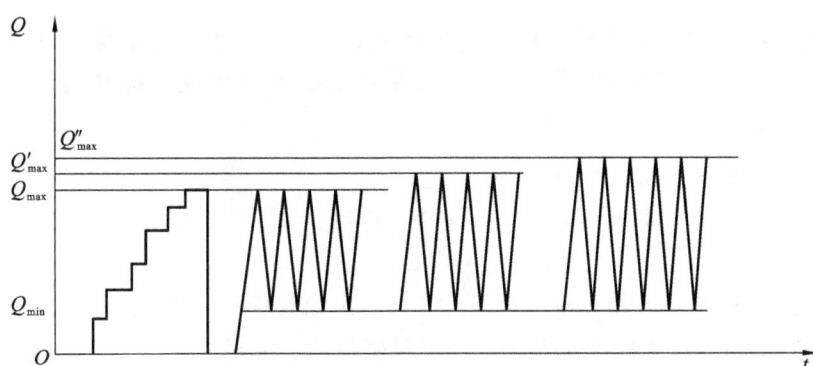

图 6-17　变更荷载上限的疲劳试验

② 当构件截面为倒 T 形截面或构件为超筋构件时,可能发生受压区混凝土的疲劳破坏。

(2) 斜截面疲劳破坏标志

① 当构件的腹筋配筋率正常或较低时,与临界斜裂缝相交的某一根腹筋(箍筋或弯筋)可能发生疲劳断裂破坏;

② 当构件的腹筋配筋率很高时,剪压区混凝土可能发生剪压疲劳破坏;

③ 当纵向钢筋配筋率较低时,与临界斜裂缝相交的纵向钢筋可能发生疲劳断裂破坏。

6.3.4.7　疲劳试验的安全措施

疲劳试验不同于静载试验,承受疲劳荷载的试件所受重复荷载的次数在 200 万次以上,连续进行试验的时间很长,试验过程中所受振动也很大。因此,在试件安装及试验过程中需要充分注意并采取安全措施。具体应做到以下几点:

(1) 严格对中

荷载架上的分配梁、脉冲千斤顶、试件、支座及中间垫板都要对中,特别是千斤顶轴线一定要同构件断面纵轴在一条直线上。

(2) 保持平稳

疲劳试验的支座最好是可调的,这样即使试件不够平直也能调整为水平。另外,千斤顶与试件之间、支座与支墩之间、构件与支座之间都要用稀水泥砂浆找平,以使试件保持平稳。用砂浆找平时不宜铺厚,因为厚砂浆易压酥。

(3) 安全防护

疲劳破坏通常是脆性破坏,事先没有明显预兆,故须架设安全墩。在试验过程中,要随时观察千斤顶是否有倾斜,支座是否有移动,如有偏斜应及时调整,以防发生事故。

6.4　试验资料处理　>>>

6.3节重点阐述了动参数的测量手段和方法,本节将介绍动参数实测后的数据处理,着重阐述结构自振特性的实测数据处理方法。

6.4.1　谐量分析

动载试验时有时记录的是复杂的周期振动的合成波。为了掌握它们包含的频率成分,往往要对所记录的合成波形进行谐量分析。所谓谐量分析,是指将两个或两个以上的合成波形分解成单一波形的分析方法,具体地说是分解成知其幅值、频率大小的单一波形。

谐量分析的基础是傅立叶级数原理。进行谐量分析后,把一个复杂的振动分解成一个一个的简谐分量,把这些分量画成振幅谱和相位谱的图形,就可以清楚地表示出一个复杂振动的组成情况和各个谐量之间的关系。

6.4.1.1　典型合成波形的简化分析法

在对合成波形进行谐量分析时,常会遇到一些有某些特点的典型合成波形。此时可根据这些特点直接分解。

① 当组成合成波的两种频率值相差较大时(图 6-18),例如其中一个的频率为另一个的 5 倍或 5 倍以上时,则高频波叠加在低频波上,在这种情况下就可采用包络线法。它的特点是:

a. 上、下包络线形状相同;

b. 上、下包络线的间距为恒定值。

此时,对其作包络线。其包络线即为低频分量,幅值为 A_1,频率为 $f_1=1/T_1$。包络线中的波形即为高频分量,幅值为 A_2,频率为 $f_2=1/T_2$。

② 当组成合成波的两种频率相近时(图 6-19),其振幅周期性地变大又变小。这种振动形式称为拍振。两种正弦波合成的拍振也可用包络线法处理。它有如下特点:

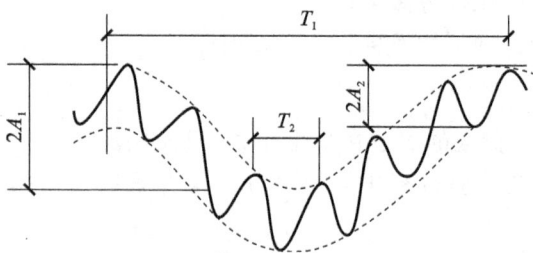

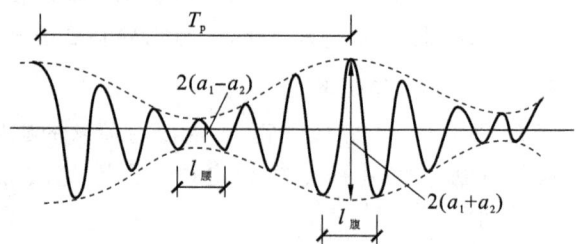

图 6-18　包络线法　　　　　　　　　　图 6-19　拍振波形分析

a. 包络线峰与峰之间的距离即为拍振的周期 T_p;

b. 拍振的频率是两个谐量频率之差($f_p=f_2-f_1$);

c. 上下两包络线的最大宽度是两谐量振幅和的两倍,即 $2(a_1+a_2)$;

d. 上下两包络线的最小宽度是两谐量振幅差的两倍,即 $2(a_1-a_2)$;

e. 在拍振的一个周期内,波峰的个数等于该拍振振幅较大的那个谐量波峰的个数,即 $f_1=N/T_p$(N 为 T_p 内的波峰个数);

f. 若拍振腹部波峰与波峰间的时间间隔小于腰部波峰与波峰间的时间间隔,即 $l_腹<l_腰$,则频率较低的那个谐量的振幅较大。相反,若拍振腹部波峰与波峰间的时间间隔大于腰部波峰与波峰间的时间间隔,即 $l_腹>l_腰$,则频率较高的那个谐量的振幅较大。

以上，a 中的 T_p 可借助仪器"时标"得出，由 c、d 可列出方程：

$$\begin{cases} 2(a_1-a_2)=A_1 \\ 2(a_1+a_2)=A_2 \end{cases}$$

由 e 可求出振幅较大的那个谐量的频率 f_1。至此，即可求得 f_1、a_1、a_2、T_p。

再由 e、f，若 $l_{腹}<l_{腰}$，则：

$$f_2=f_1+f_p$$

若 $l_{腹}>l_{腰}$，则：

$$f_2=f_1-f_p$$

则两个谐量的 a_1、a_2、f_1、f_2 均可求出。

6.4.1.2　复杂周期振动波形分解法

对于多个简谐频率成分合成的复杂周期振动波形，可采用 Fourier 分解法进行分解。它基于傅立叶级数展开原理：任意一个圆频率 ω 的周期函数都可分解为包括许多简谐形式的级数，即：

$$\left.\begin{aligned} f(t) &= \frac{a_0}{2} + \sum_{n=1}^{\infty}[a_k\cos(k\omega_0 t)+b_k\sin(k\omega_0 t)] \\ a_k &= \frac{2}{T}\int_0^T f(t)\cos(k\omega t)\mathrm{d}t \quad (k=0,1,2,3,\cdots) \\ b_k &= \frac{2}{T}\int_0^T f(t)\sin(k\omega t)\mathrm{d}t \quad (k=0,1,2,3,\cdots) \end{aligned}\right\} \tag{6-10}$$

式中　a_k,b_k——傅立叶系数；

　　　T——函数 $f(t)$ 的周期。

现令

$$\begin{cases} y_k=\sqrt{a_k^2+b_k^2} \\ \varphi_k=\arctan\dfrac{a_k}{b_k} \quad (k=1,2,3,\cdots) \\ y_0=\dfrac{a_0}{2} \end{cases}$$

则有：

$$f(t)=y_0+\sum_{k=1}^{\infty}y_k\sin(k\omega t+\varphi_k) \quad (k=1,2,3,\cdots) \tag{6-11}$$

其中，$y_1\sin(\omega t+\varphi_1)$ 为基波，$y_k\sin(k\omega t+\varphi_k)$ 为 k 次谐波。

由以上可知：要求出 a_k、b_k，必须要知其 $f(t)$，而实际上我们往往难以用一个数学表达式来描述这一复杂的周期函数。故通常采用近似积分法，将 $f(t)$ 的一个周期 n 等分，如图 6-20 所示。

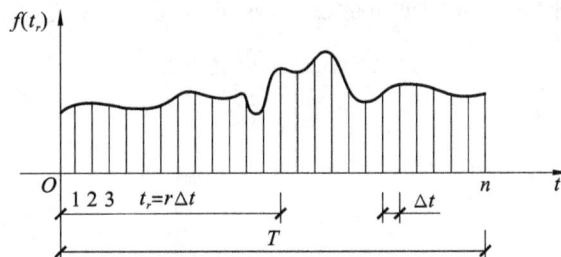

图 6-20　复杂周期振动波形的近似积分法

图中，t_r 是以 $r(r=1,2,3,\cdots,n)$ 为变量的时间变量，$f(t_r)$ 是以 t_r 为变量的一个函数值，Δt 是所取每一等份的时间间隔。同时有：

$$T=n\Delta t,\quad \omega=2\pi f=\frac{2\pi}{n\Delta t},\quad t_r=r\Delta t$$

则：

$$a_k = \frac{2}{T}\int_0^T f(t)\cos(k\omega t)\mathrm{d}t = \frac{2}{n}\sum_{r=1}^n f(t_r)\cos\left(kr\frac{2\pi}{n}\right) \quad (k=0,1,2,3,\cdots)$$

$$b_k = \frac{2}{T}\int_0^T f(t)\sin(k\omega t)\mathrm{d}t = \frac{2}{n}\sum_{r=1}^n f(t_r)\sin\left(kr\frac{2\pi}{n}\right) \quad (k=0,1,2,3,\cdots)$$

$$y_0 = \frac{a_0}{2} = \frac{1}{n}\sum_{r=1}^n f(t_r) \tag{6-12}$$

将以上 a_k、b_k、y_0 代入式(6-11)即可。

分解后即可绘出时域分析图和频谱分析图，如图 6-21 所示。

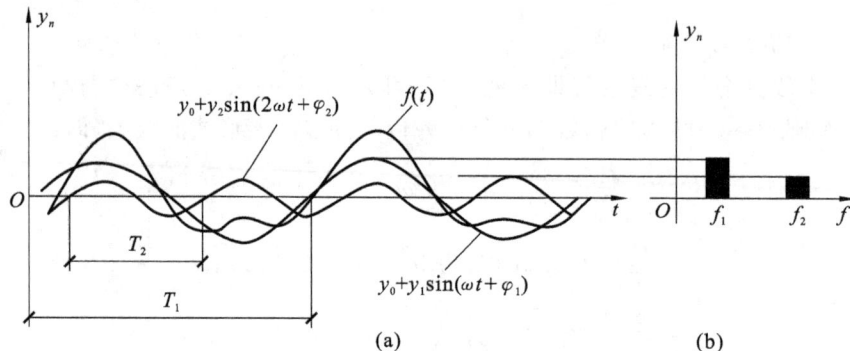

图 6-21 时域分析图与频谱分析图

(a)时域分析图；(b)频谱分析图

6.4.2 工程结构自振特性的数据处理方法

如前所述,结构自振特性有三个主要参数:① 自振频率;② 阻尼;③ 振型。以下就此三个参数的求取作详细阐述。

6.4.2.1 自振频率的求取

在 6.3 节中讲述了获取结构自振特性的脉动法、自由振动法,通过它们实测得到的时域波形都可用于求取被测结构的自振频率。

自振频率又称为固有频率,是结构自身所固有的频率。所谓频率,即单位时间内的周期数 N,即:

$$f = \frac{N}{t} \tag{6-13}$$

为便于计算,在实测波形中,先保证在一时间段里的周期数为一整数。这时,所对应的时间段不一定恰好是 N 倍的某个时间单位。此时可引入速度 v 的概念,则可将式(6-13)写成:

$$f = \frac{N}{t} = \frac{N}{\dfrac{s}{v}} = \frac{N}{\dfrac{st_0}{s_0}} = \frac{Ns_0}{st_0} \tag{6-14}$$

式中　N——所选这段时间 t 内的周期数;

　　　t_0——单位时间;

　　　s_0——t_0 这段时间内的长度;

　　　s——t 这段时间内的长度。

其自振频率通常以赫兹(Hz)为单位。

图 6-22 所示为实测波形的频率计算法。

6.4.2.2 阻尼的求取

结构的阻尼可在应用自由振动法测出的自由振动时域波形曲线上直接求取,在采用共振法得到的共振

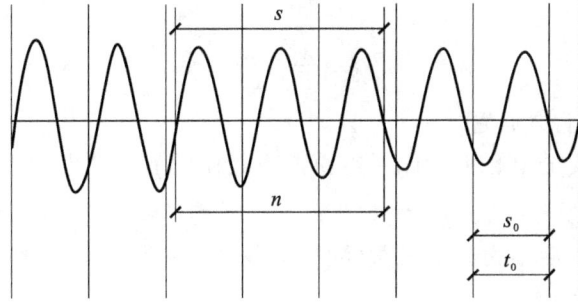

图 6-22 实测波形的频率计算法

曲线上也可求取结构的阻尼。

（1）采用自由振动法求阻尼

由于结构物的自由振动是有阻尼的衰减振动，且以对数形式衰减（图 6-23），故人们把这种有阻尼的衰减系数称为对数衰减率 λ。它定义为：

$$\lambda = \ln \frac{a_n}{a_{n+1}} \tag{6-15}$$

式中　a_n, a_{n+1}——前后两相邻波的幅值。

在实测中，由于要有足够的样本，要拓宽到 a_{n+1}，故作如下变换：

$$\frac{a_n}{a_{n+k}} = \frac{a_n}{a_{n+1}} \cdot \frac{a_{n+1}}{a_{n+2}} \cdot \cdots \cdot \frac{a_{n+k-1}}{a_{n+k}}$$

对方程的两边取对数：

$$\ln \frac{a_n}{a_{n+1}} + \ln \frac{a_{n+1}}{a_{n+2}} + \ln \frac{a_{n+2}}{a_{n+3}} + \cdots + \ln \frac{a_{n+k-1}}{a_{n+k}} = K\lambda$$

故

$$\lambda = \frac{1}{K} \ln \frac{a_n}{a_{n+k}} \tag{6-16}$$

根据黏滞理论，图 6-23 所示的有阻尼的单自由度体系时程曲线的解答式可表述为：

$$a(t) = A e^{-\xi t_n} \sin(\omega t - \alpha) \tag{6-17}$$

则有：

$$\frac{a_n}{a_{n+1}} = \frac{A e^{-\xi t_n}}{A e^{-\xi(t_n + T)}} = e^{\xi T}$$

式中　T——图 6-23 所示时程曲线的一个周期；

　　　ξ——结构物的阻尼比；

　　　ω——无阻尼自振圆频率。

对两边取对数：

$$\ln \frac{a_n}{a_{n+1}} = \xi T = \lambda \tag{6-18}$$

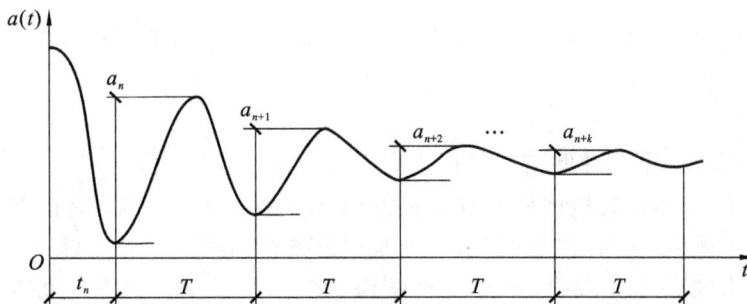

图 6-23 实测波形的阻尼比算法

故有：

$$\xi = \frac{\lambda}{T} = \frac{\lambda}{2\pi} \qquad\qquad (6\text{-}19)$$

（2）在共振法的共振曲线上求阻尼

由结构动力学可知，有阻尼的单自由度体系在简谐荷载作用下的动力放大系数为：

$$\mu_d = \left[(1-\nu^2)^2 + 4\nu^2 \xi^2 \right]^{-\frac{1}{2}} \qquad\qquad (6\text{-}20)$$

式中　　ν——频率比，其值为 ω/ω_0，ω 为简谐荷载（激振荷载）的圆频率，ω_0 为被测结构的圆频率；

　　　　ξ——被测结构的阻尼比。

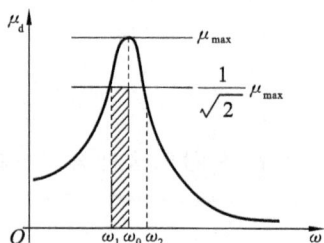

图 6-24　动力放大系数 μ_d 曲线

在图 6-24 所示的动力放大系数 μ_d 与激振频率 ω 的关系曲线（共振曲线）上，共振峰所对应的频率即被测结构的自振频率。在共振曲线上作一直线 $\delta_d = \frac{1}{\sqrt{2}} \mu_{d\max}$ 与共振曲线相交，即将 $\mu_d = \frac{1}{\sqrt{2}} \frac{1}{2\xi}$ 代入式（6-20）。

代入后将方程两边平方，则有：

$$\nu_1 = 1 - \xi, \quad \nu_2 = 1 + \xi$$

将两者相减，则有：

$$\nu_2 - \nu_1 = 2\xi = \frac{\omega_2}{\omega_0} - \frac{\omega_1}{\omega_0}$$

故有：

$$\xi = \frac{\omega_2 - \omega_1}{2\omega_0} \qquad\qquad (6\text{-}21)$$

此外，由结构动力学可知，单自由度体系有阻尼自由振动结构的特征方程为：

$$\gamma^2 + 2\varepsilon\gamma + \omega_0 = 0$$

式中　　γ——特征根；

　　　　ε——结构衰减系数。

则

$$\gamma_{1,2} = -\varepsilon \pm \sqrt{\varepsilon^2 - \omega^2}$$

由于临界阻尼 β_{cr} 就是指使这特征方程有两个相等的实数根，即当 $\sqrt{4\varepsilon^2 - 4\omega^2} = 0$ 时的那个 ε_0，故此时有 $\beta_{cr} = \varepsilon = \omega_0$。又由于阻尼比定义为：

$$\xi = \frac{\text{阻尼系数}}{\text{临界阻尼}} = \frac{\beta}{\beta_{cr}} = \frac{\beta}{\omega_0}$$

故

$$\frac{\omega_2 - \omega_1}{2\omega_0} = \frac{\beta}{\omega_0}$$

则结构阻尼系数：

$$\beta = \frac{\omega_2 - \omega_1}{2} \qquad\qquad (6\text{-}22)$$

在采用共振法对结构激振施加简谐荷载时，结构在不同频率荷载作用下共振曲线的幅值为：

$$A = F\delta_{11}\mu_d \qquad\qquad (6\text{-}23)$$

式中　　F——激振力；

　　　　δ_{11}——在单位荷载作用下且在此荷载作用方向上的结构位移。

如果激振力为一常量，则实测共振曲线的纵轴幅值 A 与动力放大系数 μ_d 呈比例关系，故以上的阻尼算式在实测共振曲线上同样适用。值得注意的是，两种激振设备有两种不同的处理方法。

当振动频率等于结构的固有频率时，结构振动幅值达到最大。造成此最大幅值的原因只是共振。然而，能够引起结构幅值增大的另一种可能原因是激振力变大。若两者混在一起，则分不清是哪种原因引起的结构幅值增大。所以要使激振力为一常量，这样就能确保结构的幅值增大只是共振引起的。

目前通常采用两种激振设备：一种是偏心式激振器，另一种是电磁式激振器。

（1）偏心式激振器

偏心式激振器的激振力与偏心块旋转频率的平方成正比。由此可见，当"扫频"时，偏心块旋转频率逐渐增大，其激振力随之增加，这样就破坏了共振所引起被测物振动幅值增大的"纯洁"性。解决的方法是在绘制共振曲线时将其纵坐标更改为 A/ω^2。这是因为更改前共振曲线的纵坐标为幅值：

$$A=F\sigma_{11}\mu_{d}=m\omega^2 r\delta_{11}\mu_{d} \tag{6-24}$$

则：

$$\frac{A}{\omega^2}=mr\delta_{11}\mu_{d}$$

这样即把振幅换算为在相同激振力作用下的振幅值。

（2）电磁式激振器

电磁式激振器的激振力随电流的正弦变化而变化。但此电流的最大正负值是不变的，被控制在一个带宽里，它不会像偏心式激振器那样，激振力随旋转频率平方的增大而一直增大。当电磁式激振器的电流正弦频率逐渐加大时，激振力并不随之不断加大，但振幅会大于最大激振力所引起的幅值。因而，它不需做处理，仍然被控制在这一带宽里。而共振所引起共振曲线纵坐标仍为幅值 A。

另外，实测时的频率通常为线频率 f，将 $\omega=2\pi f$ 代入式（6-21）中，可有：

$$\xi=\frac{f_2-f_1}{2f_0}=\frac{f_2-f_1}{f_1+f_2} \tag{6-25}$$

$$\beta=\pi(f_2-f_1) \tag{6-26}$$

6.4.2.3　振型求取

（1）各拾振器灵敏系数均相同

此时，可依实测波形在同一时刻量取每一层的振动幅值。例如，图 6-25 所示为第一振型的图形，图 6-26 所示为第二振型的图形。令某一层的幅值为 1，按此比例作图即可。从图中即可知其作图方法。

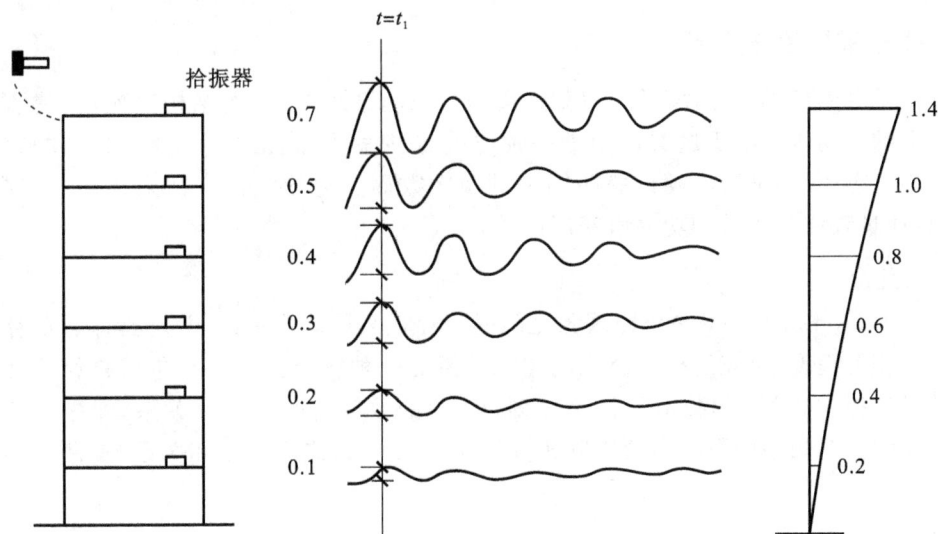

图 6-25　第一振型作图法（敲击法）

（2）各拾振器的灵敏系数各不相同

第一步：

$$a_i=\frac{A_{0B}}{A_{0i}}$$

式中　a_i——第 i 台拾振器的修正系数；

　　　A_{0B}——标定时自定的一台"标准"拾振器的幅值；

　　　A_{0i}——标定时第 i 台拾振器的幅值。

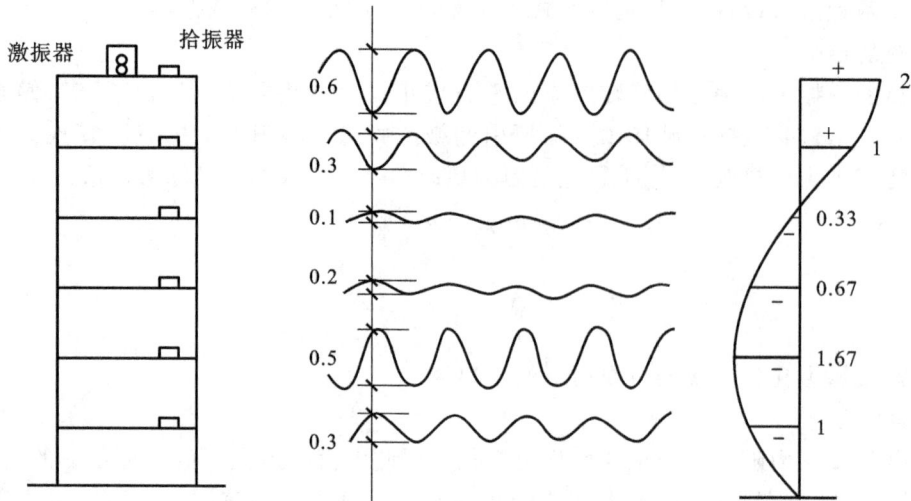

图 6-26 第二振型作图法（共振法）

第二步：

$$A'_i = a_i A_i$$

式中　A'_i——修正后的第 i 台拾振器的幅值；

　　　A_i——正式实测振型时第 i 台拾振器的实测幅值。

第三步：

$$X_i = \frac{A'_i}{A_{iB}}$$

（6-27）

式中　A'_i——自定的"标准"拾振器正式实测振型时的幅值；

　　　X_i——真实的该结构振型图各数值。

6.4.3　相关分析与频谱分析

在动力测试中常会遇到随机振动问题，例如地震荷载、风荷载作用下的结构物振动，建筑物在周围环境不规则干扰作用下的脉动等。由于这类振动是一种非确定性振动，故无法用确定的函数来描述。因而，假定这种随机过程为各态历经，采用不随试验时间和试验次数而变化的统计特征来描述。其中，通过相关分析得到相关函数，通过频谱分析得到功率谱密度函数。

6.4.3.1　相关分析

相关分析（correlation analysis）是研究现象之间是否存在某种依存关系，并对具体有依存关系的现象探讨其相关方向以及相关程度，研究随机变量之间相关关系的一种统计方法。它包括自相关和互相关。自相关函数描述了随机过程在时刻 t 的数值与另一时刻（$t+\tau$）的数值之间的依赖关系，即描述了随机过程在不同时刻之间的相关性。互相关函数表示两组随机数据 $x(t)$ 和 $y(t)$ 之间的依赖关系，是两个随机过程样本记录的联合特征之一。

（1）自相关函数

自相关函数和互相关函数都是建立在随机过程为各态历经的基础上。各态历经意味着随机过程时间平均代表总体平均。设 $x(t)$ 为各态历经随机过程的样本函数，则各态历经随机过程的自相关函数表示为：

$$R_x(\tau) = \lim_{T \to \infty} \frac{1}{T} \int_0^T x(t) x(t+\tau) \mathrm{d}\tau$$

（6-28）

式中　T——样本时间长度；

　　　τ——任意时间间隔（图 6-27）。

在工程中，可应用自相关函数分析判断振动信号是周期信号还是随机信号。当自相关函数 $R_x(\tau) \neq 0$ 时为周期性（或确定性）信号。而 $R_x(\tau) = 0$（$\tau \to \infty$）时，为随机信号。此外，若自相关曲线不随 τ 的增大而衰减,并趋近于均方值$\overline{x^2(t)}$,则表明随机信号中混有周期性信号,其频率等于$R_x(\tau)$曲线后部分的波动频率(图6-28),但在时域曲线中则很难看出。采用脉动法求结构自振特性时,还可对所实测的时域波形进行自相关分析,得出自相关曲线$R_x(\tau)$。曲线后部分的波动频率即为该结构的自振频率,并可由此波形求得该结构的阻尼参数。

（2）互相关函数

类似地,两个各态历经的随机过程的互相关函数表示为:

$$R_{xy}(\tau) = \lim_{T \to \infty} \frac{1}{T} \int_0^T x(t) y(t + \tau) \mathrm{d}\tau \tag{6-29}$$

式中　$y(t+\tau)$——另一个各态历经的随机过程样本(图6-29)。

互相关函数在实际工程中也有着很重要的应用。在结构振动问题中常要分析激励力与其响应之间的关系,房屋结构各层之间的振动反应及与基础振动之间的关系,利用互相关函数可确定两个随机信号之间的滞后时间峰值,确定信号传递效果明显的通道等。

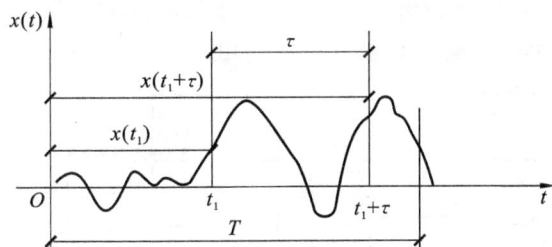

图6-27　自相关函数的计算

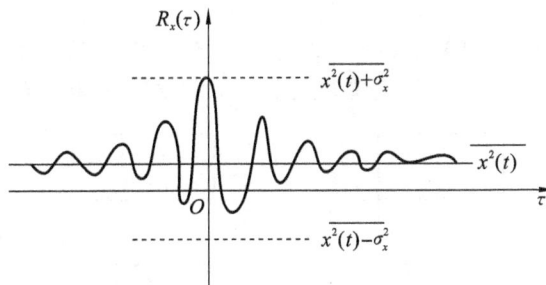

图6-28　自相关函数的性质

6.4.3.2　频谱分析

将时域信号变换至频域,研究振动的某个物理量(如幅值)与频率之间的关系,称为频谱分析。频谱分析的目的是把复杂的时间历程波形,经过傅立叶变换分解为若干单一的谐波分量来研究,以获得信号的频率结构以及各谐波和相位信息。例如,图6-30所示为铁路桥墩在列车单机通过时测得的振动位移波形,从实测的时域波形[图6-30(a)]中很难辨别出桥墩的固有频率,而从频谱分析[图6-30(b)]中则可看出三个主要高峰频率值。通过分析或其他振动实测资料即可综合分析确定出桥梁的固有频率。此外,在频谱分析中常采用功率谱。所谓功率谱,是指纵坐标的物理量(如幅值)的均方值与频率之间的关系图谱。功率谱可理解为强调了各频率成分对结构物影响的程度。它反映振动能量在各频率成分上的分布情况。频谱分析是直接对随机信号$x(t)$作傅氏积分变换:

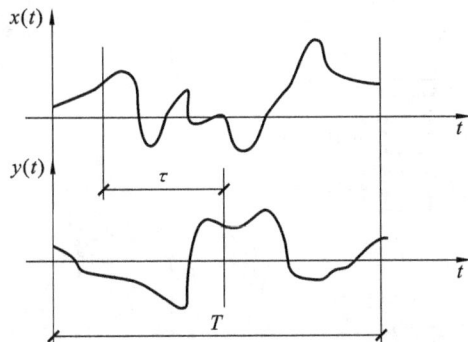

图6-29　互相关函数的计算

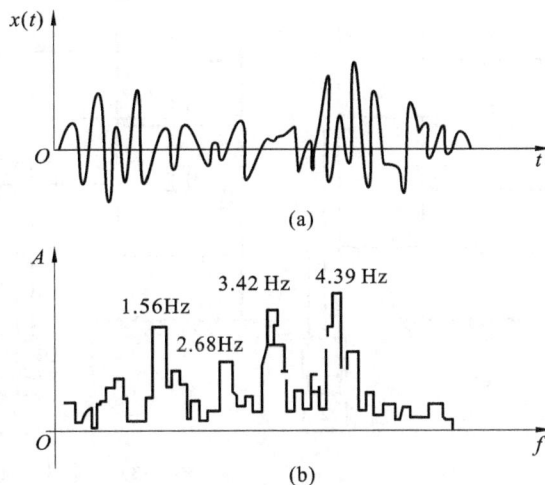

图6-30　列车单机通过桥墩位移波形

（a）桥墩时域振动图；（b）桥墩频域振动图

$$x(f) = \int_{-\infty}^{+\infty} x(t) \mathrm{e}^{-j\omega t} \mathrm{d}t \tag{6-30}$$

功率谱对相关函数作傅氏积分变换：

$$S(\omega) = \frac{1}{2\pi} \int_{-\infty}^{+\infty} R(\tau) \mathrm{e}^{-j\omega t} \mathrm{d}\tau \tag{6-31}$$

式中，$\omega = 2\pi f$。

要特别指出的是，功率谱是随机振动最好的频域描述。因为作频谱分析时，其随机信号 $x(t)$ 一定要绝对可积才能作傅氏积分变换。然而，对于平稳随机过程，随机信号 $x(t)$ 并不都是绝对可积的。为此，不可积的情形就不能实现频谱分析，即不能直接对随机信号 $x(t)$ 作傅氏积分变换而得到频谱图。而相关函数可满足绝对可积条件，则可实现对相关函数的傅氏积分变换来得到功率谱。目前，通常是用专门的仪器或专门的软件来对实测得到的随机信号进行相关分析和频谱分析。有了相关函数曲线和功率谱图，就可对随机信号进行快速分析。

【例 6-1】 实测某新村一栋六层框架结构住宅楼某单元的动力特性。实测内容包括：① 自振频率；② 第一振型；③ 空间振型。共采用三台磁电式拾振器进行脉动实测。其动态过程见图 6-31。

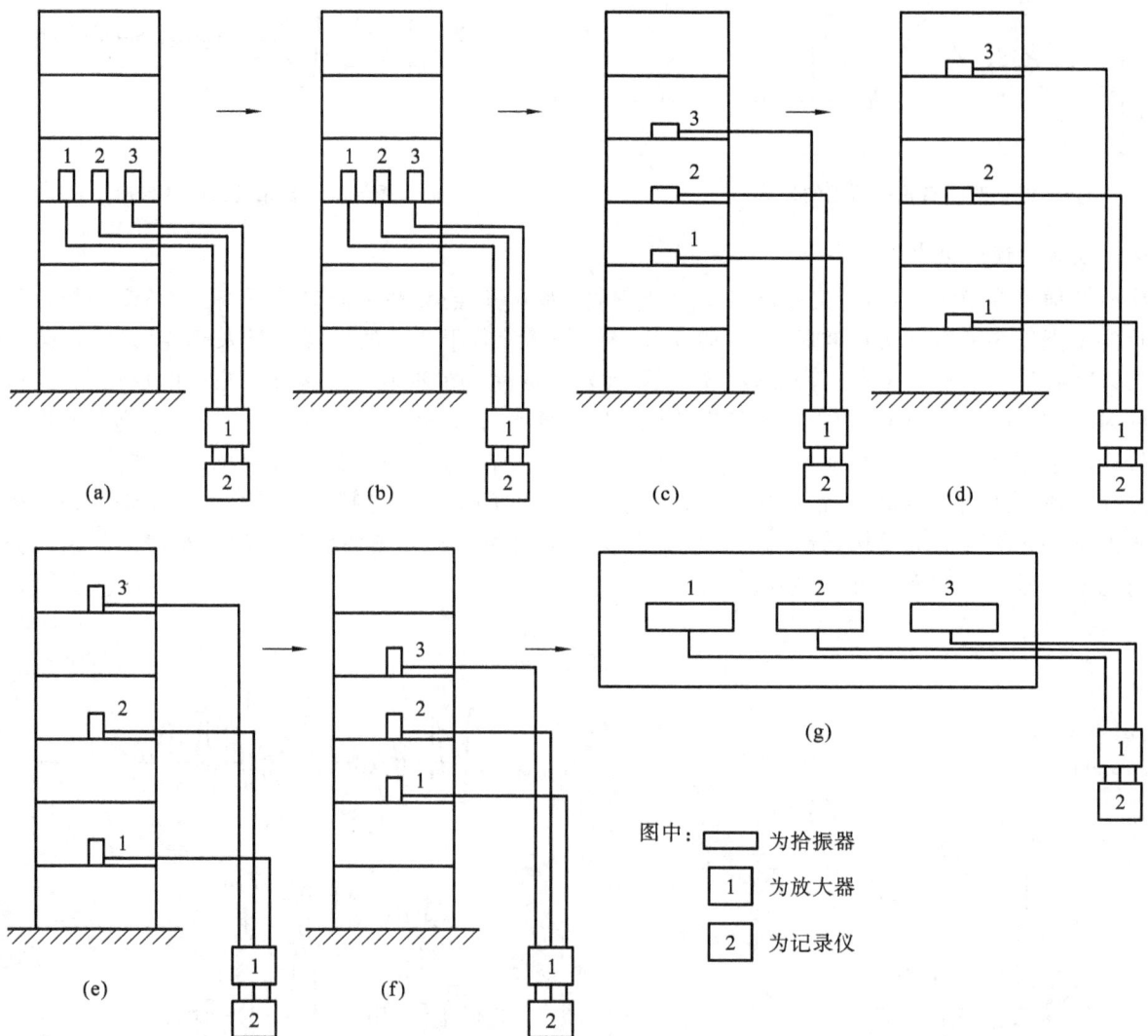

图 6-31 实测房屋自振特性动态过程

(a) 拾振器相对标定及实测横向自振频率；(b) 实测纵向自振频率；
(c),(d) 实测纵向振型；(e),(f) 实测横向振型；(g) 实测横向空间振型

（1）自振频率

自振频率实测结果见表 6-1。

表 6-1   自振频率实测结果

方向	记录长度	波数	时标	时标长度	频率	平均频率
	s/mm	N/个	t_0/s	s_0/mm	f/Hz	f/Hz
横向	15	5	1	10	3.33	
	15	5	1	10	3.33	3.33
	36*	12	1	10	3.33	
纵向	12	4	1	10.5	3.50	3.50

现以表 6-1 中带 * 的数据为例，其波形如图 6-32 所示。

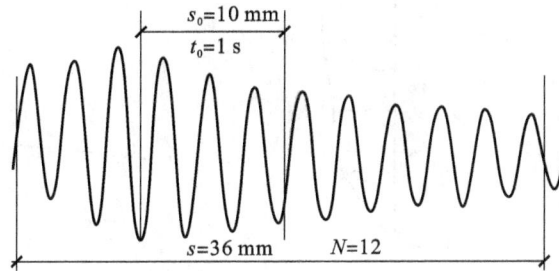

图 6-32   脉动法实测波形

带 * 数据的计算结果为：

$$f = \frac{N_{s_0}}{s t_0} = \frac{12 \times 10}{36 \times 1} \approx 3.33 \ (\text{Hz})$$

（2）第一振型

对拾振器进行标定（取 $2^{\#}$ 为标准拾振器），其标定记录见表 6-2；空间振型实测结果见表 6-3；第一横向和纵向振型分别见表 6-4 和表 6-5。

表 6-2   拾振器标定结果

拾振器编号	$1^{\#}$	$2^{\#}$	$3^{\#}$
记录幅值 A_{0i}	17	12	12.5
修正系数 α_i	0.71	1	0.96

表 6-3   空间振型实测结果

拾振器编号	$1^{\#}$	$2^{\#}$	$3^{\#}$
记录幅值	12	10.6	11.2
修正值	8.52	10.6	10.75
振型	0.8	1	1.01

表 6-4   横向振型实测结果

拾振器编号	$1^{\#}$	$2^{\#}$	$3^{\#}$	$1^{\#}$	$2^{\#}$	$3^{\#}$
楼层	3	4	5	2	4	6
记录幅值	9.8	9.3	11.5	7.1	8.8	13.6
修正值	6.96	9.3	11.04	5.04	8.8	13.1
振型	0.75	1	1.19	0.57	1	1.49

表 6-5 纵向振型实测结果

拾振器编号	1#	2#	3#	1#	2#	3#
楼层	3	4	5	2	4	6
记录幅值	8	7	7.6	7.5	7.8	10.5
修正值	5.68	7	7.3	5.33	7.8	10.1
振型	0.81	1	1.1	0.68	1	1.29

各振型图如图 6-33 所示。

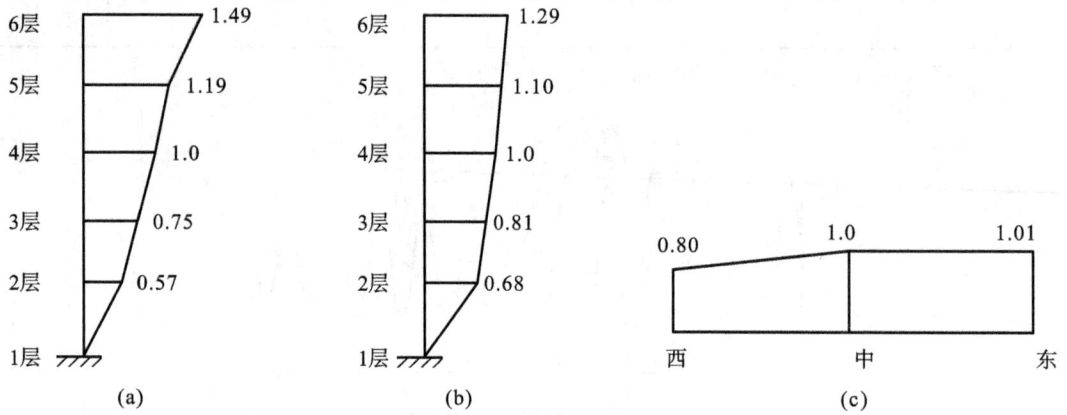

图 6-33 实测振型图

(a) 横向振型；(b) 纵向振型；(c) 空间振型

7 工程结构抗震试验

我国地处世界两大地震带——环太平洋地震带和亚欧地震带之间,基本烈度 6 度及以上地区的面积占全国面积的 94%。我国是多地震国家,地震给我国带来的灾难十分深重。1976 年唐山发生了 7.8 级地震,拥有百万人口的城市瞬间变成瓦砾,20 多万人被夺去了宝贵的生命,直接经济损失近 30 亿元。因此,工程结构的抗震研究是研究领域中一个十分重要的课题。

在长期抵御地震灾害中,人们认识到工程结构抗震试验是研究结构抗震性能的一个重要方面。为了保障人民生命财产的安全,全国许多院校和科研单位都在深入地进行抗震结构、抗震加固及地震破坏机理的试验研究。依据《建筑抗震试验规程》(JGJ/T 101—2015),结构抗震试验分为四类:拟静力试验、拟动力试验、模拟地震振动台动力试验、原型结构动力试验。另外,在现场进行的试验还有人工地震模拟试验和天然地震试验。

7.1 低周反复加载试验 >>>

拟静力试验适用于混凝土结构、钢结构、砌体结构、组合结构构件及节点的抗震基本性能试验,以及结构模型或原型在低周反复荷载作用下的抗震性能试验。它以一定的荷载或位移作为控制值对试件进行低周反复加载来模拟地震时结构的作用,并评定结构的抗震性能和能力,所以又被称为低周反复加载试验。试验的主要目的是研究结构在经受模拟地震作用的低周反复荷载作用后的力学性能和破坏机理。随着非线性地震反应分析理论的发展,目前特别注重研究结构或构件进入屈服以及在非线性阶段的相关特性。

拟静力试验本质上是利用静力加载的方式模拟地震对结构物的作用,其优点是可以随时停下来观测试件的开裂和破坏状态,并可根据试验的需要改变加载过程。其缺点是试验的加载过程是研究者主观确定的,与实际地震作用历程无关,不能反映实际地震作用时应变速率的影响。

7.1.1 加载制度

7.1.1.1 单向反复加载制度

根据试验目的的不同,常用的单向反复加载制度有三种,分别为位移控制加载、作用力控制加载以及作用力和位移的混合控制加载。

(1)位移控制加载

位移控制加载是目前结构低周反复荷载试验最为常用的加载制度。位移控制加载是在加载过程中以位移(包括线位移、角位移、曲率或应变等)作为控制值,按照一定的位移增幅进行循环加载。当试验对象具有明确的屈服点时,一般以屈服位移的倍数为控制值。当构件不具有明确的屈服点(如轴压比较大的柱)或无屈服点时(如无筋砌体),则由研究者主观制订一个恰当的位移值来控制试验加载。

根据位移控制幅值的不同,位移控制加载又可分为变幅加载、等幅加载和变幅等幅混合加载三种。

变幅加载如图 7-1 所示。这种加载制度多用于研究构件的恢复力特性并建立其恢复力模型。一般每一级位移幅值循环 2~3 次,由试验得到的滞回曲线可以得到构件的恢复力模型。

等幅加载法如图 7-2 所示。这种加载制度在整个加载试验过程中始终按照等幅位移施加荷载,主要用于确定构件在特定位移幅值下特定的性能,例如构件的极限滞回耗能、强度和刚度退化等。

混合加载法如图7-3所示,它将变幅、等幅两种加载制度结合起来运用。这样可以综合地研究构件的性能,其中包括等幅部分的强度和刚度变化,以及在变幅部分,特别是大变形增长情况下强度和耗能能力的变化。采用这种加载制度时,等幅部分的循环次数应依研究对象和要求的不同而异,一般可选3~6次。图7-4所示的加载制度也是一种混合加载制度。该加载制度在两种大幅值控制位移之间有几次小幅值位移循环。这是为了模拟构件承受二次地震作用,其中小循环加载用来模拟余震的作用。在上述三种控制位移的加载方案中,变幅等幅混合加载方案使用得最多。

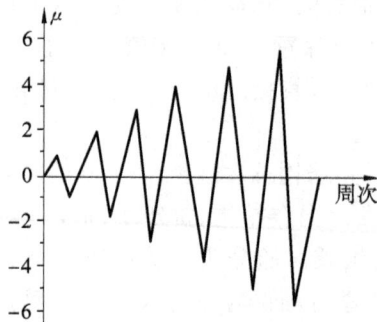

图 7-1 控制位移的变幅加载制度

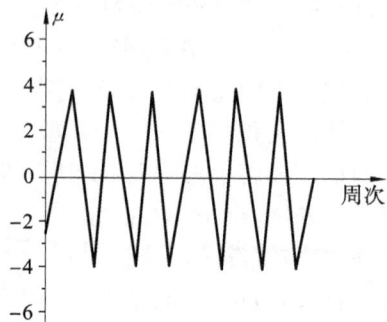

图 7-2 控制位移的等幅加载制度

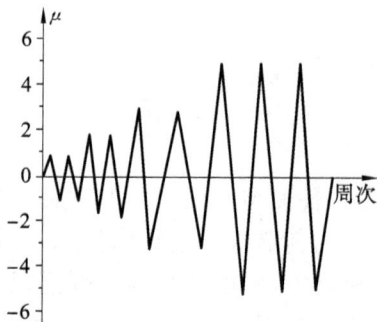

图 7-3 控制位移的变幅等幅混合加载制度

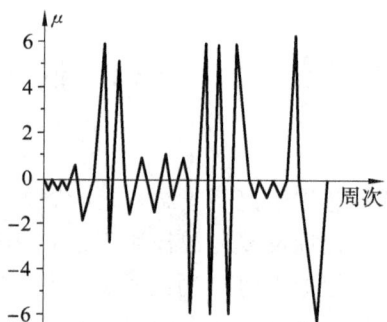

图 7-4 专门设计的变幅等幅混合加载制度

（2）作用力控制加载

作用力控制加载方法是以作用力作为控制值,按照一定的作用力幅值进行循环加载。它与位移控制加载方法不同:位移控制加载可以直观地根据试验对象屈服位移的倍数来研究结构的恢复特性,但这种加载方法在试验中很容易因为构件屈服后难以控制加载力而发生失控现象,所以在实际试验中这种加载方法较少单独使用。

（3）作用力和位移的混合控制加载

混合控制加载是在试验中先控制作用力后控制位移的加载方法。试件屈服前,由初始设定的控制力值开始加载,逐级增加控制力,接近开裂和屈服荷载时宜减小级差加载,一直加到试件屈服。试件屈服后再用位移控制加载。采用位移控制加载时,标准位移值应为屈服时试件的最大位移值,并以该位移值的倍数为级差进行控制加载,直到结构破坏。

7.1.1.2 双向反复加载制度

为了研究地震作用对结构构件的空间组合效应,克服结构构件在采用单向(平面内)加载时不考虑另一方向(平面外)地震作用对结构的影响而造成的局限性,可在 X、Y 两个主轴方向(二维)同时施加低周反复荷载。例如,对于框架柱或压杆的空间受力情况以及框架梁柱节点在两个主轴方向所在平面内采用梁端加载方案施加反复荷载时,均可采用双向同步或非同步的加载制度。

（1）X、Y 轴双向同步加载

双向同步加载与单向反复加载制度相同,在低周反复荷载与构件截面主轴成 α 角的方向进行斜向加载,

使 X、Y 两个主轴方向的荷载分量同步作用。同样,双向同步加载也可以采用位移控制、作用力控制或作用力及位移混合控制的加载方法。

(2) X、Y 轴双向非同步加载

双向非同步加载是在构件截面的 X、Y 两主轴方向分别施加低周反复荷载。由于 X、Y 两个方向可以不同步地先后或交替加载,因此它可以有如图 7-5 所示的各种变化方案。图 7-5(a)所示为在 X 轴方向不施加荷载,Y 轴方向施加反复荷载。如果情况相反,就是前述的单向加载;图 7-5(b)所示为在 X 轴方向施加一定荷载后保持恒载,而 Y 轴方向施加反复荷载;图 7-5(c)所示为在 X、Y 轴方向先后施加反复荷载;图 7-5(d)所示为在 X、Y 两轴方向交替施加反复荷载。此外,还有图 7-5(e)所示的 8 字形加载及图 7-5(f)所示的方形加载。

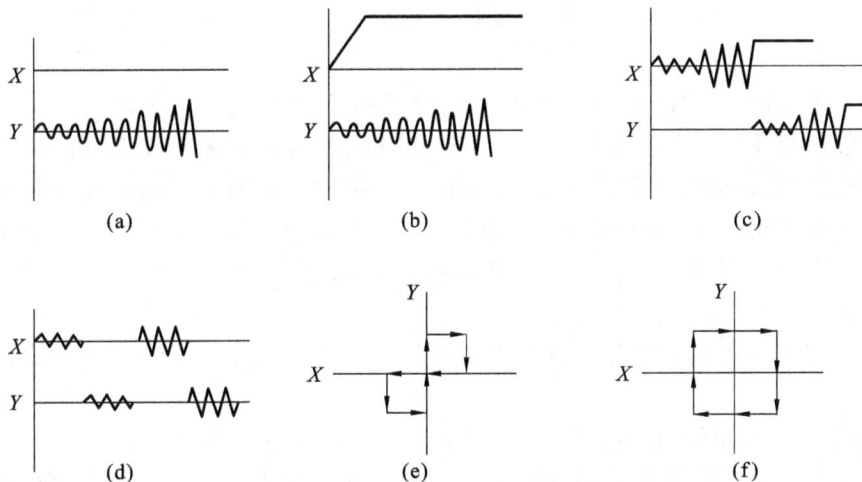

图 7-5 双向低周反复加载制度

7.1.2 试验加载设计

7.1.2.1 墙体试验加载设计

砖、石及砌块结构的房屋是我国目前民用建筑中的一种常见结构形式。砖、石或砌块墙体作为承受地震荷载的主要构件,常常首先遭受地震力作用而破坏,并导致整栋建筑物的倒塌。震害调查表明,其抗震性能较差。为研究探讨砖、石及砌块结构房屋的破坏机理、抗震设计计算方法以及增强其抗震性能的措施,一般需通过低周反复加载试验测定墙体的抗侧向力强度和变形等有关数据,描绘结构的滞回特性曲线。

(1) 试件和边界条件的模拟

如果用墙体试件模拟横墙工作,可以采用带翼缘或不带翼缘的单层单片墙,也可以采用双层单片墙或开洞墙体的砌体试件。而模拟纵墙时,则可按计算单元,根据门窗孔洞分布情况,采用有两个或一个窗间墙的双肢或单肢窗间墙试件。

试验装置满足边界条件的模拟是为了在试验中再现地震力作用下墙体经常出现的斜裂缝或交叉斜裂缝的破坏现象。而为了满足试件受力的边界条件,进行试验装置设计时必须考虑以下条件:

① 试验装置应尽可能模拟水平地震作用下墙体的受力状态。

② 试验装置的墙体试件底部应满足固定边界条件,顶部能实现平移边界条件。对于高宽比较小的墙体,顶部也可采用自由边界条件。

(2) 试验装置和加载设计

在墙体试件低周反复加载试验中,常用的试验装置主要有下列几种。

① 竖向均布加载的悬臂式试验装置。

如图 7-6 所示,墙体试件通过下端底梁锚固在试验台座上,模拟上层结构竖向荷载的加载器通过墙体顶

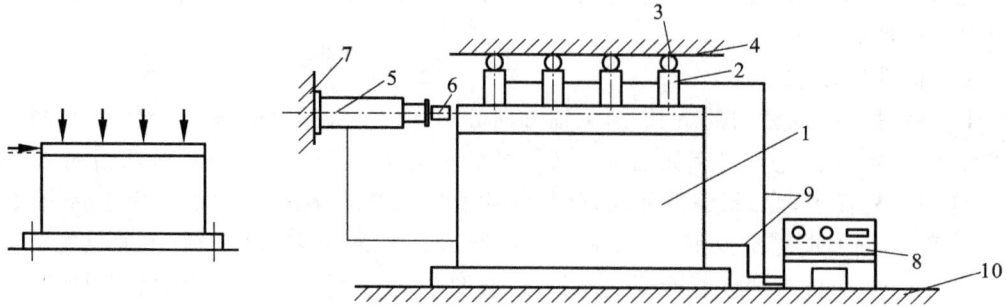

图 7-6　竖向均布加载的悬臂式试验装置

1—试件；2—竖向荷载加载器；3—滚轴；4—竖向荷载支撑器；5—水平双作用加载器；

6—荷载传感器；7—水平荷载支撑架；8—液压加载控制台；9—输油管；10—试验台座

部的压梁施加垂直荷载，用水平方向的加载器模拟地震作用的低周反复水平荷载。

试验装置中的竖向荷载是几个加载器或通过分配梁对试件施加的集中或均布荷载。各个加载器之间由高压油管串联，采用单油泵提供竖向荷载所需要的油压，在试验过程中应保持竖向荷载恒定不变。在加载器顶部装有特制的滚轴或滑板，当墙体受水平荷载作用而产生水平位移时，可以保证试件具有可平移滑动的边界条件，不致由于竖向荷载的作用而对试件的水平位移产生约束。

水平加载可以通过以下几种方式来实现：

a. 使用出力较大的低频电液伺服作动器作为加载器，它可以实现低频、大位移、双向加载。这种方式比较理想。

b. 使用普通双作用千斤顶作为加载器。这种方式也能满足反复加载的要求。

c. 使用两台单作用千斤顶作为加载器安装在试件两侧，通过油路中的换向阀交替地对墙体施加水平推力。或使用水平反力架将两台千斤顶通过水平拉杆与墙体上部的压梁连接，从而可以对墙体交替施加往复水平荷载。

采用悬臂式试验装置时，试件的高宽比要有限制，一般不宜大于 1：3。这是由于采用悬臂式试验装置施加水平荷载时，墙体将承受一定的弯矩。当高宽比较大时，墙体在试验过程中可能由于受弯矩作用而产生水平裂缝，最终导致发生弯剪型破坏，使墙体滑移位移增大。该试验装置的工作过程比较接近于房屋顶层墙体的工作情况。而房屋其他楼层的墙体，比如底层的墙体，在实际工作情况下墙顶还受到弯矩作用。在采用竖向加载的悬臂式装置时，要求墙顶作用的是非均布竖向荷载，以模拟墙顶的弯矩效应。如果要求竖向荷载呈周期性大小变换，则荷载控制系统就比较复杂。目前，实现这种加载模式的比较简单易行的方法是采用图 7-7 所示的装置，试验装置通过墙顶刚性的 L 形横梁对墙体顶部施加弯矩。另一种常采用的试验方法就是制作多层墙体试件，并增大墙体高宽比来满足弯剪型试验所要求的试验条件。

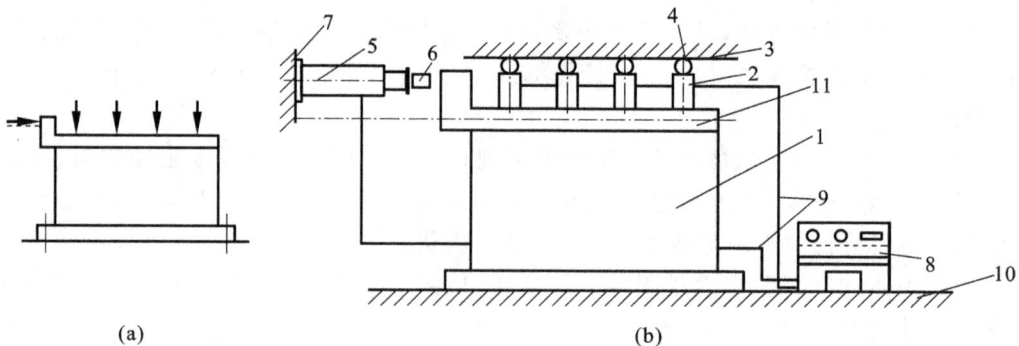

(a)　　　　　(b)

图 7-7　模拟墙顶弯矩的试验装置

1—试件；2—竖向荷载加载器；3—竖向荷载支撑架；4—滚轴；5—水平双作用加载器；6—荷载传感器；

7—水平荷载支撑架；8—液压加载控制台；9—输油管；10—试验台座；11—刚性 L 形钢梁

② 固端平移式试验装置。

如图 7-8 所示,这种试验装置是为了模拟墙体的实际受力情况与边界条件,在试验中满足只允许墙体顶部产生水平位移而不产生转动的条件而设计的一种专门的试验加载装置。这种装置最先由日本建设省建筑研究所设计并使用,所以现在也常常称作日本建研式试验装置。该装置主要有以下几个组成部分:基础平台(或抗弯大梁)和抗侧力支架(或反力墙),竖向荷载支撑架,L 形钢架及四联杆机构,竖向荷载加载器、滚轴及静载稳压装置,大行程水平拉压双作用加载器。

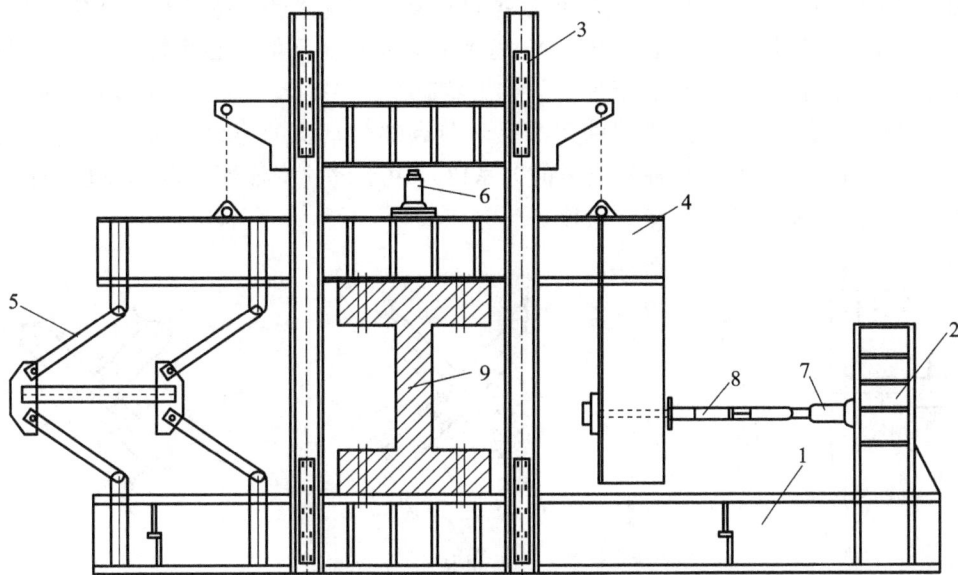

图 7-8　固端平移式试验装置
1—抗弯大梁;2—抗侧力支架;3—竖向荷载支撑架;4—L 形钢架;5—四联杆机构;
6—竖向荷载加载器;7—大行程水平拉压双作用加载器;8—荷载传感器;9—试件

试件安装就位后,在墙体的上、下两端分别用螺栓与 L 形钢架的横梁及台座大梁紧固连接,竖向加载器通过 L 形钢架的横梁对墙体施加竖向荷载。这样可以保证墙体在水平荷载作用下产生位移的过程中,竖向荷载的大小和作用点位置不变。同时,竖向荷载也不应影响墙体在水平荷载作用下所产生的水平位移。试验时,竖向荷载应一次加到试验设计的控制数值,加载器的数量和荷载的大小应根据砌体截面及竖向控制应力的大小设计确定。在整个试验过程中,利用加载稳压装置保持竖向荷载数值的恒定不变。

试验在弹性阶段即砌体开裂以前采用荷载控制。荷载的分级应该小些,以及时发现墙体开裂并确定墙体的开裂荷载,通常取其为计算极限荷载的 1/10~1/5。试验时逐级增加荷载直至开裂,墙体开裂后则按位移控制。由于砖、石及砌块墙体没有明显的屈服点,故标准位移可由研究人员按研究要求自行确定,也可以开裂位移作为控制参数。此后,按照标准位移值的倍数逐级加载,直至试件达到预定破坏状态。

在进行低周反复加载试验时,每级试验荷载的反复循环次数取决于研究目的。一般在墙体开裂前,试件变形曲线基本上是一直线,每级荷载一般施加 1~3 次即可。试件开裂后,墙体产生一定的塑性变形和摩擦变形。一般情况下每级荷载反复试验 2~3 次。有的研究人员认为,砖、石及砌体结构属于脆性结构,第一次反复加载后即已经反映了试件的变形性能,位移控制加载阶段与作用力控制加载阶段一样,每级荷载只需施加一次,直至试件达到预定破坏状态。按位移控制加载时,试验应进行到骨架曲线出现下降段。水平试验荷载至少应施加到荷载值下降为极限荷载值的 85% 时方可停止试验。

固端平移式试验装置能使试件处于最接近多层砖、石结构房屋中墙体地震作用时的受力状态。然而,这种装置的结构比较复杂,要求 L 形钢架具有较大刚度,且四联杆机构的杆件尺寸较大,铰接机构构造精密。如若不能满足上述要求,则不能保证 L 形钢架的横梁在试验中往复水平移动。

7.1.2.2　钢筋混凝土框架节点加载设计

经震害调查发现,多层钢筋混凝土框架的破坏部位大多在柱子和节点区,并且节点区的修复比较困难。

因此,对于结构抗震来讲,节点抗震性能的研究比一般结构更加具有意义。为了研究钢筋混凝土框架结构的抗震性能,常采用对钢筋混凝土框架结构梁柱节点即梁端、柱端与核心区的组合体施加低周反复静力荷载的试验方法。

(1) 试件和边界条件的模拟

钢筋混凝土框架节点的试件,可取框架在侧向荷载作用下节点相邻梁柱反弯点之间的组合体,通常采用十字形试件,也可采用 X 形试件。图 7-9(a)所示为十字形试件。在柱上施加轴力 N,同时按地震作用时框架的应力情况施加 P_1 和 P_2。如此,轴力 N 可根据试验要求任意变化,易于获得所需要的 N 与 M 的比值。图 7-9(b)、(c)所示为 X 形试件。图 7-9(b)中,将加载方向相对框架中心线转动 θ 角,使轴力 N 与弯矩 M 成比例,弯矩小,轴力也小,不能得到恒定轴力的应力状态。图 7-9(c)中,X 形试件加载时不承受轴力,节点部分的应力仅由弯矩和剪力产生,此时试件无法反映节点部分真实的应力状态。因此,为了使试件再现实际结构的应力状态,有关试件尺寸与各种应力的关系以及由于试件变形所引起的支座横向位移等有关问题,都必须认真考虑并对试验条件进行专门设计。

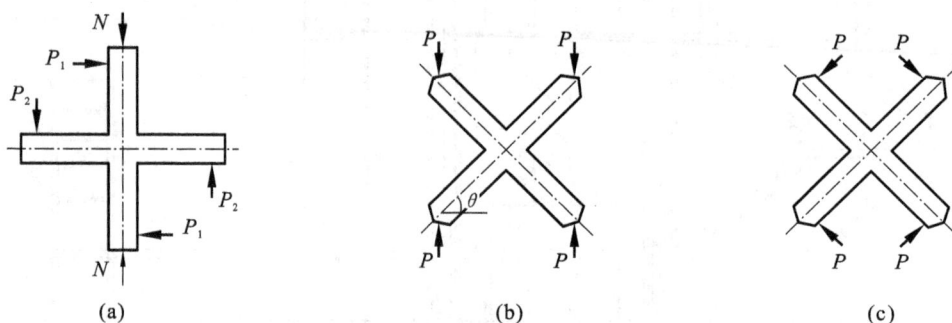

图 7-9　框架梁柱节点组合体的试件形式

由于框架是超静定结构,因此在对梁柱节点组合体试件进行设计以及选取试验加载装置时,边界条件的模拟尤其需要注意。在实际框架结构中,横向荷载作用时,节点上端柱反弯点可视为可水平移动的铰。相对于上端柱反弯点,下端柱反弯点则可视为固定铰,而节点两侧梁的反弯点均为可水平移动的铰,详细情况可参考试验荷载图式选择与设计的有关资料。在实际试验中,为了使加载装置简便,往往采用梁端施加反向对称荷载的方案,这时的节点边界条件是上、下柱反弯点均为不动铰,梁两侧反弯点则为自由端。以上两种方案的主要差别在于后者忽略了柱子的荷载位移效应,因此对于必须考虑荷载位移效应的试验,如主要以柱端塑性铰为研究对象的试验,则应该采用柱端加载的方案。对于以梁端塑性铰或核心区为主要研究对象的试验,可采用梁端反对称加载方案。当试验是为了了解节点初始设计应力状态或者极限应力状态下的性能等问题时,则采用较为简单的 X 形试件,但是 X 形试件难以模拟边界条件。

为了真实反映钢筋混凝土的材料特性,试件尺寸一般不应小于实际构件的 1/2。然而,试验结果表明,在研究节点构造时,即使 1/2 比例的试件也难以完全模拟足尺构件的构造效果。因此,对于系统性试验研究,必须在小尺寸构件试验的基础上进行一定数量的足尺试件试验,以便对试验结论加以验证及补充。而对于检验性试验或预制装配节点试验,应采用足尺试件,并保证配筋构造符合或接近实际情况。值得注意的是,十字形试件在试验时应避免因梁首先发生剪切破坏而影响预期效果的取得。

(2) 试验装置

① 梁柱节点梁端加载试验装置。

试验时,梁柱节点试件安装在荷载支撑架内,柱的上、下端都安装有铰支座,柱顶自由端通过液压加载器施加恒定的轴向荷载。梁的两端用四个液压加载器施加反向对称的低周反复荷载,由液压控制系统控制,同步加载。梁端反向对称加载将在柱顶产生水平推力,为了获取水平推力,在上柱自由端与反力架之间设置球铰装置,并通过测力传感器进行测量,如图 7-10 所示。

② 梁柱节点有侧移柱端加载试验装置。

通过采用专门设置的几何可变框式试验架,可以真实反映钢筋混凝土框架节点受地震作用时的实际受力特点,试验装置如图7-11所示。试验架周边框架和立柱由槽钢焊接而成,梁柱间用轴承连接成为几何可变的框架体系,框架周边相隔一定距离预留孔洞,框架和立柱上、下、左、右相对调整连接距离,可以适应不同高度(包括上、下柱反弯点不同)和宽度试件试验的需要。

　　试件柱端和梁端的预留孔利用钢制销栓分别与框架横梁和立柱相应位置的圆孔进行连接,形成铰接支承,完成安装固定,再将整个试验装置用地脚螺栓固定在试验台座上。试件上端柱顶安装施加竖向荷载的液压加载器,同时利用拉杆将反力横梁连接到框架上部的横梁上,以形成自平衡体系。

　　试验时,固定在反力架上的水平双作用液压加载器对框架顶端施加低周反复水平荷载。几何可变的框架体系即带动安装在框架内的试件一起变形,并形成如图7-11(b)所示的柱顶受载有侧移的边界条件,以模拟试件实际受力图式的要求。

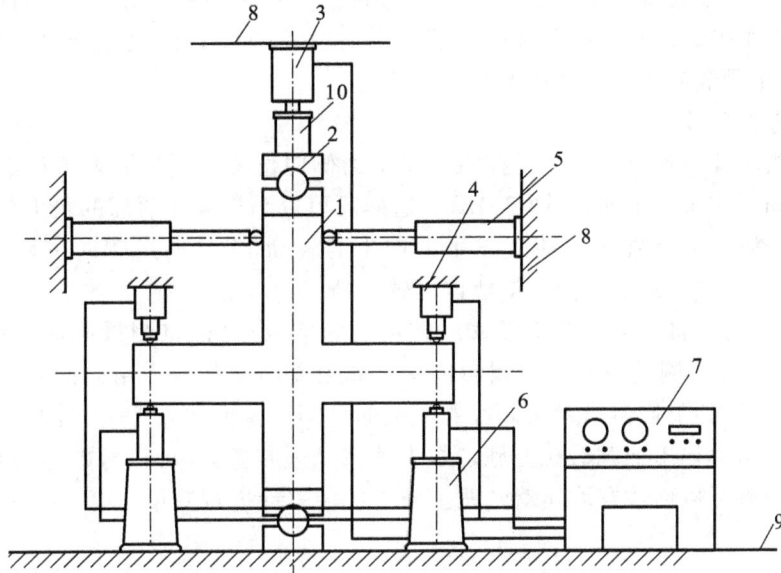

图7-10　梁柱节点梁端加载试验装置

1—试件;2—柱顶球铰;3—柱端竖向加载器;4—梁端加载器;5—柱端侧向支撑;6—支座;
7—液压加载控制器;8—荷载支撑架;9—试验台座;10—荷载传感器

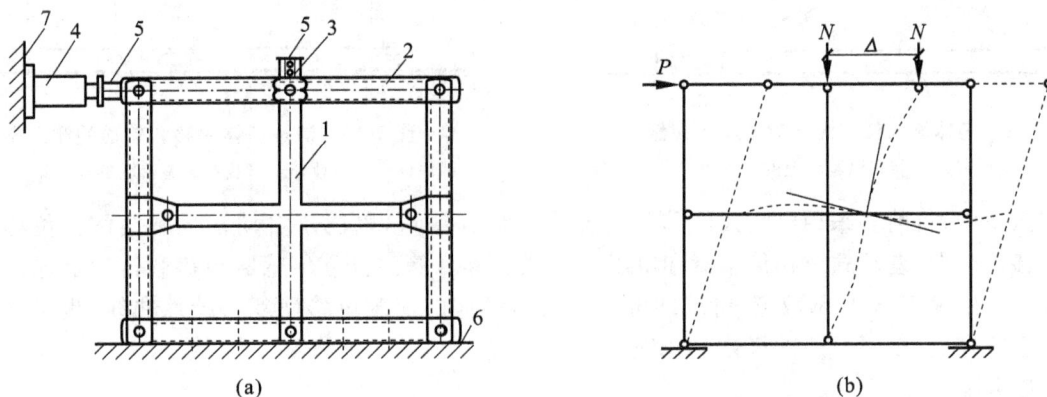

图7-11　梁柱节点有侧移柱端加载试验装置

1—试件;2—几何可变框式试验架;3—竖向荷载加载器;4—水平荷载加载器;
5—荷载传感器;6—试验台座;7—水平荷载支撑架或反力墙

7.1.3　试验的观测设计

7.1.3.1　墙体试验观测设计

砖、石及砌块墙体抗震试验的观测项目有裂缝、开裂荷载、破坏荷载、墙体位移、应变及荷载-位移曲线等。

（1）裂缝

裂缝是砖、石及砌块墙体试验中的一个主要观测项目。试验要求观测墙体初始裂缝的位置、裂缝发展的过程和试件最终破坏时裂缝的形式。

试验中，裂缝大多采用肉眼观察或借助放大镜进行观察。由于砖、石及砌块墙体材质的不均匀性，实际上裂缝往往在肉眼能观测到之前就已经出现了。试验中也可以采用应变突变的方法检测试件的最大应力区或试件开裂的位置。除此之外，在预计开裂的破坏区域涂以石灰水、石蜡或脆漆，也有助于及时、准确地检测裂缝的出现以及初裂的位置。

（2）开裂荷载和破坏荷载

开裂荷载是墙体试验中的一个主要观测项目。开裂荷载一般由水平加载器上的荷载传感器输出显示或由 X-Y 函数记录仪荷载-变形曲线上的转折点发现并确定。试验荷载分级越细，测得的开裂荷载值越准确。破坏荷载也可以由水平加载器上的荷载传感器输出显示或由 X-Y 函数记录仪荷载轴上的最大示值来确定，但此时必须同时记录竖向荷载加载器的荷载数值。

（3）墙体位移和荷载变形曲线

墙体位移主要是指墙体在低周反复水平荷载作用下的侧向位移。测量墙体位移时，可以沿墙体高度在其中心线位置上均匀间隔布置 5 个测点（图 7-12）。这样既可以测量墙体顶部的最大位移，又可以测量墙体的侧向位移曲线。为了测量墙体在水平荷载作用下产生的转动，经常通过侧向位移计消除墙体的平移影响，并布置相应测点（图 7-12 中的 ϕ_6、ϕ_7）测量墙体的转动情况。

在测量墙体变形时，为了自动消除墙体平移或转动的影响，也可以将测量侧向位移的仪表直接固定在墙体试件的底梁上（图 7-13），测量中断面的侧向位移。如果要消除荷载作用的偏心影响，可在墙体前后对称布置测点，利用两侧变形的平均值消除墙体可能产生的平面外弯曲或扭曲带来的误差。这种布点方式尤其适用于在墙体两侧采用单作用加载器往复施加水平荷载试验装置，并可以有效避免加载和量测工作的相互干扰。墙体的剪切变形可以通过在墙体对角线上布置的位移计进行测量。

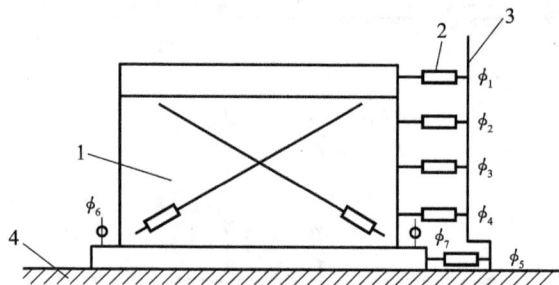

图 7-12　墙体侧向位移测量时的测点布置
1—试件；2—位移计；3—安装在试验台上的仪表架；4—试验台座

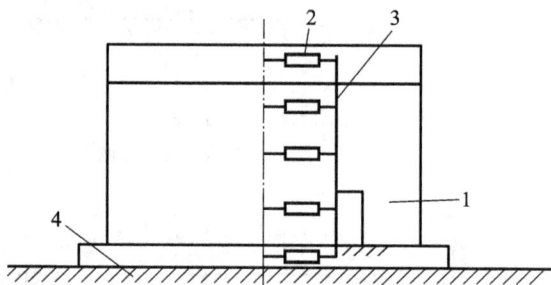

图 7-13　消除墙体平移和转动的测点布置
1—试件；2—位移计；3—安装在试验台上的仪表架；4—试验台座

在墙体试验中，目前多采用电测式位移传感器进行位移测量，以便于自动记录和绘图。位移计可以采用应变式位移传感器、差动式位移传感器和电阻式滑线位移计等。位移传感器与荷载传感器输出的信号经放大器放大后分别输入 X-Y 函数记录仪，即可自动绘出墙体的荷载位移恢复力特性曲线，也可将信号输入数据采集仪进行存储，以便后期进行数据处理。

（4）应变测量

应变测量对于分析墙体破坏机理而言是一个重要内容。为了量测墙体的剪切变形和主拉应力，测量应变时均应布置成三向应变测点。由于墙体材料性质的不均匀性，测量特定部位的平均应变时，测点要有较大的量测标距，有时甚至需要跨越砖块和灰缝进行应变测量。所以测量时较多采用电子引伸仪或长标距的电阻应变计，但其测量结果往往离散性大，规律性较差。对于有构造柱或钢筋网抹灰加固的墙体，则可将电阻应变计直接粘贴在混凝土或砂浆表面以及钢筋上进行量测。

7.1.3.2　框架节点试验观测设计

框架节点试验观测内容可根据试验目的确定。一般要求量测的项目有：荷载及支座反力、荷载-变形曲线、变形(主要有梁端和柱端位移、梁或柱塑性铰区曲率或截面转角、节点核心区剪切角)、钢筋应力(包括梁、柱交界处梁、柱纵筋应力,梁、柱塑性铰区或核心区箍筋应力)、钢筋的滑移(主要是梁或柱纵向钢筋通过核心区段的锚固滑移)、裂缝等。图 7-14 所示为测点布置示意图。

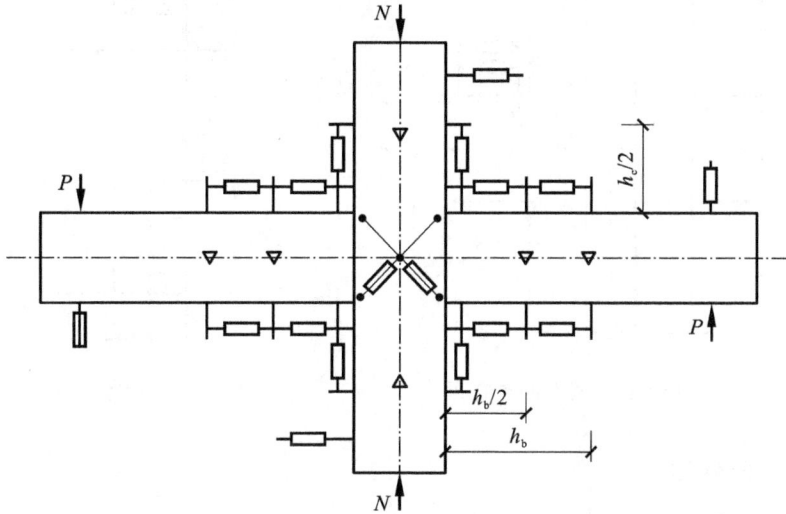

图 7-14 框架梁柱节点试件的测点布置

(1)荷载及支座反力

其可以通过测力传感器测定。对于在梁端加载的试验,需要测量柱端水平反力;反之,如采用柱端加载的方案,则必须测量梁端的支座反力。

(2)荷载-变形曲线

其主要采用电子位移传感器测量。利用 X-Y 函数记录仪记录整个试验荷载-变形曲线或接入计算机数据采集系统进行数据记录。试验要求位移传感器具有足够的精度和满足要求的量程,以保证构件进入非线性阶段量测大变形的要求。

(3)梁和柱端位移

其主要量测加载截面处的位移,在位移控制加载阶段以此控制加载程序。

(4)塑性铰区段曲率或转角

对于梁,测点一般可布置在距柱面 h_b(梁高)/2 或 h_b 处;对于柱,则可在距梁面 h_c(柱宽)/2 塑性铰处布置测点。

(5)节点核心区剪切角

可通过量测核心区对角线的位移量后经计算确定。

(6)梁、柱纵筋应力

一般采用电阻应变计量测,测点布置以梁柱相交截面为主。试验中,为了测定塑性铰区段的长度或钢筋锚固应力,可根据试验要求沿纵向钢筋布置较多的测点。对于预制装配节点,由于钢筋焊接等因素的影响,而无法在梁、柱交界处布置钢筋应变测点时,则可将测点位置适当外移。

(7)梁内纵筋在核心区的滑移量 Δ

如图 7-15 所示,可以通过量测靠近柱面处梁主筋上 B 点相对于柱面混凝土 C 点之间的位移 Δ_1,以及 B 点相对于柱面处钢筋上 A 点之间的位移 Δ_2,利用下式计算得到。

$$\Delta = \Delta_1 - \Delta_2 \tag{7-1}$$

(8)节点核心区箍筋应力

测点可沿核心区对角线方向布置,这样一般可测得箍筋最大应力值;如果测点沿柱的轴线方向布置,则可测得沿轴线方向垂直截面上的箍筋应力分布规律,如图 7-16 所示。

(9)裂缝

要对裂缝开展情况进行记录与描绘。

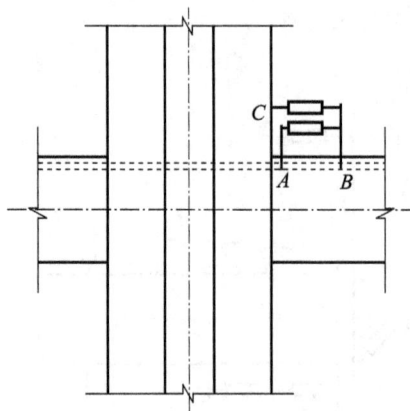

图 7-15 钢筋滑移测点布置

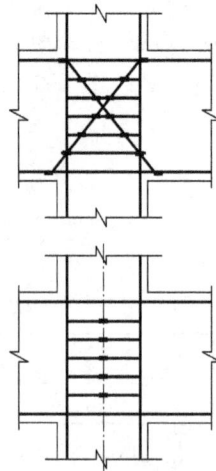

图 7-16 箍筋测点布置

7.1.4 试验的数据整理

低周反复加载试验可获得结构的荷载-变形滞回曲线以及相关参数,它们是研究结构抗震性能的基础数据。进行结构抗震性能的评定时常常需要上述数据,也可从结构的强度、刚度、延性、退化率及能量耗散等方面进行综合分析。

7.1.4.1 骨架曲线

在低周反复加载试验所获得的荷载-变形滞回曲线中,取每一级荷载第一次循环的峰点(卸载顶点),所连接的包络线称作骨架曲线,如图 7-17 所示。在研究非线性地震反应时,骨架曲线是每次循环的荷载-变形曲线到达最大峰点的轨迹,并反映了试件的抗裂度、承载力及延性等特征。从图上可以发现,骨架曲线的形状大体上和单次加载曲线相似,但极限荷载略有降低。

7.1.4.2 强度

如图 7-18 所示,低周反复加载试验中各阶段强度指标包括以下四种:① 开裂荷载,指试件出现水平裂缝、垂直裂缝或斜裂缝时的截面内力(M_f、N_f、V_f)或应力(σ_f、τ_f)值;② 屈服荷载,指试件刚度开始明显变化时的截面内力(M_y、N_y、V_y)或应力(σ_y、τ_y)值;③ 极限荷载,指试件达到最大承载能力时的截面内力(M_{max}、N_{max}、V_{max})或应力(σ_{max}、τ_{max})值;④ 破损荷载,指试件达到极限荷载后出现较大的变形,但仍有可能修复时对应的截面内力(M_u、N_u、V_u)或应力(σ_u、τ_u)值。一般宜取极限荷载下降 15% 时所对应的荷载为破损荷载。

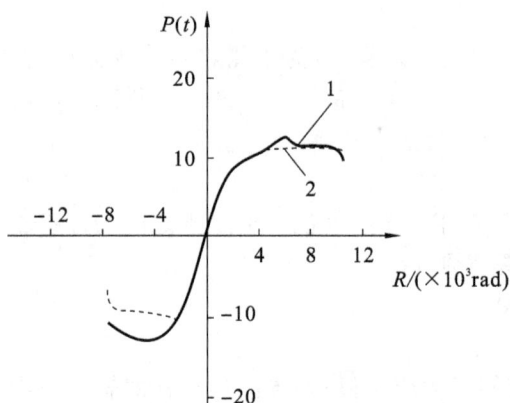

图 7-17 结构骨架曲线

1——次加载;2——反复加载

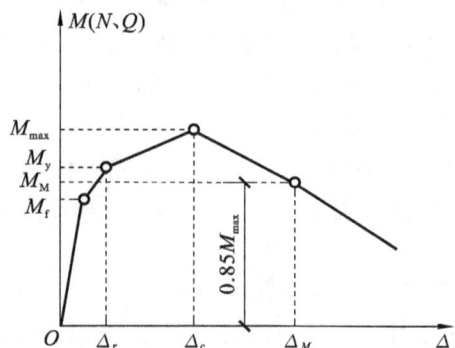

图 7-18 结构各阶段强度指标

对于有明显屈服点的试件,试验时,当试验荷载达到屈服荷载后,构件的刚度将出现明显的变化,构件的荷载-变形曲线出现明显的拐点,屈服强度可由拐点来确定。

如果没有明显的屈服点,如图 7-19 所示,则 M_y 和 Δ_y 的坐标就很难确定。在非线性计算中,可以采用内力-变形曲线的能量等效面积法近似确定折算屈服强度。具体做法是:从曲线原点作切线 OH 与通过最大荷载点 G 的水平线相交于 H 点,过点 H 作垂线,与 M-Δ 曲线交于点 I,连接 OI 并延长后与 HG 相交于 H' 点,过 H' 作垂线,与 M-Δ 曲线相交于 B 点,B 点即为假定的屈服点,由此确定 M_y 和 Δ_y。

7.1.4.3 刚度

从试验得到的 P-Δ 曲线中可以看到,刚度和位移、反复次数都有一定关系,在加载过程中刚度为变值。为了便于进行地震反应分析,常用割线刚度替代切线刚度。在非线性恢复力特性中,由于加载、卸载、反向加载及卸载以及重复加载等情况的存在,再加上有刚度退化现象等,实际情况要比一次加载复杂得多。如图 7-20 所示,刚度指标包括下面几种。

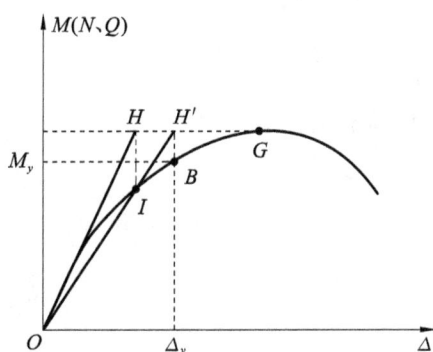

图 7-19 用能量等效面积法近似确定折算屈服强度   图 7-20 结构反复加载各阶段的刚性变化

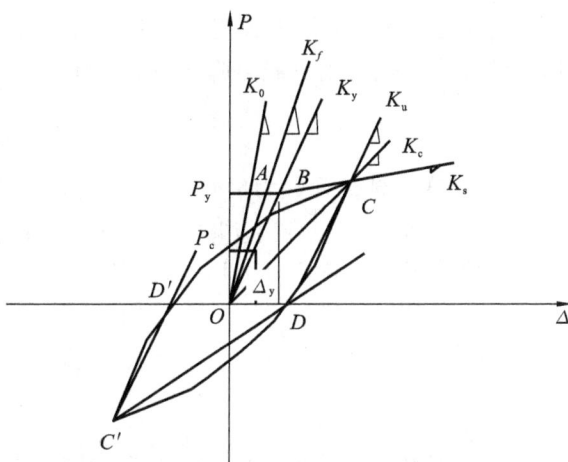

(1) 初次加载刚度

初次加载的 P-Δ 曲线有一切线刚度 K_0,可用来计算结构自振周期。继续加载到 A 点,结构发生了开裂,对应的开裂荷载为 P_c,连接 OA,开裂刚度 K_f 为 OA 的斜率;待加载到达 B 点,结构屈服,则屈服荷载为 P_y,屈服刚度 K_y 为 OB 线的斜率。C 点为受压区混凝土压碎剥落点,连接 BC 可得屈服后刚度 K_s。

(2) 卸载刚度

卸载刚度 K_u 为 C、D 两点连线的斜率。通过研究大量的滞回曲线变化规律发现,卸载刚度一般和开裂刚度或屈服刚度接近,它随构件受力特性和本身构造的不同而变化。

(3) 反向加载、卸载刚度和重复加载刚度

从 D 点到 C' 点反向加载时,刚度受到许多因素的影响,如试件开裂后受压引起裂缝的闭合,钢材的包辛格效应等,并且试件刚度随循环次数的增加不断降低;从 C' 点到 D' 点反向卸载时,由于结构的对称性,该段刚度和 CD 段刚度比较接近;从 D' 点正向重复加载时,试件刚度随循环次数的增加而不断降低,但具有和 DC' 段相似的特点。

(4) 等效刚度

在此次一个循环中,作为等效线性体系的等效刚度 K_c 为 O、C 两点连线的斜率,同时 K_c 随循环次数的增加而不断降低。

7.1.4.4 延性

延性系数是结构构件塑性变形能力的指标,反映了结构抗震性能的好坏。这里所谓的变形,指的是广义的变形,它可以是位移、转角或曲率。由于结构抗震能力是利用屈服后的塑性变形来消耗地震作用的能量,故结构的延性越大,它的抗震能力就越好。在低周反复加载试验所得的骨架曲线上,结构破坏时的极限

变形和屈服时的屈服变形值之比称为延性系数,即:

$$\mu = \frac{\Delta_u}{\Delta_y} \tag{7-2}$$

但对于砌体结构的变形,严格地讲不能用延性来表示。砌体结构属于脆性结构,它不同于钢结构和钢筋混凝土结构,当其出现裂缝后,虽然也有一定变形,但其变形能力不是来自于一般弹塑性结构的塑性变形,而是源于砌体的摩擦变形。砌体结构的这种变形可以用变形能力来反映,即砌体在极限荷载作用下的变形与初裂时的变形之比。如果同样用 μ 来表示其变形能力,则有:

$$\mu = \frac{\Delta_{极}}{\Delta_{裂}} \tag{7-3}$$

7.1.4.5 退化率

如图 7-21 所示,结构强度和刚度的退化率是指在作等幅低周反复加载时,每施加一周荷载后结构强度或刚度降低的速率,反映了结构在一定变形条件下,强度或刚度随反复加载次数的增加而降低的特性。同时,退化率的大小反映了结构经受地震反复作用的能力,即退化率小表明结构有较强的耗能能力。

结构构件强度退化率用承载力降低系数表示:

$$\lambda_i = \frac{P^i_{j,\max}}{P^{i-1}_{j,\max}} \tag{7-4}$$

式中 $P^i_{j,\max}$——变形延性系数为 j 时,第 i 次加载循环的峰点荷载值;

$\quad\quad P^{i-1}_{j,\max}$——变形延性系数为 j 时,第 $i-1$ 次加载循环的峰点荷载值。

结构构件刚度退化的特征可以用环线刚度来表示:

$$K_i = \frac{\sum\limits_{i=1}^{n} P^i_j}{\sum\limits_{i=1}^{n} \Delta^i_j} \tag{7-5}$$

式中 P^i_j——变形延性系数为 j 时,第 i 次加载循环的荷载峰值;

$\quad\quad \Delta^i_j$——变形延性系数为 j 时,第 i 次加载循环的变形峰值。

7.1.4.6 能量耗散

结构构件的能量耗散能力,由荷载-变形滞回曲线所包围的滞回环面积和它的形状来衡量。等效黏滞阻尼系数也是衡量结构抗震能力的一项指标。如图 7-22 所示,由滞回环的面积可以求得等效黏滞阻尼系数 h_e:

$$h_e = \frac{1}{2\pi} \frac{ABC\ 图形面积}{OBD\ 三角形面积} \tag{7-6}$$

由图 7-22 可知,ABC 图形面积越大,则 h_e 的值越大,结构的耗能能力越强。

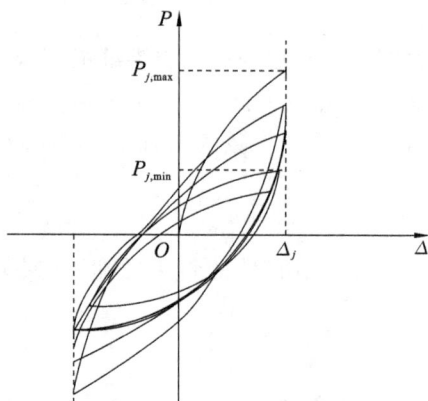

图 7-21 等位移往复加载时的刚度退化　　　图 7-22 由滞回环面积计算等效黏滞阻尼系数

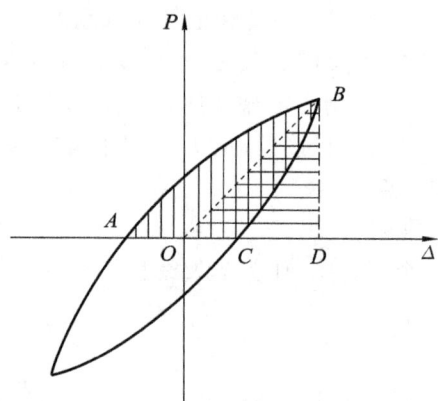

7.2 拟动力试验 >>>

由于低周反复加载试验的荷载和位移历程是假定的,它与地震引起的实际反应历程有很大差别,因而理想的情况是根据某一确定的地震反应来制订相应的加载方案。

拟动力试验又称计算机-加载器联机试验,是将计算机的计算和控制与结构试验有机结合在一起的试验方法。拟动力试验弥补了拟静力试验的不足:结构的恢复力特性不再来自数学模型,而是直接从被试验结构上实时测取;每一步的加载目标是由上一步的测量和计算结果通过递推公式得到。这种方法是将利用计算机进行分析的方法和实际测定结构恢复力的方法结合起来的一种半理论半试验的非线性地震反应分析方法。

拟动力试验的优点:可以比较缓慢地再现地震时的反应,以便观察破坏的全过程;可以获得比较详细的试验数据;可做大比例模型试验。

拟动力试验的缺点:不能实时再现真实的地震反应,不能反映应变速率对结构材料强度的影响;只能通过单个或几个加载器对试件进行加载,不能完全模拟地震作用时结构实际受到的作用力分布;结构的阻尼比较难在试验中出现。

作为结构试验一项很有前途的新技术,自 20 世纪 70 年代以来,拟动力试验在国内外引起了极大重视并得到了广泛应用。日本和美国在 20 世纪 80 年代初曾合作完成一座 7 层钢筋混凝土框架结构足尺模型的拟动力试验。目前,我国已经有许多单位开展了拟动力试验的研究与应用,主要有中国建筑科学研究院、清华大学、哈尔滨工业大学、湖南大学、西安建筑科技大学、重庆大学等单位。中国建筑科学研究院曾于 1983 年完成了一个比例为 1/6 的底层大空间、12 层剪力墙结构模型的拟动力试验。相信经过国内专家的不断努力,我国在结构抗震试验方面一定可以达到国际先进水平。

7.2.1 试验的工作原理

拟动力试验时,由计算机进行数值分析以及控制加载,即由给定地震加速度记录通过计算机进行非线性结构动力分析,将计算得到的位移反应作为计算输入,以控制加载器对结构进行试验。

拟动力试验的具体原理可用图 7-23 来简单表示。如图 7-23 所示,计算机系统采集结构反应的各种参数并进行非线性地震反应分析计算,通过 D/A 转换,向加载器发出下一步加载指令。此处的加载属于广义范围的加载,通常是指向试件施加位移控制荷载。当试件在加载器作用下产生反应时,计算机再次采集试件反应的各种参数并进行计算,由此向加载器发出下一次的加载指令,如此往复循环,直到试验结束。计算机的计算过程实际上是对结构地震反应的时程分析,目前有多种计算方法,如线性加速度法、Newmark-β 法,Wilson-θ 法等。在选用计算方法时,应注意所选计算方法的适用范围,以保证计算结果的收敛性。

7.2.2 试验的工作流程

拟动力试验的控制和运行由专用软件系统通过数据库和运行系统来控制操作,以完成预定试验。整个试验工作的流程连续循环进行。下面仅以线性加速度法为例,介绍试验的运算过程和工作流程。

① 在计算机系统中输入某一确定性的地面运动加速度。

② 计算下一步的位移值。

如图 7-24 所示,地震波的加速度时程曲线中加速度示值随时间的变化而改变。为方便计算,首先将实际记录的地震加速度时程曲线按 Δt 划分成许多微小的时间段,可以取 Δt 为 0.01 s 或 0.02 s,此时可以认为在这一 Δt 时间段内加速度是呈直线变化的。如此,就可以用数值积分方法来求解微分方程:

$$m\ddot{x}_n + c\dot{x}_n + F_n = -m\ddot{x}_{0n}$$

$$(7-7)$$

计算机系统

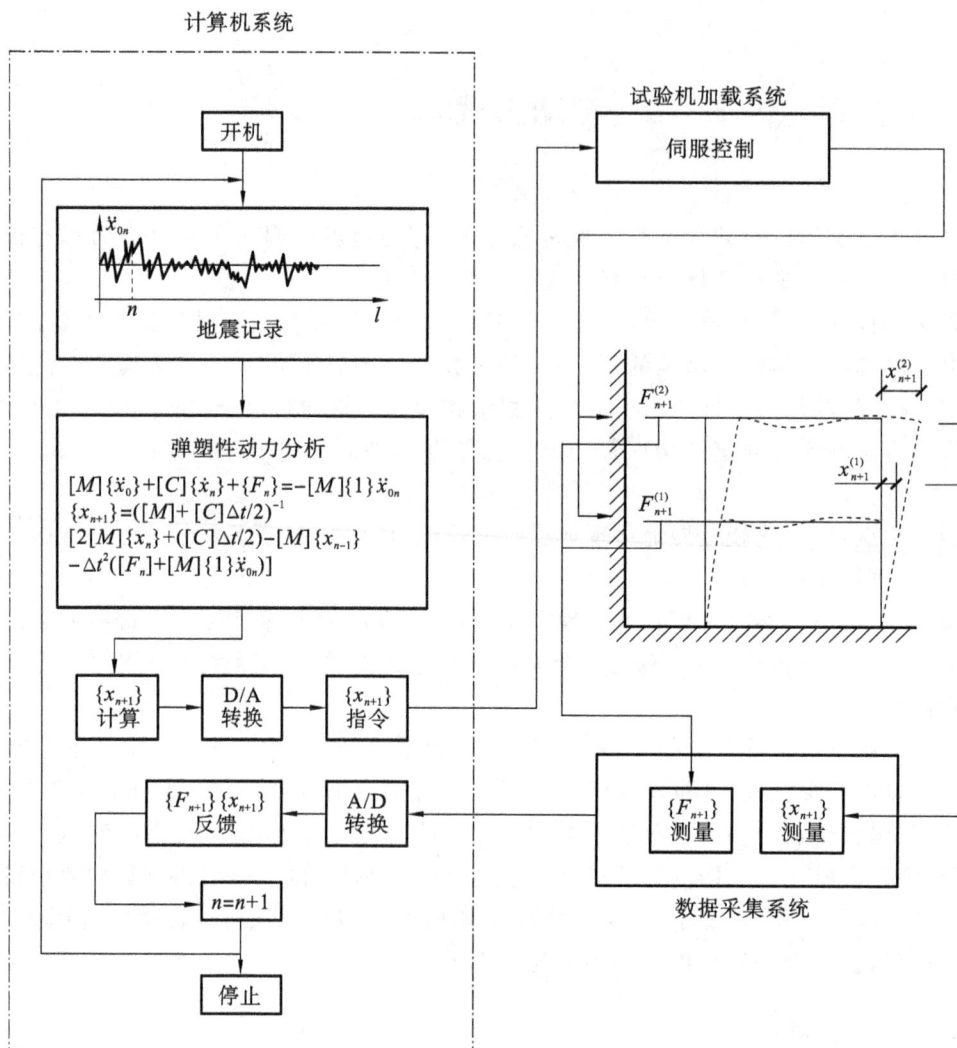

图 7-23 拟动力试验工作原理和试验流程

式中 $\ddot{x}_{0n}, \ddot{x}_n, \dot{x}_n$ ——第 n 步时的地面运动加速度、结构的加速度、速度反应;

F_n ——结构第 n 步时的恢复力。

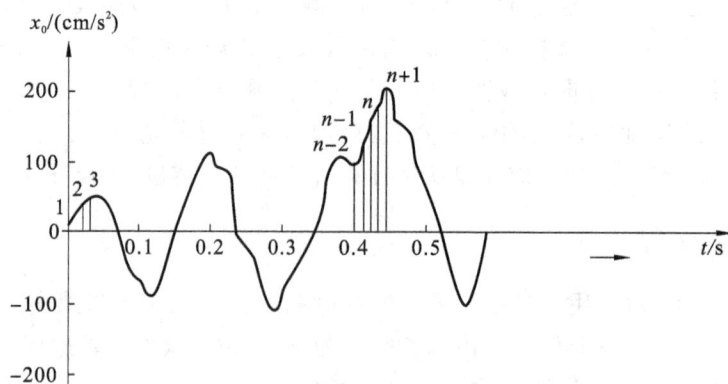

图 7-24 地面运动加速度时程曲线

当采用中心差分法求解位移时,第 n 步的加速度可用第 $n-1$ 步、第 n 步、第 $n+1$ 步的位移量表示。此时:

$$\ddot{x}_n = \frac{x_{n+1} - 2x_n + x_{n-1}}{\Delta t^2} \tag{7-8}$$

$$\dot{x}_n = \frac{x_{n+1} - x_{n-1}}{2\Delta t} \tag{7-9}$$

将其代入运动方程：

$$x_{n+1} = \left(m + \frac{\Delta t}{2}c\right)^{-1}\left[2mx_n + \left(\frac{\Delta t}{2}c - m\right)x_{n-1} - \Delta t^2 F_n - m\Delta t^2 \ddot{x}_{0n}\right] \tag{7-10}$$

即由第 n 步输入的位移 x_n、恢复力 F_n、地面运动加速度 $\ddot{x}_{0n}$ 以及第 $n-1$ 步的位移 x_{n-1} 得到第 $n+1$ 步的指令位移 x_{n+1}。

③ 加载器按指令位移 x_{n+1} 对结构施加荷载。

受加载系统控制的计算机将第 $n+1$ 步的指令位移 x_{n+1} 通过 A/D 转换器将指令信号转换为电压输入到电液伺服加载系统中,从而控制加载器对结构施加与 x_{n+1} 位移相对应的荷载。

④ 量测恢复力 F_{n+1} 及位移值 x_{n+1}。

在施加荷载的同时,加载器上的荷载传感器和位移传感器分别量测此时结构的恢复力 F_{n+1} 和加载器活塞行程的位移反应值 x_{n+1}。

⑤ 由数据采集系统进行数据处理和反应分析。

将 x_{n+1} 及 F_{n+1} 值连续输入计算机系统进行数据处理和反应分析。利用位移 x_n、x_{n+1} 和恢复力 F_{n+1},按同样方法重复下去进行计算和加载,求得第 $n+2$ 步的位移值 x_{n+2},并继续进行加载试验,直至达到所输入的加速度时程的指定时刻。

当每一加载步长的持续时间大约为几秒到几百秒时,试验就可以看成是静态的。此类运动方程式中,与速度有关的阻尼力一项可以不予以考虑,则运动方程可以简化为：

$$m\ddot{x}_n + F_n = -m\ddot{x}_{0n} \tag{7-11}$$

在这种情况下,若采用中心差法计算,则有：

$$x_{n+1} = 2x_n - x_{n-1} - \Delta t^2\left(\frac{F_n}{m} + \ddot{x}_{0n}\right) \tag{7-12}$$

7.2.3　试验设备

拟动力试验的加载装置与低周反复加载试验类似,一般由计算机、电液伺服加载器、传感器、试验台架等组成。

7.2.3.1　计算机

在拟动力试验中,加载过程的控制和试验数据的采集都由计算机完成,同时对试验结构的其他反应参数进行演算和处理。作为整个试验系统的核心,计算机应满足如下要求：

① 要有足够的运算速度、足够的硬盘可利用空间、满足试验要求的操作平台和工作软件。

② 计算机以及数据采集设备应配备在线式不间断电源,以保证试验工作的顺利进行,防止电源突然中断导致数据丢失。

③ 当数据采集工作由计算机进行时,计算机应配备 A/D、D/A 转换卡及数据采集卡。转换卡应具有缓冲器和放大器,数据转换精度应达到 12 位以上。

④ 计算机以及其他数据采集设备的机壳应妥善接地,其供电电源与液压系统供电电源不能共用同一回路,以免造成干扰。

7.2.3.2　电液伺服加载器

拟动力试验是由计算机控制试验,加载器必须具有电液伺服功能。电液伺服加载器由加载器、控制系统和液压源组成。它可以将力、位移、速度、加速度等物理量转换为电参量,并作为控制参数。由于它能较精确地模拟试件所受的外力,产生逼真的试验状态,故在近代试验加载技术中被用于模拟各种振动荷载,特别是地震荷载等。目前常用的电液伺服加载器主要是电液伺服作动器。

拟动力试验中,选用电液伺服加载器时应满足下列要求：

① 加载器活塞行程的最大位移量应大于试验设计位移量的 120%。

② 加载器最大出力能力应大于试验设计荷载值的 150%。

③ 当对加载速率有较高要求时,应合理选用加载器的频率响应特性。

7.2.3.3 传感器

拟动力试验中一般采用电测传感器。常用的传感器有力传感器、位移传感器、应变计等。其中,力传感器一般内装在电液伺服加载器中。当荷载很小时,为提高力信号的测量精度和信噪比,宜外装力传感器。

同时,电液伺服加载器内也常安装有差动式位移传感器。但由于加载设备之间以及加载设备与试件之间存在间隙,其测量数据往往不能满足试验要求,因此常在试件上安装位移传感器进行位移或变形测量。拟动力试验中采用的位移传感器可以选用电子百分表、滑阻式位移传感器、差动式位移传感器等。为了提高位移信号的信噪比和测量精度,位移传感器的量程不宜过大,应根据结构的最大位移反应确定位移传感器的量程。在试验初期加载位移很小时,宜采用小量程、高灵敏度的位移传感器或改变位移传感器的标定值,提高信噪比。

7.2.3.4 试验台架

试验采用的台架可与静力试验或低周反复加载试验的台架一样。试件安装时,应考虑在推、拉力作用下试件与台架之间可能发生的松动。反力架(反力墙)与试件底部宜通过刚性拉杆连接,以使反力架与试件之间不发生相对位移,提高试验加载控制的精度。试验装置的承载能力应大于试验设计荷载的 150%。

7.3 模拟地震振动台动力试验 〉〉〉

模拟地震振动台动力试验是实验室中研究地震反应和破坏机理最直接的方法,它可以适时再现地震过程,并进行人工地震波模拟试验。由于受到振动台规模的限制,早期只能在振动台上做小模型的弹性或非弹性破坏试验。直到 20 世纪 60 年代中期以后,世界各国才逐步建立了大比例尺模型的模拟地震振动台。这种设备具有一套先进的数据采集与处理系统,从而使结构动力试验水平得到了很大的发展与提高。它主要用于检验结构抗震设计理论、方法以及计算模型的准确性。值得注意的是,许多高层结构和超高层结构、大型桥梁结构、海洋工程结构都是通过模拟地震振动台试验来检验设计和计算结果的。

7.3.1 模拟地震振动台

模拟地震振动台是再现各种地震波,对结构进行动力试验的一种先进试验设备。它有单向运动(水平或垂直)、双向运动(水平-水平,水平-垂直)和三向运动等数种运动方式。振动台的台面为一平板(可以为钢制、混凝土制以及铝合金制),承载于静压导轨上。由输入信号通过电液伺服阀控制激振器油液流量的大小和方向,从而带动振动台作水平或垂直方向的运动。振动台上装有传感器,可将台面的运动参数反馈输入到伺服的控制器中,从而形成闭环系统。

振动台必须安装在质量很大的基础之上,其重量一般为激振力(有的用试件荷重)的 10~30 倍。基础底部以及四周要采取隔震措施,如设防震沟、砂垫层、装置橡胶或金属弹簧等。

振动台是一个非线性系统。直接用地震波信号通过 D/A 转换和模拟控制系统放大后驱动振动台,无法得到所要求的地震波。在实际试验时,模拟地震振动台的计算机系统,将根据振动台的频谱特性对输入的地震波进行分析、计算,经处理后再进行 D/A 转换和模拟放大,使振动台能够再现所需的地震波。进行结构抗震动力试验时,振动台台面的输入量一般选用地面运动的加速度。常用的地震波谱有天然地震记录和拟合反应谱的人工地震波。

在选择和设计台面的输入运动时,需要考虑下列有关因素:

(1)试验结构的周期

例如,模拟长周期结构并研究它的破坏机理时,就要选择长周期分量占主导地位的地震记录或人工地震波,以便使结构产生多次瞬时共振而得到清晰的变化和破坏形式。

(2) 结构所在的场地条件

如果要评价建立在某一类场地上结构的抗震能力,就要求地震记录的频谱特性尽可能与场地的频谱特性一致,并需要考虑地震烈度和震中距离的影响。在进行实际工程模拟地震振动台模型试验时,这个条件尤其重要。

(3) 考虑振动台台面的输出能力

其主要考虑振动台台面输出的频率范围、最大位移、速度和加速度、台面承载能力等性能。在试验前,应认真核查振动台台面特性曲线是否满足试验要求。

7.3.2　试验的加载过程和试验方法

模拟地震振动台动力试验的加载过程包括结构动力特性试验、地震动力反应试验和量测结构不同工作阶段(开裂、屈服、破坏阶段)自振特性变化等。

结构动力特性在结构模型安装在振动台上前后均可采用自由振动法或脉动法进行试验量测。试验时应将模型基础底板或底梁固定。模型安装在振动台上后,可将小振幅的白噪声输入振动台台面,进行激振试验,量测台面和结构的加速度反应。通过传递函数、功率谱等频谱分析,求得结构模型的自振频率、阻尼比和振型等参数。也可采用正弦波输入连续扫频,通过共振法测得模型的动力特性。当进行正弦波扫频试验时,应特别注意共振作用对结构模型强度所造成的影响,避免结构开裂或破坏。

根据试验目的的不同,在选择和设计振动台台面输入的速度时程曲线后,试验的加载过程有一次加载和多次加载两种。

7.3.2.1　一次加载

在这种加载过程中,输入一个适当的地震记录,连续记录结构的位移、速度、加速度和应变等动力反应,并观察记录裂缝的形成和发展过程,以研究结构在弹性、弹塑性及破坏阶段的各种性能,如刚度、强度变化,能量吸收能力等,并且可以依结构反应确定结构各个阶段的周期和阻尼比。一次加载过程的主要特点是:可以较好地连续模拟结构在一次强烈地震中的整个表现与反应。由于是在振动台台面运动的情况下进行观测,故对试验过程中的量测和观察设备要求较高。在初裂阶段,往往很难观察到结构各个部位上的细微裂缝,而破坏阶段的观测具有很大的危险性,这时只能采用高速摄影或摄像的方法记录试验过程。因此,在没有足够经验的情况下很少采用这种加载方法。

7.3.2.2　多次加载

目前,在模拟地震振动台动力试验中,大多数的研究者采用多次加载的方案进行试验研究。其一般分为如下几个阶段:

① 进行动力特性试验,测定结构在各试验阶段的各种不同动力特性。

② 振动台台面输入运动,使结构薄弱部位产生微裂缝。

③ 加大台面输入的运动,使结构产生中等程度的开裂,例如使剪力墙、梁柱节点等部位产生明显的裂缝,停止加载后裂缝不能完全闭合。

④ 加大台面输入的加速度幅值,使结构振动加剧,在其主要部位产生破坏,但结构还具有一定的承载能力。

⑤ 继续加大振动台台面的振动幅值,使结构变为机动体系,稍加荷载就会发生倒塌。

在各个试验阶段,试验结构各种反应的测量和记录与一次加载时相同。通过试验,可以明确地得到结构在各个试验阶段的周期、阻尼、振动变形、刚度退化、能量吸收能力以及滞回反应特性等。但由于采用多次加载,对结构将产生变形累积的影响。

7.3.3　试验的观测和动态反应量测

在模拟地震振动台试验中,一般需观测结构的位移、加速度、应变反应、结构的开裂部位、裂缝的发展、结构的破坏部位和破坏形式等。在试验中,位移和加速度测点一般布置在产生最大位移或加速度的部位。

对于整体结构的房屋模型试验,则在主要楼面和顶层高度的位置上布置位移和加速度传感器(要求传感器的频响范围为 0～100 Hz)。当需要测量层间位移时,应在相邻两楼层布置位移或加速度传感器。对于结构构件的主要受力部位和截面,应测量钢筋和混凝土的应变、钢筋和混凝土的黏结滑移等参数。测得的位移、加速度和应变传感器的所有信号被连续输入计算机或由专用数据采集系统进行数据采集和处理,其结果可由计算机终端显示或利用绘图仪、打印机等外围设备输出。试验的全过程宜以录像做动态记录,对试件主要部位的开裂、失稳屈服及破坏情况宜拍摄照片并记录。

7.3.4 试验的安全措施

试件在模拟地震作用下将进入开裂和破坏阶段。为了保证试验过程中人员和仪器设备的安全,振动台试验必须采取以下安全措施:

① 对于脆性破坏的试件,在破坏阶段,一切人员应远离危险区。试验时应采取防止试件倒塌时砸坏台面和激振器、损毁和污染输油管道及其他设备的措施。

② 试验时可以利用实验室的起重行车,通过吊钩及钢缆和试件连接。

③ 试件设计时应进行吊装验算,避免试件在吊装过程中发生破坏。

④ 试验时应防止模型上外加重块发生位移或者甩出而伤人。

⑤ 振动台的控制系统应设置各种故障的报警指示装置,台面系统应设置缓冲效能装置。

⑥ 振动台控制系统宜设有速度、加速度及位移三个参量的控制装置,当台面运动超过幅值时应自动停机。

⑦ 振动台数据采集系统宜设有不间断电源。

⑧ 试件与振动台的安装应牢固,对安装螺栓的强度和刚度应进行验算。

⑨ 试验人员在上、下振动台台面时应注意台面和基坑地面之间的间隙,以防止发生坠落或摔伤事故。

7.4 人工地震模拟试验　>>>

前面介绍的几种试验能够满足部分模拟试验的要求,但仍具有一定的局限性。低周反复加载试验虽然设备简单,能进行大尺寸构件或结构抗震的延性试验,但由于其加载历程是假定的,与地震引起的实际反应历程有差别,故不能反映建筑结构的动力特性。拟动力试验虽然弥补了低周反复加载试验的不足,但目前尚在发展之中,且主要问题在于结构的非线性特性,即恢复力与变形的关系必须在试验前进行假定,而假定的计算模型是否符合结构的实际情况有待试验结果的证实。振动台试验虽然较好地模拟了地面运动,但由于受台面尺寸和载重量的限制,不能做大比例模型试验,容易产生尺寸效应,此外弹塑性材料的动态模拟理论尚待研究解决,同时它的试验费用比较昂贵。因此,各类型的大型结构、管道、桥梁、坝体以至核反应堆工程等大比例或足尺模型试验就受到了一定限制,甚至根本无法进行。

基于以上原因,人们试图采用地面或地下爆炸法引起的地面运动的加速度效应来模拟某一烈度或某一确定天然地震对结构的影响,对大比例模型或足尺结构进行试验,并已在实际工程试验中得到了实践。这种方法简单直观,并可考虑场地的影响。

7.4.1 爆破方法

直接爆破法是在现场安装炸药并加以引爆。引爆后地面运动的基本现象是:地面运动加速度峰值随装药量的增加而升高,地面运动加速度峰值距离爆心愈近则愈高;地面运动加速度持续时间距离爆心愈远则愈长。这样,必定要求装药量大,离爆心距离远一点,才能使得人工地震接近天然地震,而又能对结构或模型产生类似地震作用的效果。

直接爆破法需要很大的装药量才能产生较好效果,但所产生的人工地震与天然地震总是相差较远。相比之下,密闭爆破法可以用少量炸药取得接近天然地震的人工地震。

密闭爆破用一只可重复使用的橡胶套管作为爆破线源,配套的钢筒设有排气孔,上部留有空段,并用聚酯薄膜封顶,使用时把这一爆炸线源伸入地面以下。钢筒内的装药量不大,但引爆后爆炸生成物在控制的速率下排入膨胀橡胶管内,然后在它爆炸后的规定时间内用分装的少量炸药把封顶的聚酯薄膜崩裂。这样引爆后会产生两次加速度运动:一次是由钢圆筒排到外围橡胶筒引起的;另一次是由气体从崩破的薄膜封口排到大气中所致。在一定条件下,这样的爆破线源可以同时引爆,形成爆破阵。如果把这些爆破源用点火滞后的办法逐个或逐批地引爆,就可以延长人工地震引起的运动持续时间。

7.4.2 试验的动力反应问题

通过实际试验发现,人工地震与天然地震之间存在着一定的差异:

① 人工地震(炸药爆破)加速度幅值高、衰减快、破坏范围小。

② 人工地震的主频率高于天然地震。

③ 人工地震的主震持续时间一般为几十毫秒至几百毫秒,比天然地震的持续时间短很多。

由图 7-25 可见,天然地震波在 1~6 Hz 频域内振动幅值较大,而人工地震波在 3~25 Hz 频域内振动幅值较大。

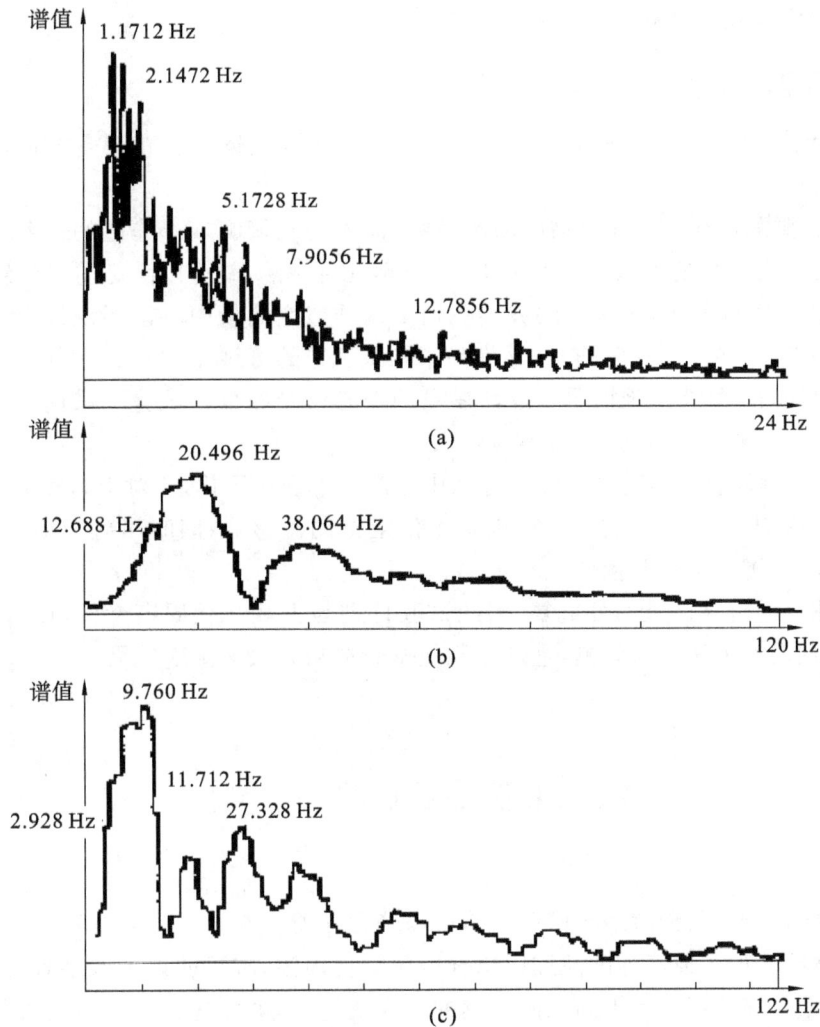

图 7-25 天然地震与人工地震的加速度幅值谱

(a) 天然地震波的加速度幅值谱;

(b) 18500 kg 炸药爆炸时距爆心 132 m 处自由场加速度幅值谱;

(c) 500000 kg 炸药爆炸时距爆心 152 m 处自由场加速度幅值谱

根据实际地震反应的情况,当天然地震烈度为 7 度时,地面加速度最大值平均为 $0.1g$,此时房屋一般已经有了相当程度的破坏;然而,人工爆破地面加速度达到 $1.0g$ 时才能引起房屋的轻微破坏。一方面,这是由于天然地震的主振频率比人工地震的主振频率更接近于一般建筑结构的自振频率;另一方面,天然地震之所以能造成大范围的宏观破坏,还在于振动作用的持续时间长、衰减慢。

要尽量消除引起建筑结构不同动力反应和破坏机理的这种差异,达到能用爆破地震完全模拟天然地震并得到满意结果的效果,在解决频率差异方面可采取下列措施:

① 增加爆心与试验对象的距离,在传播过程中极大损耗地震波的高频分量,相对地提高低频分量的影响。

② 将试验对象建造在覆盖层较厚的土层上,利用松软土层的滤波作用消耗地震波中的高频分量,相对提高低频分量的幅值。

③ 缩小试验对象尺寸,以提高试验对象的自振频率。一般只将试验对象较真型缩小 $2\sim3$ 倍,这时由于缩小比例不大,可以保留试验对象在结构构造和材料性能上的特点,保持结构的真实性。

进行结构抗震试验时,要求获得较大的振幅和较长的持续时间。但是炸药的能量有限,很难达到这种要求。另一方面,如果增加震源中心与试验对象间的距离,则地震波的持续时间可能延长,但振幅衰减会下降。尽管如此,通过分析国内外的试验资料和爆破试验数据,利用炸药所产生的地震波进行工程结构的抗震研究还是可以取得满意的试验结果。

7.4.3 试验的量测技术

应该注意,人工地震模拟试验与一般工程结构动力试验在测试技术上有许多相似之处,但也有其特殊的部分:

① 由于试验中主要测量地面与建筑物的动态参数,而不是直接测量爆炸源的一些参数,故测量仪器的频率上限应选为结构动态参数的上限。一般为 100 Hz 至几百赫兹,就可以满足动态测量的频响要求。

② 整个试验的爆炸时间较短,记录下的波形不到 1 s,动应变测量中可以用绕线电阻代替温度补偿比,这样既可节省电阻应变计,减小贴片工作量,又提高了测试工作的可靠性。

③ 由于爆炸时间很短,结构和地面质点运动参数的动态信号测量在试验中采用同步控制进行记录,故在起爆前应使仪器处于开机记录状态,等待信号输入。

④ 爆破试验中干扰影响严重,特别是爆炸过程中会产生电磁场干扰,这对于高频响应较好、灵敏度较高的传感器和记录设备影响尤为严重。为此,可以采用低阻抗的传感器,同时尽可能地缩短传感器至放大器之间连接导线的距离,并进行屏蔽和接地。

爆破地震波作用下的抗震试验不可重复,因此试验计划与方案必须周密考虑,试验量测技术必须安全可靠,必要时可以采用多种方法同时量测,这样才能使试验成功并取得预期效果。

7.5 天然地震试验 >>>

根据经济条件和试验要求,天然地震试验大体可以分为三类。

第一类是在地震频繁地区或高烈度地震区结合房屋结构加固,有目的地采取多种方案的加固措施。当地震发生时,可以根据震害分析了解不同加固方案的效果。这时,虽然在结构上不设置任何仪表,但由于量大面广,所以是很有意义的。此外,也可结合新建工程有目的地采取多种抗震措施和构造,以便发生地震时可以进行震害分析。应该指出,并非所有加固或新建房屋都能成为试验房屋。进行作为天然地震试验时,在不装仪表的条件下,试验房屋至少具备下列基础资料:

① 场地土的钻探资料;

② 试验结构的原始资料,如竣工图、材料强度、施工质量记录;

③ 房屋结构历年检查及加固改建的全部资料等;

④ 当地的地震记录。

自唐山地震以来,我国一些研究机构已在若干高烈度区有目的地建造了一些试验房屋,作为天然地震结构试验的对象。

第二类是强震观测。地震发生时,以仪器为测试手段,观测地面运动的过程和建筑物的动力反应,以获得第一手资料。强震观测时,最重要的是做好地震前的准备工作,如在高烈度区的某些房屋楼层上安装长期观测的测振仪器,以便取得地震时更多的信息。天然地震试验时,最好在结构的地下室或地基上安装强震仪来测量输入的地面运动,同时在结构上部安置一些仪表以测量结构的反应。

通过强震观测,可以取得地震的地面运动过程的记录——地震波,为研究地震影响场和烈度分布规律提供科学资料;可以取得建筑物在强震下的振动过程记录,为结构抗震的理论分析、试验研究以及设计方法提供客观的工程数据。

美国和日本开展强震观测工作比较早,先后积累了许多有意义的资料和不少重要的强震记录。图 7-26 所示为 1957 年 3 月美国旧金山地震时在 17 层的亚历山大大楼内记录到的地震加速度反应时程曲线。

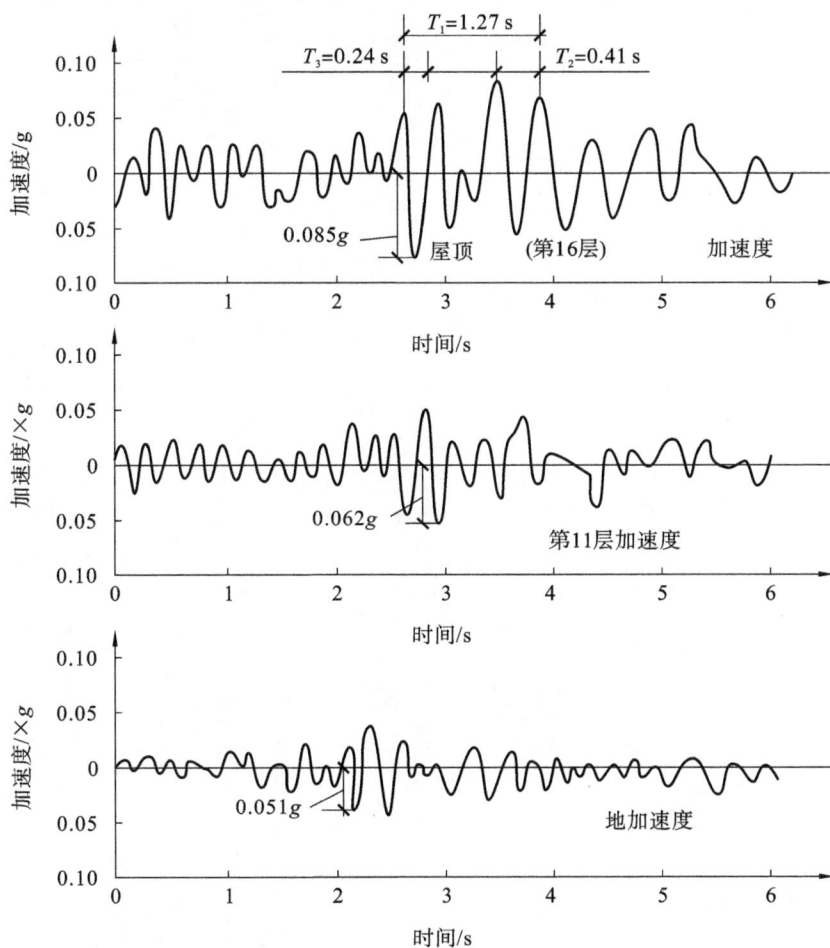

图 7-26 美国旧金山地震在亚历山大大楼记录的地震加速度反应时程曲线

我国自 1966 年邢台地震以来,强震观测工作有了较大的发展,已经取得了一些较有价值的地震记录。例如 1976 年唐山地震时,京津地区记录到了一些较高烈度的主震记录。然后,依据以唐山为中心布设的流动观测网,又取得了一批较高烈度的余震记录。

第三类是建立专门的天然地震试验场,在场地上建造试验房屋,这样可以运用一切现代化手段取得建筑物在天然地震中的各种反应。当然,从费用上讲,这是最为昂贵的。

　　目前,世界上最负盛名的是日本东京大学生产技术研究所的千叶试验场。试验基地包括许多部分,抗震试验只是基本的一个组成部分。在抗震试验方面,有大型抗震实验室、数据处理中心、化工设备天然地震试验场和房屋模型天然试验场等。化工设备天然地震试验场中的若干罐体实物建于 1972 年,此后陆续经受了地震考验,取得不少数据。1977 年 9 月的地震,加速度峰值达 $100 \ cm/s^2$,曾使罐体的薄钢壁发生压屈,为化工设备的抗震提供了实测的地震反应资料。

第3篇

拓 展 篇

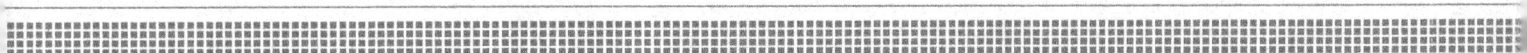

8　建筑工程结构的现场检测与试验

8.1　概　　述　　>>>

建筑结构的检测对象为已建工程结构。进行已建工程结构的检测,目的在于通过检测手段和科学分析评估其危险性和继续使用的寿命,找出薄弱环节,揭示所存在的隐患,为工程改建、扩建和加固提供科学的技术依据。建筑结构的检测可分为建筑结构工程质量的检测和既有建筑结构性能的检测。建筑结构的检测应根据《建筑结构检测技术标准》(GB/T 50344—2004)的要求,满足建筑结构工程质量评定或既有建筑结构性能鉴定的需要,合理确定检测项目和检测方案。建筑结构的检测应提供真实、可靠、有效的检测数据和检测结论。

当遇到涉及结构安全的试块、试件及有关材料检验数量不足,对施工质量的抽样检测结果达不到设计要求,对施工质量有怀疑或争议的情况时,需要通过检测进一步分析结构的可靠性。

发生工程事故,需要通过检测分析事故的原因及对结构可靠性的影响时,应进行建筑结构工程质量的检测。

当遇到建筑结构安全鉴定,建筑结构抗震鉴定,建筑大修前的可靠性鉴定,建筑改变用途、改造、加层或扩建前的鉴定,建筑结构达到设计使用年限要继续使用的鉴定,灾害、环境侵蚀等影响建筑的鉴定,对既有建筑结构的工程质量有怀疑或争议时,应对既有建筑结构现状缺陷和损伤、结构构件承载力、结构变形等涉及结构性能的项目进行检测。

建筑工程施工质量验收与建筑结构工程质量检测有共同之处,也有区别。其共同之处在于建筑工程施工质量验收所采取的一些具体方法可为建筑结构工程质量检测所采用,建筑结构工程质量检测所采用的检测方法和抽样方案可供建筑工程施工质量验收参考;区别在于实施的主体不同,建筑结构工程质量检测工作实施的主体是有检测资质的独立第三方,检测结果与评定结论可作为建筑工程施工质量验收的依据之一。

8.1.1　检测方案的基本内容

建筑结构的检测应有完备的检测方案。检测方案的主要内容有:进行现场和有关资料的调查,收集被检测建筑结构的设计图纸、设计变更、施工记录、施工验收和工程地质勘察等资料,调查被检测建筑结构现状缺陷、环境条件,调查使用期间的加固、维修情况和用途、荷载等变更情况。检测结构的基本概况主要包括:结构类型,建筑面积,总层数,设计、施工及监理单位,建造年代等;检测项目、选用的检测方法以及检测的数量;检测仪器设备情况;检测中的安全措施和环保措施。

当发现检测数据数量不足或检测数据出现异常情况时,应及时补充检测。结构现场检测工作结束后,应及时修补检测造成的结构或构件局部损伤,修补时宜采用高于构件原设计强度等级的材料,使修补后的结构构件满足承载力的要求。

8.1.2　检测方法和抽样方案

现场检测宜选用对结构或构件无损伤的检测方法。结构非破损检测技术是指在不破坏结构构件的条件下,在结构构件原位对结构材料性能及结构内部缺陷进行直接定量检测的技术。有些检测方法以结构局部破损为前提,但这些局部破损对结构构件的受力性能影响很小,因此也将这些方法归入非破损检测方法。当选用局部破损的取样检测方法或原位检测方法时,宜选择结构构件受力较小的部位,并不得影响结构的安全性。当对古建筑和有纪念性的既有建筑结构进行检测时,应避免对建筑结构造成损伤。对于重要大型公共建筑的结构动力测试,应根据结构的特点和检测目的分别采用环境振动和激振等方法。对于重要大型工程和新型结构体系的安全性检测,应根据结构的受力特点制订方案,并进行论证。

本章介绍的是建筑工程结构的现场检测技术,主要采用的是非破损检测技术。结构类型不同,非破损检测的方法也不同。

8.2 混凝土结构现场检测技术 >>>

混凝土结构是常见的工程结构,它是由混凝土和钢筋组成的。混凝土结构的检测可分为材料性能、混凝土强度、混凝土构件的质量与缺陷、尺寸与偏差、变形与损伤等多项工作。必要时,可进行结构构件性能的实荷检验或结构的动力测试。

8.2.1 材料性能

在已建结构物检测中,材料性能检测一般为必检项目。这是由于材质不良将导致结构承载力下降,刚度不足,产生裂缝,并由此可能产生其他隐患而引发事故。其内容主要包括钢筋质量、水泥质量、混凝土级配、混凝土等级、结构物腐蚀等。

对于混凝土原材料的质量或性能检测,当工程中尚有与结构中同批次、同等级的剩余原材料时,可对与结构工程质量问题有关联的原材料进行检验;当工程中没有与结构中同批次、同等级的剩余原材料时,可从结构中取样,检测混凝土的相关质量或性能。这时可进行钢筋力学性能检验或化学成分分析。需要检测结构中的钢筋时,可在构件中截取钢筋进行力学性能检验或化学成分分析。进行钢筋力学性能检验时,同一规格钢筋的抽检数量应不少于一组。既有结构钢筋抗拉强度的检测,可采用钢筋表面硬度等非破损检测与取样检验相结合的方法。需要检测钢筋锈蚀、受火灾影响等性能时,可在构件中截取钢筋进行力学性能检测。

8.2.2 混凝土强度

混凝土强度检测是混凝土结构可靠性鉴定的一个重要内容。根据混凝土的物理和力学性能,如混凝土的表面硬度、密实度等,不同的混凝土强度非破损检测技术广泛地应用于工程实践中。

采用回弹法、超声脉冲法、超声回弹综合法、后装拔出法或钻芯法等检测结构或构件混凝土抗压强度时,《建筑结构检测技术标准》(GB/T 50344—2004)中的有关规定为:采用回弹法时,被检测混凝土的表层质量应具有代表性,且混凝土的抗压强度和龄期不应超过相应技术规程限定的范围;采用超声回弹综合法时,被检测混凝土的内外质量应无明显差异,且混凝土的抗压强度不应超过相应技术规程限定的范围;采用后装拔出法时,被检测混凝土的表层质量应具有代表性,且混凝土的抗压强度和混凝土粗骨料的最大粒径不应超过相应技术规程限定的范围;当被检测混凝土的表层质量不具有代表性时,应采用钻芯法;当被检测混凝土的龄期或抗压强度超过回弹法、超声回弹综合法或后装拔出法等相应技术规程限定的范围时,可采用钻芯法或钻芯修正法;在回弹法、超声回弹综合法或后装拔出法适用的条件下,宜进行钻芯修正或利用同条件养护立方体试块的抗压强度进行修正。

8.2.2.1 回弹法检测混凝土强度

利用回弹仪检测混凝土结构构件中混凝土抗压强度的方法称为回弹法。回弹仪是一种直射锤击式仪器。采用回弹仪测量混凝土的表面硬度来推算抗压强度,是混凝土结构现场检测中常用的一种非破损试验方法,该方法在国内外得到了广泛的推广应用。我国制定了《回弹法检测混凝土抗压强度技术规程》(JGJ/T 23—2011)。回弹法的基本原理是使用回弹仪的弹击拉簧驱动仪器内的弹击重锤,通过中心导杆弹击混凝土的表面,并测得重锤反弹的距离,以反弹距离与弹簧初始长度之比作为回弹值 R,由它与混凝土强度的相关关系来推定混凝土强度。回弹仪的构造如图8-1所示。该仪器具有构造简单、使用方便、测试速度快、实验费用低等优点,误差在15%以内。

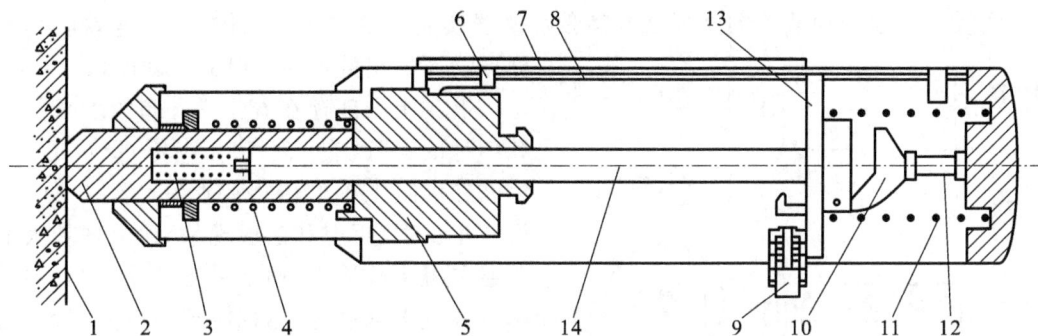

图8-1 回弹仪构造图

1—试验构件表面;2—弹击杆;3—缓冲弹簧;4—弹击拉簧;5—重锤;6—指针;7—刻度尺;
8—指针导杆;9—按钮;10—挂钩;11—压力弹簧;12—顶杆;13—导向法兰;14—导向杆

如图8-2所示,回弹值 R 可用下式表示:

$$R = \frac{x}{l} \times 100\% \tag{8-1}$$

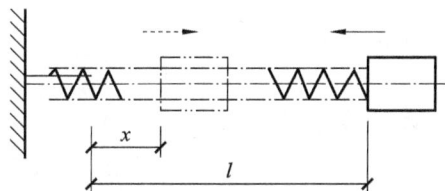

图8-2 回弹工作原理

式中　l——弹击拉簧的初始拉伸长度;

　　　x——重锤反弹位置或重锤回弹时弹簧拉伸长度。

目前,应用回弹法测定混凝土强度均采用试验归纳法,建立混凝土强度 f_{cu}^{c} 与回弹值 R 之间的一元回归公式,目前常用的是幂函数方程:

$$f_{cu}^{c} = AR_{m}^{B} \tag{8-2}$$

式中　f_{cu}^{c}——某测区混凝土的强度换算值;

　　　R_{m}——该区平均回弹值;

　　　A,B——常数项,依原材料条件等因素不同而变化。

应用回弹法测定混凝土强度时,每一结构与构件的测区数目应不少于10个,测区宜选在使回弹仪处于水平方向检测的混凝土浇筑侧面。两个相邻测区的间距应控制在2 m以内,每一测区的大小宜为200 mm×200 mm,在每个测区内回弹16次,弹击点之间的距离不小于30 mm,每一个弹击点只容许回弹一次。测点宜在测区内均匀分布,不应在气孔或外露石子上;测点与结构或构件边缘或外露钢筋、预埋件间的距离一般不小于30 mm。每一个测点的回弹值读数估读至1。在16个回弹值中去掉3个最大值和3个最小值,取余下10个回弹值的平均值作为该测区的回弹值,精确至0.1。当回弹仪在非水平方向测试混凝土浇筑侧面和回弹仪在水平方向测试混凝土浇筑表面或底面时,应将测得的回弹平均值按不同测试角度和不同浇筑面的影响作分别修正。

回弹值测完后,要在每个测区上选择一处量测混凝土的碳化深度。在测区表面用适当的工具形成直径为15 mm的孔洞,其深度略大于混凝土的碳化深度。除去孔中的碎屑和粉末,但不能用水冲洗,同时应采用浓度为1%的酚酞酒精溶液滴在孔洞内壁边缘处,再用钢尺测量自混凝土表面到深部不变色部分的深度,即为混凝土的碳化深度。一般在有代表性的交界处量测垂直距离不小于3次,每次测读精度至0.5 mm,则测区的碳化深度为数次测量碳化深度值的平均值。当平均碳化深度不大于0.4 mm时,按无碳化,即平均碳化深度等于0进行处理;如平均碳化深度不小于6 mm,则按平均碳化深度为6 mm计算。

最后由实测平均回弹值和平均碳化深度值,按测区混凝土强度值换算表求得测区混凝土强度的换算值,并由此评定检测结构构件的混凝土强度。

回弹法实际上是利用混凝土的表面信息推断混凝土的强度,很多因素影响测试结果,如原材料的构成、外加剂品种、混凝土成形方法、养护方法及湿度、碳化及龄期、模板种类、混凝土制作工艺等。这些因素使测试结果在一定范围内表现出离散性。

8.2.2.2 超声脉冲法检测混凝土强度

超声脉冲实质上是超声检测仪的高频电振荡激励仪器换能器中的压电晶体,在压电效应作用下产生机械振动而发出的声波,如图 8-3 所示。

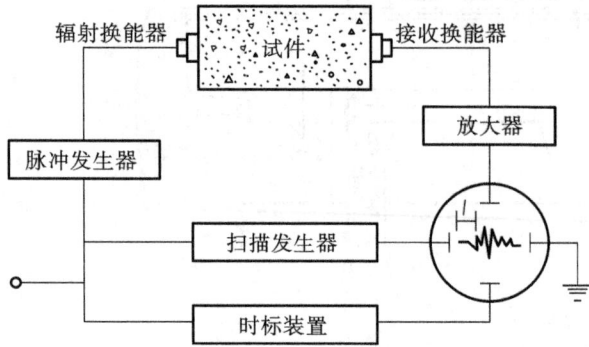

图 8-3 混凝土超声波检测示意图

混凝土内部存在着广泛分布的砂浆与骨料的界面和各种缺陷(微裂、蜂窝、孔洞等)形成的界面,这使超声波在混凝土中的传播要比在均匀介质中复杂得多,可产生反射、折射和散射现象,并出现较大的衰减。在普通混凝土检测中,通常采用 200～500 kHz 的超声频率。混凝土强度越高,相应超声声速越大,通过试验可以建立混凝土强度与声速的经验公式。目前常用的相关关系表达式如下。

指数函数方程:

$$f_{cu}^c = Ae^{Bv} \tag{8-3}$$

幂函数方程:

$$f_{cu}^c = Av^B \tag{8-4}$$

抛物线方程:

$$f_{cu}^c = A + Bv + Cv^2 \tag{8-5}$$

式中 f_{cu}^c——混凝土强度换算值;

v——超声波在混凝土中的传播速度;

A,B,C——常数项。

在现场进行结构混凝土强度检测时,选择试件浇筑混凝土的模板侧面为测试面,一般以 200 mm×200 mm 为一测区。每一试件上相邻测区间距不大于 2 m。测试面应清洁、平整、干燥,无缺陷和饰面层。每个测区内应在相对测试面上对应布置 3 个测点,相对面上对应的收、发探头应在同一轴线上进行对测。测试时换能器与被测混凝土表面必须用黄油或凡士林等耦合剂进行耦合,以减少声能的反射损失。

测区声波传播速度为:

$$v = \frac{l}{t_m} \tag{8-6}$$

$$t_m = \frac{t_1 + t_2 + t_3}{3} \tag{8-7}$$

式中 v——测区声速值,km/s;

l——超声测距,mm;

t_m——测区平均声速值,μs;

t_1,t_2,t_3——测区中 3 个测点的声时值。

当在试件混凝土的浇筑顶面或底面测试时,声速值应作修正:

$$v_u = \beta v \tag{8-8}$$

式中 v_u——修正后的测区声速值,km/s;

β——超声测试面修正系数,在混凝土侧面测试时,$\beta=1$;在混凝土浇筑顶面及底面测试时,$\beta=1.034$。

由试验量测的声速,按 f_{cu}^c-v 曲线求得混凝土的强度换算值。对于各种类型的混凝土,不可能有统一的 f_{cu}^c-v 曲线。

8.2.2.3 超声回弹综合法检测混凝土强度

超声回弹综合法是指先采用超声检测仪和回弹仪在结构或构件混凝土的同一测区分别测量超声声时和回弹值,再利用已建立的测强公式推断该测区混凝土强度的方法。采用超声回弹综合法检测混凝土强度时,能对混凝土的某些物理参量在采用超声法或回弹法单一测量时产生的影响进行相互补偿。超声波在混凝土材料中的传播速度反映了材料的弹性性质,由于声波穿透被检测的材料,因此也能反映混凝土内部构造的有关信息。回弹法的回弹值反映了混凝土的弹性性质,同时在一定程度上反映了混凝土的塑性性质,但它只能确切反映混凝土表层约 3 cm 厚度的状态。当采用超声回弹综合法时,既能反映混凝土的弹性,又能反映混凝土的塑性;既能反映混凝土的表层状态,又能反映混凝土的内部构造。这样通过不同物理参量的测定,可以由表及里较为确切地反映混凝土的强度。试验证明,超声回弹综合法的测量精度优于超声法或回弹法。

采用超声回弹综合法检测混凝土强度时,应严格遵照《超声回弹综合法检测混凝土强度技术规程》(CECS 02—2005)的要求。超声的测点应布置在同一个测区回弹值的测试面上,测量声速探头的安装位置不宜与回弹仪的弹击点相重叠。结构或构件的每一测区内宜先进行回弹测试,后进行超声测试,只有同一个测区内测得的回弹值和声速值才能作为推算混凝土强度的综合参数。

在进行超声回弹综合检测时,结构或构件上每一测区的混凝土强度是根据该区实测的超声波声速 v 及回弹平均值 R_m,按事先建立的 f_{cu}^c-v-R_m 关系曲线推定的。目前常用的曲面型方程为:

$$f_{cu}^c = Av^B R_m^C \tag{8-9}$$

专用的 f_{cu}^c-v-R_m 曲线由于针对性强,与实际情况比较吻合。如果选用地区曲线或通用曲线,则必须进行验证和修正。

8.2.2.4 钻芯法检测混凝土强度

钻芯法是利用钻芯机(图 8-4)及配套机具,从被检测的结构或构件上直接钻取圆柱形的混凝土芯样,并根据芯样的抗压试验,由抗压强度直接推定结构混凝土强度的方法。它不需要建立混凝土的某种物理量与强度之间的换算关系,被认为是一种较为直观、可靠的检测混凝土强度的方法。检测时需要从结构构件上取样,会对原结构或构件造成局部破损。取样后应及时对钻芯留下的孔洞进行修补,通常采用微膨胀水泥细石混凝土填实,修补时应清除孔内污物,修补后应及时养护,并保证新填混凝土与原结构混凝土结合良好,以保证结构或构件的正常工作。所以钻芯法是一种能反映被测试结构混凝土实际状态的现场检测的半破损试验方法,主要用于下列情况:① 对试块抗压强度有怀疑或发生混凝土施工质量问题时;② 遭受灾害或多年使用的结构;③ 给出回弹法或超声回弹综合法的测量修正系数。

钻取芯样的钻芯机是带有人造金刚石的薄壁空心圆筒形钻头的专用机具,由电动机驱动,从被测试件上直接截取与空心筒形钻头内径相同的圆柱形混凝土芯样。由于钻头内径要求不宜小于混凝土骨粒最大粒径的 3 倍,并在任何情况下不得小于 2 倍,故我国《钻芯法检测混凝土强度技术规程》(CECS 03—2007)规定,抗压试验的芯样宜使用标准芯样试件(即公称直径为 100 mm、高径比为 1∶1 的混凝土圆柱体),其公称直径不宜小于骨料最大粒径的 3 倍;也可采用小直径芯样试件,但其公称直径不应小于 70 mm,且不得小于骨料最大粒径的 2 倍。为防止芯样端面不平整导致应力集中和实测强度偏低,对芯样端面必须进行加工,通常用磨平法,或端面用环氧胶泥或聚合物水泥砂浆补平。

对同一批浇灌的混凝土结构构件,选取有代表性的部位,避开钢筋位置和内部管线,采用膨胀螺栓固定钻芯机的底座,打开冷却水,开动钻芯机,徐徐转动进钻手柄,使钻头慢慢钻进混凝土。应事先探明钢筋的位置,使芯样中不含有钢筋;如不能满足,则每个芯样内最多只允许含有两根直径小于 10 mm 的钢筋,且钢筋应与芯样轴线基本垂直并不得离开端面 10 mm 以上。

在同一构件上通常钻取 3 个芯样,较小的构件也可取 2 个。当对结构构件的局部区域进行检测时,取芯位置和数量可由已知质量薄弱部位的大小确定,检测结果仅代表取芯位置的混凝土质量,不能据此对整个构件及结构的强度做出总体评价。钻取的芯样试件宜在与被检测结构或构件的混凝土干湿度基本一致的条件下进行抗压试验。

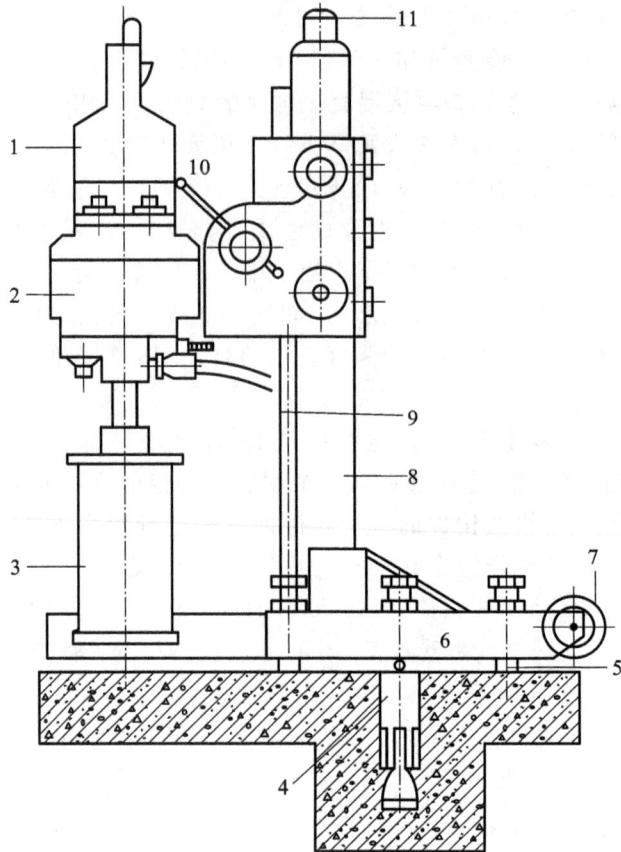

图 8-4　混凝土钻芯机示意图

1—电动机;2—变速箱;3—钻头;4—膨胀螺栓;5—支承螺栓;
6—底座;7—行走轮;8—立柱;9—升降齿条;10—进钻手柄;11—堵盖

芯样试件的混凝土强度换算值按下式计算:

$$f_{cu}^c = \frac{4F}{\pi d^2} \tag{8-10}$$

式中　f_{cu}^c——芯样试件混凝土强度换算值,MPa,精确至 0.1 MPa;

　　　　F——芯样试件抗压试验测得的最大压力,N;

　　　　d——芯样试件平均直径,mm。

利用钻芯法在结构构件原位检测混凝土的强度和缺陷是其他非破损检测方法不可取代的一种有效方法。在实际工程中,常将钻芯法与其他非破损检测方法结合使用。一方面可利用非破损检测方法检测混凝土的均匀性,以减少钻芯数量;另一方面,可利用钻芯法来校正其他方法的检测结果,以提高检测的可靠性。

采用钻芯修正法时,宜选用总体修正量方法。总体修正量方法中的芯样试件换算抗压强度样本的均值 $f_{cor,m}$ 应按《建筑结构检测技术标准》(GB/T 50344—2004)的规定确定,即推定区间的置信度宜为 0.90,并使错判概率和漏判概率均为 0.05。特殊情况下,推定区间的置信度可为 0.85,使漏判概率为 0.10,错判概率仍为 0.05。推定区间的上限值与下限值之差不宜大于材料相邻强度等级的差值、推定区间上限值与下限值算术平均值的 10% 中的较大值。总体修正量 Δ_{tot} 和相应的修正按下式计算:

$$\Delta_{tot} = f_{cor,m} - f_{cu,m0}^c , \quad f_{cu,i}^c = f_{cu,i0}^c + \Delta_{tot} \tag{8-11}$$

式中　$f_{cor,m}$——芯样试件换算抗压强度样本的均值;

　　　　$f_{cu,i0}^c$——被修正方法检测得到的换算抗压强度样本的均值;

　　　　$f_{cu,i}^c$——修正后测区混凝土换算抗压强度;

　　　　$f_{cu,m0}^c$——修正前测区混凝土换算抗压强度。

当钻芯修正法不能满足推定区间的要求时,可采用对应样本修正量、对应样本修正系数或一一对应修正系数的修正方法。此时,直径 100 mm 混凝土芯样试件的数量不应少于 6 个;现场钻取直径 100 mm 的混凝土芯样确有困难时,也可采用直径不小于 70 mm 的混凝土芯样,但芯样试件的数量不应少于 9 个。对应样本的修正量 Δ_{loc} 和修正系数 η_{loc} 的计算式为:

$$\Delta_{loc} = f_{cor,m} - f^c_{cu,m0,loc} \tag{8-12}$$

$$\eta_{loc} = f_{cor,m} / f^c_{cu,m0,loc} \tag{8-13}$$

式中　$f^c_{cu,m0,loc}$——被修正方法检测得到的与芯样试件对应测区的换算抗压强度样本的均值。

相应的修正计算式为:

$$f^c_{cu,i} = f^c_{cu,i0} + \Delta_{loc} \tag{8-14}$$

$$f^c_{cu,i} = \eta_{loc} f^c_{cu,i0} \tag{8-15}$$

混凝土的抗拉强度,可采用对直径 100 mm 的芯样试件施加劈裂荷载或直拉荷载的方法检测。

受到环境侵蚀或遭受火灾、高温等影响后,构件中未受到影响部分混凝土的强度采用钻芯法检测时,在加工芯样试件时,应将芯样上混凝土受影响层切除。混凝土受影响层的厚度可依据具体情况分别按最大碳化深度、混凝土颜色产生变化的最大厚度、明显损伤层的最大厚度确定。能剔除混凝土受影响层时,可采用回弹法或回弹加钻芯修正的方法检测。

8.2.2.5　拔出法检测混凝土强度

拔出法试验是将金属锚固件预埋入未硬化的混凝土浇筑构件内,或在已硬化的混凝土构件上钻孔埋入膨胀螺栓,然后测试锚固件或膨胀螺栓被拔出时的拉力,而后根据预先建立的拔出力与混凝土强度之间的关系推定混凝土强度的方法。这也是一种局部微破损的试验方法。

拔出法分为两类:一类是预埋拔出法,一类是后装拔出法。在混凝土结构或构件的施工过程中预先安装锚固件,待混凝土硬化后再将锚固件拔出,检验新浇混凝土的强度,称为预埋拔出法。预埋拔出法常用于确定混凝土的停止养护、拆模时间及施加后张法预应力的时间,按事先计划要求布置测点。在已硬化的混凝土构件表面钻孔,安装一特制的膨胀螺栓,然后将膨胀螺栓拔出,测定混凝土的强度,称为后装拔出法。后装拔出法较多用于已建结构混凝土强度的现场检测,检测混凝土的质量和判断硬化混凝土的现有实际强度。

后装拔出法的试验装置由钻孔机、磨槽机、锚固件及拔出仪等组成。用钻孔机与磨槽机在混凝土上钻孔,并在孔内磨出凹槽,以便安装胀簧和胀杆。钻孔机可采用金刚石薄壁空心钻或冲击电锤,并应带有控制垂直度及深度的装置和水冷却装置。磨槽机可由电钻配以金刚石磨头、定位圆盘及水冷却装置组成。拔出试验的反力装置可采用圆环式,如图 8-5 所示。

圆环式拔出试验装置的反力支承内径 d_3 为 55 mm,锚固件的锚固深度 h 为 25 mm,钻孔直径 d_1 为 18 mm。圆环式拔出试验装置适用于粗骨料最大粒径不大于 40 mm 的混凝土。其对混凝土的损伤较小,试验时对测试部位的表面平整度要求不高。

测点的布置:当按单个构件检测时,应在构件上均匀布置 3 个测点。如果 3 个拔出力中的最大值、最小值与中间值之差均小于中间值的 15%,则仅布置 3 个测点即可;当最大值或最小值与中间值之差大于中间值的 15%(包括两者均大于中间值的 15%)时,应在最小拔出力测点附近再加测 2 个测点。当按批抽样检测时,抽检数量不应少于同批构件总数的 30%,且不少于 10 件,每个构件不应少于 3 个测点。测点应布置在构件受力较大及薄弱的部位,且尽可能布置在构件混凝土成型的侧面。如不能满足,可布置在混凝土成型的表面或底面。两测点的间距不应小于 10 倍锚固深度,测点距构件边缘不应小于 4 倍锚固深度,测点应避开表面缺陷及钢筋、预埋件,测试面应平整、清洁、干燥,饰面层、浮浆等应清除,必要时进行磨平处理。

试验步骤:

① 钻孔:用钻孔机在测试点钻孔,孔的轴线应与混凝土表面垂直。

② 磨槽:用磨槽机在孔内磨出环形沟槽,槽深为 3.6~4.5 mm,四周槽深应大致相同,并将孔清理干净。

③ 安装拔出仪:在孔中插入胀簧,把胀杆打进胀簧的空腔中,使簧片扩张,簧片头嵌入沟槽。然后将拉杆一端旋入胀簧,另一端与拔出仪相连接。

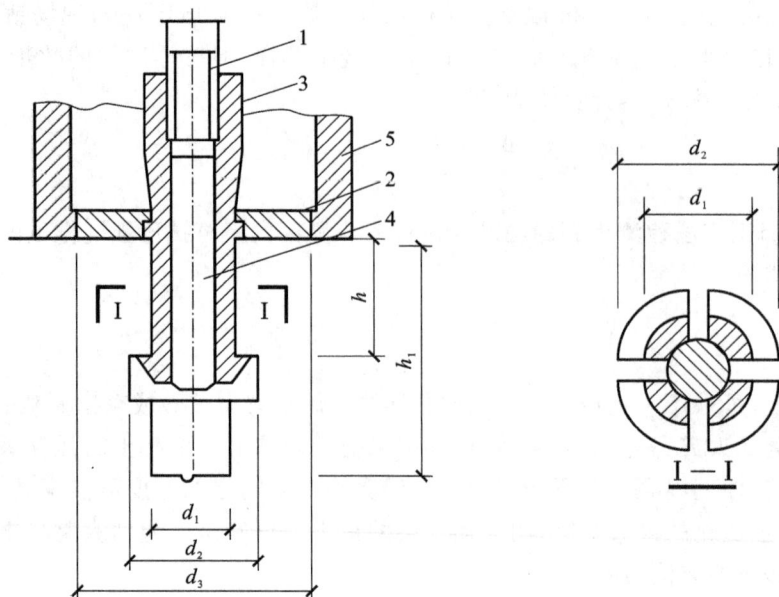

图 8-5 圆环式拔出试验装置示意图
1—拉杆;2—对中圆盘;3—胀簧;4—胀杆;5—反力支承

④ 拉拔试验:调节反力支承高度,使拔出仪通过反力支承均匀地压紧混凝土表面,而后对拔出仪施加拔出力,施加的拔出力应均匀、连续。当显示器读数不再增加时,说明混凝土已破坏,记录此极限拔出力读数后,回油卸载。

目前,国内拔出法的测强曲线一般采用一元回归直线方程:

$$f_{cu}^c = aF + b \tag{8-16}$$

式中　f_{cu}^c——测点混凝土强度换算值,精确至 0.1 MPa;

　　　F——测点拔出力,精确至 0.1 kN;

　　　a,b——回归系数。

当进行单个构件检测时,以构件的强度换算值(或修正系数 η 乘以强度换算值)作为该构件的混凝土强度推定值。

8.2.3　混凝土构件质量与缺陷

混凝土构件外观质量的检测可分为蜂窝、麻面、孔洞、夹渣、露筋、裂缝、疏松区和不同时间浇筑的混凝土结合面质量等的检测。

结构或构件裂缝的检测内容应包括裂缝的位置、长度、宽度、深度、形态和数量。裂缝的记录可采用表格或图形的形式。裂缝深度可采用超声法检测,必要时可钻取芯样予以验证。仍在发展的裂缝应进行定期观测,提供裂缝发展速度的数据。

混凝土结构内部质量主要是指混凝土内部的缺陷大小,钢筋的配置与设计文件相符的程度,钢筋锈蚀的程度。其检测可采用超声法、冲击反射法等非破损检测方法。必要时可采用局部破损方法对非破损的检测结果进行验证。

钢筋配置的检测项目包括钢筋位置、保护层厚度、直径、数量等。钢筋位置、保护层厚度和钢筋数量宜采用非破损的雷达法或电磁感应法进行检测,必要时可凿开混凝土进行钢筋直径或保护层厚度的验证。有相应检测要求时,可对钢筋的锚固与搭接、框架节点及柱加密区的箍筋、框架柱与墙体的拉结筋进行检测。

8.2.3.1　超声波检测混凝土缺陷

超声波检测混凝土缺陷主要是用低频超声仪测量超声脉冲中纵波在结构混凝土中的传播速度、首波幅度和接收信号频率等声学参数。超声波检测混凝土缺陷的基本原理是超声波在介质中传播时,遇到缺陷产生绕射而使传播速度降低,声时变长,在缺陷界面处产生反射,使波幅和频率明显降低,接收波形产生畸变。综合波速、波幅和频率等参数的相对变化,与相同条件下的无缺陷混凝土进行比较,判断和评定混凝土的缺陷和损伤情况。在工程实践中,超声法主要用来检测裂缝深度和混凝土内部的孔洞和密实度。

(1) 混凝土结构构件的裂缝深度检测

① 浅裂缝深度检测。

对于结构混凝土开裂深度小于或等于 500 mm 的裂缝,可用平测法或斜测法进行检测。需要检测的裂缝中不允许有积水或泥浆。混凝土结构构件的体积较大或受测试条件限制时,发射探头和接收探头都只能安装在构件的同一表面,可采用平测法检测裂缝深度。平测法是将仪器的发射探头和接收探头对称布置在裂缝两侧。如图 8-6 所示,其距离为 L,超声波传播所需时间为 t^0。再将换能器以相同距离 L 平置在完好的混凝土表面,测得传播时间为 t。裂缝深度 d_c 的计算式为:

$$d_c = \frac{L}{2}\sqrt{\frac{t^0}{t} - 1} \tag{8-17}$$

式中　d_c——裂缝深度,mm;

　　　t, t^0——测距为 L 时不跨缝、跨缝平测时的声时值,μs;

　　　L——平测时的超声传播距离,mm。

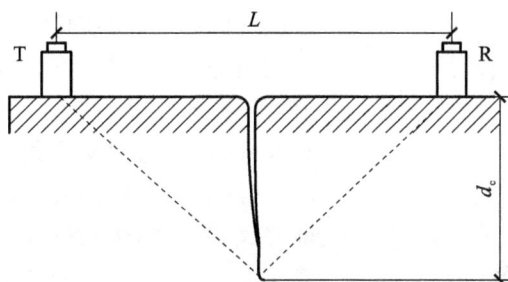

图 8-6　平测法检测裂缝深度

采用平测法检测裂缝深度时,由于不是直接利用超声波纵波的传播,接收信号的质量比对测时要差一些。为提高测试精度,改变探头安装位置进行测试,检测结果将会在一定范围内变化,取 d_c 的平均值作为该裂缝的深度值。

当结构裂缝部位有两个相互平行的测试表面时,可采用斜测法检测。如图 8-7 所示,将两个换能器分别置于对应测点 1,2,3 等位置,读取相应声时值 t_i、波幅值 A_i 和频率值 f_i。当两个换能器的连线通过裂缝时,接收信号的波幅和频率明显降低。对比各测点信号,根据波幅和频率的突变,可以判定裂缝的深度以及是否在平面方向贯通。

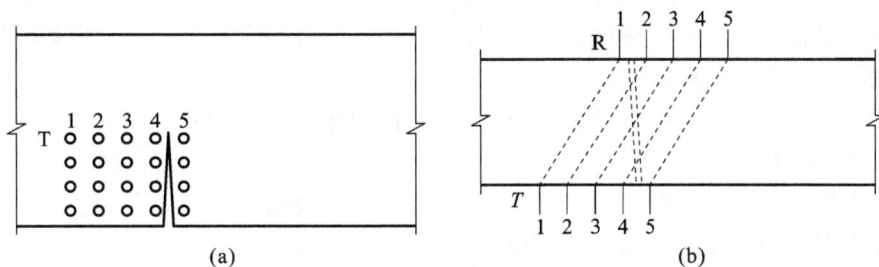

图 8-7　斜测法检测裂缝

(a) 立面图；(b) 平面图

当结构或构件中有主钢筋穿过裂缝且与两个换能器连线大致平行时,布置测点时应使两个探头连线与钢筋轴线至少相距 1.5 倍的裂缝预计深度,以减少量测误差。

② 深裂缝深度检测。

对于混凝土结构中预计深度在 50 mm 以上的深裂缝,采用平测法和斜测法不便检测时,可采用钻孔法探测,如图 8-8 所示。

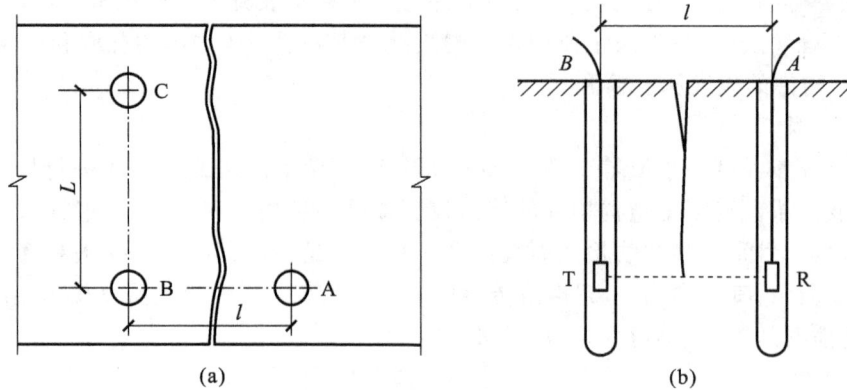

图 8-8 钻孔检测裂缝深度
(a) 平面图(C 为比较孔);(b) 立面图

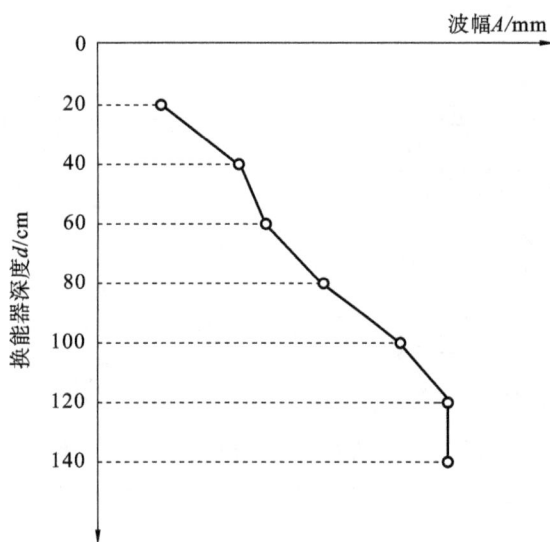

图 8-9 换能器深度和波幅值的 *d-A* 坐标图

在被测裂缝两侧钻两个测试孔,孔距宜为 2000 mm,其轴线应保持平行,孔径应比换能器的直径大 5~10 mm。测试前向测试孔中灌注清水,作为耦合介质,将发射和接收换能器分别置入裂缝两侧的对应孔中,以相同高程等距由上至下同步移动,在不同的深度上进行对测,逐点读取声时和波幅数据,绘制换能器的深度和对应波幅值的 *d-A* 坐标图,如图 8-9 所示。波幅值随换能器下降深度的增大而逐渐增大,当波幅达到最大并基本稳定时,对应的深度便是裂缝深度 d_c。测试时,可在混凝土裂缝测孔的一侧另钻一个深度较浅的比较孔[图 8-8(a)],测试同样测距下无缝混凝土的声学参数,与裂缝部位的混凝土进行对比。

钻孔探测混凝土质量的方法还被用于混凝土钻孔灌注桩的质量检测。采用换能器沿预埋的桩内管道移动,按对测法检测判别桩内混凝土的孔洞、蜂窝、疏松不密实、桩内泥砂或砾石夹层以及可能出现的断桩部位。

（2）混凝土内部不密实区和孔洞的检测

超声波检测混凝土内部不密实区域或空洞的原理,是根据各测点的声时、波幅或频率值的相对变化,确定异常测点的坐标位置,从而判定缺陷的范围。

对具有两对互相平行测试面的结构可采用对测法。在测区的两对相互平行的测试面上,分别画出间距为 200~300 mm 的网格,确定测点的位置,如图 8-10 所示。

对只有一对相互平行测试面的结构可采用斜测法,即在测区的两个相互平行的测试面上分别画出交叉测试的两组测点位置,如图 8-11 所示。

当结构测试距离较大时,可在测区的适当部位钻出平行于结构侧面的测试孔,直径为 45~50 mm,其深度依测试具体情况而定。测点布置如图 8-12 所示。

通过对比同条件混凝土的声学参量,可确定混凝土内部不密实区域和孔洞的范围。

当被测部位混凝土只有一对可供测试的表面时,混凝土内部孔洞尺寸可根据式(8-18)估算,如图 8-13 所示。

$$r = \frac{l}{2\sqrt{\left(\dfrac{t_h}{m_{ta}}\right)^2 - 1}} \tag{8-18}$$

式中 r ——孔洞半径,mm;

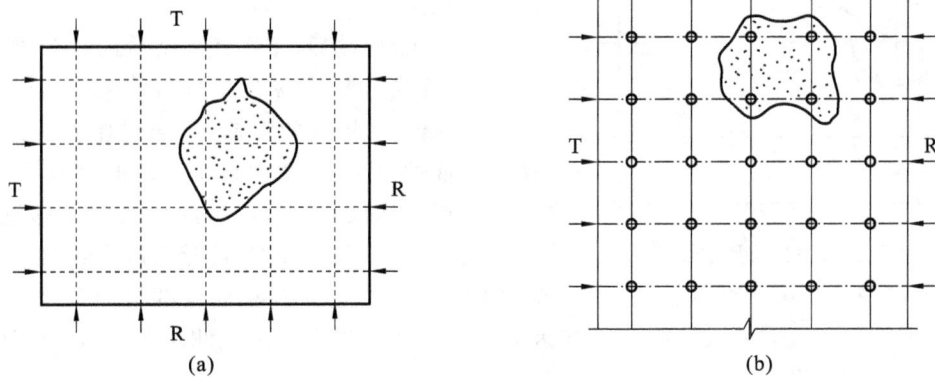

图 8-10 对测法测点布置

(a) 平面图；(b) 立面图

l——检测距离,mm;

t_h——缺陷处的最大声时值,μs;

m_{ta}——无缺陷区域的平均声时值,μs。

8.2.3.2 雷达法检测混凝土内部缺陷和钢筋位置

钢筋混凝土结构具有隐蔽工程的特点,一旦工程施工结束,钢筋就完全被隐蔽了。钢筋对结构功能往往起着决定性的影响,不论是新建结构的工程质量检验,还是对已建结构的可靠性鉴定,钢筋的检测都是钢筋混凝土结构非破损检测的一个重要内容。

雷达法是以微波作为传递信号的媒介,依据微波的传播特性,对被测材料的物理性质和内部缺陷做非破损检测的技术。雷达法使用的微波频率为 $3 \times 10^8 \sim 3 \times 10^{11}$ Hz,属电磁波,其波长在远红外线和无线电短波之间。雷达波具有对混凝土有很强的穿透能力,检测深度大,检测速度快,主要测试元件与混凝土表面不接触,对混凝土内部缺陷敏感等优点。

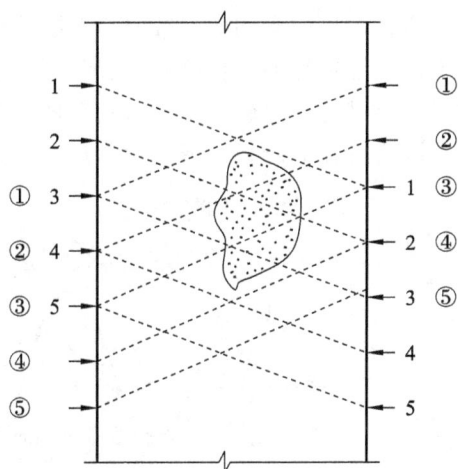

图 8-11 斜测法测点布置

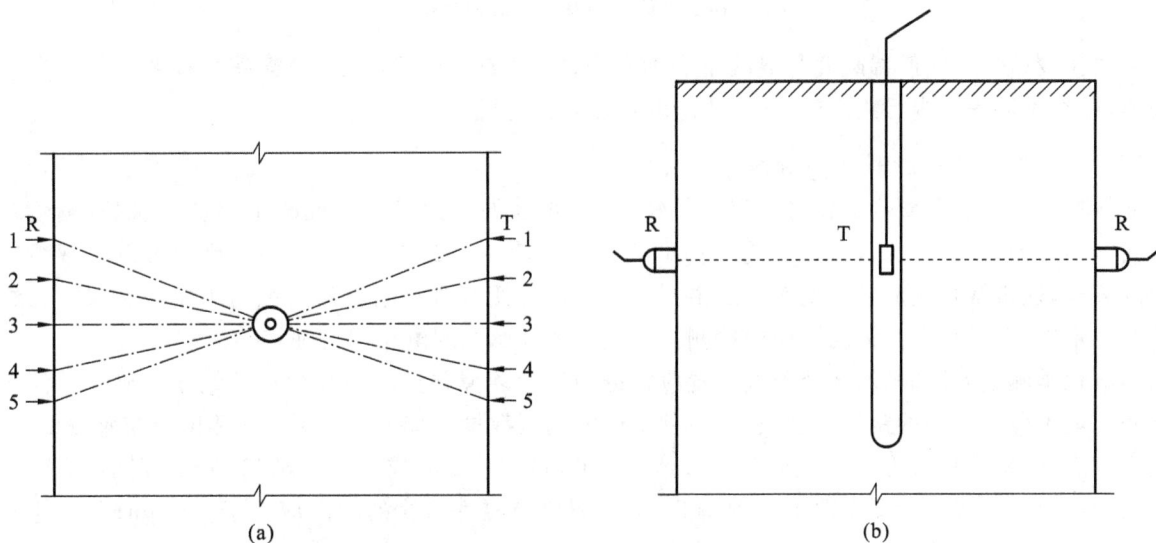

图 8-12 钻孔法测点布置

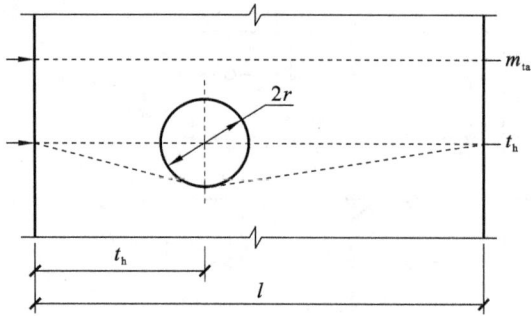

图 8-13 混凝土内部孔洞尺寸估算

钢筋混凝土雷达检测仪由以下几部分组成：

① 微波信号源：主要用来产生微波震荡，有时也称为微波信号发生器；

② 传输线：用来传送微波信号的波导管或同轴电缆；

③ 微波探头：用来发射和接收微波信号；

④ 信号采集处理装置：用来对接收的微波信号进行转换并完成信号分析、图像显示和数据存储等。

根据电磁波在混凝土中的传播速度和发射波至发射波返回的时间差，可以确定混凝土内发射物体至混凝土测试表面的距离，根据时间差就可计算钢筋的位置。常用的钢筋混凝土雷达检测仪的检测深度一般为 20 cm，可检测混凝土内的钢筋、管线、裂缝或孔洞等。雷达检测仪大多用图像给出检测结果，对检测图像的解释需要经验和对比试验的标定结果。

8.2.3.3 电磁法检测钢筋直径和混凝土保护层厚度

钢筋是一种电导体和磁导体，钢筋直径和保护层厚度检测仪大多应用电磁感应原理来获取混凝土内钢筋的信息。目前常用的是数字显示磁感仪和成像显示磁感仪。混凝土是带弱磁性的材料，结构内配置的钢筋是带有强磁性的。检测时，检测仪的探头接触结构混凝土表面，探头中的线圈通过交流电，线圈周围就会产生交流磁场。该磁场由于有钢筋的存在，线圈中产生感应电压。该感应电压的变化值是钢筋与探头的距离及钢筋直径的函数。钢筋愈靠近探头，钢筋直径愈大，则感应强度变化愈大，如图 8-14 所示。

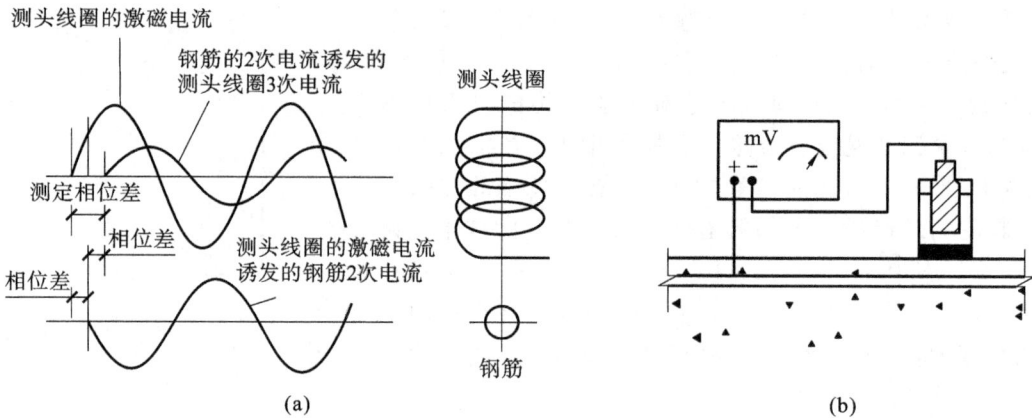

图 8-14 钢筋影响感应电流的相位差

电磁法比较适用于配筋稀疏并与混凝土表面距离较近（即保护层不太大）钢筋的检测。钢筋布置在同一平面内，或在不同平面内且距离较大时，才能取得比较满意的结果。

8.2.3.4 电化学法检测钢筋锈蚀

钢筋保护层破损和混凝土碳化将引起钢筋锈蚀，而钢筋的锈蚀将导致混凝土保护层胀裂、剥落及钢筋有效截面削弱等结构破坏现象，直接影响结构承载能力和使用寿命。现场检测时，目测可以发现沿钢筋长度方向的裂缝，这常常是钢筋较严重腐蚀的主要标志。但目测很难对钢筋的腐蚀给出定量结果。在结构非破损检测技术中，对混凝土内钢筋腐蚀的检测主要基于钢筋腐蚀的电化学机理。

采用电化学测定方法时，测区及测点布置应根据构件的环境差异及外观检查的结果来确定。测区应能代表不同环境条件和不同的锈蚀外观表征，每种条件的测区数量不宜少于 3 个。在测区上布置测试网格，网格节点为测点，网格间距可为 200 mm×200 mm、300 mm×300 mm 或 200 mm×100 mm 等，根据构件尺寸和仪器功能确定。测区中的测点数不宜少于 20 个。测点与构件边缘的距离应大于 50 mm；测区应统一编号，注明位置，并描述其外观情况。

电化学检测操作应遵守所使用检测仪器的操作规定，并应注意电极铜棒应清洁、无明显缺陷；混凝土表面应清洁,无涂料、浮浆、污物或尘土等,测点处的混凝土应湿润;保证仪器连接点钢筋与测点钢筋连通;测点读数应稳定,电位读数变动不超过 2 mV;同一测点处的同一参考电极重复读数差异不得超过 10 mV,同一测点处的不同参考电极重复读数差异不得超过 20 mV;应避免各种电磁场的干扰,注意环境温度对测试结果的影响,必要时应进行修正。

对于电化学测试结果的表达,应按一定的比例绘出测区平面图,标出相应测点位置的钢筋锈蚀电位,得到数据阵列,并绘出电位等值线图,通过数值相等各点或内插各等值点绘出等值线,等值线差值宜为 100 mV。

此外,探测钢筋的锈蚀程度还可用剔凿检测方法、综合分析判定方法。剔凿检测方法是从结构上截取一段钢筋,直接测定钢筋的剩余直径。综合分析判定方法的检测参数包括裂缝宽度、混凝土保护层厚度、混凝土强度、混凝土碳化深度、混凝土中有害物质含量以及混凝土含水率等,根据综合情况判定钢筋的锈蚀状况。钢筋锈蚀状况的电化学测定方法和综合分析判定方法宜配合剔凿检测方法的验证。

8.2.4 混凝土结构构件的变形与损伤

混凝土结构构件变形的检测可分为构件的挠度、结构的倾斜和基础不均匀沉降等项目的检测。混凝土结构损伤的检测可分为环境侵蚀损伤、灾害损伤、人为损伤、混凝土有害元素造成的损伤以及预应力锚夹具造成的损伤等项目的检测。

混凝土构件的挠度可采用激光测距仪、水准仪或拉线等方法检测。混凝土构件或结构的倾斜可采用经纬仪、激光定位仪、三轴定位仪或吊锤的方法检测,宜区分施工偏差造成的倾斜、变形造成的倾斜、灾害造成的倾斜等。混凝土结构的基础不均匀沉降可用水准仪检测,当需要确定基础沉降的发展情况时,应在混凝土结构上布置测点进行观测。混凝土结构的基础累计沉降差可参照首层的基准线推算。

混凝土结构受到损伤时,对环境侵蚀,应确定侵蚀源、侵蚀程度和侵蚀速度;对混凝土的冻伤,应分类检测并测定冻融损伤深度、面积,如表 8-1 所示;对火灾等造成的损伤,应确定灾害影响区域和受灾害影响的构件,确定影响程度;对于人为的损伤,应确定损伤程度,以及损伤对混凝土结构的安全性及耐久性造成影响的程度。

表 8-1 混凝土冻伤类型及检测项目、检测方法

混凝土冻伤类型		定义	特点	检验项目	采用方法
混凝土早期冻伤	立即冻伤	新拌制的混凝土,若入模温度较低且接近于混凝土冻结温度,则导致立即冻伤	内外混凝土冻伤基本一致	受冻混凝土强度	钻芯法或超声回弹综合法
	预养冻伤	新拌制的混凝土,若入模温度较高,但混凝土预养时间不足,当环境温度降低到混凝土冻结温度时,导致预养冻伤	内外混凝土冻伤不一致,内部轻微,外部较严重	1. 外部损伤较重的混凝土厚度及强度 2. 内部损伤轻微的混凝土强度	外部损伤较重的混凝土可通过钻出芯样的湿度变化来检测,也可以采用超声法
混凝土冻融损伤		成熟龄期后的混凝土,在含水的情况下,由于环境正负温度的交替变化导致混凝土损伤			

当怀疑水泥中的游离氧化钙(f-CaO)对混凝土质量造成影响时,可检测 f-CaO 对混凝土质量的影响。检测分为现场检查、薄片沸煮检测和芯样试件检测等。

① 现场检查:可通过调查和检查混凝土外观质量(有无开裂、疏松、崩溃等严重破坏症状)初步确定 f-CaO 对混凝土质量产生影响的部位和范围。在有影响的部位钻取混凝土芯样,芯样的直径可为 70~

100 mm。在同一部位钻取的芯样数量不应少于 2 个,同一批受检混凝土至少应取上述混凝土芯样 3 组。在每个芯样上截取 1 个无外观缺陷的 10 mm 厚的薄片试件,同时将芯样加工成高径比为 1.0 的芯样试件。

② 薄片沸煮检测:调整好沸煮箱内的水位,保证在整个沸煮过程中都超过试件,不需中途添补试验用水,同时保证在 30±5 min 内升至沸腾。将试样放在沸煮箱的试架上,在 30±5 min 内将水加热至沸腾。恒沸 6 h,关闭沸煮箱,自然降至室温,对沸煮过的薄片试件进行外观检查。

③ 芯样试件检测:将同一部位钻取的 2 个芯样试件中的 1 个放入沸煮箱的试架上进行沸煮,对沸煮过的芯样试件进行外观检查。将沸煮过的芯样试件晾置 3 d,并与未沸煮的芯样试件同时进行抗压强度测试。按式(8-19)计算每组芯样试件强度变化的百分率 ξ_{cor},并计算全部芯样试件抗压强度变换百分率的平均值 $\xi_{cor,m}$。

$$\xi_{cor} = [(f_{cor} - f_{cor}^*)/f_{cor}] \times 100\% \tag{8-19}$$

式中　ξ_{cor}——芯样试件强度变化的百分率;

　　　f_{cor}——未沸煮芯样试件抗压强度;

　　　f_{cor}^*——同组沸煮芯样试件抗压强度。

当有 2 个或 2 个以上沸煮试件(包括薄片试件和芯样试件)出现开裂、疏松或崩溃等现象,或芯样试件强度变化百分率平均值 $\xi_{cor,m} > 30\%$,或仅有一个薄片试件出现开裂、疏松或崩溃等现象,并有一个 $\xi_{cor} > 30\%$ 时,可判定 f-CaO 对混凝土质量有影响。

8.2.5　构件性能实荷检验与结构动测

需要确定混凝土构件的承载力、刚度或抗裂等性能时,可进行构件性能的实荷检验。当仅对结构的一部分做实荷检验时,应使有问题部分或可能的薄弱部位得到充分的检验。

测试结构的基本振型时,宜选用环境振动法,在满足测试要求的前提下也可选用初位移法等其他方法。测试结构平面内的多个振型时,宜选用稳态正弦波激振法。测试结构空间振型或扭转振型时,宜选用多振源相位控制同步的稳态正弦波激振法或初速度法。评估结构的抗震性能时,可选用随机激振法或人工爆破模拟地震法。

对于结构动力测试设备和测试仪器,不同的测试有不同的要求。当采用稳态正弦激振方法进行测试时,宜采用旋转惯性机械起振机,也可采用液压伺服激振器。其使用频率范围宜为 0.5~30 Hz,频率分辨率应高于 0.01 Hz。可根据需要测试的动参数和振型阶数等的具体情况,选择加速度仪、速度仪或位移仪,必要时可选择相应的配套仪表。根据需要测试的最低和最高阶频率选择仪器的频率范围,测试仪器的最大可测范围应根据被测试结构振动的强烈程度确定,测试仪器的分辨率应根据被测试结构的最小振动幅值来选定,传感器的横向灵敏度应小于 0.05。进行瞬态过程测试时,测试仪器的可使用频率范围应比稳态测试时大一个数量级。传感器应具备机械强度高,安装调节方便,体积小、重量轻且便于携带,防水,防电磁干扰等性能。记录仪器或数据采集分析系统、电频输入及频率范围,应与测试仪器的输出相匹配。

不同结构动力测试应满足不同的要求。

脉动测试应避免环境及系统干扰。对于测试记录时间,在测量振型和频率时不应少于 5 min,在测试阻尼时不应少于 30 min。当因测试仪器数量不足而做多次测试时,每次测试中应至少保留一个共同的参考点。

机械激振振动测试时应正确选择激振器的位置,合理选择激振力,防止引起被测试结构的振型畸变。当激振器安装在楼板上时,应避免楼板的竖向自振频率和刚度的影响,激振力应具有传递途径。激振测试中宜采用扫频方式寻找共振频率。在共振频率附近进行测试时,应保证半功率带宽内有不少于 5 个频率的测点。

施加初位移的自由振动测试应根据测试的目的布置拉线点,拉线与被测试结构的连接部分应把整体力传到被测试结构的受力构件上,每次测试时应记录拉力数值及拉力与结构轴线间的夹角。量取波值时,不得取用突断衰减的最初 2 个波。测试时不应使被测试结构出现裂缝。

8.3 砌体结构的现场检测技术 >>>

砌体结构是我国工业与民用建筑中普遍采用的结构形式之一,具有造价低、建筑性能良好、施工简便等优点。但砌体结构的强度低,对基础不均匀沉降及温度应力非常敏感,结构性能受施工质量影响较大,结构的耐久性和抗震性能不如混凝土结构和钢结构。砌体结构非破损检测的主要内容是砂浆、块体和砌体强度。在对砌体结构进行可靠性鉴定时,现场调查的内容还包括砌体的组砌方式、灰缝厚度和砂浆饱满度、截面尺寸、主要承重构件的垂直度以及裂缝分布特征。

8.3.1 砌体结构检测的工作程序及准备

(1) 砌体结构检测的工作程序

工作程序为:接受委托→检查并确定检测目的、内容和范围→确定检测方法→设备、仪器标定→检测→计算、分析、推定→形成检测报告。

(2) 调查阶段的工作内容

① 收集被检工程的原设计图纸、施工验收资料、砖与砂浆的品种及有关原材料的试验资料。

② 现场调查工程的结构形式、环境条件、使用期间的变更情况、砌体质量及其存在的问题。

(3) 选择检测方法

根据调查结果和检测目的、内容和范围,选择一种或数种检测方法,详见表8-2。

(4) 划分检测单元

检测单元是指受力性质相似或结构功能相同的同一类构件的集合。将检测对象划分为一个或若干个可以进行独立分析的结构单元,每一结构单元划分为若干个检测单元。

(5) 确定测区

一个测区能够独立地产生一个强度代表值(或推定强度值),这个子集必须具有一定的代表性。应在一个检测单元内随机选择6个构件(单片墙体、柱),作为6个测区。当检测单元中没有6个构件时,应将每个构件作为一个测区。

(6) 执行规范规定的测点数

各种检测方法的测点数应符合下列要求:

① 对于原位轴压法、扁顶法、原位单剪法、筒压法,测点数不应少于1个。

② 对于原位单砖双剪法、推出法、砂浆片剪切法、回弹法、点荷法、射钉法,测点数不少于5个。

砌体结构检测方法对比见表8-2。

表8-2 砌体结构检测方法对比表

序号	检测方法	特点	用途	限制条件
1	原位轴压法	① 属原位检测,直接在墙体上检测,检测结果综合反映了材料质量和施工质量;② 直观性、可比性强;③ 设备较重;④ 检测部位局部破损	检测普通砖砌体的抗压强度	① 槽间砌体每侧的墙体宽度不应小于1.5 m;② 同一墙体上的测点数量不宜多于1个,测点数量不宜太多;③ 限用于240 mm厚砖墙
2	扁顶法	① 属原位检测,直接在墙体上检测,检测结果综合反映了材料质量和施工质量;② 直观性、可比性较强;③ 扁顶重复使用率较低;④ 砌体强度较高或轴向变形较大时,难以测出抗压强度;⑤ 设备较轻;⑥ 检测部位局部破损	① 检测普通砖砌体的强度;② 检测古建筑和重要建筑的实际应力;③ 检测具体工程的砌体弹性模量	① 槽间砌体每侧的墙体宽度不应小于1.5 m;② 同一墙体上的测点数量不宜多于1个,测点数量不宜太多

序号	检测方法	特点	用途	限制条件
3	原位单剪法	① 属原位检测,直接在墙体上检测,检测结果综合反映了施工质量和砂浆质量;② 直观性强;③ 检测部位局部破损	检测各种砌体的抗剪强度	① 测点宜选在窗下墙部位,且承受反作用力的墙体应有足够长度;② 测点数量不宜太多
4	原位单砖双剪法	① 属原位检测,直接在墙体上检测,检测结果综合反映了施工质量和砂浆质量;② 直观性较强;③ 设备较轻;④ 检测部位局部破损	检测烧结普通砖砌体的抗剪强度,其他墙体应经试验确定有关换算系数	当砂浆强度低于 5 MPa 时,误差较大
5	推出法	① 属原位检测,直接在墙体上检测,检测结果综合反映了施工质量和砂浆质量;② 设备较轻便;③ 检测部位局部破损	检测普通砖墙体的砂浆强度	当水平灰缝的砂浆饱满度低于 65% 时,不宜选用
6	筒压法	① 属取样检测;② 仅需利用一般混凝土实验室的常用设备;③ 取样部位局部破损	检测烧结普通砖墙体中的砂浆强度	测点数量不宜太多
7	砂浆片剪切法	① 属取样检测;② 有专用的砂浆强度仪及其标定仪,较为轻便;③ 试验工作较简便;④ 取样部位局部破损	检测烧结普通砖墙体中的砂浆强度	
8	回弹法	① 属原位无损检测,测区选择不受限制;② 回弹仪有定型产品,性能较稳定,操作简便;③ 检测部位的装饰面层仅局部受损	① 检测烧结普通砖墙体中的砂浆强度;② 适用于砂浆强度均质性普查	砂浆强度不应小于 2 MPa
9	点荷法	① 属取样检测;② 试验工作较简便;③ 取样部位局部破损	检测烧结普通砖墙体中的砂浆强度	砂浆强度不应小于 2 MPa
10	射钉法	① 属原位无损检测,测区选择不受限制;② 射钉枪、子弹、射钉有配套定型产品,设备较轻便;③ 墙体装饰面层仅局部损伤	在烧结普通砖、多孔砖砌体中,进行砂浆强度均质性普查	① 定量推定砂浆强度,宜与其他检测方法组合使用;② 砂浆强度不应小于 2 MPa;③ 检测前,需要用标准靶检校

8.3.2 砌体强度

砌体强度是由块体强度等级和砂浆强度等级决定的,可采用取样法或原位法检测。取样法是从砌体中截取试件,在实验室测定试件的强度。原位法是在现场测试砌体的强度。砌体强度的取样检测方法存在着较大的困难,因此原位法在实践中得到了广泛的应用。在进行现场检测时,应根据检测目的、设备和环境条件选择合适的检测方法。砌体结构的各种现场检测方法按测试内容可以分为以下四类。

① 检测砌体抗压强度:原位轴压法、扁顶法;

② 检测砌体工作应力、弹性模量:扁顶法;

③ 检测砌体抗剪强度:原位单剪法、原位单砖双剪法;

④ 检测砌筑砂浆强度:推出法、筒压法、砂浆片剪切法、回弹法、点荷法和射钉法。

8.3.2.1 砂浆强度检测

（1）回弹法

回弹法是根据砂浆表面硬度推断砌筑砂浆立方体抗压强度的一种检测方法。砂浆强度回弹法的原理与混凝土强度回弹法的原理基本相同,即用回弹仪检测砂浆表面硬度,用酚酞试剂检测砂浆碳化深度,将此两项指标换算为砂浆强度。所使用的砂浆回弹仪也与混凝土回弹仪相似。

检测时,可以取面积不大于 25 m² 的砌体构件作为一个构件,按单个构件检测。也可以按批抽样检测,取 250 m² 面积的砌体结构或同一楼层品种相同、强度等级相同的砂浆为同一检测单元,每个检测单元应选不少于 6 面有代表性的墙,每面墙上应不少于 5 个测区,测区大小约为 0.3 m²。测区灰缝砂浆应清洁、干燥。检测前,清除勾缝砂浆和浮浆,并将砂浆打磨平整。每个测区弹击 12 个测点,每个测点连续弹击 3 次,前 2 次不读数,仅读取最后一次回弹值。在测区的 12 个回弹值中,剔除一个最大值和一个最小值,计算剩余 10 个值的平均值。

砂浆回弹仪的主要技术性能指标应符合表 8-3 的要求。

表 8-3 砂浆回弹仪的主要技术性能指标

项目	指标	项目	指标
冲击动能/J	0.196	弹击球面曲率半径/mm	25
弹击锤冲程/mm	75	钢砧上率定平均回弹值(R)	74±2
指针滑块的静摩擦力/N	0.5±0.1	外形尺寸/(mm×mm)	60×80

注:R 为无量纲参数。

(2) 贯入法

贯入法检测砂浆强度所采用的设备为贯入仪。贯入仪采用压缩弹簧加荷,将一测钉贯入砂浆,根据测钉的贯入深度以及贯入深度与砂浆抗压强度的关系来换算砂浆的抗压强度。

按批抽样检测时,在不大于 250 m² 面积的砌体中至少选取 6 个构件。每个构件上测试 16 个点,每条灰缝测点不宜多于 2 个,相邻测点的距离不宜小于 240 mm。检测时应避开竖向灰缝,水平灰缝的厚度不宜小于 7 mm。

(3) 筒压法

筒压法适用于推定烧结普通砖墙中砌筑砂浆的强度,不适用于推定遭受火灾、化学侵蚀等砌筑砂浆的强度。检测时,应从砖墙中抽取砂浆试样,在实验室内进行筒压荷载试验,检测筒压比,然后换算为砂浆强度。

一般情况下:① 中、细砂配制的水泥砂浆,砂浆强度为 2.5~20 MPa;② 中、细砂配制的水泥石灰混合砂浆(简称混合砂浆),砂浆强度为 2.5~15 MPa;③ 中、细砂配制的水泥粉煤灰砂浆(简称粉煤灰砂浆),砂浆强度为 2.5~20 MPa;④ 石灰质石粉砂与中、细砂混合配制的水泥石灰混合砂浆和水泥砂浆(简称石粉砂浆),砂浆强度为 2.5~20 MPa。

筒压法的主要检测设备有:承压筒(图 8-15,可用普通碳素钢或合金钢自行制作),50~100 kN 压力试验机或万能试验机,砂摇筛机、干燥箱,孔径为 5 mm、10 mm、15 mm 的标准砂石筛(包括筛盖和底盘),水泥跳桌,称量为 1000 g、感量为 0.1 g 的托盘天平。

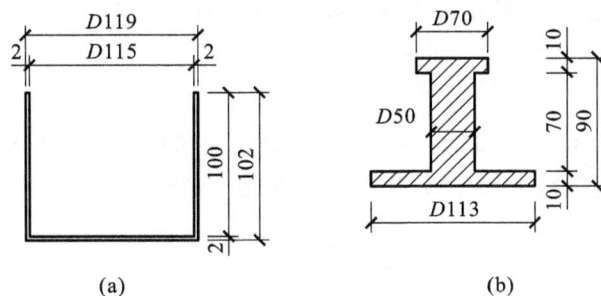

图 8-15 承压筒构造
(a) 承压筒剖面;(b) 承压盖剖面

筒压法检测方法如下。在每一测区,从距墙表面 20 mm 以内的水平灰缝中凿取砂浆约 4000 g,其最小厚度不得小于 5 mm。使用手锤击碎样品,筛取 5~15 mm 的砂浆颗粒约 3000 g,在 105±5 ℃的温度下烘干至恒重,待冷却至室温后备用。每次取供干样品约 1000 g,置于孔径 5 mm、10 mm、15 mm 标准筛组成的套筛中,机械摇筛 2 min 或手工摇筛 1.5 min。称取粒级 5~10 mm 和 10~15 mm 的砂浆颗粒各 250 g,混合均匀后即为一个试样。共制备三个试样。每个试样应分两次装入承压筒。每次约装 1/2,在水泥跳桌上跳振 5 次。第二次装料并跳振后,整平表面,安上承压盖。如无水泥跳桌,可按照砂、石紧密体积密度的试验方法颠击密实。将装料的承压筒置于试验机上,盖上承压盖,开动压力试验机,应于 20~40 s 内均匀加荷至下面规定的筒压荷载值后立即卸荷。不同品种砂浆的筒压荷载值分别为:水泥砂浆、石粉砂浆为 20 kN,水泥石灰混合砂浆、粉煤灰砂浆为 10 kN。

将施压后的试样倒入由孔径 5 mm 和 10 mm 标准筛组成的套筛中,装入摇筛机摇筛 2 min 或人工摇筛 1.5 min,筛至每隔 5 s 的筛出量基本相等。称量各筛筛余试样的质量(精确至 0.1 g),各筛的分计筛余量和底盘剩余量的总和,与筛分前的试样质量相比,相对差值不得超过试样质量的 5%;超过时,应重新进行试验。

标准试样的筒压比应按式(8-20)计算:

$$T_{ij} = \frac{t_1 + t_2}{t_1 + t_2 + t_3} \tag{8-20}$$

式中 T_{ij}——第 i 个测区中第 j 个试样的筒压比,以小数记;

t_1, t_2, t_3——第 i 个测区三个标准砂浆试样的筒压比。

根据筒压比,测区的砂浆强度平均值应按下列公式计算。

水泥砂浆:

$$f_{2,i} = 34.58 T_i^{3.06} \tag{8-21}$$

水泥石灰混合砂浆:

$$f_{2,i} = 6.1 T_i + 11 T_i^2 \tag{8-22}$$

粉煤灰砂浆:

$$f_{2,i} = 2.52 - 9.4 T_i + 32.8 T_i^2 \tag{8-23}$$

石粉砂浆:

$$f_{2,i} = 2.7 - 13.9 T_i + 44.9 T_i^2 \tag{8-24}$$

根据某测区砂浆的强度值和平均值,要得到砂浆强度标准值还应进行强度推定。

当测区数 n_2 不小于 6 时:

$$f_{2,m} > f_2 \tag{8-25}$$

$$f_{2,min} > 0.75 f_2 \tag{8-26}$$

式中 $f_{2,m}$——同一检测单元,按测区统计的砂浆抗压强度平均值,MPa;

f_2——砂浆推定强度等级所对应的立方体抗压强度值,MPa;

$f_{2,min}$——同一检测单元,测区砂浆抗压强度的最小值,MPa。

当测区数 n_2 小于 6 时:

$$f_{2,min} > f_2 \tag{8-27}$$

当检测结果的变异系数 δ 大于 0.35 时,应检查检测结果离散性较大的原因。若是检测单元划分不当造成的,宜重新划分,并可增加测区数进行补测,然后重新推定。变异系数的计算方法为:

$$\delta = \frac{s}{f_{2,m}} \tag{8-28}$$

$$s = \sqrt{\frac{1}{n_2 - 1} \sum_{i=1}^{n_2} (f_{2,m} - f_{2,i})^2} \tag{8-29}$$

当遇到砌筑砂浆不饱满的情况时,应考虑砂浆不饱满所造成的设计强度折减。砌体强度设计值折减系数见表 8-4。当砂浆不饱满程度介于表中给定值之间时,可按线性内插法计算相应的折减系数。

表 8-4　　　　　　　　　　　　　　砌体强度设计值折减系数

砂浆饱满度/%	50	75	80
折减系数	0.60	0.97	1.00

（4）推出法

推出法是将 240 mm 厚砖墙中的丁砖推出，通过测定单块丁砖推出力与砂浆饱满度来推断砌体砂浆的抗压强度。

将被推丁砖上方的两块顺砖取出，并锯切清理被推丁砖两侧的竖向灰缝。然后安装推出仪，推出仪采用螺杆加力，主要测试元件是力传感器和推出力峰值测定仪。峰值测定仪可以自动将试验过程中的最大力值记录下来。一般取单片墙为一个测区，每个测区的测点数不少于 5 个。

8.3.2.2　砌体强度的直接检测

（1）原位轴压法

本方法适用于推定 240 mm 厚普通砖砌体的抗压强度。检测时，在墙体上开凿两条水平槽型孔，安放原位压力机，如图 8-16 所示。试验墙体就是两条槽孔之间的墙体。直接对局部墙体施加轴向压力荷载，并使这部分局部墙体的受力达到极限状态，通过实测的破坏荷载和变形，得到墙体的抗压强度。按下式计算：

$$f_{uij} = N_{uij} / A_{ij} \qquad (8\text{-}30)$$

式中　f_{uij}——第 i 个测区第 j 个测点槽间墙体的抗压强度；

　　　N_{uij}——第 i 个测区第 j 个测点槽间墙体的受压破坏荷载值；

　　　A_{ij}——第 i 个测区第 j 个测点槽间墙体受压面积。

检测部位应具有代表性，并应符合下列规定：① 宜在墙体中部距楼、地面 1 m 左右的高度处进行检测；槽间砌体每侧的墙体宽度不应小于 1.5 m。② 同一墙体上，测点不宜多于 1 个，且宜选在墙体长度中间部位；多于 1 个时，水平净距不得小于 2.0 m。③ 检测部位不得选在挑梁下、应力集中部位以及墙梁的墙体计算高度范围内。

槽间墙体受压时，由于墙体受压部分的边界条件与标准砌体受压时的边界条件不同，因此直接根据试验结果得到的抗压强度与标准抗压强度有差别。将式（8-30）得到的结果按下式换算，得到相应的标准抗压强度：

$$\left. \begin{array}{l} f_{mij} = f_{uij} / \xi_{1ij} \\ \xi_{1ij} = 1.25 + 0.60\delta_{0ij} \end{array} \right\} \qquad (8\text{-}31)$$

式中　f_{mij}——第 i 个测区第 j 个测点标准砌体抗压强度换算值；

　　　ξ_{1ij}——原位轴压法的无量纲强度换算系数；

　　　σ_{0ij}——该测点上部墙体的压应力。

（2）扁顶法

扁顶法可用来推定普通砖砌体的抗压强度、受压工作应力和弹性模量。检测时应首先选择适当的检测位置，其选择方法与原位轴压法相同。检测时，在墙体的水平灰缝处开凿两条槽孔，安放扁顶、油泵等检测设备。加荷设备由手动油泵、扁顶等组成。其工作状况如图 8-17 所示。

通过测量开槽前后位移的变化，并用扁顶压力恢复因开槽而卸载的应变，根据扁顶压力推定砌体的工作应力。完成后再开凿第二条水平槽，同时对两个扁顶施加压力，使两个扁顶之间的墙体受压，测量脚标之间的距离变化，可以推定砌体的弹性模量，应将计算结果乘以 0.85 的换算系数。随着扁顶压力的增加，受压墙体开裂直至破坏。根据破坏时扁顶的压力，可以推定砌体的抗压强度。公式如下：

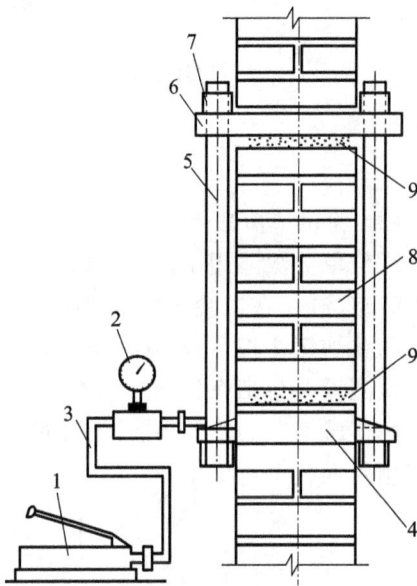

图 8-16　原位压力机测试工作状况

1—手动油泵；2—压力表；3—高压油管；

4—扁式千斤顶；5—拉杆（共 4 根）；

6—反力板；7—螺母；8—槽间砌体；

9—砂垫层

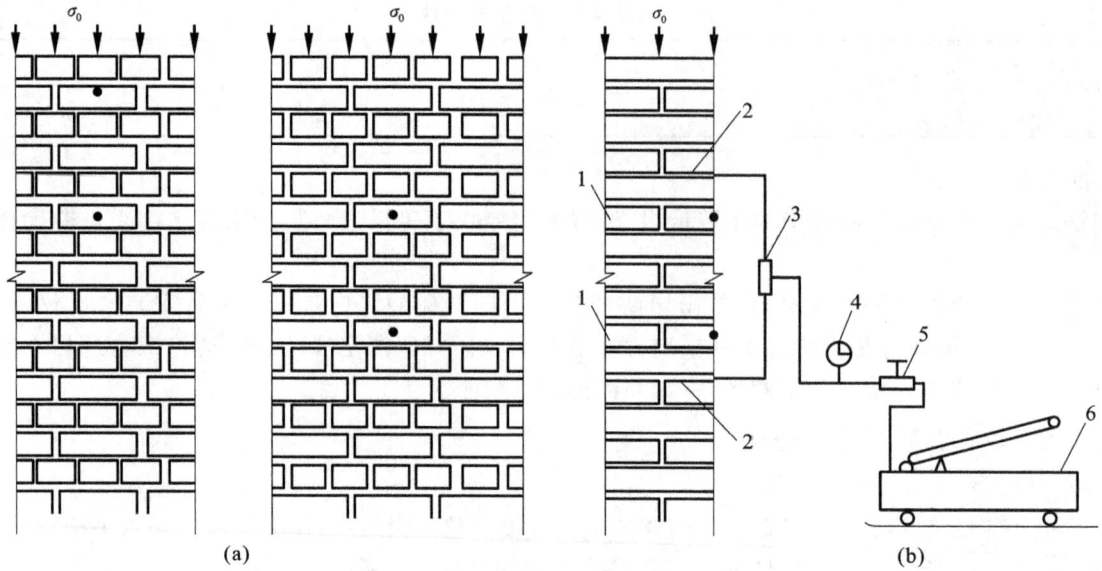

图 8-17 扁顶法测试装置与变形测点布置

(a) 测试受压工作应力;(b) 测试弹性模量、抗压强度

1—变形测量脚标(两对);2—扁式液压千斤顶;3—三通接头;4—压力表;5—溢流阀;6—手动油泵

$$f_{mij} = f_{uij}/\xi_{2ij} \tag{8-32}$$

$$\xi_{2ij} = 1.25 + 0.60\sigma_{0ij} \tag{8-33}$$

(3) 原位单剪法

原位单剪法适用于推定砖砌体沿通缝截面的抗剪强度。检测时,检测部位宜选在窗洞口或其他洞口下三皮砖范围内,在试验区取 L(370~490 mm)长一段,两边凿通、齐平,加压面坐浆找平,用千斤顶加压,受力支承面要加钢垫板,逐步施加推力。

检测设备包括螺旋千斤顶或卧式液压千斤顶、荷载传感器及数字荷载表等,如图 8-18 所示。试件的预估破坏荷载值应为千斤顶、传感器最大测量值的 20%~80%。检测前,应标定荷载传感器及数字荷载表,其示值相对误差不应大于 3%。

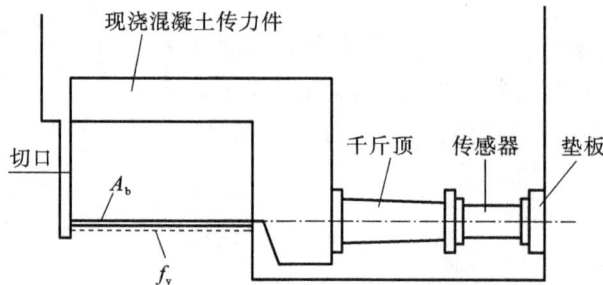

图 8-18 原位单剪法检测装置

首先在选定的墙体上采用振动较小的工具加工切口,现浇钢筋混凝土传力件。测量被测灰缝的受剪面尺寸,精确至 1 mm。安装千斤顶及检测仪表,千斤顶的加力轴线与被测灰缝顶面应齐平。匀速施加水平荷载,并控制试件在 2~5 min 内破坏。当试件沿受剪面滑动,千斤顶开始卸荷时,即判定试件达到破坏状态。记录破坏荷载值,结束试验。在预定剪切面(灰缝)处破坏方为有效试验。加荷试验结束后,翻转已破坏的试件,检查剪切面破坏特征及砌体砌筑质量,并详细记录。

根据检测仪表的校验结果进行荷载换算,精确至 10 N。根据试件的破坏荷载和受剪面积,应按下式计算砌体的沿通缝截面抗剪强度:

$$f_{vij} = \frac{N_{vij}}{A_{vij}} \tag{8-34}$$

式中　f_{vij}——第 i 个测区第 j 个测点的砌体沿通缝截面抗剪强度,MPa;

　　　N_{vij}——第 i 个测区第 j 个测点的抗剪破坏荷载,N;

　　　A_{vij}——第 i 个测区第 j 个测点的受剪面积,mm^2。

测区的砌体沿通缝截面抗剪强度平均值,应按下式计算:

$$f_{vi} = \frac{1}{n_1} \sum_{j=1}^{n_1} f_{vij} \tag{8-35}$$

式中　f_{vi}——第 i 个测区的砌体沿通缝截面抗剪强度平均值,MPa。

(4)原位双剪法

原位单剪法会造成较大区域的墙体破损。对于已建的并投入使用的房屋建筑,原位单剪法试验往往难以实施。原位单砖双剪法适用于推定烧结普通砖砌体的抗剪强度,对墙体的损伤小。检测时,将原位剪切仪的主机安放在墙体的槽孔内,其工作状况如图 8-19 所示。在试验时只需要两块砖,其中一块砖的位置用来安装剪切仪,另一块砖用作剪切试件,该砖的上下两条水平灰缝为剪切破坏面。

测点的布置情况如下。① 每个测区随机布置 i 个测点,在墙体两面的数量宜接近或相等。以一块完整的顺砖及其上下两条水平灰缝作为一个测点(试件)。② 试件两个受剪面的水平灰缝厚度应为 8～12 mm。③ 下列部位不应布设测点:门、窗洞口侧边 120 mm 范围内;后补的施工洞口和经修补的砌体;独立砖柱和窗间墙。④ 同一墙体的各测点之间,水平方向净距不应小于 0.62 m,垂直方向净距不应小于 0.5 m。

原位剪切仪的主机为一个附有活动承压钢板的小型千斤顶,其成套设备如图 8-20 所示。

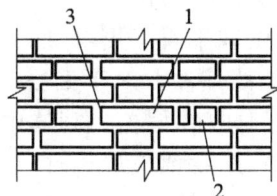

图 8-19　原位单砖双剪试验示意图
1—剪切试件;2—剪切仪主机;3—被掏空的竖缝

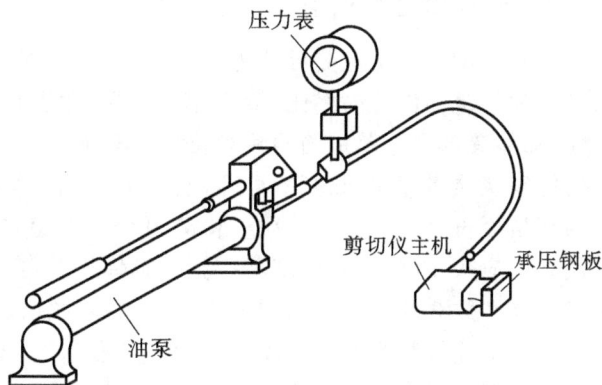

图 8-20　原位剪切仪示意图

原位剪切仪的主要技术指标应符合表 8-5 的规定,且应每半年校验一次。

表 8-5　　　　　　　　　　　　　　**原位剪切仪的主要技术指标**

项目	75 型指标	150 型指标
额定推力/kN	75	150
相对测量范围/%	20～80	20～80
额定行程/mm	>20	>20
示值相对误差/%	±3	±3

当采用带有上部压应力 σ_0 作用的试验方案时,应按图 8-19 的要求将剪切试件相邻一端的一块砖掏出,清除四周的灰缝,制备出安放主机的孔洞。其截面尺寸不得小于 115 mm ×65 mm,掏空、清除剪切试件另一端的竖缝。当采用释放试件上部压应力 σ_0 的试验方案时,还应按图 8-21 所示掏空水平灰缝,掏空范围由剪切试件两端向上呈 45°角扩散至灰缝 4,掏空长度应大于 620 mm,深度应大于 240 mm,试件两端的灰缝应清理干净。开凿清理过程中,严禁扰动试件。如发现被推砖块有明显缺棱掉角或上、下灰缝有明显松动现象,则应舍去该试件。被推砖的承压面应平整,不平整时应用扁砂轮等工具磨平。将剪切仪主机(图 8-20)

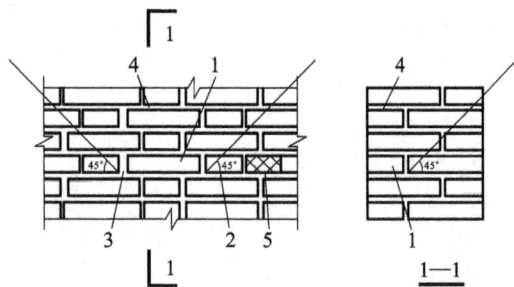

图 8-21　释放 σ_0 方案示意图

1—试样；2—剪切仪主机；3—掏空竖缝；
4—掏空水平缝；5—垫块

放入开凿好的孔洞中，使仪器的承压板与试件的砖块顶面重合，仪器轴线与砖块轴线吻合。若开凿孔洞过长，在仪器尾部应另加垫块。

匀速施加水平荷载，直至试件和砌体之间产生相对位移，试件达到破坏状态。加荷的全过程宜为 1～3 min。记录试件破坏时剪切仪测力计的最大读数，精确至 0.1 个分度值。采用无量纲指示仪表的剪切仪时，还应按剪切仪的校验结果换算成以 N 为单位的破坏荷载。

试件沿通缝截面的抗剪强度应按下式计算。

对于烧结普通砖：

$$f_{vij} = \frac{0.32N_{vij}}{A_{vij}} - 0.7\sigma_{0ij} \qquad (8\text{-}36a)$$

对于烧结多孔砖：

$$f_{vij} = \frac{0.29N_{vij}}{A_{vij}} - 0.7\sigma_{0ij} \qquad (8\text{-}36b)$$

式中　A_{vij}——第 i 个测区第 j 个测点单个受剪截面的面积，mm^2。

测区的砌体沿通缝截面抗剪强度平均值与单剪法相同，即式(8-35)。

8.3.3　砌筑质量与构造

砌筑构件的砌筑质量检测可分为砌筑方法、灰缝质量、砌体偏差和留槎及洞口等项目。砌体结构的构造检测可分为砌筑构件的高厚比、梁垫、壁柱、预制构件的搁置长度、大型构件端部的锚固措施、圈梁、构造柱或芯柱、砌体局部尺寸及钢筋网片和拉结筋等项目。

当构件砌筑质量存在问题时，可降低该构件的砌体强度。对砌筑方法进行检测时，应检测上、下错缝，内外搭砌等是否符合要求。灰缝质量检测可分为灰缝厚度、灰缝饱满程度和平直程度等项目。其中，灰缝厚度的代表值应按 10 皮砖砌体高度折算。砌体偏差可分为砌筑偏差和放线偏差。对于无法准确测定构件轴线绝对位移和放线偏差的既有结构，可测定构件轴线的相对位移或相对放线偏差。砌体中拉结筋的间距，应取 2～3 个连续间距的平均间距作为代表值。砌筑构件的高厚比中，厚度值应取构件厚度的实测值。跨度较大的屋架和梁支承面下的垫块、锚固措施，可采取剔除表面抹灰的方法检测。预制钢筋混凝土板的支承长度，可采用剔凿楼面面层及垫层的方法检测。跨度较大门窗洞口混凝土过梁的设置状况，可通过测定过梁钢筋状况判定，也可采取剔凿表面抹灰的方法检测。砌体墙梁的构造，可采取剔凿表面抹灰和用尺量测的方法检测。

8.3.3.1　砖砌体灰缝砂浆饱满度检测

砖砌体中的砌筑砂浆必须填实饱满，实心砖砌体水平灰缝的砂浆饱满度应不小于 80%。检测的数量和方法为：每步架抽查不少于 3 处，每处掀开 3 块砖，用钢尺或百格网量度砖底面与砂浆的黏结痕迹面积。取 3 块砖的地面灰缝砂浆饱满度的百分率平均值为该处的灰缝砂浆饱满度。

8.3.3.2　砖砌体截面尺寸和砖柱、砖墙垂直度检验

进行结构承载力验算时，需要提供砖砌体截面的真实尺寸。检测砖柱、砖墙的截面尺寸前，应把其表面的抹灰层铲除干净，然后用钢尺量取。

量测砖砌体垂直度时，应先清除砌体表面抹灰层，然后用经纬仪或吊线和钢尺量取。有明显偏斜或截面面积缺损的砖柱、砖墙应作重点检测，其余部分为随机抽查。抽查数量为：外墙按楼层每 20 m 抽查 1 处，但不少于 3 处；内墙按有代表性的自然间抽查 10%，但不少于 3 间，每间不少于 2 处；砖柱不少于 5 根。

8.3.4　变形与损伤

砌体结构变形与损伤的检测项目可分为裂缝、倾斜、基础不均匀沉降、环境侵蚀损伤、灾害损伤及人为

损伤等。

砌体裂缝的产生原因有多方面:温度应力作用、基础不均匀沉降、墙体承载力不足等。应对砌体表面的裂缝作全面检测,查清裂缝的长度、宽度、方向和数量,分析裂缝产生的原因。检测时,应剔除构件抹灰,用钢尺量取裂缝长度,并记录其数量和走向;用塞尺、卡尺或读数显微镜量测裂缝的宽度,把检测结果详细标注在墙体立面或砖柱展开图上。对于仍在发展的裂缝,应进行定期观测,提供裂缝发展速度的数据。

对于砌筑构件或砌体结构的倾斜,宜区分倾斜中砌筑偏差造成的倾斜、变形造成的倾斜、灾害造成的倾斜等。

对砌体结构受到的损伤进行检测时,应确定损伤对砌体结构安全性的影响。对于不同原因造成的损伤,可按下列规定进行检测:

① 对于环境侵蚀,应确定侵蚀源、侵蚀程度和侵蚀速度;

② 对于冻融损伤,应测定冻融损伤深度、面积,检测部位宜为檐口、房屋的勒脚、散水附近和出现渗漏的部位;

③ 对于火灾等造成的损伤,应确定灾害影响区域和受灾害影响的构件,确定影响程度;

④ 对于人为损伤,应确定损伤程度。

腐蚀层深度检测方法:在占建筑物开间 30% 的墙面上进行随机抽样检查,也可以按墙面被腐蚀的严重程度分成若干类别,在同一类中进行随机抽样检查。墙面表层已腐蚀的部分可用小锤轻敲墙面表层,除去腐蚀层,用钢尺直接量取腐蚀层深度。对于灰缝砂浆,还应观察被腐蚀砂浆与正常砂浆的颜色变化,以确定灰缝砂浆的腐蚀层深度。

8.3.5   砌体结构裂缝分级标准

砌体构件在各种荷载作用下,由于受压、局部承压、受弯、受剪等原因而产生的裂缝称为受力裂缝。由于温度、收缩变形、地基不均匀沉降等原因引起的裂缝称为变形裂缝。根据裂缝发生的构件、部位、形状和分布,经分析和验算判别其性质,按变形裂缝和受力裂缝评定等级,见表 8-6、表 8-7。裂缝宽度可用读数显微镜或钢板尺来测定。

表 8-6   砌体变形裂缝分级标准

构件	级别			
	a	b	c	d
墙	无	墙体产生轻微缝,裂缝宽度小于 1.5 mm	墙体开裂较严重,裂缝宽度为 1.5～10 mm	墙体开裂较严重,裂缝宽度大于 10 mm
柱	无	无	柱截面出现的水平裂缝缝宽小于 1.5 mm,且未贯通柱截面	柱断裂,或产生水平错动

注:本表仅适用于黏土砖、硅酸盐砖及粉煤灰砖砌体。

表 8-7   砌体受力裂缝分级标准

构件	级别			
	a	b	c	d
墙、柱	无	非主要受力部位砌体产生局部轻微裂缝	主要受力部位砌体产生肉眼可见的竖向裂缝,或墙体产生未贯通的斜裂缝,砌体出现个别竖向肉眼可见微裂缝	出现下列情况之一即属此级:① 主要受力部位产生宽度大于 0.1 mm 的多条裂缝或贯通数皮砖的竖向裂缝;② 墙体产生基本贯通的斜裂缝;③ 出现水平弯曲裂缝;④ 砌体出现宽度大于 0.1 mm 的多条裂缝、贯通数皮砖的竖向裂缝或出现水平错位裂缝
过梁	无	过梁砌体出现轻微裂缝	出现宽度不大于 0.4 mm 的垂直裂缝,或出现较严重的斜裂缝	出现下列情况之一即属此级:① 跨中出现大于 0.4 mm 宽度的竖向裂缝;② 出现基本贯通断面全高的斜裂缝;③ 支承过梁的墙体出现剪切裂缝;④ 过梁出现不允许的变形

8.4　钢结构现场检测技术　≫≫≫

钢结构最典型的破坏方式是失稳破坏和疲劳断裂破坏。其缺陷主要来自以下几个方面：

① 钢材中的有害元素如硫、磷等杂质使钢材的塑性、冲击韧性、疲劳强度、抗腐性能、可焊性和冷弯性能等指标下降。

② 钢结构在加工过程中的误差带来的缺陷，如加工尺寸、孔径误差、钢材的加工硬化、构件热加工产生的残余应力等。

③ 焊接钢结构的焊接工艺不正确可能会使焊缝产生内部缺陷，焊缝尺寸不满足设计要求，焊条、母材或拼接板不匹配，产生过大的残余应力等。

④ 铆接钢结构的铆接工艺不正确会导致钢结构存在缺陷，如铆合质量差，构件拼接时铆钉孔错孔数目太多，铆合时铆钉温度过高等原因都可能使钢结构产生初始缺陷。

⑤ 螺栓连接时，钢结构可能因螺栓孔加工误差、螺栓材质等原因出现缺陷，在长期使用荷载作用下，螺栓松动、高强度螺栓应力松弛也影响螺栓连接钢结构的性能。

⑥ 钢结构构件的防腐蚀处理不满足要求，导致构件、连接件、螺栓等被腐蚀。

⑦ 结构设计不合理或设计错误，导致钢结构存在初始缺陷。

钢结构的检测项目可分为钢结构材料性能、连接、构件的尺寸与偏差、变形与损伤、构造及涂装等。必要时，可进行结构或构件性能的实荷检验或结构的动力测试。钢结构的很多缺陷可以通过目测和测量的方法确定，例如螺栓松动、尺寸误差等，也可采用非破损检测仪器、仪表检测钢材强度和焊缝的内部缺陷。

8.4.1　一般要求

8.4.1.1　材料

对结构构件钢材力学性能的检验可分为屈服点、抗拉强度、伸长率、冷弯和冲击功等项目。当工程尚有与结构同批的钢材时，可以将其加工成试件，进行钢材力学性能检验。当工程中没有与结构同批的钢材时，可在构件上截取试样，但应确保结构构件的安全。钢材力学性能检验试件的取样数量、取样方法、试验方法和评定标准应符合表 8-8 的规定。

表 8-8　　　　　　　钢材力学性能检验项目和方法

检验项目	取样数量/(个/批)	取样方法	试验方法	评定标准
屈服点、抗拉强度、伸长率	1	《钢及钢产品力学性能试验取样位置及试样制备》(GB/T 2975—1998)	《金属材料　拉伸试验　第1部分：室温试验方法》(GB/T 228.1—2010)	《碳素结构钢》(GB/T 700—2006)、《低合金高强度结构钢》(GB/T 1591—2008)，其他钢材产品标准
冷弯	1		《金属材料　弯曲试验方法》(GB/T 232—2010)	
冲击功	3		《金属材料夏比摆锤冲击试验方法》(GB/T 229—2007)	

钢材化学成分可根据需要进行全成分分析或主要成分分析。钢材化学成分分析每批钢材可取一个试样。取样和试验应分别按《钢的成品化学成分允许偏差》(GB/T 222—2006)和《钢铁及合金化学分析方法》(GB/T 223—1991)执行，并应按相应产品标准进行评定。

既有钢结构钢材的抗拉强度，可采用表面硬度的方法检测。应用表面硬度法检测钢结构钢材抗拉强度时，应有取样检验钢材抗拉强度的验证。锈蚀钢材或受到火灾等影响钢材的力学性能，可采用取样的方法检测；对试样的测试操作和评定，可按相应钢材产品标准的规定进行，在检测报告中应明确说明检测结果的适用范围。

8.4.1.2　连接

钢结构的连接方式可分为焊接、铆接、螺栓连接等。对钢结构工程的所有焊缝都应进行外观检查;对既有钢结构进行检测时,可采取抽样检测焊缝外观质量的方法,也可采取按委托方指定范围抽查的方法。焊缝的外形尺寸和外观缺陷检测方法和评定标准,应按《钢结构工程施工质量验收规范》(GB 50205—2001)确定。对设计上要求全焊透的一、二级焊缝和设计上没有要求的钢材等强对焊拼接焊缝的质量,可采用超声波探伤的方法检测。焊接接头的力学性能可采取截取试样的方法检验,但应采取措施确保安全。焊接接头焊缝的强度不应低于母材强度的最低保证值。

当对钢结构工程质量进行检测时,可抽样进行焊钉焊接后的弯曲检测,抽样数量不应少于 A 类检测的要求。对于检测方法与评定标准,锤击焊钉头使其弯曲至 30°,焊缝和热影响区没有肉眼可见的裂纹可判为合格。

对扭剪型高强度螺栓连接质量,可检查螺栓端部的梅花头是否已拧掉。除因构造原因无法使用专用扳手拧掉梅花头者外,未在终拧中拧掉梅花头的螺栓数不应大于该节点螺栓数的 5%。对高强度螺栓连接质量的检测,可检查外露丝扣,丝扣外露应为 2~3 扣。允许有 10% 的螺栓丝扣外露 1 扣或 4 扣。

8.4.1.3　尺寸与偏差

对于尺寸检测的范围,应检测所抽样构件的全部尺寸,每个尺寸在构件的 3 个部位量测,取 3 处测试值的平均值作为该尺寸的代表值;对于尺寸量测的方法,可按相关产品标准的规定,其中钢材的厚度可用超声测厚仪测定;对于钢构件的尺寸偏差,应以设计图纸规定的尺寸为基准计算尺寸偏差;偏差的允许值,应按《钢结构工程施工质量验收规范》(GB 50205—2001)确定。

8.4.1.4　变形与损伤

钢材外观质量的检测可分为均匀性,是否有夹层、裂纹、非金属夹杂和明显偏析等项目。当对钢材的质量有怀疑时,应对钢材原材料进行力学性能检验或化学成分分析。对钢结构损伤的检测可分为裂纹、局部变形、锈蚀等项目。钢材裂纹可采用观察的方法和渗透法检测。采用渗透法检测时,应用砂轮和砂纸将检测部位的表面及其周围 20 mm 范围内打磨光滑,不得有氧化皮、焊渣、飞溅、污垢等;用清洗剂将打磨表面清洗干净,干燥后喷涂渗透剂,渗透时间不应少于 10 min;然后用清洗剂将表面多余的渗透剂清除;最后喷涂显示剂,停留 10~30 min 后观察是否有裂纹显示。杆件的弯曲变形和板件凹凸等变形情况可用观察和尺量的方法检测,量测出变形的程度;变形评定应按现行《钢结构工程施工质量验收规范》(GB 50205—2001)的规定执行。螺栓和铆钉的松动或断裂,可采用观察或锤击的方法检测。

对于结构构件的锈蚀,可按《涂覆涂料前钢材表面处理　表面清洁度的目视评定》(GB/T 8923.1—2011)确定锈蚀等级。对 D 级锈蚀,还应量测钢板厚度的削弱程度。

8.4.1.5　结构性能实荷检验与动测

对大型复杂钢结构体系可进行原位非破坏性实荷检验,直接检验结构性能。对结构或构件的承载力有疑义时,可进行原型或足尺模型荷载试验。试验应委托具有足够设备能力的专门机构进行。试验前应制订详细的试验方案,包括试验目的、试件的选取或制作、加载装置、测点布置和测试仪器、加载步骤及试验结果的评定方法等。

8.4.2　钢材强度检测

钢材强度测定最理想的方法是在结构上截取试样,由拉伸试验确定相应的强度指标。但这同样会损伤结构,影响它的正常工作,并需要进行补强。一般采用表面硬度法间接推断钢材强度。

表面硬度法主要是利用布氏硬度计测定(图 8-22)。该检测方法适用于估算结构中钢材抗拉强度的范围,不能准确推定钢材的强度。测试前,可用钢锉打磨构件表面,除去表面锈斑、油漆,然后分别用粗、细砂纸打磨构件表面,直至露出金属光泽。在测试时,硬度计端部的钢球在弹簧力作用下与钢材相互挤压,标准试件同时受到挤压,钢材和标准试件表面出现压痕,试件及测试面不得有明显的颤动。测量压痕直径可以确定钢材的硬度,测完后按建立的专用测强曲线换算钢材的强度。

$$H_B = H_S \frac{D - \sqrt{D^2 - d_S}}{D - \sqrt{D^2 - d_B}} \qquad (8\text{-}37)$$

$$f = 3.6 H_B \qquad (8\text{-}38)$$

式中　H_B, H_S——钢材与标准试件的布氏硬度,其中标准试件的布氏硬度 H_S 为已知值;

　　　　d_B, d_S——硬度计钢球在钢材和标准试件上的压痕直径;

　　　　D——硬度计钢球的直径;

　　　　f——钢材的抗拉强度。

测定钢材的抗拉强度后,可依据同种材料的屈强比计算得到钢材的屈服强度,同时可推定钢材的牌号。

另外,根据钢材中各化学成分可以粗略估算碳素钢强度。其计算公式为:

$$\sigma_b = 285 + 7C + 0.06Mn + 7.5P + 2Si \qquad (8\text{-}39)$$

式中　C,Mn,P,Si——钢材中碳、锰、磷和硅元素的含量,以 0.01% 为计量单位。

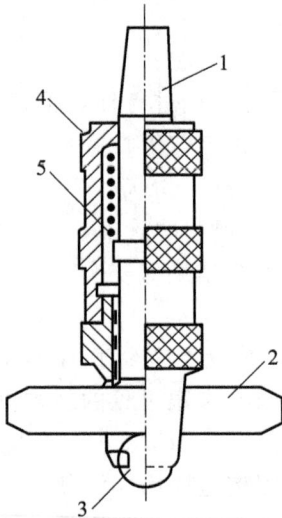

图 8-22　测量钢材硬度的布氏硬度计
1—纵轴;2—标准棒;3—钢球;
4—外壳;5—弹簧

8.4.3　钢材和焊缝缺陷检测

焊缝常见的外观质量缺陷有气孔、夹渣、烧穿、焊瘤、咬边、未焊透、未熔合等。气孔指焊条熔合物表面存在人眼可辨的小孔。夹渣指焊条熔合物表面存在熔合物锚固着的焊渣。烧穿指焊条熔化时把焊件底面熔化,熔合物从底面两焊件缝隙中流出形成焊瘤的现象。焊瘤指在焊缝表面存在的多余的像瘤一样的焊条熔合物。咬边指焊条熔化时把焊件过分熔化,使焊件截面受到损伤的现象。未焊透指焊条熔化时焊件熔化的深度不够,焊件厚度的一部分没有焊接的现象。未熔合指焊条熔化时没有把焊件熔化,焊件与焊条熔合物没有连接或连接不充分的现象。

8.4.3.1　超声法检测

应用超声法检测钢材和焊缝缺陷的工作原理与检测混凝土内部缺陷时相同,试验时较多采用脉冲反射法。由于钢材密度比混凝土大得多,为了能够检测钢材或焊缝较小的缺陷,要求选用较高的超声频率,常用工作频率为 0.5~2 MHz,功率则较小。用于钢结构检测的超声仪为金属超声仪。与混凝土缺陷超声法检测不同的是,金属超声仪只有一个探头。检测时利用纵波(直探头),也利用横波(斜探头),这是因为在钢结构的焊缝中经常遇到 45°方向的斜焊缝。

超声波脉冲经换能器发射进入被测材料后,当通过构件材料表面、内部缺陷和构件底面时,会产生部分反射。这些超声波各自往返的路程不同,回到换能器的时间不同,在超声波探伤仪的示波屏幕上分别显示出各界面的反射波及其相对位置,分别称为始脉冲、伤脉冲和底脉冲,如图 8-23 所示。由缺陷反射波与始脉冲和底脉冲的相对距离可确定缺陷在构件内的相对位置。如果材料内部完好无缺陷,则显示屏上只有始脉冲和底脉冲,不出现伤脉冲。

焊缝内部缺陷检测常用斜向换能器探头。如图 8-24 所示,用三角形标准试块经比较法确定内部缺陷的位置。当在构件焊缝内探测到缺陷时,记录换能器在构件上的位置 l 和缺陷反射波在显示屏上的相对位置,然后将换能器移到三角形标准试块的斜边上做相对移动,使反射脉冲与构件焊缝内的缺陷脉冲重合。当三角形标准试块的 α 角与斜向换能器超声波的倾斜角度和折射角度相同时,量取换能器在三角形标准试块上的位置 L,则缺陷的深度 h 可用下式确定:

$$l = L\sin^2\alpha \qquad (8\text{-}40)$$

$$h = L\sin\alpha\cos\alpha \qquad (8\text{-}41)$$

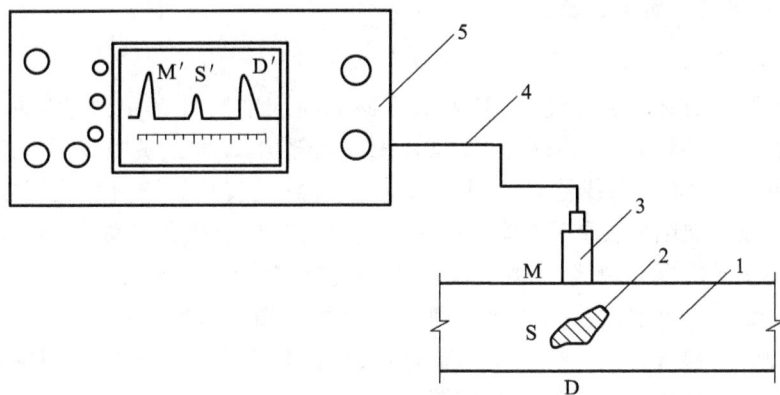

图 8-23　直探头测钢材缺陷示意图

1—试件；2—缺陷；3—探头；4—电线；5—探伤仪；M'—表面反射；S'—缺陷反射；D'—底面反射

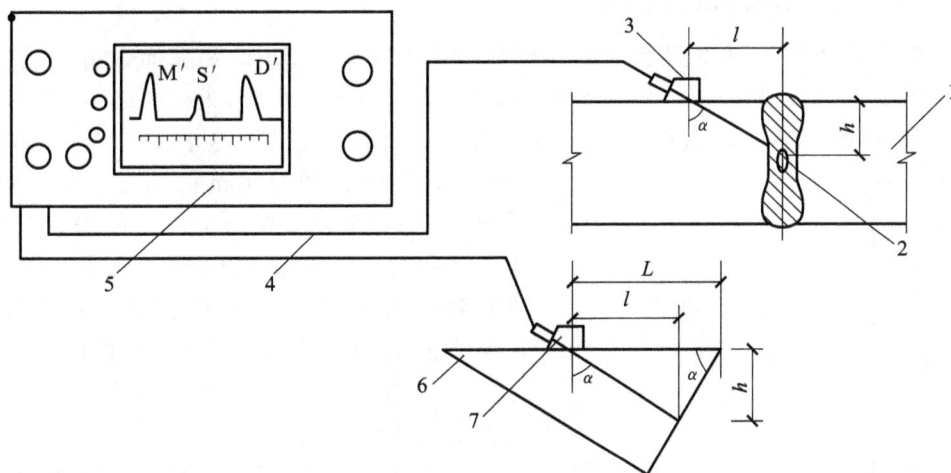

图 8-24　斜探头探测缺陷位置

1—试件；2—缺陷；3,7—探头；4—电缆；5—探伤仪；6—标准试块

应用超声波在钢结构上检测时,可探测深度 1.5 m 以内的各种缺陷,设备简单,便于现场使用,并可实现扫描和自动化检测。同样要求测点光滑,并加适当耦合剂,同时只能测出尺寸大于波长的缺陷。所以频率越高,波长越短,其检测灵敏度越高。

8.4.3.2　磁粉探伤法检测

磁粉探伤的基本原理是利用外加磁场将钢构件磁化,而将磁粉喷涂于构件表面,被磁化的构件可以显示出磁场的磁力线。如果磁化区域不存在缺陷,各部位的磁特性基本一致,则磁粉显示的磁力线均匀分布。如果构件存在裂纹、气孔或非金属夹杂等缺陷,则由于它们会在构件上产生气隙或不导磁的间隙,其磁导率远小于无缺陷部位的磁导率,使得缺陷部位的磁阻增加,磁力线路径受到阻隔,在构件表面形成漏磁场。漏磁场的强度主要取决于磁化场的强度和缺陷对磁化场垂直截面的影响程度。撒在构件表面的磁粉集中吸附在有漏磁场的部位,形成显示缺陷形状的磁痕。利用这一现象可以直接观察到材料的内部缺陷。

磁粉是铁磁性材料的粉末,可用纯铁或四氧化三铁制作。如将磁粉涂上一层荧光物质,在紫外线照射下磁粉发出荧光,则更容易观察磁痕的特征。根据磁粉在构件表面的形态,磁粉探伤又可分为干法和湿法。干法的灵敏度较低,但适用于温度较高的场合。应用湿法时,磁粉借助于液体有更好的流动性,较容易显示出微弱的漏磁性。

磁粉检测方法简单、实用,能适应各种形状、大小及不同加工工艺钢结构的表面缺陷检测,是广泛应用于铁磁性金属材料缺陷检测的方法。其不足之处在于磁粉探伤不能确定缺陷的深度,对缺陷的判断主要通过肉眼观察,要求操作者具有一定的经验。

8.4.3.3　X射线探伤法检测

X射线是一种电磁波。当它穿透焊缝时,其内部不同的组织结构对X射线的吸收能力不同:金属密度越大,钢板越厚,射线被吸收得越多。在有缺陷部位和无缺陷部位,X射线被吸收的程度也有差别。

X射线探伤采用照相法,将X射线管对正焊缝,而将装有感光胶片的塑料盒放置在焊缝背面,X射线穿透金属时发生衰减。一般有缺陷部位的衰减较小,在冲洗后的胶片上颜色较深;无缺陷部位的衰减较大,胶片上的颜色较浅。焊接质量问题如裂缝、气孔、夹渣、未焊透等,都可以在冲洗后的胶片上识别。

除X射线探伤外,还可采用γ射线探伤或其他高能射线探伤,来检查钢结构焊缝的质量。射线探伤多应用于金属压力容器的焊缝检查。在工程钢结构中,射线探伤常常受到焊缝形状和位置的限制而难以直接采用。但射线探伤可以作为超声波探伤的一种校核手段。

钢结构材料及焊缝的缺陷还可以采用电涡流法和液体渗流法检测。

8.4.4　钢结构防火涂层厚度的检测

钢结构在高温条件下材料强度显著降低。例如,2001年9月11日受恐怖袭击的美国纽约世贸中心就是典型的例子。世贸大厦采用筒中筒结构,为姊妹塔楼,地下6层,地上110层,高417 m,标准层平面尺寸为63.5 m×63.5 m,总面积为125万平方米。外筒为钢柱,建于1973年,每幢楼用钢量为7800 t。两座大楼受飞机撞击之后,一个在1 h 2 min后倒塌,另一个在1 h 43 min后倒塌。造成大厦倒塌的重要原因之一是撞击后引起了大火。燃烧引起的高温可达到1000℃,传至下部的温度也有几百度,钢柱受热后失去强度,整个大厦一层层垂直塌下。可见,耐火性差是钢结构的致命缺点,在钢结构工程中应十分重视防火涂层的检测。

对于薄涂型防火涂料涂层,表面裂纹宽度不应大于0.5 mm,涂层厚度应符合有关耐火极限的设计要求;对于厚涂型防火涂料涂层,表面裂纹宽度不应大于1.0 mm,其涂层厚度应有80%以上的面积符合耐火极限的设计要求,且最薄处厚度不应低于设计要求的85%。

防火涂料涂层厚度测定方法如下。

（1）厚度测量仪

厚度测量仪又称测针,由针杆和可滑动的圆盘组成,圆盘始终与针杆保持垂直,并在其上装有固定装置。圆盘直径不大于30 mm,以保证完全接触被测试件的表面。测试时,将测针(图8-25)垂直插入防火涂层,直至钢基材表面,记录标尺读数。

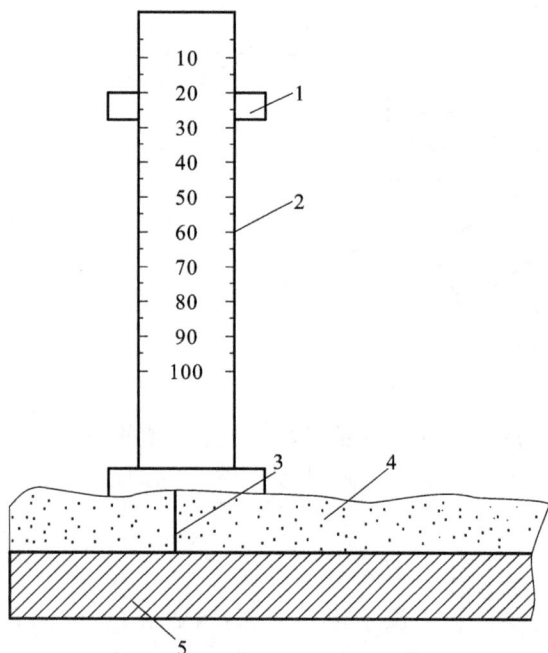

图8-25　测涂层厚度示意图
1—标尺;2—刻度;3—测针;4—防火涂层;5—钢基材

（2）测点选定

对于楼板和防火墙防火涂层厚度的测定,可选两相邻纵、横轴线相交中的面积为一个单元,在其对角线上,每米长度选一点进行测试。对于全钢框架结构的梁和柱的防火层厚度测定,在构件长度内每隔3 m取一截面,按图8-26所示位置测试。桁架结构的上弦和下弦每隔3 m取一截面检测,其他腹杆每根取一截面检测。

（3）测量结果

对于楼板和墙面,在所选择的面积中至少测出5个点;对于梁和柱,在所选择的位置中分别测出6个和8个点。分别计算出它们的平均值,精确到0.5 mm。

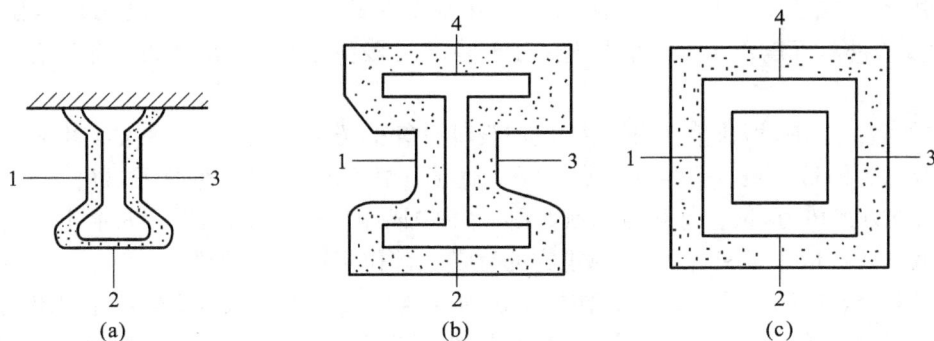

图 8-26　测点布置图
（a）工字梁；（b）I 形柱；（c）方形柱

8.5　结构现场荷载试验　　>>>

结构现场荷载试验被认为是最直观地反映结构整体性能的方法。绝大多数情况下,现场荷载试验是非破损试验。实际工程中,现场荷载试验得到的结果能够说明结构在正常使用条件下的性能。结构在承载能力极限状态下的性能只能通过两条途径获得:其一是对结构进行破坏性试验,采用这种方法可以直接得到结构的极限承载能力,但试验的结构也因承载能力耗尽而不复存在,因此对于已建结构,极少进行这种试验;其二是通过非破损检测和荷载试验掌握结构材料的基本性能和结构整体性能,根据检测和试验获取的信息建立结构计算模型,采用正确的结构理论分析得到结构的极限承载能力。在这个过程中,结构荷载试验所起的作用主要是确定结构的传力路径、边界条件、连接条件和结构在弹性范围内的性能。此外,当结构性能难以通过分析计算证明是否满足规定要求时,结构荷载试验是对结构性能进行综合评定的最可行方法。

现场静载试验可以分为几种情况。一种情况是新建结构采用了新工艺、新材料或新的结构形式,通过静载试验验证结构性能,总结设计分析方法。对于新建结构,在建设过程中,由于质量事故或其他原因,对结构性能存在疑问时,也常常进行现场静载试验。有的结构构件,如预应力混凝土圆孔板,按照建设过程中结构构件质量检验的要求,也进行现场静载试验。另一种情况是结构可靠性鉴定中对已建结构进行静载试验。这类静载试验的目的大多是得到结构整体性能的有关数据,间接获取结构的有关信息,验证结构或构件的正常使用性能是否满足设计规范要求,以便能够更加准确地对结构可靠性做出评估。

8.5.1　结构现场静载试验的荷载

按结构非破损检测的概念,对建筑结构进行现场静载试验的基本要求是,荷载试验应避免对结构造成超出其正常使用条件下可能出现的损伤。因此,最大试验荷载一般为结构设计取用的荷载标准值。考虑结构构件质量控制的要求,有时也将结构设计的荷载标准值乘以 1.05~1.10 的检验系数。注意现场静载试验时,结构构件的自重已发挥作用,但有时粉刷层、找平层等恒荷载尚未作用。这时,结构试验荷载可按下式计算:

$$试验荷载＝(可变荷载＋永久荷载－结构自重)×结构检验系数 \qquad (8\text{-}42)$$

对新建结构或构件进行质量检验时,结构检验系数可取为大于 1.0 的数值;对于已建结构或存在不同程度破损的结构,结构检验系数应小于 1.0,但一般不小于 0.7。如结构已存在较严重的破损,则不宜进行结构现场荷载试验。

结构现场静载试验的对象大多为梁板结构,静力荷载为竖向荷载,因此多采用重物加载。当试验荷载较小时,可采用砖、砂包、袋装水泥等重物堆载。试验前,对试验堆载的重物进行称量,荷载误差不宜大于 1%。当试验结构或构件可能产生较大的变形时,避免堆载的重物产生拱效应,应将重物分区堆载。砌筑临时水池,利用水的重量加载也是一种常见的静力加载方式。采用这种加载方式时,如果楼面为现浇钢筋混凝土整体式结构,可以不采取防渗措施;对于装配式楼面结构,可在楼板上铺一层防水薄膜,防止水渗漏。

堆载或用水加载的范围,即荷载传力路径,应与设计计算的传力路径一致。例如,图 8-27 所示为一结构平面布置图,静载试验的目的是检验梁柱节点的受力性能。按照设计的计算简图,梁柱节点的受荷范围如图 8-27 所示,按简支方式传力,试验荷载的范围如图 8-27 中阴影部分所示。图 8-28 给出了另外一种荷载布置形式,这种加载方式不依靠板来传力,堆载重物的重量全部作用在试验的梁上。

静载试验采用分级加载,在每一级荷载作用下测量结构的变形和应变,观察裂缝的出现等。达到预定的试验荷载值后,根据试验的要求保持荷载一段时间,然后逐级卸载,全部卸载后量测结构的残余变形。

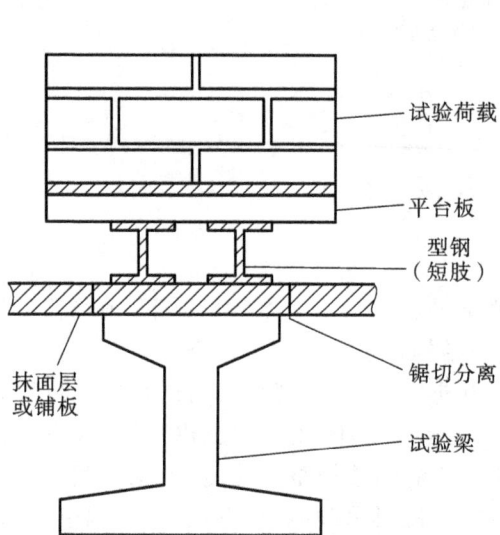

图 8-27 梁上直接加荷方式

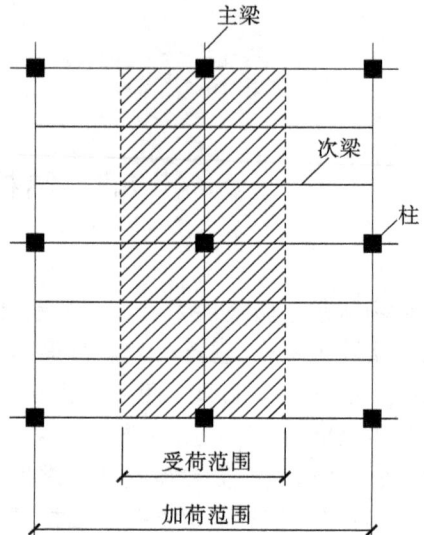

图 8-28 楼面受荷及加荷布置图

8.5.2 结构现场静载试验的观测内容和方法

现场静载试验观测的内容包括位移、倾角、应变和可能出现的裂缝。

考虑环境和测试条件,结构现场测试时多采用机械式仪表。

常用测量仪表和测量方式如下:

① 百分表:测量梁板构件的竖向挠度、构件的水平位移或构件之间的相对位移。

② 手持式应变仪:在试验结构上选择应变测试位置,粘贴两片带有定位孔的小铁片,小铁片定位孔之间的距离为 200～250 mm。手持式应变仪用来测量定位孔之间的距离变化,根据距离变化可计算测试位置的应变。

③ 水准管式倾角仪:测量结构或构件的倾角或扭转角变化。

④ 刻度放大镜:测量裂缝宽度。

⑤ 精密经纬仪或全站仪:测量结构或构件的水平位移或结构整体倾斜。

⑥ 精密水平仪:测量结构的沉降量。

近年来,传感器技术不断发展,出现了不少自供电或直流供电的新型传感器。这类传感器采用一体化设计,将传感、放大、显示等功能高度集成在微小的体积内。传感器对环境变化不敏感,精度高,抗干扰能力强,正在逐渐取代机械式仪表。

由于结构现场静载试验的荷载比较小,结构的反应相对较小。例如,如果静载试验中混凝土结构未出现裂缝,最大拉应变一般为 $100\ \mu\varepsilon$ 的量级,但结构自重也使结构产生拉应变,扣除结构自重产生的拉应变后,静载试验中量测得到的拉应变可能只有 $40\sim60\ \mu\varepsilon$。考虑结构反应较小这一因素,位移测点和应变测点的布设应优先考虑结构的最大反应。对于位移测试和应变测试,应优先考虑位移测试。

在建筑的楼面结构静载试验中,可采用两种方式测量竖向位移。一种方式是将百分表固定在一个独立的刚性支架上,用百分表直接量测楼面板或梁的挠度;另一种方式是采用钢丝-吊锤,将位移测点引到地面或下一层楼面,然后用百分表测量吊锤的位移,两种测量方式如图 8-29 所示。对于较宽的梁,宜在梁底的两侧布置位移测点,测量可能出现的梁体扭转(图 8-30)。

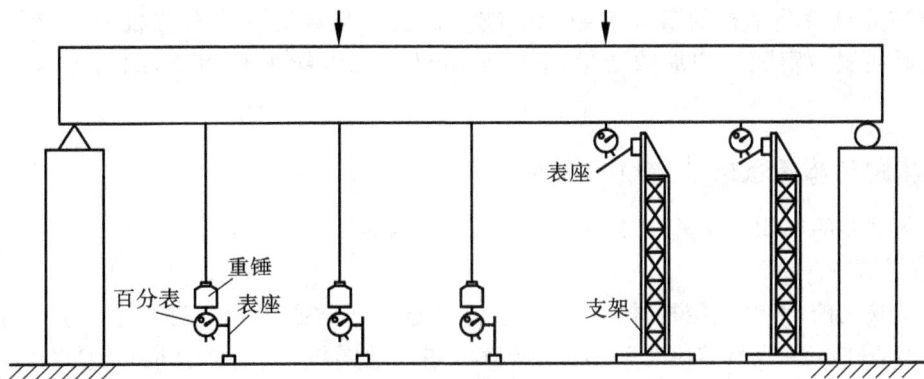

图 8-29 梁板的挠度测量

8.5.3 钢结构性能的静力荷载检验

8.5.3.1 一般规定

钢结构性能的静力荷载检验可分为使用性能检验、承载力检验和破坏性检验。使用性能检验和承载力检验的对象可以是实际的结构或构件,也可以是足尺寸的模型。破坏性检验的对象可以是不再使用的结构或构件,也可以是足尺寸的模型。

检验装置及其设置应能模拟结构实际荷载的大小和分布,并应能反映结构或构件的实际工作状态,加荷点和支座处不得出现不正常的偏心,同时应保证构件的变形和破坏不影响测试数据的准确性,不造成检验设备的损坏和人身伤亡事故。检验的荷载应分级加载,每级荷载不宜超过最大荷载的 20%。在每级加载后应保持足够的静止时间,并检查构件是否存在断裂、屈服、屈曲的迹

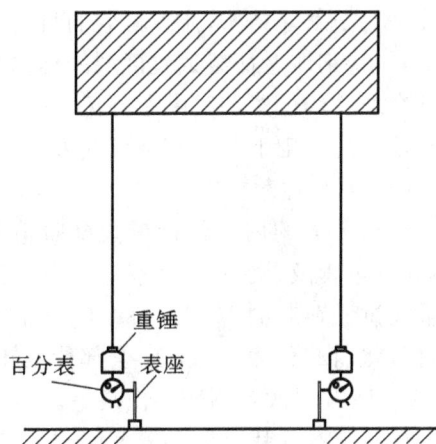

图 8-30 较宽梁的挠度测量

象。变形测试应考虑支座沉降变形的影响,正式检验前应施加一定的初始荷载,然后卸荷,使构件贴紧检验装置。加载过程中应记录荷载变形曲线,当这条曲线表现出明显非线性时,应减小荷载增量。达到使用性能或承载力检验的最大荷载后,应持荷至少 1 h,每隔 15 min 测取一次荷载和变形值,直到变形值在15 min 内不再明显增加为止。然后分级卸载,在每一级荷载和卸载全部完成后测取变形值。

当检验用模型的材料与所模拟结构或构件的材料性能有差别时,应进行材料性能的检验。

以上规定只适用于普通钢结构性能的静力荷载检验,不适用于冷弯型钢和压型钢板,以及钢-混组合结构性能和普通钢结构疲劳性能的检验。

8.5.3.2 使用性能检验

进行使用性能检验,以证实结构或构件在规定荷载的作用下不出现过大的变形和损伤,经过检验且满足要求的结构或构件应能正常使用。检验的荷载为实际自重×1.0+其他恒载×1.15+可变荷载×1.25。经检验结构或构件的荷载-变形曲线宜基本呈线性关系。卸载后残余变形不应超过所记录到的最大变形值的 20%。当不满足要求时,可重新进行检验。第二次检验中的荷载-变形曲线应基本上呈线性关系,新的残余变形不得超过第二次检验中所记录到的最大变形的 10%。

8.5.3.3 承载力检验

承载力检验用于证实结构或构件的设计承载力。承载力检验的荷载应采用永久和可变荷载适当组合

后的承载力极限状态的设计荷载。在检验荷载作用下,结构或构件的任何部分不应发生屈曲破坏或断裂破坏。卸载后结构或构件的变形应至少减少 20%,表明承载力满足要求。

8.5.3.4 破坏性检验

破坏性检验用于确定结构或模型的实际承载力。进行破坏性检验前,宜先进行设计承载力的检验,并根据检验情况估算被检验结构的实际承载力。破坏性检验加载时应先分级加到设计承载力的检验荷载,根据荷载-变形曲线确定随后的加载增量,然后加载到不能继续加载为止,此时的承载力即为结构的实际承载力。

8.5.4 结构现场静载试验的组织和实施

结构现场静载试验的组织和实施主要包括以下几方面内容:

(1)现场调查与勘察

在进行荷载试验之前,对试验结构进行全面调查与勘察是非常必要的。调查与勘察可分为初步调查和详细调查。初步调查主要获取与结构有关的技术资料,如设计图纸、竣工验收记录、使用情况、用户在使用过程中发现的病害、荷载分析等,并对结构进行目测检查。在初步调查的基础上,根据具体情况制订详细的调查方案。详细调查可以包括材料强度和内部缺陷的非破损检测、结构变形状态测量、裂缝和外部缺陷调查等。对于新建结构,荷载试验的目的往往十分明确,可以根据试验任务的基本要求进行详细调查。在调查中,应特别注意荷载试验区域的结构外部缺陷调查。对于混凝土结构,试验之前应仔细检查结构的裂缝,对已有裂缝的位置和宽度做好记录并在结构上标注。对于钢结构,应重点检查节点和连接部位。在现场调查与勘察的基础上制订荷载试验方案。

(2)制订加载方案

加载方案的内容包括最大试验荷载值和加载区域的确定,荷载种类的选择,荷载的称量方式,加载过程,卸载过程及试验中止条件。通常,可将最大试验荷载分为 5~6 级进行加载,最后一级荷载增量一般不超过最大试验荷载的 10%。每级荷载保持的时间为 10~15 min;达到最大试验荷载后,保持荷载 30 min。卸载时可将荷载分为 2~3 级,全部荷载卸除 45 min 后,观测结构最大反应测点的残余变形,必要时,可在卸载后 12~18 h 再次观测变形恢复量。试验中止条件是考虑试验过程中可能出现的意外情况而制订的,例如在最大试验荷载作用之前裂缝宽度超过容许值或最大变形超过容许值,结构出现局部破坏征兆,基础产生过大的沉降,结构产生的变形不能稳定而持续增长等。当出现这些情况时,应及时中止试验并卸除荷载,对已获取的试验数据进行分析后,再决定是否继续进行试验或结束试验。

(3)安全与防护措施

在制订试验方案时,应对试验的各阶段提出安全和防护措施。结构现场静载试验过程中,安全防护的对象主要是试验工作人员和仪器设备。安全防护措施包括指定专人担任现场试验安全员,设置防止结构或构件倒塌破坏的支架、防止结构失稳破坏的支架,避免堆载过于集中,安全用电,设置安全可靠的工作平台或脚手架,在试验区域设置标志并疏散无关人员,正确地使用加载设备,以及防止意外事故的其他措施。

9 桥梁工程结构的现场检测与试验

9.1 概　述 >>>

桥梁现场试验是对桥梁结构的工作状态进行直接测试的一种检定手段。试验的目的、任务和内容通常由实际的生产需要或科研需要确定。

一般桥梁现场试验的任务有：

（1）检验桥梁设计与施工的质量

对于一些新建的大中型桥梁或者具有特殊设计的桥梁，在设计、施工过程中必然会遇到许多新问题。为保证桥梁建设质量，施工过程中往往要求作施工监测，在竣工后一般还要求进行现场荷载试验，并把试验结果作为评定桥梁工程质量优劣的主要技术资料和依据。

（2）判断桥梁结构的实际承载能力

国内许多早年建成桥梁的设计荷载等级都偏低，难以满足现今交通发展的需要。为了对其进行加固、改建，有必要通过试验确定桥梁的实际承载能力，有时由于特殊原因（如超重型车过桥或结构遭意外损伤等），也要用试验方法确定桥梁的承载能力。

（3）验证桥梁结构的设计理论和设计方法

桥梁工程中的新结构、新材料和新工艺不断涌现，对一些理论问题的深入研究，对某种新方法、新材料的应用实践，往往都需要现场试验的实测数据。

（4）测试、研究桥梁结构自振特性及结构受动力荷载作用时产生的动态反应

一些桥梁在动力荷载作用下的动态反应，大跨径轻柔结构的抗风稳定性，以及地震区桥梁结构的抗震性能等，都要求通过实测了解桥梁结构的自振特性和动态反应。

本章主要介绍桥梁现场静、动载试验的基本内容和方法，以及对桥梁结构构件进行测试的方法，介绍怎样通过试验对桥梁结构的质量和承载能力进行评估，并会列举桥梁静、动载试验的实际例子。

9.2 桥梁现场试验的准备工作 >>>

做一次桥梁现场试验，准备工作非常重要。准备工作包括试验前期准备和现场准备。其中，现场准备作为试验不可分割的一部分，会在 9.3 节介绍，本节叙述试验的前期准备工作。

一般试验的前期准备工作有：资料收集、试验方案拟订、仪器准备，以及相应的结构计算等。所有环节都很重要。

9.2.1 资料收集

要收集的资料包括待试验桥梁的技术（书面）文件资料和现场踏勘资料两部分。

（1）技术（书面）文件资料

① 结构的设计资料：如设计图纸、设计计算书等，必要时还要收集设计的原始资料。

② 结构的施工资料：如竣工图纸、构件试验报告，有关施工记录、隐蔽工程报告和重要质量差错报告等。

③ 对有些桥梁，须收集试验前结构尺寸变化的数据资料，如拱轴线的变形、墩台和拱顶的沉降观察资料等。

（2）现场踏勘资料

收集技术（书面）文件资料的同时，应该对桥梁试验现场进行踏勘，收集有关的现场资料。

找负责设计、施工、监理和养护部门的工程师，了解与试验对象有关的设计、施工、监理和养护等问题，了解得越多越好。

对实桥进行踏勘，了解结构物的现状、周围的环境条件。其内容包括：

① 对结构物进行详细的外观检查，查明结构物的实际技术状况，如结构的尺寸、行车道、支座情况及各种缺陷等。

② 详细检查桥上和两端线路的技术状况、线路容许车速、桥下净空、水深和通航情况、桥址处供电情况等。

实桥结构和周围环境的踏勘、详查对拟订试验方案（如加载方式、量测手段等）十分重要。

③ 详细了解现场试验时主管单位可能提供的配合情况，如加载车辆的情况。试验时对交通、航运影响等都要心中有数，以便在确定方案时全面考虑。

9.2.2 试验方案的拟订

通过分析收集到的有关资料，充分了解试验对象及试验现场的情况后，就可着手拟订试验方案。一个完整的现场试验方案应包括：

（1）试验对象概况

其用于描述试验对象的结构情况，与设计和施工有关的技术资料，试验任务的性质等基本情况。

（2）试验目的和要求

一般由有关参与单位一起商定的试验目的才是具有指导意义的，整个试验必须围绕它进行；试验要求则是具体的，根据试验对象的实际状况和试验者实际试验能力的大小提出。

（3）试验内容

① 桥梁现场静载试验。其至少应包括以下内容：

a. 结构控制断面的挠度或变位；

b. 结构控制截面的最大应力（或应变）；

c. 受试验荷载影响的所有桥梁支座、墩台的位移与转角，塔柱和结构连接部分的变位。

② 根据实际需要，可增加以下测试内容：

a. 沿桥长轴线的挠度分布曲线；

b. 结构构件的实际应变分布图形源自混凝土内部应变和钢筋应变测试结果，需在施工中预埋相应的传感器；

c. 支点附近结构斜截面的主拉应力；

d. 钢筋混凝土结构裂缝的出现和扩展情况，包括裂缝的宽度、长度、间距、位置、方向和性状，以及卸载后的闭合情况；

e. 其他桥梁次结构构件的受力反应。

③ 桥梁现场动载试验，一般考虑对结构控制断面的动应变和动挠度进行测量。

（4）试验准备采取的方法和步骤

这部分内容要定得很细，包括荷载的考虑、测点布置、仪器选用及具体的测试步骤等，并列出一张试验程序（工况）表。具体应考虑以下几点：

① 荷载。

必须参考设计荷载的大小并根据现场可能提供荷载的情况来拟订试验加载方案。对实桥静载试验，有一个静力试验荷载效率(η_q)的概念,一般 $0.95 \leqslant \eta_q \leqslant 1.05$,其中:

$$\eta_q = \frac{S_s}{S' \cdot (1+\mu)}$$
(9-1)

式中　S_s——静力试验荷载作用下,某一加载试验项目对应的加载控制截面内力、应力或变位的最大计算效
应值;

$\quad\quad S'$——验算荷载产生的同一加载控制截面内力、应力或变位的最不利效应计算值;

$\quad\quad \mu$——按规范取用的冲击系数值。

为了方便和实用,现场实桥试验荷载一般选用载重车辆(很少采用其他加载形式),方案须交代清楚车辆的种类、吨位、数量(根据各控制断面的内力或变形影响线来确定),以及要求的轴重等。

确定荷载大小和加载方式后,需编制加载细则,一般要求具体到每个工况。

② 测点和测站布置。

桥上布置多少测点,怎样布置,首先要根据试验的目的、要求,应用桥梁专业知识,考虑各种桥梁体系的受力特点,再结合测试技术的可行性确定。

下面是一些主要桥梁结构体系所需观测的内容,可供参考。

a. 梁桥。

(a) 简支梁。主要观测内容:跨中挠度和截面应力(或应变),支点沉降。附加观测内容:跨径四分点处的挠度、支点斜截面应力。

(b) 连续梁。主要观测内容:跨中挠度,跨中和支点截面应力(或应变)。附加观测内容:1/4 跨径处的挠度和截面应力(或应变),支点截面转角、支点沉降和支点斜截面应力。

(c) 悬臂梁(包括 T 形刚构的悬臂部分)。主要观测内容:悬臂端的挠度和转角,悬臂端要部或支点截面的应力和转角,T 形刚构墩身控制截面的应力。附加观测内容:悬臂跨中挠度,牛腿局部应力,墩顶的变位(水平与垂直位移、转角)。

b. 拱桥。主要观测内容:跨中、1/4 跨径处的挠度和应力,拱脚截面的应力。附加观测内容:1/8 跨径处的挠度和应力,拱上建筑控制截面的变位和应力,墩台顶的变位和转角。

c. 刚架桥(包括框架、斜腿刚架和刚架-拱式组合体系)。主要观测内容:跨中截面的挠度和应力,结点附近截面的应力、变位和转角。附加观测内容:柱脚截面的应力、变位和转角,墩台顶的变位和转角。

d. 悬索结构(包括斜拉桥和上承式悬吊桥)。主要观测内容:主梁的最大挠度、偏载扭转变位和控制截面应力,索塔顶部的水平位移,拉(吊)索拉力。附加观测内容:钢索和梁连接部位的挠度,塔柱底截面的应力,锚索的拉力。

上述各种桥梁体系的主要观测部位是一般静载试验必须观测的部位,方案上应画出结构简图,注明测点、测站的位置,测点总数和测站数等。

③ 选用仪器设备。

方案中要列出试验选用仪器设备的型号、测量精度、数量等。

④ 试验步骤。

一般可列一张工况流程表。表上列清楚试验的工况序号、加载方式(纵向、横向怎么布置,荷载如何分级)、测读内容、时间间隔等内容。

(5) 参加试验的人员安排

清楚表明试验共需多少人,具体怎样安排。有的试验规模比较大,需临时找辅助人员,在方案中也应提出。

(6) 安全措施

其包括试验期间人员、结构物、加载设备和测试仪器等的安全措施。

(7) 其他

方案中有哪些未定因素须提出来,一些补充说明内容等也要有所交代。

在拟订方案的同时,还应该进行一些必要的理论计算,如计算试验荷载作用下主要测试断面的内力(应

变)、位移值等,作为试验的期望值。这一方面可作为选用仪器表具的量程和灵敏度等的依据,另一方面可对现场试验数据进行校核,以便及早发现试验过程中可能出现的异常情况。

试验方案拟订以后,应分发给参与试验的有关单位和个人,统一思想和行动。

9.2.3 仪器准备

试验仪器的准备是整个试验前期准备工作中最重要的方面。这里主要叙述现场试验仪器的选用和配套准备过程中要注意的几个问题。

（1）选用原则

① 根据被测对象的结构情况选择精度和量程。如被测对象是一座大跨度桥梁,它的试验挠度期望值达几十厘米,那么选择精度为毫米级的量测仪器就足够了;反之,如测一座小跨径桥梁的挠度,则毫米级的量测精度就不足了。

② 根据现场环境条件选择仪器种类。如一座桥的应变测点很多,就应考虑在方便设置测站的同时,选用有合适测点的多点测量仪器,还要估计导线的长短;又如现场有电磁干扰源存在,则须采用抗干扰性能比较好的仪器,必要时宁可采用机械式仪器。

③ 仪器选用中最重要的一条是仪器的可靠性要好。现场试验往往是一次性的,仪器使用性能的可靠与否至关重要。

④ 尽量考虑仪器设备的便携性,因为现场试验时装备越轻便工作起来越方便,更不用说携带方便了。

⑤ 要强调经验的重要性。一个有经验的试验人员一般能做到对每次试验所需的仪器设备心中有数;同样,一个有"经验"的实验室都会配备几套适合不同要求的仪器设备以供选用。

（2）配套准备

试验用的仪器选定后,试验前期还应做好配套准备工作,具体内容有:

① 对所有选用的仪器设备进行系统检查,各级仪器要逐一开机,从整机到通道一一调试;各类表具要逐个检查,要保证带到现场去的仪器设备完好。

② 对所有仪器设备进行系统标定,逐个编号。

③ 根据测点和测站的位置备齐、备足测量导线,每根导线都要逐一检查并使其完好。如连接应变计的导线可以预先焊好锡,以减少现场工作量。

④ 对第一次使用的仪器设备或第一次的测试内容先要进行模拟测试,使测试人员熟悉测试过程和仪器操作。

仪器设备的完善配备,某种程度上是建立在从事试验的单位和人员平时对仪器性能的熟悉并正确维护的基础上的,要十分认真地对待这项工作。有不少试验排场颇大,试验结果却不理想,究其原因往往是测试仪器这一关没把握住,所以要保证现场试验的成功,必须充分重视仪器设备的准备和使用。

9.3 桥梁现场荷载试验 >>>

桥梁现场荷载试验是桥梁结构试验中最基本的试验。大量的桥梁现场试验往往以静载试验为主,辅以动载试验。在测试手段方面,静、动载试验的差别不是很大(一般来说,只是放大器环节不同)。

现场荷载试验应按拟订的试验方案进行。一次加载试验一般可以分成三个阶段:准备阶段、荷载试验阶段和试验数据整理阶段。其中,荷载试验是中心环节,是试验取得成功的关键。

9.3.1 现场准备

一般情况下,试验现场具体准备工作的工作量要占全部试验工作量的一大部分。要保证试验的成功,这部分具体而又细致的工作必须有条不紊地进行。

（1）荷载准备

荷载准备工作要由专人负责，并按下述步骤进行：

① 落实车辆型号、数量。这项工作一般在方案设计阶段完成，到了现场主要是具体落实。

② 落实载重物。车装载重物一般以石料、砂子、钢锭等居多，视现场情况而定。

③ 车辆过磅。在有条件的地方，用地磅称重比较方便，过磅时除称总重外，还要分轴称出各车轴的轴重；如条件允许，尽可能在过磅的同时调整各辆车的轴重和总重。在没有地磅的地方，也可用电子传感器称重，方法是用千斤顶顶起车轴，置入压力传感器，然后放下车辆，使车辆支承在压力传感器上，读出吨位。

④ 记录下每辆车的车号、轴距、轮距和轴重指标。

⑤ 分批编号。按实际轴重和车型编号。对于大型桥梁试验用车较多的情形，还要考虑多辆车横向重量的均匀性，以减少计算误差。

⑥ 对准备做动载试验的车辆，还要求车上的时速表准确灵敏，驾驶员经验丰富，能正确控制行车速度。

（2）测点布置

实桥测点布置的具体工作就是按试验方案放样，测站布设则要根据现场情况确定。

① 应变测点准备。

应变测点如果很多，那么这部分准备工作就会是整个试验现场准备工作的重要部分。其一般内容有：

a. 放样。把方案上的测点落实到桥上。

b. 贴应变片。其包括对试件表面进行前处理、贴片、焊接等。

c. 检查绝缘度。钢筋测点要求为绝缘电阻，对混凝土测点绝缘电阻的绝缘度也有要求。不合要求者，要采取适当措施，必要时铲除重贴。

d. 敷设测量导线。把所有编号导线的一端与对应测点一一焊好，另一端拉到测站位置，绑好捆牢。如果使用长导线并用交流电桥应变仪，则要注意导线的电容平衡问题。

e. 全部测点接线完成之后，调试仪器，逐点检查。对质量不好的测点，要查出原因予以更正，必要时重新贴片。

f. 防潮。野外条件下温度、湿度影响比较大，要注意及时采取防潮措施。短期使用时，可用无水凡士林或703胶等；长期使用情况下，要用专门配制的防护剂，如环氧树脂掺稀释剂和固化剂形成的防护剂。

② 变位测点准备。

变位测点的测试内容包括挠度、支座位移、桥塔水平位移等。凡是考虑要布置测点的地方，都要做必要的准备，怎样准备往往与具体采用的测量方法有关，见表9-1。

表9-1　　　　　　　　　　　　　变位测量

测试内容	采用仪器	准备工作
挠度	挠度计	打木桩，吊钢丝，安装挠度计
	连通管	立标尺，排管子，接三通，备好储水工具
	水准仪	在桥上布置塔尺位置点
	（高精度）全站仪	在桥上布置棱镜
支座变位	百分表、倾角仪	安装表架、表具
桥塔水平位移	经纬仪、全站仪或红外测距仪	标清测点，找好测站或布置棱镜

变位测点准备好以后，试验人员在试验前应进行现场操练，以熟悉读数过程。另外，当测量采用光学测量仪器时，往往由专业测量队伍协作完成，试验人员事先必须把任务和要求交代清楚。

（3）其他准备

上述是试验现场准备工作的基本内容，还有一些其他准备工作。

① 画停车线。按方案排定的工况，用白灰或白漆在桥面行车道上画停车线，停车线要画得清楚、醒目。

② 如要测裂缝,则需在试验梁上画格子线。一般先在试件上刷一层薄薄的石灰水,然后用铅笔或木工墨斗画格子线,格子线不宜太密。

③ 桥梁运营中做试验会出现交通问题,因此试验前要统筹好桥上交通和桥下航道的管制问题。

④ 试验如在夜间进行,则要做好照明准备工作。

9.3.2 现场荷载试验

现场荷载试验是整个荷载试验的核心内容,也是对试验准备工作的大检查。

（1）静载试验

静载试验过程如图 9-1 所示。

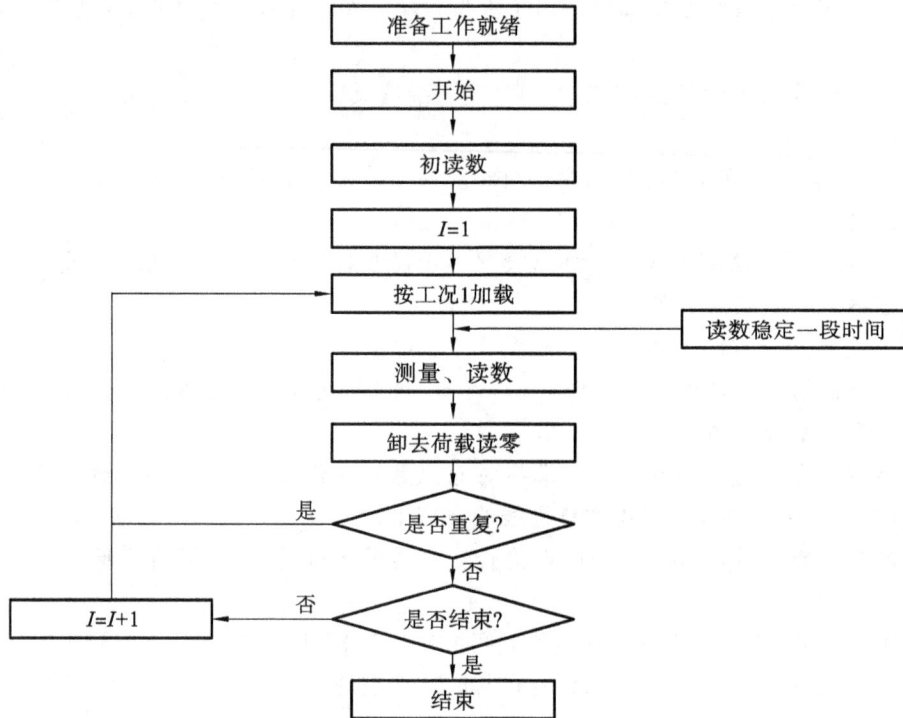

图 9-1　静载试验过程

下面对图 9-1 中的一些过程作具体解释。

① 静载初读数。

静载初读数是指试验正式开始时的零荷载读数,不是准备阶段调试仪器的读数。对于新建桥梁,在初读数之前往往要进行预压(一般以部分重车在桥上缓行几次的方式进行)。从初读数开始,整个测试系统就开始运作,测量、读数记录人员进入现场后应各司其职。

② 加载。

按桥上画定的停车线布置荷载,要安排专人指挥车辆停靠。

③ 稳定后读数。

加载后结构的变形和内力需要有一个稳定过程。对不同的结构,这一过程的长短不一样,一般是以控制点的应变值或挠度值稳定为准。只要读数波动值在测试仪器的精度范围内,就认为结构已处于相对稳定状态,可以测量、读数。

④ 卸载读零。

一个工况结束,荷载卸去后,各测点要读回零值,同样要有一个稳定过程。

⑤ 静载试验过程中,主要工况至少要重复 1 次。试验过程中必须时时关注几个控制点的数据情况,一旦发现问题(数据本身规律性差或仪器发生故障等)要重新加载测试。这种现场数据校核的做法,可以避免实测数据出现大的差错,是非常必要的。

（2）动载试验

动载试验可以和静载试验连在一起做，也可以单独做。动载试验过程如图 9-2 所示。

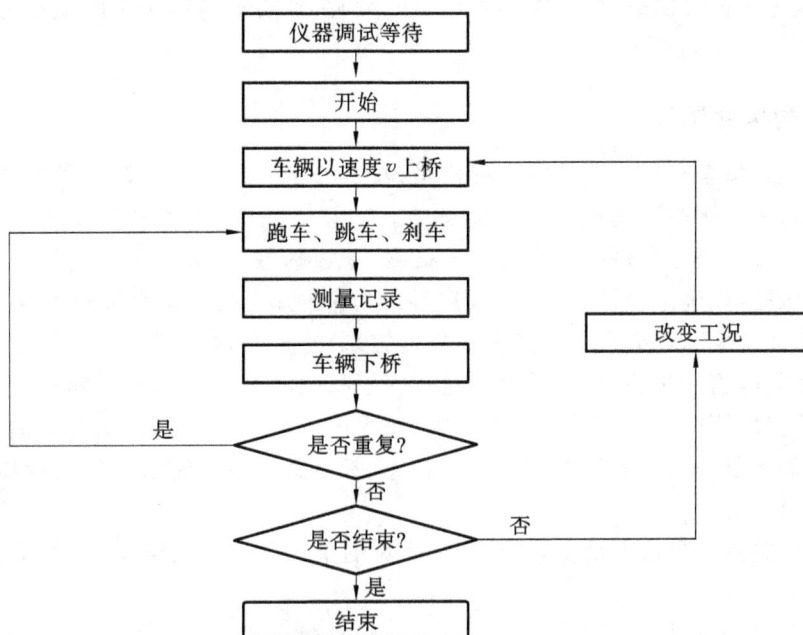

图 9-2 动载试验过程

现场动载试验的一般内容是测定桥梁结构在车辆动力作用下的挠度和应变，所用的仪器较静载试验多且复杂一些，测试要求也比静载试验高；特别是动挠度的测试，除了中小桥可搭设固定支架，用接触式电测位移计测试外，大中型桥梁至今未有理想手段。目前，国内已有单位研制出光电型挠度测量仪，测量中小型梁桥动挠度的效果不错，但其在改善使用性能和商品化过程中尚有待进一步发展。

动载试验与静载试验的不同之处主要表现在以下几方面：

① 仪器调试。

所有仪器设备在准备阶段应调试完毕，要考虑好记录的具体方法。如使用动态电阻应变仪，则必须根据预估应变的大小确定增益、标定值范围等，调整记录速度和记录幅位等。如采用计算机动态数据采集系统直接采样、记存，则其增益、标定值等条件的设置与使用动态电阻应变仪大同小异，只是更方便而已。

② 车辆控制。

试验过程中要控制好车辆上下桥的车速、位置和时间，要协助驾驶员准确控制好行车速度，注意每次上桥的行车路线。对一些大跨度桥梁，还要确定车辆行驶到各个断面时的位置信息。

③ 测试记录。

a. 跑车。

跑车测试的目的是判别不同车速条件下桥梁结构的动态响应（如位移或应力的动态增量和时程曲线），进而可以分析出动态响应与车速之间的关系，给车辆规定各挡车速，要求车辆在桥上保持匀速行进，记录动态响应的全过程。如果跑车速度相当慢，则动测仪器记录的过程曲线就是对应测点位置的内力影响线或挠度影响线。

b. 刹车。

车辆以一定速度行进，到规定位置突然紧急刹车，记录刹车时结构的动态增量。

c. 跳车（跨越障碍物）。

在桥上（一般情况下）特征断面位置设置障碍物（以弓形木板较为理想），模拟路面不平整状况，如图 9-3 所示。当车辆以不同的车速碾过木板时，测定结构的动态增量。

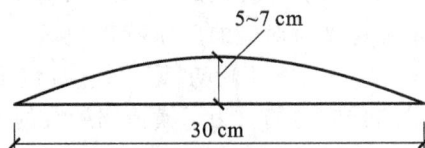

图 9-3 弓形障碍物断面

上述三种不同的车行情况下,试验车辆可以是单辆车,也可以是多辆车。

动载试验中影响因素比较多,要注意在各种不同工况中抓住主要内容。当要求记录结构动态响应的完整过程时,重点应该是记录信号的完整性;而确定动态增量时,则要求能记录到响应信号的峰值及其附近的部分信号。

9.3.3 桥梁结构构件试验

桥梁结构构件试验是指全桥试验以外的各种桥梁构件(如单片梁、单根桩、构件结点、橡胶支座等)的承载力试验、破坏性试验、疲劳试验和其他受力性能试验。实际工程中,这类试验往往是样本试验,其结果用来评定整批构件的质量。如一座大桥要用几百根大梁、数千根基桩,有关单位就会提出抽取一定的样本(几片梁、几根桩)做荷载试验,以确定设计、施工的合理性和可靠性;又如某结合梁桥面系,桥面混凝土和钢梁的结合通过栓钉联系(即桥面与钢梁之间的剪力是靠栓钉来传递的),栓钉受力情况复杂且其强度和疲劳问题与材料指标、施工工艺等密切相关,栓钉受力试验有助于我们对这些问题的了解;再如目前在梁式桥上使用广泛的橡胶支座,不仅出厂时要做一系列材性试验,使用单位在采用前通常也要做抽样试验,以验证整批橡胶支座的质量。这类问题一般要靠构件试验才能解决,所有这些对控制桥梁的工程质量显然是有实际意义的。

单个结构构件的试验是足尺模型试验,这里介绍常见的单片梁、单桩、橡胶支座等的试验。

(1)单片梁试验

桥梁工程中用得最多的梁是钢筋混凝土和预应力混凝土简支梁。单梁试验一般做静载试验,前面关于实桥静载试验的各项准备工作、测试方法等,对单梁试验一样适用。这里介绍预应力混凝土单梁试验的一些基本内容,再举一个具体例子。

① 预应力混凝土梁放张应力测试。

工程师比较关心预应力混凝土预应力筋放张前后梁体内的应力大小。因为对预应力混凝土梁来说,设计计算与实际施工之间的差异或一致直接关系到梁的预应力质量,实际测试中往往取梁预应力张拉的主动端、被动端和跨中三个断面,以测张拉前后的应力。

② 加载方法。

单梁静力加载通常用反力架配合千斤顶设备,在没有反力架设备的地方,采用其他加载方式。荷载分级要根据设计提供的设计荷载、破坏荷载及实际测试要求进行。其一般原则是荷载级差不宜太大,尤其是预应力混凝土梁开裂前后更要分得细些。

每次加载或卸载的持续时间取决于结构变位达到稳定标准时所需要的时间。要求在前一荷载阶段内结构变位达到稳定后,才能进入下一个荷载阶段。其一般做法是:同一级荷载内,变位小于所用量测仪器的最小分辨值,则认为结构变位达到相对稳定。

③ 抗裂性测定。

预应力混凝土梁开裂荷载的确定很重要,实测时可根据钢筋、混凝土的应变读数变化规律来判断。图 9-4(a)所示为下缘应变与荷载的关系曲线,由曲线的拐点可确定开裂荷载;图 9-4(b)所示为下缘钢筋应变与荷载的关系曲线,曲线斜率的显著变化所对应的荷载即为开裂荷载。

④ 极限承载力测定。

正常配筋的钢筋混凝土梁和预应力混凝土梁的正截面破坏标准以下述两条控制:a. 下缘钢筋拉应力达到屈服强度;b. 上缘混凝土压应力达到极限抗压强度(实际上一般做不到)或压应变达到 0.003。对于某些受剪压(拉)破坏控制的梁,其极限承载力的测定标准到目前为止仍不甚明确,破坏性荷载试验时要注意破坏指标达到时对应的破坏荷载。

20 世纪 90 年代初,钢绞线(替代传统的高强度等级粗钢筋)开始被用来作为先张法预应力混凝土空心板梁的预应力筋。为了摸清钢绞线的作用机理,保证设计和施工质量,实施了对先张法钢绞线预应力混凝土空心板梁比较系统的研究性试验,包括预制各阶段的应力监测,钢绞线的拔出试验和锚固长度以及板梁的抗弯、抗剪试验。

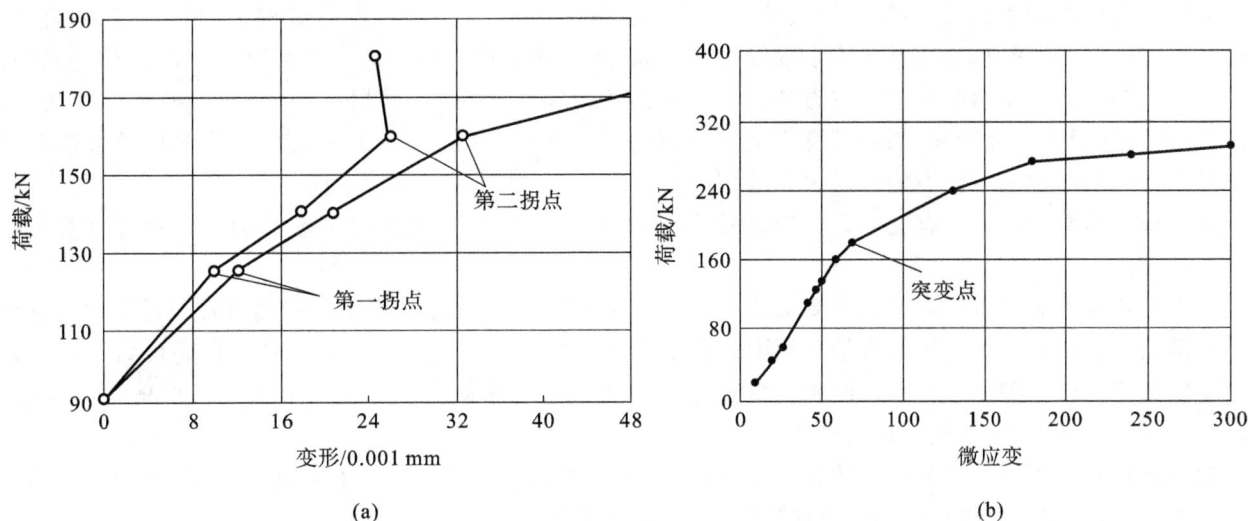

图 9-4 确定开裂荷载的两条曲线

(a) 荷载-变形曲线；(b) 荷载-应变曲线

【例 9-1】 试验梁长 22 m,断面如图 9-5 所示,按图 9-6 所示的加载方式换算的试验荷载为:相应设计荷载时 $P_s=91.9$ kN,相应开裂荷载时 $P_k=159.7$ kN,相应破坏荷载时 $P_p=313.8$ kN。试设计试验。

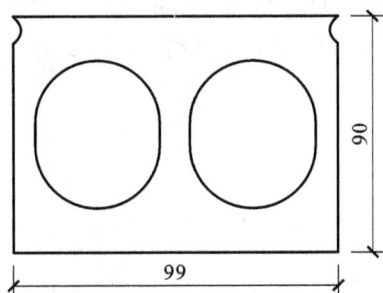

图 9-5 空心板梁断面

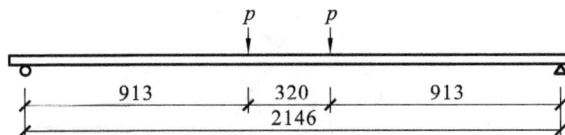

图 9-6 加载图示

【解】 选用可提供 1000 kN 支反力的反力架和两只油压千斤顶,加载图式如图 9-6 所示。

荷载(kN)分级如下。

① 设计荷载阶段:0→20→40→60→80→92→40→0(重复一次);

② 开裂荷载阶段:0→92→105→120→130→140→150→160→92→0;

③ 破坏荷载阶段:0→160→200→240→260→280→300→314→160→92→0,0→160→200→240→260→280→300→314→330→⋯⋯→破坏。

利用施工监测时梁内预埋($L/4$、$L/2$、$3L/4$ 处三个断面)的 30 个钢筋应力计,在对应钢筋计位置(三个断面)的混凝土表面布置了 18 个应变测点。其中,跨中断面处有 10 点(截面两侧沿高度方向分别布置)、两个四分点处各 4 点(截面两侧上下缘分别布置)。挠度测试共布置了 10 个测点,即 0、$L/4$、$L/2$、$3L/4$、L 处断面各 2 点。

当荷载加到 320 kN 时,下缘钢筋应力和上缘混凝土应变均未达到破坏指标,但挠度已超过"桥规"中规定的 $L/600$ 数倍。另外,根据实测张拉力推算出梁在运营阶段的破坏安全系数也已为设计值的数倍,故停止加载。

(2) 桩基试验

桥梁桩基试验主要用来验证桩基的承载力和检查桩基的质量状况。桩基(特别是我国工程界普遍采用的混凝土钻孔灌注桩)的质量主要存在两方面的问题:一是桩身缺陷,如断裂、混凝土离析及密实性等;二是桩底支承质量不足,这会影响承载力。这两方面的问题都影响桩的承载能力。

为了确定桩基的承载力,传统的做法是进行静力加载试验(工程上也称静力试桩)。对桩作用垂直和水平荷载,以测定它的变位、应力及地基系数等特性指标,最后评定桩的承载力。静载试验方法至今仍是国内外经常采用的确定桩基承载力的基本方法。该方法的优点是方法可靠,数据准确,但对一些大桩径的钻孔灌注桩,采用的设备十分庞大,加载难度很大且费时耗资。另外,其还有一个不足之处是试机的数量有限,单个样本的试验结果究竟能不能代表大批量桩的实际质量,这个问题还有待验证。

桩基静载试验方法早就有比较完整的试验规程和相关专著,对该方法有兴趣的读者可参考有关文献,这里不再赘述。

近十几年来发展起来的桩基动力测试技术和超声波检测方法,都是企图克服桩基静载试验不足的手段。

桩基动力测试技术的基本原理是利用测振技术实测桩在动力作用下的响应信号或传递函数,然后通过动力学的某些简化模型来分析和判断桩身的质量或得到桩基的承载力。目前发展比较成熟的桩基低应变和高应变动力检测方法,都基于这类方法。

超声波检测技术主要用来检查钻孔灌注桩桩身的完整性。它的技术原理与测定混凝土强度和缺陷的原理基本一样,不同的是桩是深埋在土内的结构,检测只能在地面上进行。

下面简单介绍桩基动力测试技术中的桩基低应变动力检测方法和桩基高应变动力检测方法,以及应用超声波检测技术检测钻孔灌注桩桩身质量的方法。

① 桩基低应变动力检测方法。

a. 桩基参数法。

本方法假定桩为一理想刚体,土为弹簧,一定重量的铁球自由下落冲击桩顶,使桩土体系产生振动,实测桩土体系的各动态参量,求出参振质量和动刚度,并根据其在时域和频域的响应特征判断桩身的质量。图 9-7 所示为桩基参数法检测框图。

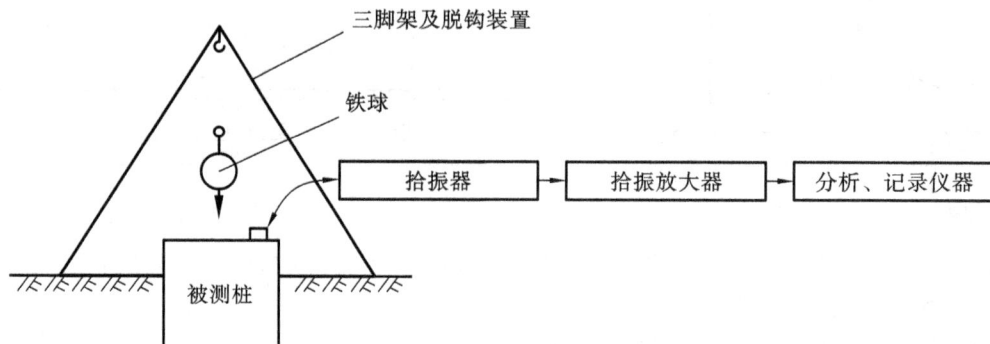

图 9-7　桩基参数法检测框图

铁球的质量要根据桩的直径和长度来选择,一般宜为 $20 \sim 200$ kg。

拾振器可选用速度计,频响范围为 $10 \sim 300$ Hz,也可用上限频率高一些的加速度计。

桩基参数法是国内最早发展起来的桩基动测方法,它的突出优点是测试设备和方法都很简便,只需普通的测振仪器和技术。

b. 机械阻抗法。

机械阻抗法也称为传递函数法,基本原理是通过在桩顶施加强迫振动力或瞬态激振力使桩产生振动,测得这个激振力信号和桩土体系的响应信号,依靠频域内的谱分析技术获得桩的共振频率、波速、导纳曲线和动刚度等振动参数,识别出桩身缺陷,以达到检测桩身质量的目的。图 9-8 所示为其检测框图。

比较图 9-7 和图 9-8,机械阻抗法相比于桩基参数法的改进之处在于其是激励方法(其他实际上是一样的)。

激振器的频响范围宜为 $10 \sim 1000$ Hz,出力不小于 200 kN。激励锤的频响范围宜大于 1 kHz,出力不小于 300 N。其他仪器的要求与桩基参数法一样。

对于桩基参数法和机械阻抗法两种动力测桩方法,无论原理上还是方法上,其实并没有多少区别。前者只考虑响应信号的处理,后者则利用输入、输出作传递函数分析,目的都是得到桩基及桩土共同作用的振

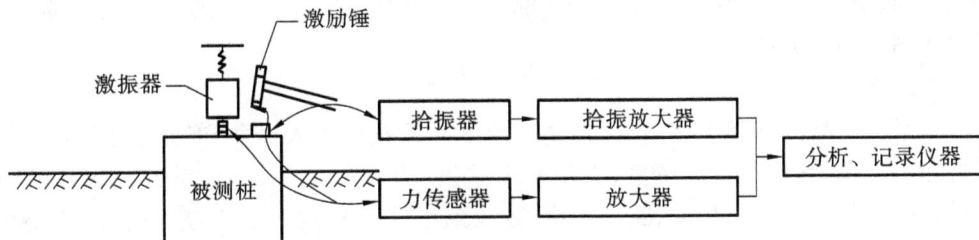

图 9-8 机械阻抗法检测框图

动参数,读者可以结合桥梁结构自振特性测定方法来理解。

桩基动力测试的最大优点是快速轻便,可以对多根(甚至全部)桩进行实测,这正是它吸引人之处;它的不足是判断结果在很大程度上凭经验。另一方面,有些研究者认为此方法只能检查桩身质量而不可能确定桩的承载力大小。在以后的工程实践中,人们积极开展了用此法判定单桩承载力的研究,并已取得了一定的成果。随着测试技术的发展及实践经验的积累,目前国内不少单位已经研究编制了专用分析软件,相信在以后的工程实践中会逐步得到完善。

1995—1997 年,国家建设部、地矿部和一些省市单位根据已有的科研成果,陆续颁布了有关桩基动力检测的技术规程,其中大部分规程明确规定了确定桩基承载力须采用下面介绍的高应变动力检测方法。

② 桩基高应变动力检测方法。

桩基高应变动力检测方法的基本思路是:检测时在桩顶施加冲击力,使桩周土进入塑性状态,达到充分发挥桩周土阻力的作用;分析时以现代波动理论为基础,借助于振动测量和信号处理技术,较全面地考虑桩、土及其相互作用的各种因素,最后利用一套简捷的分析计算公式获得桩的承载力。

其具体测试方法、测试仪器设备与低应变动力检测差不多,主要区别有:

a. 对锤击力及桩的贯入度(指桩受锤击后的入土深度,一般单击贯入度应为 2.5~10 mm)有一定要求,一般原则是锤击力要大于桩承载力的 1%,对贯入度要求精确测量。

b. 拾振器被要求安装在桩的侧面位置上(主要是避开力锤的影响)。

应用桩基高应变动力检测方法确定桩的承载力(用 CASE 公式)时,最关键的一步是选取合理的阻尼系数。大量的桩基(特别是钻孔灌注桩)试验研究表明,阻尼系数取值本身有较大的经验性和不确定性。为防止 CASE 法的不合理应用,有的地方(如上海)的相关规程中专门列出了当地的 CASE 阻尼系数参考值,以供选用。在没有确切可靠的参考系数时,一般应采用动静对比试验或实测曲线拟合法确定。

桩基高应变动力检测方法主要来确定单桩的承载力,以此检验桩身结构的完整性,一般是不经济的。检验桩身结构的完整性,可以采用前述桩基低应变动力检测方法。

③ 超声波透射法。

超声波透射法的基本原理是利用超声波的透射性,实测声波通过桩身时产生的声时值、波幅和频率变化等参数,以此来判断桩内混凝土有无缺陷。

为了使超声脉冲能横穿各个不同深度的横截面,必须使超声探头深入桩体内部。为此事先要埋设声测管,作为探头进入桩内的通道。声测管的埋置如图 9-9 所示。

实际检测方法还有单孔和桩外孔等检测方法,但图 9-9 所示的双孔检测方法是最常用的。

中国工程建设标准化协会在 2000 年颁布了《超声法检测混凝土缺陷技术规程》(CECS 21—2000),目的是统一超声法检测混凝土缺陷的检测程序和测试判断方法,提高检测结果的可靠性。

该规程的主要内容包括超声法检测混凝土缺陷的范围,检

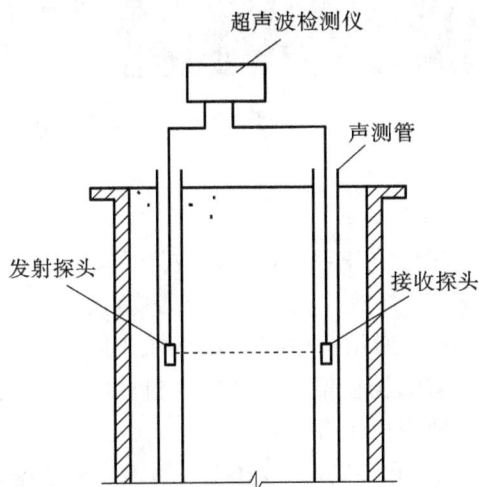

图 9-9 钻孔灌注桩超声波双孔检测方法

测设备要求,声学参数测量方法,混凝土裂缝深度、混凝土不密实度区、新老混凝土接合质量、灌注桩和钢管混凝土缺陷等的检测及判断方法。

(3) 橡胶支座试验

橡胶支座是一系列产品。该类支座出厂时,生产厂家必须按中华人民共和国交通运输部行业标准规定的一系列技术指标(如抗压和抗剪弹性模量、极限抗压强度、容许剪切角、摩擦系数和容许转角、硬度、拉伸强度、拉伸伸长率、橡胶与钢板黏结强度、脆性温度、耐臭氧老化和热空气老化等)进行出厂检验。这些指标有的是力学性能方面的指标,有的是物理、材性方面的指标。建设单位在选用前,往往还要对几个主要的力学性能指标进行抽样检查。

这里我们讨论橡胶支座抗压、抗剪弹性模量和极限抗压强度三个主要力学性能指标的试验,事实上它们也是橡胶支座被使用前最常规的抽样试验内容。

① 抗压弹性模量。

抗压弹性模量试验比较简单,在压力机(或有加载控制设备的反力架)上,将试件置于承载板上,对准中心加载,同时在承载板的四角对称安装 4 只百分表。图 9-10 所示为在反力架上进行抗压弹性模量试验的实景照片。

按预压、分级、循环等步骤进行加载(三次)至允许平均压应力$[\sigma]$,记录下加载吨位和百分表读数,最后用四角测得的压缩变形的平均值计算出支座的抗压弹性模量。

② 抗剪弹性模量。

抗剪弹性模量试验较抗压弹性模量试验稍复杂一些,在压力机(或有加载控制设备的反力架)上,将试件及中间钢拉板按双剪组合配套好,而且试件和中间拉板的对称轴应和受压承载板中轴在同一垂直面上。将压应力增加至支座的允许平均压应力$[\sigma]$,并在整个抗剪过程中保持不变;安装水平千斤顶及测力传感器和挠度计,水平千斤顶的轴线应和中间拉板的对称轴重合。图 9-11 所示为在压剪试验机上进行抗剪弹性模量试验的实景照片。

水平力按预加、分级、循环等步骤进行加载(三次),记录下加载吨位和挠度计读数,最后用测得的水平变形的平均值计算出支座的抗剪弹性模量。

图 9-10 抗压弹性模量试验装置

图 9-11 抗压和抗剪弹性模量联合
试验装置(压剪试验机)

③ 极限抗压强度。

极限抗压强度试验比较简单,在压力机上,将试件置于承载板上,对准中心缓缓加载至试件的压应力达到 $7[\sigma]$,并随时观察试件是否完好。

(4) 索结构中拉索索力的测定

索结构桥梁设计、施工控制中,拉索索力一直是工程师最关心的问题。目前,工程上测定拉索索力的方法主要有以下几种:

① 千斤顶张拉,直接利用千斤顶油压表读数得到索力;

② 测力传感器,通过安装在锚头与锚座之间的测力传感器读取索力;

③ 测拉索频率,应用测振手段,测出拉索的横向振动频率,再计算出索力。

这里①、②两种方法都能正确测出拉索索力,但都有局限性。方法①实际上是施工安装过程中的通常做法,利用它测读索力没有任何问题,但对于成桥状态下的几十、几百根拉索,一一测读则变得十分麻烦,而对于超静定结构,索和索之间力的分配相互间也有影响。方法②除了测试成本高外,还存在测试设备长期观测的稳定性或能力问题。方法③是利用弦振动的理论用测拉索频率的方法确定索力,相比上述两种方法有快速、方便的特点,特别适合进行现场测试。

考虑实际工程中拉索索力测定技术的应用,下面我们略为详细地介绍方法③的原理和具体实施过程。

① 索力测定的基本原理。

根据弦振动理论,对于张紧的斜拉索,其动力平衡方程为:

$$\frac{w}{g} \cdot \frac{\partial^2 y}{\partial t^2} - EI \cdot \frac{\partial^4 y}{\partial x^4} - T \cdot \frac{\partial^2 y}{\partial x^2} = 0 \tag{9-2}$$

式中　w——单位索长的重量;

　　　g——重力加速度;

　　　y——垂直于索长度方向的横向坐标;

　　　t——时间;

　　　x——索长度方向的纵向坐标;

　　　T——索的张力;

　　　EI——索的抗弯刚度。

如果索的两端是铰支的,则方程的解有较简单的形式:

$$T = \frac{4wl^2 f_n^2}{n^2 g} - \frac{n^2 EI\pi^2}{l^2} \tag{9-3}$$

式中　f_n——索的第 n 阶频率;

　　　l——索长;

　　　n——振动阶数。

式(9-3)右边第二项表示拉索抗弯刚度的影响。如不计这一项,索力的表达式有如下简单形式:

$$T = \frac{4wl^2 f_n^2}{n^2 g} \tag{9-4}$$

如果索的两端是固结的或一端固结、一端铰结,则方程解的形式都是超越函数式。

计算表明,对于一般细长比极小的拉索,支座形式对索力的影响不大,可以直接采用式(9-4)进行索力计算。对于某一根确定的索,式(9-4)右边的 w、l、g 都是已知值,如果能精确测得 f_n,就可求得索力 T。

对于一些特殊(较粗、不太长)的索,一般不能用式(9-4)计算索力,而要采取另外的计算方法求索力,当然频率还是要求能精确测得。

总之,精确测定拉索的横向振动频率是利用测振方法得到拉索索力的第一步,也是关键所在。

② 拉索频率测试。

拉索频率测试可采用环境随机振动法,相比于桥梁环境随机振动测试来说,拉索的测试是比较简单、容易的。

将拾振器绑扎在拉索上(图 9-12),无须对拉索进行任何激励,测量拉索的横向随机振动信号,而后对信号进行谱分析。

所用仪器及其顺序如下:拾振器→拾振放大器→动态信号分析仪。

这里需要注意的是拾振器的选用,对各种不同拉索的振动,要估计它们的频率,选择频响特性合适的拾振器。

③ 拉索索力的确定。

根据拉索索力测定原理,确定索力的方法与拉索的约

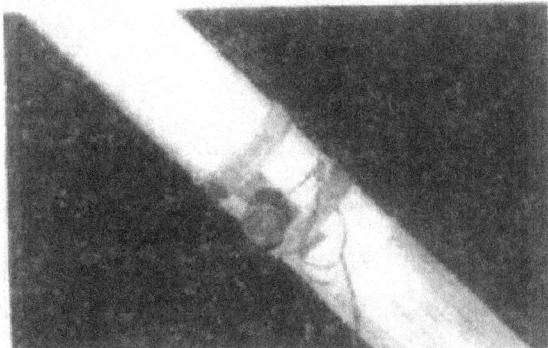

图 9-12　将拾振器绑扎在拉索上

束条件等有关。从式(9-3)中可以看出,对较长的索而言,频率的测试精度要求很高,抗弯刚度的影响也较小;对较短的索来说,则对计算索长的确定要求比较严格。就是说,较长的索可以直接采用式(9-4),用基频计算索力,实际误差完全可以接受;较短索索力的确定要考虑其他因素,索力测定的误差相对大一些。

一种比较可行的做法是编制有限元程序,先输入各种参数和估计索力,考虑几何刚度、抗弯刚度、约束条件等,算出若干阶频率并与实测值相比较。如误差不可接受,则修改索力再算,直至确定索力。

另一种较好的方法是现场标定,在现场将测试数据与张拉千斤顶的油压表读数或测力传感器的读数比照,确定有关计算条件和参数。

9.3.4 试验数据整理

整理桥梁现场试验数据时,不仅要求有一份完整的原始记录,还要用到一些数据处理方面的知识,同时要求整理者有桥梁专业方面的知识。从试验总体上说,它还是每个试验程序的结束环节,必须予以充分重视。

一方面,通过静、动载试验得到的原始数据、曲线和图像等是最重要的第一手资料,应该特别强调现场试验数据原始记录的重要性,每一份现场记录(无论是数据还是信号)都要求完整、清晰和可靠;另一方面,有些原始数据数量庞大,也不直观,不能直接用来进行结构评估,所以必须对它们进行处理分析。

9.3.4.1 静载试验数据整理

(1)荷载

整理实际荷载的大小、加载工况等,因为实际布载位置、大小等可能会与方案要求的不一样。整理出来的荷载数据,一方面方便结构计算校核,另一方面会与试验数据结果直接有关。由于桥梁试验荷载一般采用车辆荷载,因此下面只叙述这部分要求。

① 制作实际载重明细表,表中应详细列出加载车辆的型号、车号及其试验时的编号、轮轴距、理论质量和实际载重(包括各轴轴重和总重)等,见表9-2和表9-3。

表 9-2 加载车辆技术指标

车型	轴距/mm		轮距/mm		质量/t	
	中前轴	中后轴	前轮	中后轮	空车	满载车
东风	339	130	200	183	14.5	30.0
解放	350	127	198	180	10.55	24.4

表 9-3 实际载重明细表

编号	牌照号码	前轴重/kN	中后轴重/kN	总重/kN
1—1	46468	56.7	253.0	309.7
1—2	46458	60.4	251.8	312.2
1—3	46485	55.3	254.6	309.9
1—4	46411	58.1	252.7	310.8
⋮	⋮	⋮	⋮	⋮
5—3	46494	55.6	255.1	310.7
5—4	90694	56.8	259.0	315.8

② 绘制荷载的纵、横向(包括对称和偏心)布置图,并标明具体尺寸,如图9-13(a)、(b)所示。如有必要,布载图也可以以平面形式绘制,如图9-13(c)所示。

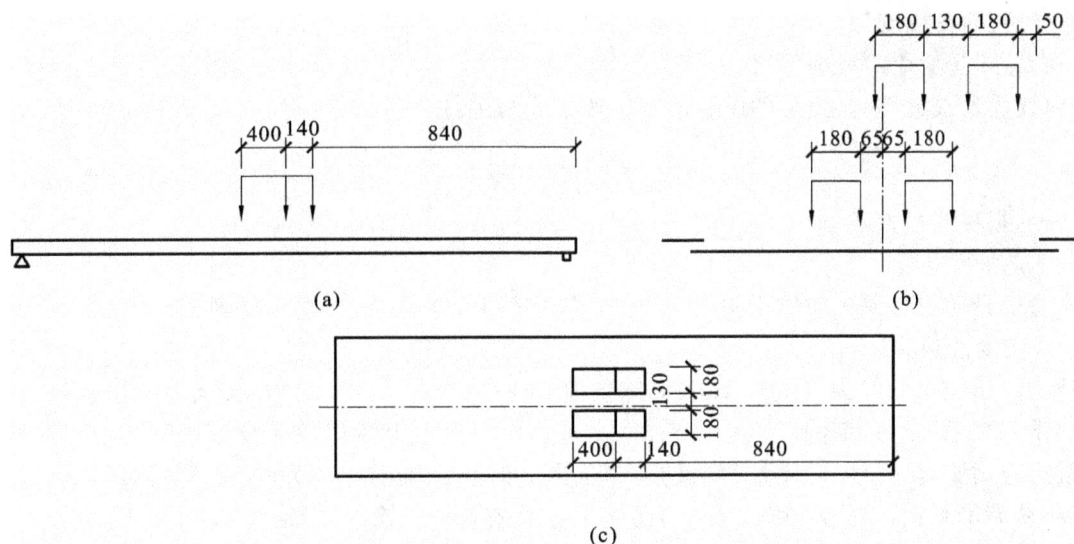

图 9-13　加载图式(尺寸单位:cm)

(a) 纵向布置;(b) 横向布置;(c) 平面对称布置

（2）挠度

挠度的实测值和计算值一般要求画成曲线并放在一起,或列出一张比较表等,如图 9-14 所示。挠度数据整理中,还要考虑支座变位的影响。

测点	1	2	3	4	5	6	7	8	9	10	11	12	13	14	15	16	17
实测挠度/cm	1	27	47	54	50	38	24	10	0	−10	−31	−64	−102	−124	−117	−70	0
计算挠度/cm	0	36	68	81	76	60	38	16	0	−18	−51	−95	−141	−165	−146	−79	0

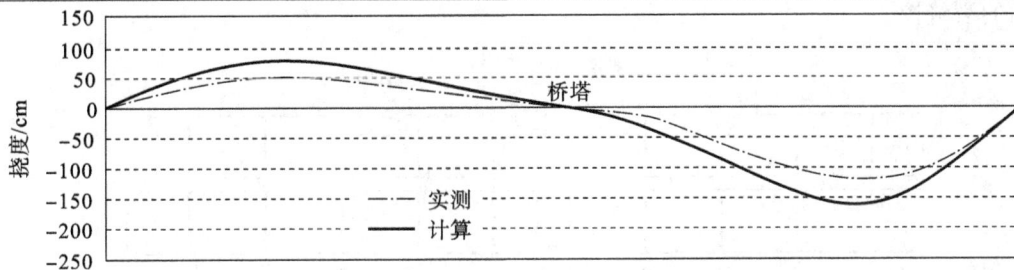

图 9-14　某独塔单索面斜拉桥试验挠度曲线

挠度是衡量桥梁结构实际刚度的重要指标之一,具体衡量指标为:

① 试验荷载作用下,各主要控制断面测点挠度实测值与计算值的比值应不大于 1。

② 由挠度的实测值和试验加载效率外推①中的各主要控制断面测点的挠度值,其不应超过《公路圬工桥涵设计规范》(JTG D61—2005)第 5.1.11 条和《公路钢筋混凝土及预应力混凝土桥涵设计规范》(JTG D62—2004)第 6.5.3 条规定的允许值。这里的所谓外推,是将试验荷载按线性关系换算成正常设计荷载,如某桥静载试验的加载效率取 0.85,则用挠度实测值除以 0.85,得到正常设计荷载作用下的实测挠度值。显然,将这样一个挠度值与规范允许值相比较才是合理的。

（3）应力和应变

① 实测应变的修正。

应变测试中,出现灵敏系数 $K \neq 2$ 或导线过长、过细使导线电阻不能忽略等情况时,需要对实测应变结果进行修正。

a. $K \neq 2$ 时,测出的应变值 ε' 应按下式修正:

$$\varepsilon = \frac{2\varepsilon'}{K}$$

(9-5)

式中　ε——修正后的应变值；

　　　K——实际应变片的灵敏系数。

　　b. 当导线过长或过细时,测出的应变值 ε' 应按下式修正:

$$\varepsilon = \varepsilon'\left(1 + \frac{2r}{R}\right) \tag{9-6}$$

式中　r——一根导线的电阻；

　　　R——应变片电阻。

在较先进的计算机控制的数据采集器里,上述修正都可以事先设定,直接得到 ε。

② 应力、应变的换算。

应变片的测试结果一般为应变值,而人们感兴趣的往往是应力。对钢结构而言,弹性模量稳定,应力和应变是常数乘积关系。对钢筋混凝土结构来说,不管是在混凝土上测得的应变还是在钢筋上测得的应变,换算成混凝土应力都有一个实际弹性模量的取值问题。解决这个问题的办法,一是用实际试块(回弹仪或超声波仪器)测到的数据,二是取规范给出的混凝土弹性模量值。有些试验(如极限破坏试验)有时直接用应变指标衡量。

③ 实测与计算的比较。

由于实桥试验往往是按设计荷载加载的,故计算截面上各点的应力时,钢结构或预应力混凝土结构一般仍用普通材料力学的弹性阶段方法。对钢筋混凝土结构,可根据断面内力的大小采用相应的计算方法。

断面应力计算值和实测值应列在同一张表内并制成图,以便比较。

当断面上应力的计算值和试验值之间的差别超出正常允许误差范围时,应该仔细分析,找出原因。

（4）裂缝

裂缝图应按试验过程中裂缝的实际开展情况进行测绘。例如,对于一片 T 形或矩形截面梁,可以先画出梁底面和两侧面的展开图,然后在图上画出裂缝的走向,标清楚裂缝的宽度及相应的荷载大小。图 9-15 所示为一段梁的裂缝图。

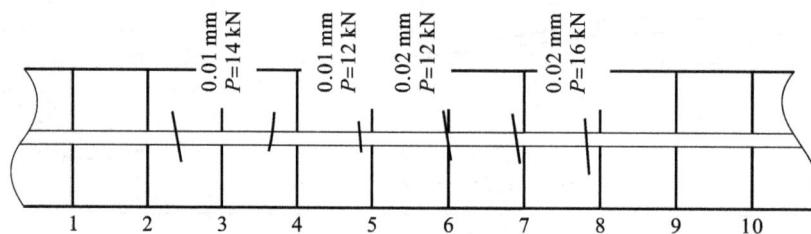

图 9-15　一段梁的裂缝图

试验数据整理中有一些习惯做法:如画试验曲线时总是把理论计算值画成实线,试验点则点在图上;如没有相应的理论计算值,则一般用曲线拟合的办法画试验曲线,有时候也把试验数据点直接连成曲线。实际工作中,根据不同的试验要求还会有其他的内容。尽管内容不同,但其基本原则是一样的,即把试验数据结果归纳成图、表并加以说明,能用图表示的结果优先考虑用图表示(因为它直观)。

目前已经普及的计算机办公软件,如 Excel 和 Word 等,是试验数据整理实现自动化作业的有力工具,值得推荐使用。

9.3.4.2　动载试验数据整理

动载试验数据整理的主要对象是动应变和动挠度。通过动应变数据(曲线)可整理出对应结构构件的最大(正)应变和最小(负)应变,以及动态增量;通过动挠度数据(曲线)可得到结构的最大动挠度和结构的动态增量。这里介绍一些基本方法。

（1）动应变

如图 9-16(a)所示,最大动应变 ε_{max} 是最大正应变,它可由前置放大器(动态应变仪)的标定值按比例换算。如 ε_{max} 为测定值,相应的仪器峰值为 H_{max},ε_0 为与仪器标值 H_0 对应的标定值,则可得到:

$$\varepsilon_{max} = \varepsilon_0 \frac{H_{max}}{H_0} \tag{9-7}$$

最小负应变 ε_{min} 的确定也一样。这里的仪器标值 H_0 和 H_{max} 可以是电压单位的量,也可以是其他记录分析仪器的度量值。

（2）动挠度

如图 9-16(b)所示,最大动挠度 Y_{max} 是叠加在相应静载-挠度曲线上的波峰总值,它的度量可根据标定值得到,其道理和动应变一样。

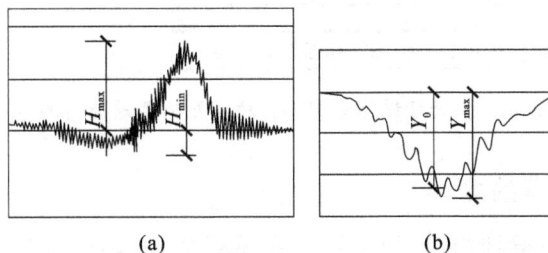

图 9-16 实测动应变与动挠度曲线

（a）动应变曲线；（b）动挠度曲线

（3）动态增量

动态增量既可定义为最大动应力与最大静应力之比,又可定义为最大动位移和最大静位移之比。根据图 9-16 所示的曲线,可按下式确定动态增量。

应力动态增量：

$$\text{应力动态增量} = \frac{\text{最大动应力} - \text{最大静应力}}{\text{最大静应力}} = \frac{\varepsilon_{max} - \varepsilon_0}{\varepsilon_0} \tag{9-8a}$$

挠度动态增量：

$$\text{挠度动态增量} = \frac{\text{最大动位移} - \text{最大静位移}}{\text{最大静位移}} = \frac{Y_{max} - Y_0}{Y_0} \tag{9-8b}$$

动态增量的测定及它与冲击系数的关系等问题将在 9.4 节较详细地讨论。

（4）影响线

荷载车辆缓慢匀速行驶过桥时,测量桥上动挠度曲线或某一断面测点的动应变,可得到该测量断面上变形或内力的影响线。图 9-17 中的上下两条曲线分别是实测的某吊桥四分点断面和跨中弦杆的内力影响线。

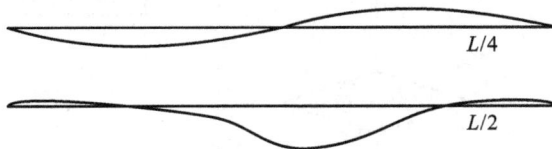

图 9-17 实测影响线（L 为桥梁跨度）

9.4 桥梁结构实际承载能力的评定 》》》

桥梁现场荷载试验是确定桥梁结构实际承载能力最直接、最有效的手段。当把相当于设计荷载大小的试验荷载以最不利的方式布置在实桥上时,测得的应力和变形定量地表征了结构（或构件）在正常使用荷载作用下的实际抵抗能力。

本节主要介绍在对桥梁进行现场试验并获取结构（或构件）参数以后,如何结合理论分析得到结构（或构件)的应力水平、最大变形、自振特性等强度、刚度指标,建立桥梁结构的实际工作模型,继而根据这个模型对桥梁实际承载能力进行评估。这个过程可以用图9-18所示图形表示。

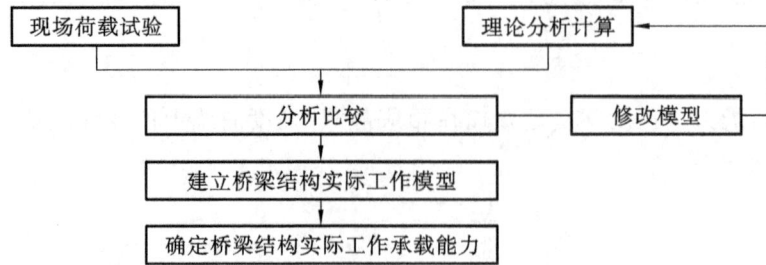

图 9-18 由现场试验结果确定桥梁结构承载能力的过程

9.4.1 桥梁实际工作模型的建立

对于设计资料比较齐全的桥梁结构,它的设计工作模型是已知的,但是施工后的实际桥梁结构与设计时已经不完全一样了(比如桥面系,在设计计算时将它们的自重当作恒载,不考虑刚度参与结构工作)。对旧桥,经过多年运营,在车辆及其他荷载的作用下,桥梁的实际状况和竣工时又不一样,这样结构的实际状态与设计计算的模型也会有差别。为确定这种差别,非常有必要建立一个能反映桥梁结构实际工作状态的理论模型。下面以图9-19所示图形表示确定这种差别以建立桥梁结构实际模型的基本过程。

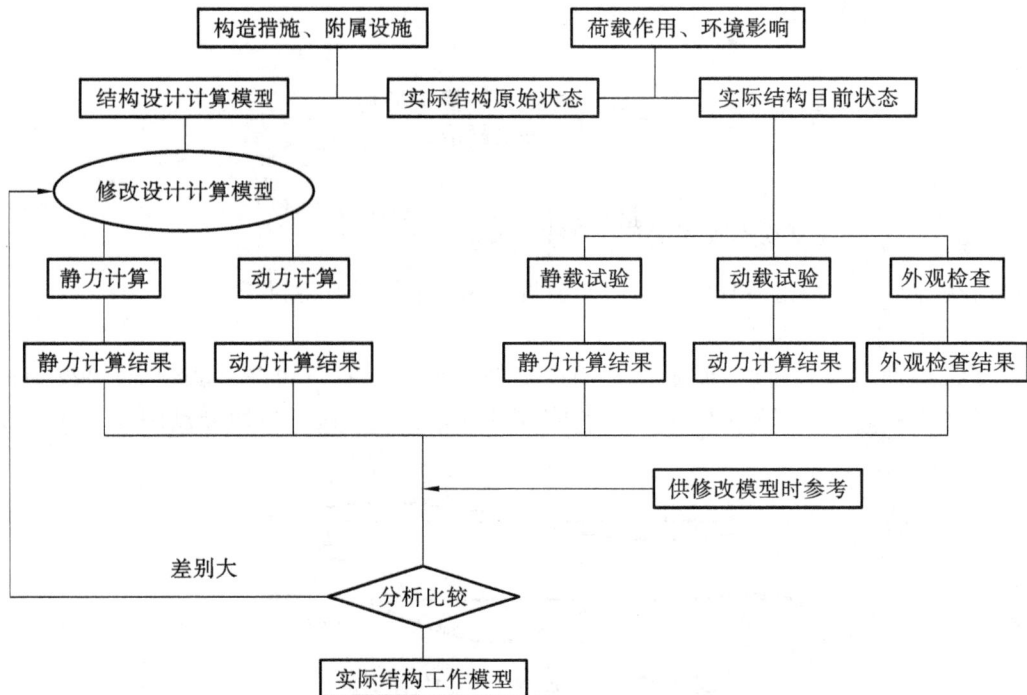

图 9-19 建立桥梁结构实际工作模型的过程

（1）计算分析比较

为了确定设计计算模型与目前结构实际状态之间的差别,先计算出设计计算模型在试验荷载作用下的静力反应和动力特性,把它们与实测结果相比较,找出差别并分析出现差别的原因,然后修改模型,计算修改后的模型在试验荷载作用下的静力反应和动力特性,再与实测值进行比较。这样重复数次,直到计算结果与实测结果比较接近为止。

设计计算模型在这里既作为与实际状态比较的标准,又是对设计计算模型进行修改时循环计算的初值。

通过计算能够得到并能与试验结果进行比较的量一般有结构上某断面上的应变(力)、结构上某一点的挠度及结构的自振频率。有了这种比较,应该可以对设计计算模型进行修正了。我们通过一个简单的例子来说明这个过程。

某下承式钢桁梁桥如图 9-20 所示。该桥是早年修建的旧桥,对该桥进行荷载试验和振动测试的结果,以及相应的计算结果如表 9-4 所示。

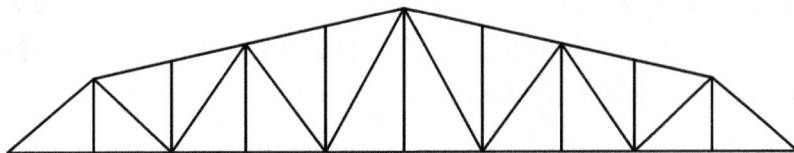

图 9-20　钢桁梁桥

表 9-4　　　　　　　　　　　　　　实测与计算值比较表

	参数 内容	应力/MPa			跨中挠度/mm	竖向自振频率/Hz	
		上弦杆	下弦杆	端斜杆		1 阶	2 阶
计算值	不计桥面作用	−20.2	20.4	15.1	14.0	2.37	4.63
	计入桥面作用	−20.2	10.9	−15.1	11.4	2.75	5.58
实测值		−15.8	8.2	12.6	11.2	2.93	5.47

表中不计桥面作用行所列的值是设计计算值,把它与实测值进行比较,各弦杆的应力实测值均小于设计计算值,特别是下弦杆小得更多,而支座处端斜杆差得少;再看挠度和频率值,实测挠度值比计算值低,频率比计算值高,也就是说该桥梁的实际刚度要比设计计算值大。对于外形尺寸一定的桁架,决定它刚度的是材料的弹性模量和各杆件的面积,而钢材的弹性模量是稳定的。因此,综合起来看,只能说明桁架某些构件的实际截面面积大于设计计算的面积,或者说桥梁整个上部结构的共同作用起到了加大此杆件截面的作用,这里当然是桥面系起了主要作用。

(2) 设计计算模型的修正

根据表 9-4 的定量分析比较,得知桥面系的共同作用使整个上部结构的刚度增加,而使整个结构的应力和挠度实测值低于理论计算值。因此,这里将要建立并试图用它来反映结构实际工作状态的分析模型要能够反映桥面系的共同作用,这是对设计计算模型进行修正的基本出发点。

要使新模型反映桥面系的共同作用,可以通过增加桁架弦杆的面积来实现。桥面系参与共同作用的程度,以及上下弦杆面积增加的数值可以这样来确定:将每片桁架当作实腹梁,桁架上下弦的应力当作实腹梁上下缘的应力,以此求出该实腹梁中性轴的位置,取两片桁架中性轴位置的平均值,根据该值可以定出下弦杆应该增加的面积。

用修改后的模型重新计算各种类型上部结构各杆的应力、挠度和自振频率,将其结果列入表 9-4 中"计入桥面作用"行内。从表中数据可以看出,各值较不计桥面作用时提高了,且和实际值更为接近了。

综合分析用新模型进行动力和静力计算的结果,桥面系的作用似乎还可以多考虑一些。但是考虑桥面系的共同作用对端斜杆的帮助不大,另外实测结果也存在一定的误差,所以就取用上述经数值修改后的模型。这个模型用来反映结构的实际工作状况是比较合适的。

9.4.2　静载试验数据整理与分析

桥梁静载试验是对桥梁结构工作状态进行直接测试的一种鉴定手段。检测结果是桥梁工程质量验收的重要依据。整理桥梁现场试验数据时,不仅要求有一份完整的原始记录,还要用到一些数据处理方面的知识,同时要求整理者有桥梁的相关知识。

从总体上看,这步工作是每个试验程序不可缺少的一个环节,必须高度重视,即必须对原始数据进行技术处理后才能得出直接进行桥梁结构承载能力的评定指标,以满足承载能力评定的要求。

试验中各荷载阶段的各测点记录了大量的试验数据,必须科学、合理地进行分类、汇总,以便下一步分析时使用。

① 应变数据。

首先，应将各应变测值按各自应变计试验前标定的系数得出混凝土应变值，然后将各控制截面在每一荷载阶段的各点应变绘制成图。为此，可在图上直观地判断截面是否在各荷载阶段都处于弹性变形状态及中性轴的变化情况。其次，将各荷载阶段在梁（板）某一水平面上的混凝土应变绘制成图，判断其变化是否与弯矩图的变化相适应。最后，可将一些控制点（如各控制截面的上、下缘）在各荷载阶段的应变进行汇总，分析该点处混凝土的应变是否与荷载变化相适应。

② 挠度数据。

首先，应将 1/4 跨、跨中、3/4 跨等处各荷载阶段的沉降值减去两支点处相应荷载下的平均沉降值，得出以上各截面各阶段的挠度值。其次，汇总各截面在每个荷载阶段时的挠度值，判断挠度变化是否与荷载的变化相适应。再将各荷载阶段的挠度值汇总，判断该阶段梁（板）整体挠度的分布是否均匀。

③ 端角位移由梁端上、下测点位移差除以测点距离即可得出。

④ 各应变测点的应力可由应力、应变间的关系得出。

9.4.2.1 静载试验数据整理

整理实际荷载的载重、加载情况等的原因是因为实际荷载布置形式、大小等可能会与方案要求不一样。整理出来的数据一方面用于结构计算校核，另一方面会与试验数据结构直接有关。

根据严格的车辆轴重过磅和测量，实际车辆轴距、轮距以及荷载的载重、加载工况和位置等可能与试验实施细则中的内容不一致。制作实际车辆特性明细表（表 9-5），作为结构计算校核用。当出入较大时，试验理论成果必须重新计算、分析、整理。

挠度的实测值和计算值一般要求画成曲线并放在一起，或者列出一张比较表等。在挠度数据整理过程中，还要充分考虑支座变位的影响。

表 9-5   实测自卸车技术指标

车型	轴距/mm		轮距/mm	
	L_1	L_2	前轮	后轮
东风	3500	1400	2100	1900
3350B	3600		2850	2400
重庆铁马	3000	1400	1800	1800

说明：

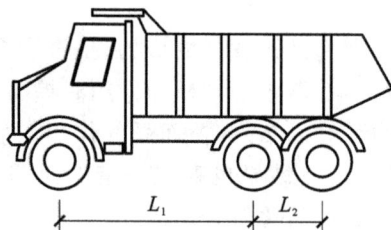

9.4.2.2 试验结果的极限容许值与评定方法

桥梁结构静载试验的评价指标有两个方面：① 将控制测点的实测值与相应的理论计算值进行比较，来说明结构的工作性能和安全储备；② 将控制测点的实测值与规范规定的允许值进行比较，从而说明结构所处的工作状况。

（1）校验系数

所谓校验系数，是指某一测点的实测值与相应理论值的比较。实测值可以是挠度、位移、应变或应力的大小。校验系数表达式为：

$$\lambda = \frac{实测值}{理论值} \tag{9-9}$$

① 当 $\lambda = 1$ 时,说明理论值与实测值完全相符;

② 当 $\lambda < 1$ 时,说明结构工作性能较好,承载能力有一定富余,有安全储备;

③ 当 $\lambda > 1$ 时,说明结构的工作性能较差,设计强度不足,不够安全。

通常,桥梁结构的校验系数如表 9-6 所示,可供参考。

表 9-6   **桥梁结构校验系数 λ**

类别	项目	校验系数
钢桥	应力	0.75~0.95
	挠度	0.75~0.95
预应力混凝土桥	应力	0.60~0.90
	挠度	0.70~1.00
钢筋混凝土梁桥	应力	0.40~0.80
	挠度	0.50~0.90
钢筋混凝土板桥	应力	0.20~0.40
	挠度	0.20~0.50
圬工拱桥	应力	0.70~1.00
	挠度	0.80~1.00

在大多数情况下,设计理论总是偏于安全的,往往只考虑了主要因素,故桥梁结构的校验系数往往小于 1。然而,安全和经济是相对的,过度的安全储备是没有必要的,设计时两者应尽可能兼顾。大跨度桥梁试验方法中规定,在最大试验荷载作用下,实测挠度、实测应变应满足下式要求。

$$\beta < \frac{\omega_t}{\omega_d} < \alpha \tag{9-10}$$

式中 α, β——系数,$\alpha = 1.05$,$\beta = 0.70$;

      ω_t——实测值;

      ω_d——相应的理论计算值。

同时,对于残余变形,大跨度桥梁试验方法规定,卸载后的最大残余变形与该点最大实测值的比值应满足下式的要求:

$$\frac{\omega_p}{\omega_{max}} < \gamma \tag{9-11}$$

式中 γ——系数,其值为 0.2;

      ω_p——卸载后最大残余变形的实测值;

      ω_{max}——该点在试验过程中的最大实测值。

测点在控制荷载作用下的相对残余变位(或应变)越小,说明结构越接近弹性工作状况;当它大于 20% 时应查明原因,如确系桥梁强度不足,则应在结构评定时酌情降低桥梁的承载能力。

(2) 规范允许刚度和裂缝极值

在公路桥梁设计规范中,从保证正常使用角度出发,对不同结构形式的桥梁分别规定了挠度极值(即刚度的要求)、裂缝宽度限值。在桥梁静载试验中,可以测出桥梁结构在设计荷载作用下控制截面的最大挠度或最大裂缝宽度。二者比较,即可做出试验桥梁工作性能与承载能力的评价。挠度评价指标是:

$$\frac{f'}{l} \leqslant \left[\frac{f}{l}\right] \tag{9-12}$$

式中 f'——消除支座沉降等影响的跨中截面最大实测挠度;

l——桥梁计算跨度或悬臂长度。

规范规定的允许挠度限值,对于梁桥主梁跨中为 $1/600$;对于拱桥、桁架桥为 $1/800$;对于梁桥主梁悬臂端为 $1/300$;斜拉桥主梁在汽车荷载(不计冲击力)作用下,混凝土主梁为 $1/500$,钢桥为 $1/400$。

对于钢筋混凝土桥梁,裂缝宽度应满足一定的限制条件,即正常大气条件下、有侵蚀气体或海洋大气条件下:

$$\delta_{fmax} \leqslant 0.1 \ \text{mm} \tag{9-13}$$

对于部分预应力 B 类构件,裂缝宽度采用名义拉应力进行限制,即:

$$\sigma_{kl} \leqslant [\sigma] \tag{9-14}$$

式中　σ_{kl}——假设截面不开裂的弹性应力计算值,可按照材料力学方法计算;
　　　$[\sigma]$——混凝土名义拉应力限值。

9.4.3　动载试验数据分析与评定

9.4.3.1　动载试验数据整理

桥梁结构检测中,动载试验是一项关键内容。结构动力特性如固有频率、阻尼系数和振型的分析直接关系到对桥梁结构工作性能的判断,要探讨动力特性的分析方法,进而得到合理的桥梁状态评定。

① 试验资料整理时应消除系统误差,舍弃因过失误差而产生的可疑数据,对时域波形应先预检,去掉奇异项,修正零线漂移、趋势项等误差,以确保数据分析的准确性和真实性。

② 试验可以通过动应变数据(曲线)整理出对应结构构件的最大(正)应变、最小(负)应变以及动态增量,通过动挠度数据(曲线)可得到结构的最大动挠度和结构的动态增量。有关动应变和动挠度的测试度量方法见第 4 章。

动态增量既可定义为最大动应力(应变)与最大静应力(应变)之比,也可定义为最大动位移和最大静位移之比。可按下式确定动态增量。

应力动态增量为:

$$1+\mu = \frac{\varepsilon_{max}}{\varepsilon_0} \tag{9-15}$$

挠度动态增量为:

$$1+\mu = \frac{y_{max}}{y_0} \tag{9-16}$$

式中　ε_0, y_0——最大静应变和最大静位移;
　　　$\varepsilon_{max}, y_{max}$——最大动应变和最大动位移。

从动挠度中获取的动力系数(以前称为桥梁冲击系数)为结构的整体动力系数,从应力波形中获得的动力系数为该应力点具体结构构件的动力系数。

9.4.3.2　动载试验分析与评价

目前,在桥梁结构中解决移动车辆的动载响应问题时仍采用理论与试验相结合的办法。采用一个单一的系数(应力或位移的动态增长率)U 来反映诸多影响因素的综合影响,认为其是动载冲击作用的重要指标。各工况下最大结构动力系数小于 1.13(规范设计值),表明桥梁振动冲击效应满足设计要求。

桥梁动载试验时,根据桥梁结构在承受车辆、人群等动力荷载作用时产生的振动,通过分析结构的动力响应来评定其承载能力和实际状况。使用测振传感器测出位移、速度、加速度,测定桥梁在动荷载作用下的动应力、动位移等响应,从而确定结构的承载能力。相对静载试验而言,动载试验操作方便,对结构的使用环境要求不高,现场工作量也小得多。但是,动载试验是用间接方法来了解结构的受力特征,其结果易受外界干扰从而误差较大。动载试验结果往往作为定性分析桥梁承载能力的一种较为有效的手段。目前,国内外规范对桥梁结构的动力响应尚无统一的评价尺度,一般认为动力响应受以下因素的影响:

（1）桥面平整度的影响

实测的动态增量大,说明桥梁结构的行车性能差,桥面平整度不良。

（2）行车速度的影响

动态增量与不同车道行车速度的关系,不同的桥型有不同的结果。如某些桥梁的动态增量随车速的提高而提高,但某些桥梁结构恰好是相反的结果,有的大跨度桥梁这种关系不明显。

（3）桥上车辆数的影响

大多数情况下,单辆车的动态增量大于多辆车的动态增量。

9.4.4 动力特性试验数据分析与评定

桥梁结构的动力特性主要是指结构固有振动频率、振型和阻尼系数等。实测时传感器的布设位置（含参考点）要尽量避开振动位移零点（或称节点）。因此,首先整理出理论计算结果,包括主要的振型频率和振动频率,计算时一般假定一个平均阻尼比系数。

在动力特性试验中,可获取大量的桥梁结构振动信号,如加速度、速度以及位移时程曲线。直接根据这样的信号或数据来分析判断结构振动的性质和规律是非常困难的,一般需对实测振动波形进行分析与处理。目前常用的处理方法有时域分析和频谱分析两种。

通过专用动力信号分析软件的时域分析得到振幅、阻尼比和振型,通过频域分析可得到结构的频率成分和频率分布特性。

最后根据桥梁结构的这些振动参量进行理论与实测值的对比,往往振型频率容易核对和吻合,振型的吻合程度相对要差一点。实测的阻尼比与分析的理论基础有较大的关系。

一般认为桥梁结构的动力特性反映了结构的整体刚度和耗散外部振动能量的能力。目前,评价的原则是:

① 比较桥梁结构频率的理论值和实测值。如果实测值大于理论计算值,说明桥梁结构的实际刚度较大,反之则说明桥梁结构的刚度偏小,并且可能存在开裂或其他不正常现象。一般来说,理论计算中所做的一些假定中忽略了一些次要因素,理论值大于实测值是正常的。

② 根据实测加速度的大小以及主要频率范围,得出易引起行人不适的人桥共振频率等。如对于纵向漂浮的索承桥梁,一般认为主梁自振周期在大于 5 s 的长周期时才有较好的抗震能力。

③ 实测阻尼的大小反映了桥梁结构耗散外部能量输入的能力。阻尼比大,说明桥梁振动衰减快;阻尼比小,说明桥梁振动衰减慢。但是,过大的阻尼比则说明桥梁结构可能存在开裂或支座工作状况不正常等现象。

9.5 桥梁健康监测 ⟫⟫⟫

桥梁建成以后,受气候、环境因素的影响,结构材料会被腐蚀、逐渐老化;长期的静、动力荷载作用,使其强度和刚度随着时间的增加而降低。这不仅会影响行车安全,也会使桥梁的使用寿命缩短。对桥梁结构的健康状况进行检测与监测,并在此基础上对其安全性能进行评估是桥梁运营日常管理的重要内容。桥梁健康监测具有十分重要的作用。

目前,我国桥梁健康监测主要用于大跨度重要桥梁。国外桥梁健康监测开展得比较早,也比较完善;我国香港地区的青马大桥建立了比较全面的健康监测,内地也在一些大桥上开始使用这一系统,但许多工作还在不断完善之中。如南京长江二桥就建立了健康监测系统,上海徐浦大桥也建立了部分健康监测系统,国内其他的混凝土斜拉桥（如湖北荆州长江大桥、鄂黄长江公路大桥以及鄱阳湖大桥等）也均建立了长期性能的离线监测系统。

桥梁健康监测的内容和目的大致有如下几个主要方面：

（1）施工阶段的健康监测内容

大跨度桥梁结构由于在施工阶段受到施工荷载或自然环境因素的影响，而使结构变形或受力与成桥状态的设计要求不符。因此，为确保施工中桥梁结构的安全，保证结构物的外形和内力状态满足设计要求，需在施工中对其进行健康监测。其监测的主要内容有：

① 几何形态检测。主要是获取已经完成结构的实际几何形态参数，如高程、跨度、结构或缆索的线形、构造物的变形和位移等。

② 桥梁结构的截面应力监测。这是桥梁施工阶段安全监测的最重要内容，包括混凝土应力、钢筋应力和钢结构应力的监测。它是桥梁施工过程的安全预警系统。

③ 索力监测。大跨度桥梁采用斜拉桥和悬索桥等缆索承重结构越来越普遍，斜拉桥的斜拉索、悬索桥的主缆索及吊索的索力是设计的重要参数，也是桥梁安全监测的主要监测内容。

④ 预应力监测。主要对预应力筋的张拉真实应力、预应力管道摩阻导致的预应力损失以及永久预应力值进行监测。

⑤ 温度监测。对大跨度桥梁，特别是斜拉桥和悬索桥，其温度效应十分明显，斜拉桥的斜拉索随温度变化的伸缩将直接影响主梁的标高，悬索桥主缆索的线形也将随温度而变化，此时对温度进行监测十分必要。

⑥ 下部结构的监测。对于斜拉桥和悬索桥等特大型桥梁，其构筑物基础分布集中，荷载集度通常非常大，因而必须对地基的内外部变形、地锚的应力及主塔桩基的轴力等进行监测。

（2）运营阶段的健康监测内容及使用的传感器

① 荷载监测。荷载包括风荷载、地震荷载、温度荷载、交通荷载、声荷载等。所使用的传感器有：a. 风速仪，记录风向、风速进程历史，连接数据处理系统后可得到风功率谱；b. 温度计，记录温度、温度差时程历史；c. 动态地称，记录交通荷载流时程历史，连接数据处理系统后可得交通荷载谱；d. 强震仪，记录地震作用；e. 摄像机，记录车流情况和交通事故等。

② 表面形貌监测。监测桥梁各部位的静态位置、动态位置、沉降、倾斜、线形变化、位移、裂纹、斑点、凹坑等。所使用的传感器有位移计、倾角仪、GPS、电子测距器（EDM）、数字摄像机等。

③ 结构的强度监测。监测桥梁的应变、应力、索力、动力反应（频率模态）、扭矩等。所使用的传感器有：a. 应变仪，记录桥梁静动力应变、应力，连接数据处理系统后可得构件疲劳应力循环谱；b. 测力计（力环、磁弹性仪、剪力销），记录主缆、锚杆、吊杆的张拉历史；c. 加速度计，记录结构各部位的反应加速度，连接数据处理系统后可得结构的模态参数。

④ 振动监测。监测结构的振动、冲击、机械导纳以及模态参数等。

⑤ 性能趋向监测。监测结构的各种主要性能指标等。

⑥ 非结构部件及辅助设施。监测支座、振动控制设施等。

对不同的监测对象，由于影响其工作性能的控制因素不同，故监测的物理参数各不相同。同一物理参数对不同的结构又具有不同的灵敏度，所以效果也不同。因此，桥梁结构健康监测中监测对象的选择是至关重要的一步。通常对于大型桥梁结构而言，常以振动监测、荷载监测、强度监测和表面形貌监测为主要目标，且通常选择灵敏度高的特征参数或几种参数联合使用作为监测对象。完善的桥梁健康监测系统可以验证桥梁设计理论、施工质量，监测结构局部和整体服役状态，监测结构损伤、抗力衰减及其演化规律，识别结构损伤及其位置，进行桥梁安全性、耐久性评定与预测以及桥梁安全事故预警等。但在相当长的时期内，桥梁结构健康监测系统还不能完全取代传统的人工检查，而只是配合人工检查。但对于大跨度桥梁来说，有了可靠的桥梁结构健康监测系统，至少可以缩小人工检查的范围，加快损伤识别的速度。

（3）桥梁监测方法

① 基于动力的健康监测方法。

目前研究中的大部分桥梁结构健康监测方法,集中使用动力响应来检测和定位损伤。因为这些方法是整体的检测方法,可以对大型的结构系统进行快速的检测。这些基于动力学的方法可以分为如下四类:空间域方法、模态域方法、时域方法、频域方法。其中,空间域方法根据质量、阻尼和刚度矩阵的改变来检测和确定损伤位置;模态域方法根据自振频率、模态阻尼比和模态振型的改变来检测损伤;在频域方法中,模态参数如自振频率、阻尼比和振型等是确定的,从非线性自回归移动平均模型中估计出光谱分析逆动力问题和广义频率响应函数,被用于非线性系统的识别。在时域方法中,系统参数通过在一定时间内采样的数据来确定;如果结构系统的特性在外部荷载作用下随时间改变,那么有必要确定由时域方法得出的系统动力特性在时间上的改变。进一步地,可以使用四种域中提出的任何动力响应,采用与模态无关或与模态相关的方法进行损伤检验。文献资料显示:模态无关的方法可以检测出损伤的存在而无需大量的计算,但在确定损坏位置时并不精确;模态相关的方法与模态无关的方法相比,通常在确定损伤位置上更加精确且只需更少的传感器,但该方法要求有恰当的结构模型和大量的计算。此外,频域方法和模态域方法使用转换的数据,但转换存在误差和噪音。而且,在空间域方法中,质量和刚度矩阵的建模与修正还存在问题且难以精确。将两三种方法结合起来检测和评估结构的损伤具有很强的发展趋势。例如,几位研究者将静载测试和模型测试的数据结合起来评估损伤,这样可以克服各自方法的缺点并可进行相互检查,与损伤检测的复杂性相适应。

② 联合静动力的健康监测方法。

静力参数(位移与应变等)是根据静力荷载(如在桥上缓慢移动的车辆)引起的变形进行量测。在许多情况下,施加静力荷载比动力荷载更为经济,对于桥梁健康状况评估,许多应用只需要单元刚度。在这些情况下,静力测试和分析既简单又经济。通常的桥梁监测中都需要监测静态应变(和动态应变)、静力位移(和动挠度)以及相应的环境温度、湿度和风荷载。

既然自振频率、振型和结构系统的静力响应都是结构参数的函数,那么这些参数可通过比较数学模型预测的静动力特性和试验确定的静动力特性值得到。损伤发展的结果之一是局部刚度的减小,从而导致一些响应的改变。因此,对损伤进行检测和评估,综合结构静动力特性的监测是非常必要的。根据这一思想,结合静态应变、静态位移与动力响应(即振型或模态柔度等)来确定损伤位置,识别损伤程度。几种算法综合起来可用于改进参数识别的灵敏度和提高解答过程的可靠度,静力和动力响应被用来校准识别的置信度水平。

联合静动力的损伤识别通常需要进行有限元模型修正。因为有限元模型的误差可能比损伤的变化要大,所以有限元模型必须先用测得的模态特性和试验数据进行校准。只有有限元模型是可靠的,有限元方法模态修正的结果才是可靠的。其他的方法包括统计损伤识别、神经网络识别、子结构损伤识别、基于小波变换的损伤识别等,但是目前大多只停留在实验室简单模型或数值模型阶段,用于实桥的损伤识别和健康诊断还有很长的路要走。

(4) 桥梁健康监测系统的组成

先进的桥梁健康监测系统主要包括各类软硬件系统,其中各类高性能智能传感元件,信号采集与通信系统(包括无线传感网络),综合监测数据的智能处理与动态管理系统,结构实时损伤识别、定位与模型修正系统,结构健康诊断、安全预警与可靠性预测系统是关键部分。桥梁健康监测系统是利用一些传感器(包括光纤传感器、压电传感器、电磁伸缩材料制成的传感器、GPS、静力水准仪、风速风向仪等)来读取桥梁各部分结构的温度、应变、位移、风速、风向、加速度、车辆荷载、吊杆/斜拉索拉力、主缆拉力等参数,通过网络将这些数据传输到桥梁监控室的数据处理设备上,由专用的数据处理设备和处理方法来对信号进行存储、处理、分析和显示,最终显示给用户的是一段时间内连续采集的各个数据。各方专家会同桥梁设计部门可以对某些数据设立警戒值。当某个数据超过了相应的警戒值系统会主动报警,提醒管理人员及时做出反应。

9.6 桥梁现场试验实例 >>>

9.6.1 静载试验实例

长沙湘江二桥(斜拉桥)于 1991 年 1 月 31 日竣工通车。经近 15 年的营运,桥梁性能发生了变化。为确保桥梁结构性能及商业营运安全,受长沙市路桥通行费征收管理处的委托,并在长沙市路桥通行费征收管理处工程科及长沙市岳麓区和芙蓉区交警支队的大力协助配合下,原湖南大学土木建筑检测中心工作人员于 2005 年 12 月分别对湘江二桥 E4～E5 的 16 m 跨度预制板桥,E15～E16 的 16 m 跨度预制板桥,E16～E26 的 20 m(16 m)跨度连续箱梁桥,0#～9#墩 9×50 m 的连续箱梁桥、斜拉桥,12#～15#墩 3×50 m 的连续箱梁桥和 W0～W1 的 16 m 跨度预制板桥进行了荷载试验。

主孔立面布置图见图 9-21。

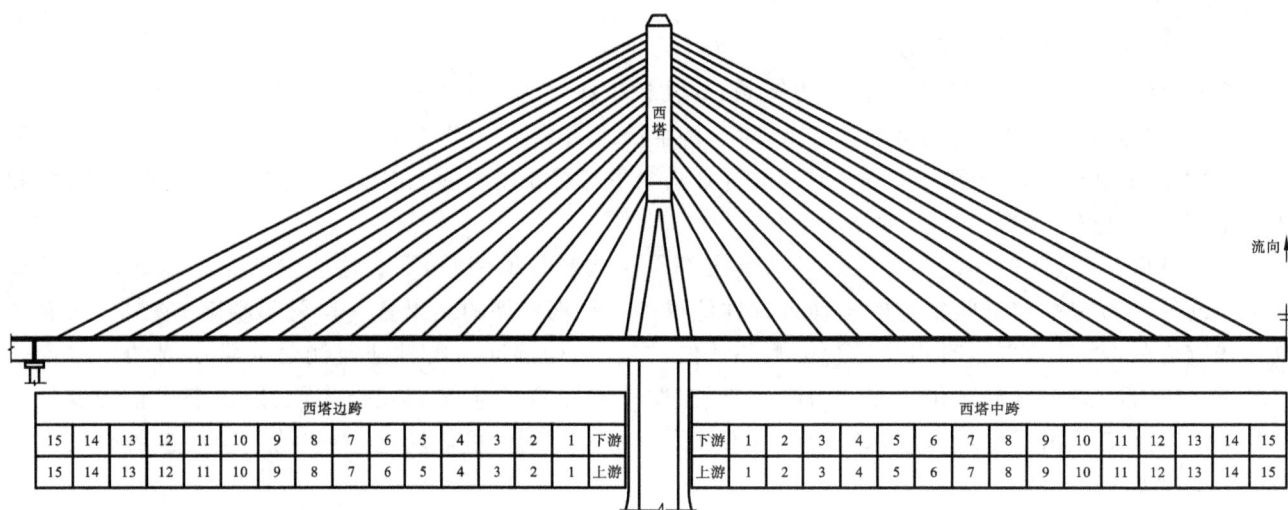

图 9-21 主孔立面布置图(单位:m)

为了多介绍几座桥梁的试验结果,本桥只介绍高低塔 PC 斜拉桥静载试验中的部分内容。

9.6.1.1 静载试验荷载效率

根据《公路旧桥承载能力鉴定试验方法》的规定,对于静载试验荷载的选取,一方面应保证结构的安全性,另一方面要能充分暴露结构的承载能力,一般要求:

$$0.8 < \eta_q < 1.05, \quad \eta_q = \frac{S_{\text{stats}}}{S \cdot \delta}$$

式中　η_q——静载试验荷载效率系数;

S_{stats}——试验荷载作用下,检测部位变位或力的计算值;

S——设计标准荷载作用下,检测部位变位或力的计算值;

δ——设计取用的动力系数。

试验前,分别对湘江二桥的前述几个部分采用有限元模型进行了受力分析,再按照静载试验荷载效率系数的要求制订了试验加载方案。加载车辆平面图及静载试验加载车辆布置见图 9-22～图 9-24。实际试验加载时,试验加载车辆与试验方案稍有不同,根据试验时的实际加载情况计算的各桥实际静载试验荷载效率系数分别见表 9-7～表 9-13。

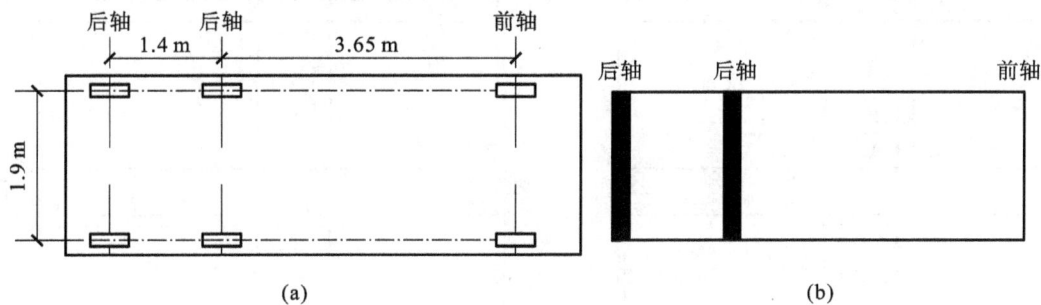

图 9-22 加载车辆平面图

(a) 加载车辆平面尺寸;(b) 加载车辆简图

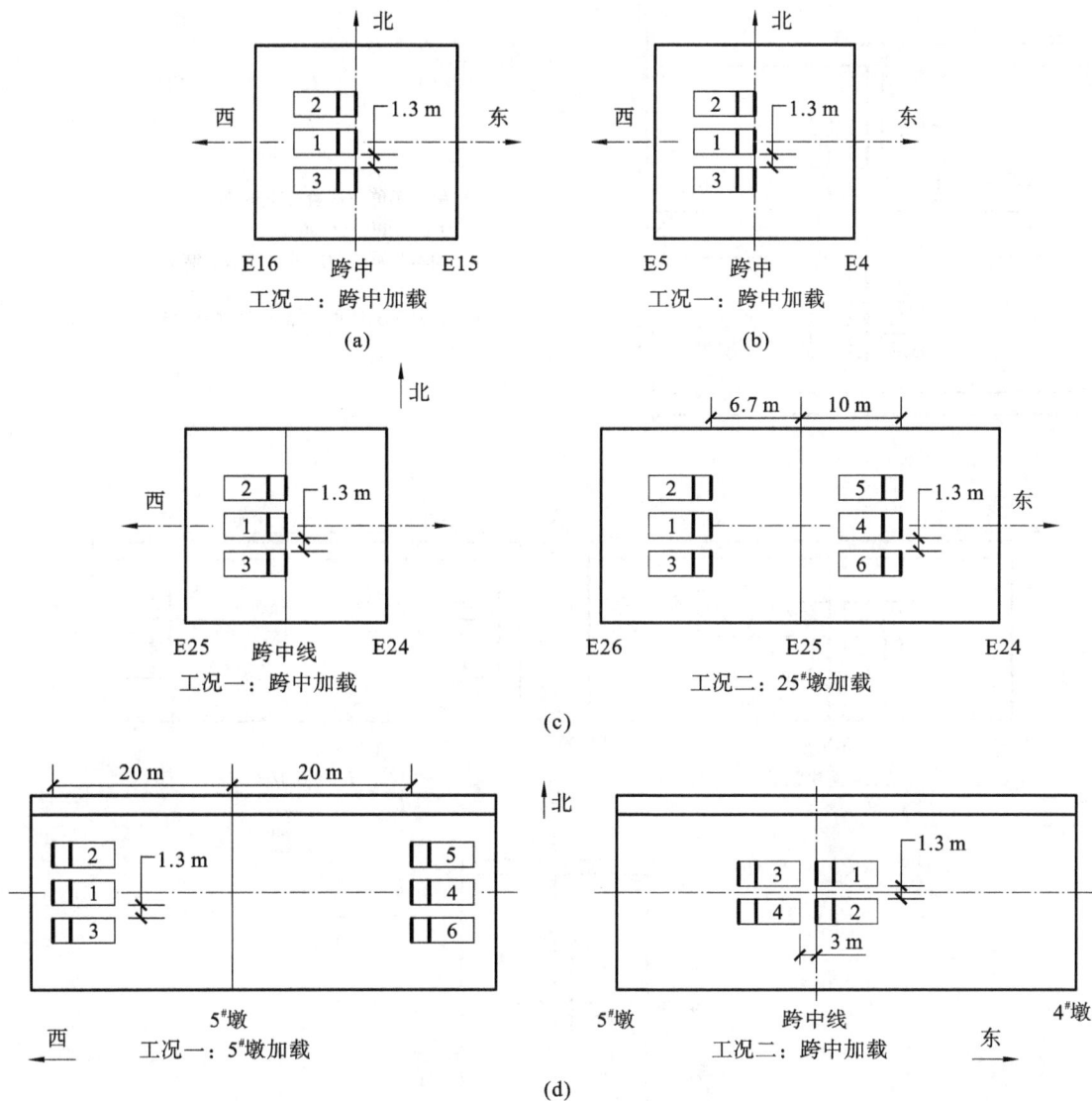

图 9-23 静载试验加载车辆布置(1)

(a) E4~E5 预制板桥;(b) E15~E16 预制板桥;(c) E16~E26 连续梁桥;(d) 9×50 m 连续梁桥

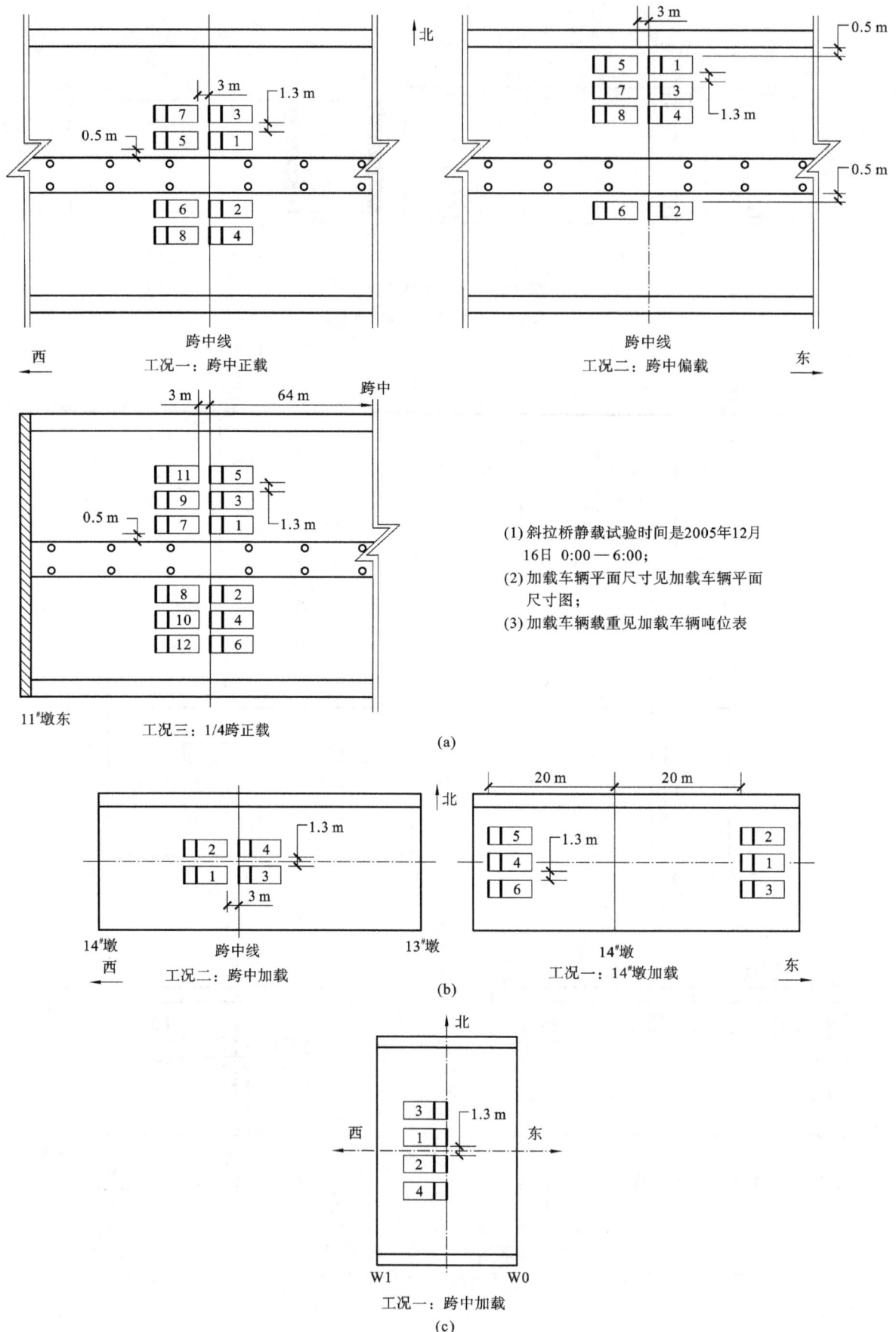

(1) 斜拉桥静载试验时间是2005年12月
16日 0:00—6:00;
(2) 加载车辆平面尺寸见加载车辆平面
尺寸图;
(3) 加载车辆载重见加载车辆吨位表

图 9-24 静载试验加载车辆布置(2)

(a) 斜拉桥;(b) 3×50 m 连续梁桥;(c) W0~W1 预制板桥

表 9-7　　　　　　　　　　　**E4～E5 16 m 跨度预制板桥静载试验荷载效率系数 η_q**

项目	设计标准活荷载效应/(kN·m)	试验加载效应/(kN·m)	荷载效率系数
跨中正弯矩	2975.8	3095.8	1.0403

表 9-8　　　　　　　　　　　**E15～E16 16 m 跨度预制板桥静载试验荷载效率系数 η_q**

项目	设计标准活荷载效应/(kN·m)	试验加载效应/(kN·m)	荷载效率系数
跨中正弯矩	2975.8	3095.8	1.0403

表 9-9　　　　　　　　**E16～E26 20(16) m 跨度连续箱梁桥静载试验荷载效率系数 η_q**

项目	设计标准活荷载效应/(kN·m)	试验加载效应/(kN·m)	荷载效率系数
跨中正弯矩	2704.8	2490.9	0.9209
支座负弯矩	2610.5	2709.0	1.0377

表 9-10　　　　　　　　　　**9×50 m 跨度连续箱梁桥静载试验荷载效率系数 η_q**

项目	设计标准活荷载效应/(kN·m)	试验加载效应/(kN·m)	荷载效率系数
跨中正弯矩	8862.1	7979.2	0.9004
支座负弯矩	8833.1	7174.1	0.8122

表 9-11　　　　　　　　　　　　　**斜拉桥静载试验荷载效率系数 η_q**

项目	设计标准活荷载效应/(kN·m)	试验加载效应/(kN·m)	荷载效率系数
跨中正弯矩	30194.0	27399.4	0.9074
支座负弯矩	48959.4	40669.6	0.8304

表 9-12　　　　　　　　　　**3×50 m 跨度连续箱梁桥静载试验荷载效率系数 η_q**

项目	设计标准活荷载效应/(kN·m)	试验加载效应/(kN·m)	荷载效率系数
跨中正弯矩	8315.4	7871.5	0.9466
支座负弯矩	9754.7	7877.9	0.8076

表 9-13　　　　　　　　　**W0～W1 16 m 跨度预制板桥静载试验荷载效率系数 η_q**

项目	设计标准活荷载效应/(kN·m)	试验加载效应/(kN·m)	荷载效率系数
跨中正弯矩	4000.0	4127.7	1.0319

9.6.1.2　静载试验加载车辆

本次试验荷载各车辆重量见表 9-14。试验时间安排见表 9-15。

表 9-14　　　　　　　　　　　　　　　　**加载车辆吨位表**

试验时间								
2005 年 12 月 16 日				2005 年 12 月 17 日和 12 月 18 日				
编号		总重/t	前轴重/t	后轴重/t	编号		总重/t	前轴重/t	后轴重/t
称重	加载				称重	加载			
1	1	32.90	6.40	26.50	1	6	29.38	5.10	24.28
2	2	32.74	3.74	29.00	2	2	29.98	5.66	24.32
3	11	28.98	5.20	23.78	3	3	29.66	6.40	23.26
4	12	28.84	5.30	23.54	4	4	29.90	6.30	23.60
5	6	30.28	5.76	24.52	5	1	30.06	6.42	23.64
6	9	29.48	5.30	24.18	6	5	29.68	6.72	22.96
7	8	29.90	4.04	25.86					
8	4	31.52	6.32	25.20					
9	7	29.94	5.74	24.20					
10	3	31.94	5.84	26.10					
11	10	29.30	7.26	22.04					
12	5	30.42	5.40	25.02					

表 9-15   试验时间安排

静载试验时间	2005 年 12 月 16 日	2005 年 12 月 17 日	2005 年 12 月 18 日
试验对象	斜拉桥	0$^{\#}$～9$^{\#}$墩连续梁桥 12$^{\#}$～15$^{\#}$墩连续梁桥	E4～E5 预制板桥 E15～E16 预制板桥 E16～E26 连续梁桥 W0～W1 预制板桥

9.6.1.3　静载试验工况

主跨静载试验分为四种工况,在按列加载过程中,对主梁进行偏载、受扭和对称加载试验。每项加载同步测试主梁控制截面的应力、挠度、塔顶偏位,典型斜拉索的索力和辅助墩拉压支座工作状况。主要试验工况如下:

(1) E4～E5 16 m 跨预制板桥

工况一:跨中正载。第一步:加 1～3 号车;第二步:卸 1～3 号车。

加载车辆布置及编号见图 9-23(b)。

(2) E15～E16 16 m 跨预制板桥

工况一:跨中正载。第一步:加 1～3 号车;第二步:卸 1～3 号车。

加载车辆布置及编号见图 9-23(a)。

(3) E16～E26 20(16) m 跨连续梁桥

工况一:E24～E25 跨跨中正载。第一步:加 1～3 号车;第二步:卸 1～3 号车。

工况二:E26 支座正载。第一步:加 1～3 号车;第二步:加 4～6 号车;第三步:卸 1～6 号车。

各工况下的加载车辆布置及编号见图 9-23(c)。

(4) 0$^{\#}$～9$^{\#}$墩 9×50 m 顶推连续箱梁桥

工况一:4$^{\#}$～5$^{\#}$墩跨中正载。第一步:加 1、2 号车;第二步:加 3、4 号车;第三步:卸 1～4 号车。

工况二:5$^{\#}$墩支座正载。第一步:加 1～3 号车;第二步:加 4～6 号车;第三步:卸 1～6 号车。

各工况下的加载车辆布置及编号见图 9-23(d)。

(5) 斜拉桥

工况一:10$^{\#}$～11$^{\#}$墩跨中正载。第一步:加 1～4 号车;第二步:加 5～8 号车;第三步:卸 1～8 号车。

工况二:10$^{\#}$～11$^{\#}$墩跨中偏载;加卸载步骤同工况一。

工况三:11$^{\#}$墩支座正载。第一步:加 1～6 号车;第二步:加 7～12 号车;第三步:卸 1～12 号车。

各工况下的加载车辆布置及编号见图 9-24(a)。

(6) 12$^{\#}$～15$^{\#}$墩 3×50 m 顶推连续箱梁桥

工况一:13$^{\#}$～14$^{\#}$墩跨中正载。第一步:加 1、2 号车;第二步:加 3、4 号车;第三步:卸 1～4 号车。

工况二:14$^{\#}$墩支座正载。第一步:加 1～3 号车;第二步:加 4～6 号车;第三步:卸 1～6 号车。

各工况下的加载车辆布置及编号见图 9-24(b)。

(7) W0～W1 16 m 跨预制板桥

工况一:跨中正载。第一步:加 1～4 号车;第二步:卸 1～4 号车。

加载车辆布置及编号见图 9-24(c)。

每项试验工况中加载至少分三级,卸载工况分为两级。

9.6.1.4　静载试验测试仪器、设备

主要采用专用 IFM168 型频谱测索仪测定斜拉索的索力,主梁变形测量用精密水准仪 NA2,塔顶偏位测量采用高精度全站仪 TC2003。

9.6.1.5　静载试验数据图表整理

主跨按试验加载工况,整理出试验工况作用下的实测挠度、应变(应力)值计算表,见表 9-16～表 9-27。

表 9-16   **E4～E5 16 m 预制板桥挠度测试值与有限元计算值比较**   （单位：mm）

工况	测点号	1	2	3	4	5
工况一	测试值	0.0	−3.5	−4.8	−3.2	0.0
加 1～3 号车	计算值	0.0	−4.3	−5.9	−3.9	0.0
工况一	测试值	0.0	0.0	−0.1	−0.1	0.0
卸 1～3 号车	计算值	0.0	0.0	0.0	0.0	0.0

表 9-17   **E16～E26 20(16) m 连续梁桥挠度测试值与有限元计算值比较**   （单位：mm）

工况	测点号	1	2	3	4	5	6	7
工况一	测试值	0.4	−0.1	−1.0	−1.5	−0.8	0.0	0.4
加 1～3 号车	计算值	0.6	−0.1	−1.1	−1.6	−1.0	−0.1	0.4
工况一	测试值	0.1	−0.1	−0.1	−0.2	−0.1	0.0	0.1
卸 1～3 号车	计算值	0.0	0.0	0.0	0.0	0.0	0.0	0.0
工况二	测试值	−2.0	−0.1	0.5	0.4	0.3	0.0	−0.1
加 1～3 号车	计算值	−1.9	−0.1	0.5	0.5	0.3	−0.0	−0.1
工况二	测试值	−1.4	−0.1	−0.5	−1.1	−0.6	0.0	0.2
加 4～6 号车	计算值	−1.4	−0.2	−0.6	−1.1	−0.7	0.0	0.3
工况二	测试值	0.0	0.0	0.0	0.1	0.1	0.0	−0.1
卸 1～6 号车	计算值	0.0	0.0	0.0	0.0	0.0	0.0	0.0

表 9-18   **E15～E16 16 m 预制板桥挠度测试值与有限元计算值比较**   （单位：mm）

工况	测点号	1	2	3	4	5
工况一	测试值	−0.1	−3.8	−4.5	−3.3	0.0
加 1～3 号车	计算值	0.0	−4.9	−6.8	−4.5	0.0
工况一	测试值	0.0	−0.1	−0.1	−0.1	0.0
卸 1～3 号车	计算值	0.0	0.0	0.0	0.0	0.0

表 9-19   **0# ～9# 墩 9×50 m 连续箱梁桥挠度测试值与有限元计算值比较**   （单位：mm）

工况	测点号	1	2	3	4	5	6	7
工况一	测试值	−2.8	−0.1	0.6	0.9	0.4	−0.1	−0.3
加 1～3 号车	计算值	−3.2	−0.1	1.0	1.1	0.6	0.0	−0.3
工况一	测试值	−2.5	−0.1	−0.5	−1.1	−0.7	−0.1	0.2
加 4～6 号车	计算值	−2.5	−0.1	−0.6	−1.2	−0.8	0.0	0.4
工况一	测试值	−0.1	−0.1	0.0	−0.2	−0.1	−0.1	−0.1
卸 1～6 号车	计算值	0.0	0.0	0.0	0.0	0.0	0.0	0.0
工况二	测试值	0.6	0.0	−1.3	−2.1	−1.0	−0.1	0.3
加 1～2 号车	计算值	0.7	0.0	−1.6	−2.1	−1.2	0.0	0.5
工况二	测试值	0.9	−0.1	−2.4	−4.2	−2.5	−0.1	0.8
加 3～4 号车	计算值	1.3	−0.1	−3.0	−4.5	−2.8	−0.1	1.2
工况二	测试值	0.0	0.0	−0.2	0.0	0.0	−0.1	0.1
卸 1～4 号车	计算值	0.0	0.0	0.0	0.0	0.0	0.0	0.0

表 9-20   **斜拉桥挠度测试值与有限元计算值比较**   （单位：mm）

工况	测点号	1	2	3	4	5	6	7	8	9	10	11
工况一 加 1~4 号车	测试值	2.5	−0.1	−6.5	−17.0	2.1	0.0	−6.1	−17.0	−6.9	0.0	2.1
	计算值	2.7	0.0	−7.5	−18.7	2.7	0.0	−7.5	−18.7	−7.9	0.0	2.8
工况一 加 5~8 号车	测试值	4.9	−0.1	−14.9	−32.3	5.0	0.0	−13.0	−32.4	−12.1	0.0	4.8
	计算值	5.5	0.0	−15.7	−37.2	5.5	0.0	−15.7	−37.2	−14.9	0.0	5.2
工况一 卸 1~8 号车	测试值	0.3	0.0	−0.2	−0.4	0.3	0.0	0.4	0.5	0.3	0.0	0.2
	计算值	0.0	0.0	0.0	0.0	0.0	0.0	0.0	0.0	0.0	0.0	0.0
工况二 加 1~4 号车	测试值	2.5	−0.1	−5.3	−14.5	2.4	0.0	−7.3	−19.8	−7.5	0.0	2.0
	计算值	2.7	0.0	−5.8	−15.2	2.7	0.0	−9.2	−22.2	−9.6	0.0	2.8
工况二 加 5~8 号车	测试值	5.2	−0.1	−11.3	−30.1	4.2	0.0	−15.4	−37.7	−15.7	0.0	4.1
	计算值	5.5	0.0	−12.3	−30.4	5.5	0.0	−19.1	−44.0	−18.3	0.0	5.2
工况二 卸 1~8 号车	测试值	0.3	0.0	−0.2	−0.3	0.3	0.0	−0.3	−0.4	−0.3	0.0	0.3
	计算值	0.0	0.0	0.0	0.0	0.0	0.0	0.0	0.0	0.0	0.0	0.0
工况三 加 1~6 号车	测试值	2.5	0.0	−10.2	−7.3	1.9	0.0	−9.6	−5.6	−1.4	0.0	0.5
	计算值	3.1	0.0	−11.8	−7.6	3.1	0.0	−11.8	−7.6	−1.7	0.0	0.8
工况三 加 7~12 号车	测试值	4.7	−0.1	−16.8	−11.1	4.6	0.0	−16.5	−10.9	−2.3	0.0	0.9
	计算值	5.6	0.0	−20.5	−12.8	5.6	0.0	−20.5	−12.8	−2.8	0.0	1.2
工况三 卸 1~12 号车	测试值	0.1	0.0	−0.3	−0.1	0.2	0.0	−0.4	−0.3	−0.2	0.0	0.2
	计算值	0.0	0.0	0.0	0.0	0.0	0.0	0.0	0.0	0.0	0.0	0.0

表 9-21   **斜拉桥塔顶位移测试值与有限元计算值比较**   （单位：mm）

工况		西塔		东塔	
		ΔX	ΔY	ΔX	ΔY
工况一 加 1~4 号车	测试值	5.1	−0.1	−5.2	0.0
	计算值	5.6	0.0	−5.8	0.0
工况一 加 5~8 号车	测试值	11.1	−0.1	−10.0	−0.1
	计算值	11.5	0.0	−11.1	0.0
工况一 卸 1~8 号车	测试值	0.2	0.0	−0.1	0.0
	计算值	0.0	0.0	0.0	0.0
工况二 加 1~4 号车	测试值	5.3	−0.1	−5.1	−0.1
	计算值	5.6	−0.1	−5.8	−0.1
工况二 加 5~8 号车	测试值	10.8	−0.3	−11.1	−0.2
	计算值	11.5	−0.2	−11.1	−0.2
工况二 卸 1~8 号车	测试值	0.1	−0.1	−0.2	0.0
	计算值	0.0	0.0	0.0	0.0
工况三 加 1~6 号车	测试值	4.2	−0.3	−0.3	0.0
	计算值	4.8	0.0	−1.7	0.0
工况三 加 7~12 号车	测试值	7.6	−0.1	−2.2	−0.2
	计算值	8.4	0.0	−2.8	0.0
工况三 卸 1~12 号车	测试值	0.2	−0.1	−0.1	0.0
	计算值	0.0	0.0	0.0	0.0

注：1. ΔX 为"＋"表示位移向东，为"−"表示位移向西；

    2. ΔY 为"＋"表示位移向南，为"−"表示位移向北。

表 9-22   **12# ～15# 墩 3×50 m 连续箱梁桥挠度测试值与有限元计算值比较**   (单位:mm)

工况	测点号	1	2	3	4	5	6	7
工况一 加 1～2 号车	测试值	0.3	0.0	−1.1	−1.4	−0.9	0.0	0.8
	计算值	0.9	0.0	−1.6	−2.5	−1.5	0.0	0.9
工况一 加 3～4 号车	测试值	1.0	0.1	−2.1	−2.6	−1.8	−0.1	1.5
	计算值	1.6	0.0	−2.8	−4.6	−3.1	−0.1	1.7
工况一 卸 1～4 号车	测试值	0.2	0.0	−0.2	−0.2	−0.2	−0.1	−0.1
	计算值	0.0	0.0	0.0	0.0	0.0	0.0	0.0
工况二 加 1～3 号车	测试值	0.8	0.2	−1.7	−2.2	−1.3	−0.1	1.1
	计算值	1.3	−0.1	−2.4	−3.6	−2.1	0.0	1.2
工况二 加 4～6 号车	测试值	−2.2	−0.1	−0.9	−1.8	−1.0	−0.1	0.6
	计算值	−2.6	−0.1	−1.3	−2.3	−1.4	0.0	0.8
工况二 卸 1～6 号车	测试值	−0.5	0.0	−0.2	−0.2	−0.1	0.0	0.1
	计算值	0.0	0.0	0.0	0.0	0.0	0.0	0.0

表 9-23   **W0～W1 16 m 预制板桥挠度测试值与有限元计算值比较**   (单位:mm)

工况	测点号	1	2	3	4	5
工况一 加 1～4 号车	测试值	0.0	−3.2	−3.7	−3.1	−0.1
	计算值	−0.1	−3.8	−5.2	−3.4	−0.1
工况一 卸 1～4 号车	测试值	0.0	−0.1	−0.1	−0.1	0.0
	计算值	0.0	0.0	0.0	0.0	0.0

表 9-24   **E16～E26 20(16) m 连续梁桥应变测试值与计算值比较**   (单位:με)

工况	应变片号	1	2	3	4	5	6	7	8
工况一 加 1～3 号车	测试值	−12	−14	−12	−17	30	29	30	21
	计算值	−17.6	−17.6	−17.6	−17.6	34.7	34.7	34.7	34.7
工况一 卸 1～3 号车	测试值	−2	0	−1	2	−1	−3	1	2
	计算值	0.0	0.0	0.0	0.0	0.0	0.0	0.0	0.0
工况二 加 1～3 号车	测试值	−24	−20	−19	−21	−3	−4	−6	−3
	计算值	−22.6	−22.6	−22.6	−22.6	−8.7	−8.7	−8.7	−8.7
工况二 加 4～6 号车	测试值	−35	−32	−42	−39	24	21	19	20
	计算值	−40.1	−40.1	−40.1	−40.1	26.0	26.0	26.0	26.0
工况二 卸 1～6 号车	测试值	−3	−1	−3	2	−2	−3	−1	2
	计算值	0.0	0.0	0.0	0.0	0.0	0.0	0.0	0.0

表 9-25   **0# ～9# 墩 9×50 m 连续箱梁桥应变测试值与计算值比较**   (单位:με)

工况	应变片号	1	2	3	4	5	6	7	8
工况一 加 1～3 号车	测试值	−12	−13	4	11	−9	−7	1	4
	计算值	−17.8	−17.8	8.5	8.5	−6.7	−6.7	3.2	3.2
工况一 加 4～6 号车	测试值	−25	−21	17	12	11	15	−5	−2
	计算值	−29.6	−29.6	14.2	14.2	13.6	13.6	−6.5	−6.5
工况一 卸 1～6 号车	测试值	−2	−1	0	2	1	1	−1	−1
	计算值	0.0	0.0	0.0	0.0	0.0	0.0	0.0	0.0

工况	应变片号	1	2	3	4	5	6	7	8
工况二 加1~2号车	测试值	−15	−12	3	4	13	11	−5	−7
	计算值	−11.8	−11.8	5.7	5.7	16.6	16.6	−8.0	−8.0
工况二 加3~4号车	测试值	−19	−24	9	5	32	36	−17	−21
	计算值	−22.6	−22.6	10.8	10.8	39.5	39.5	−19.0	−19.0
工况二 卸1~4号车	测试值	−1	−3	2	0	4	2	−3	−2
	计算值	0.0	0.0	0.0	0.0	0.0	0.0	0.0	0.0

表 9-26　　　　　　　斜拉桥应变测试值与计算值比较　　　　　　（单位：με）

应变片号	测试值/计算值	工况一			工况二			工况三		
		加1~4号车	加5~8号车	卸1~8号车	加1~4号车	加5~8号车	卸1~8号车	加1~6号车	加7~12号车	卸1~12号车
1	测试值	−4	−8	−1	−4	−11	−2	−14	−31	−2
	计算值	−6.0	−12.8	0.0	−6.0	−12.8	0.0	−17.9	−35.1	0.0
2	测试值	−6	−12	−1	−3	−8	−2	−17	−33	−2
	计算值	−6.4	−13.6	0.0	−4.7	−10.1	0.0	−19.0	−37.2	0.0
3	测试值	1	4	2	4	6	0	15	−32	−1
	计算值	4.9	10.6	0.0	3.9	8.5	0.0	18.4	36.8	0.0
4	测试值	3	9	2	2	6	0	14	28	2
	计算值	4.7	10.2	0.0	4.0	8.7	0.0	16.6	33.1	0.0
5	测试值	−5	−10	−1	−6	−12	−2	−15	−31	−3
	计算值	−6.0	−12.8	0.0	−7.6	−16.1	0.0	−17.9	−35.1	0.0
6	测试值	−4	−10	−1	−7	−15	−2	−19	−37	1
	计算值	−6.0	−12.8	0.0	−6.0	−12.8	0.0	−17.9	−35.1	0.0
7	测试值	−4	−15	0	−2	−4	−1	−8	−16	−2
	计算值	−6.2	−13.2	0.0	−5.4	−11.5	0.0	−10.5	−19.6	0.0
8	测试值	3	8	1	5	13	2	15	34	2
	计算值	4.9	10.6	0.0	4.9	10.6	0.0	18.4	36.8	0.0
9	测试值	4	11	1	3	7	2	21	32	3
	计算值	4.9	10.6	0.0	3.9	8.5	0.0	18.4	36.8	0.0
10	测试值	−6	−9	0	−5	−16	0	−14	−31	0
	计算值	−6.0	−12.8	0.0	−7.6	−16.1	0.0	−17.9	−35.1	0.0
11	测试值	−5	−12	−1	−7	−17	−1	−15	−35	−1
	计算值	−6.4	−13.6	0.0	−9.3	−19.8	0.0	−19.0	−37.2	0.0
12	测试值	3	7	2	3	10	0	14	31	2
	计算值	4.9	10.6	0.0	4.9	10.6	0.0	18.4	36.8	0.0
13	测试值	4	9	0	3	8	0	14	31	0
	计算值	4.7	10.2	0.0	4.7	10.1	0.0	16.6	33.1	0.0
14	测试值	27	53	5	15	35	3	1	2	0
	计算值	31.9	60.4	0.0	21.8	41.3	0.0	0.4	0.7	0.0
15	测试值	25	47	4	23	43	2	2	2	1
	计算值	28.7	54.4	0.0	25.0	47.4	0.0	0.2	0.4	0.0

续表

应变片号	测试值/计算值	工况一			工况二			工况三		
		加1~4号车	加5~8号车	卸1~8号车	加1~4号车	加5~8号车	卸1~8号车	加1~6号车	加7~12号车	卸1~12号车
16	测试值	−10	−21	−1	−19	−39	−1	−2	−1	−1
	计算值	−13.1	−24.8	0.0	−23.6	−44.7	0.0	−0.2	−0.4	0.0
17	测试值	−13	−27	−3	−14	−26	0	−1	−2	−1
	计算值	−15.6	−29.5	0.0	−15.6	−29.5	0.0	−0.5	−0.9	0.0
18	测试值	26	47	4	21	43	2	2	2	1
	计算值	28.7	54.4	0.0	25.0	47.4	0.0	0.2	0.4	0.0
19	测试值	25	53	3	27	53	1	2	2	0.0
	计算值	28.7	54.4	0.0	28.4	53.9	0.0	0.2	0.4	0.0
20	测试值	−12	−27	−1	−13	−24	−2	−2	−2	−1
	计算值	−15.6	−29.5	0.0	−15.6	−29.5	0.0	−0.5	−0.9	0.0
21	测试值	−13	−30	−1	−15	−26	−2	−2	−2	−1
	计算值	−15.6	−29.5	0.0	−15.6	−29.5	0.0	−0.5	−0.9	0.0
22	测试值	22	47	5	23	48	2	3	3	1
	计算值	28.7	54.4	0.0	28.4	53.9	0.0	0.4	0.4	0.0
23	测试值	37	56	3	38	62	3	3	2	1
	计算值	31.9	60.4	0.0	35.8	67.9	0.0	0.4	0.7	0.0
24	测试值	−11	−21	0.0	−16	−27	−1	−2	−2	0.0
	计算值	−15.6	−29.5	0.0	−15.6	−29.5	0.0	−0.5	−0.9	0.0
25	测试值	−11	−21	−1	−13	−34	−1	−2	−2	0
	计算值	−13.1	−24.8	0.0	−15.6	−29.5	0.0	−0.2	−0.4	0.0

表 9-27　　　　　　　　　　**12# ~15# 墩 3×50 m 连续箱梁桥应变测试值与计算值比较**　　　　（单位：$\mu\varepsilon$）

工况	应变片号	1	2	3	4	5	6	7	8
工况一 加1~2号车	测试值	−7	−13	2	3	20	21	−13	−9
	计算值	−11.0	−11.0	5.3	5.3	23.4	23.4	−11.3	−11.3
工况一 加3~4号车	测试值	−15	−18	5	13	32	37	−15	−14
	计算值	−19.6	−19.6	9.4	9.4	40.5	40.5	−19.4	−19.4
工况一 卸1~4号车	测试值	0	1	0	1	1	3	−1	2
	计算值	0.0	0.0	0.0	0.0	0.0	0.0	0.0	0.0
工况二 加1~3号车	测试值	−17	−13	6	4	25	29	−13	−11
	计算值	−16.8	−16.8	8.1	8.1	31.3	31.3	−15.0	−15.0
工况二 加4~6号车	测试值	−33	−35	13	15	18	21	−6	−4
	计算值	−37.9	−37.9	18.2	18.2	23.2	23.2	−11.1	−11.1
工况二 卸1~6号车	测试值	1	1	0	−2	1	2	−1	1
	计算值	0.0	0.0	0.0	0.0	0.0	0.0	0.0	0.0

9.6.1.6　试验分析与评定

通过对湘江二桥进行现场荷载试验，对桥梁性能综合评定结论如下：

① 通过静载试验，上述各测试跨均经历了一次等效于正常使用荷载的考验，试验中未发现新的裂缝，已有裂缝也未发现扩展和其他异常情况。

② 各试验跨的试验实测挠度均小于计算值,除 12# ~13# 墩间(即发现预应力钢筋被截断的一孔)连续箱梁北箱跨中的残余变形较大外,其余测点卸载后的残余变形较小,结构恢复性能较好,整体刚度条件满足设计要求。

③ 各应变测点的实测应变接近相应计算应变值,且卸载后的残余应变较小,结构整体力学性能满足设计要求。

④ 斜拉桥的荷载试验中,实测最大挠度分别为 32.4 mm(向下),塔顶实测最大水平位移 11.1 mm,混凝土实测最大拉应变和压应变分别为 62 $\mu\varepsilon$ 和 -39 $\mu\varepsilon$。索力变化实测值与计算值非常接近,变化量均小于 5%,在正常范围以内。

综上所述,可以认为湘江二桥上述各检测跨的整体结构性能满足汽-20 和挂-100 级的正常运行要求。

9.6.2 动载试验实例

9.6.2.1 工程概况

原湖南大学土木建筑工程检测中心于 2005 年 10 月 18 日—10 月 26 日对湘江二桥运营状态下桥梁动应变、动挠度进行了检测。

9.6.2.2 长沙湘江二桥(斜拉桥)动载试验

(1) 测试仪器和设备

本次运营状态下桥梁动应变采用进口动态应变仪 DC-104R 和高性能应变计测量。本次运营状态下桥梁动挠度采用进口激光动态位移测试仪 PSM-2003 测量。

(2) 长沙湘江二桥中跨跨中断面箱内底部动载试验结果

长沙湘江二桥中跨跨中断面动载试验验应变测试结果如图 9-25、图 9-26 所示。

长沙湘江二桥西塔边跨 1/4 点处动挠度测试结果如图 9-27 所示。

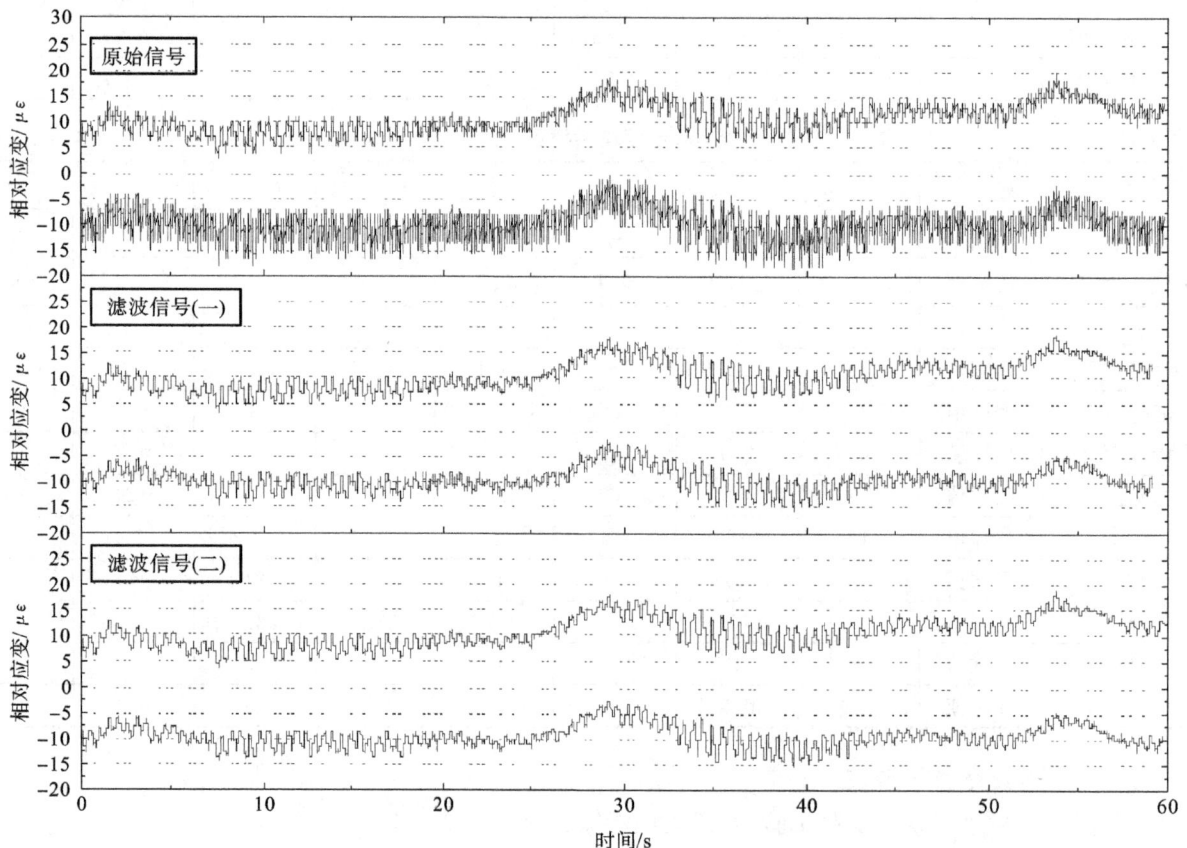

图 9-25 长沙湘江二桥中跨跨中断面箱内底部动载试验结果(白天某个时段)

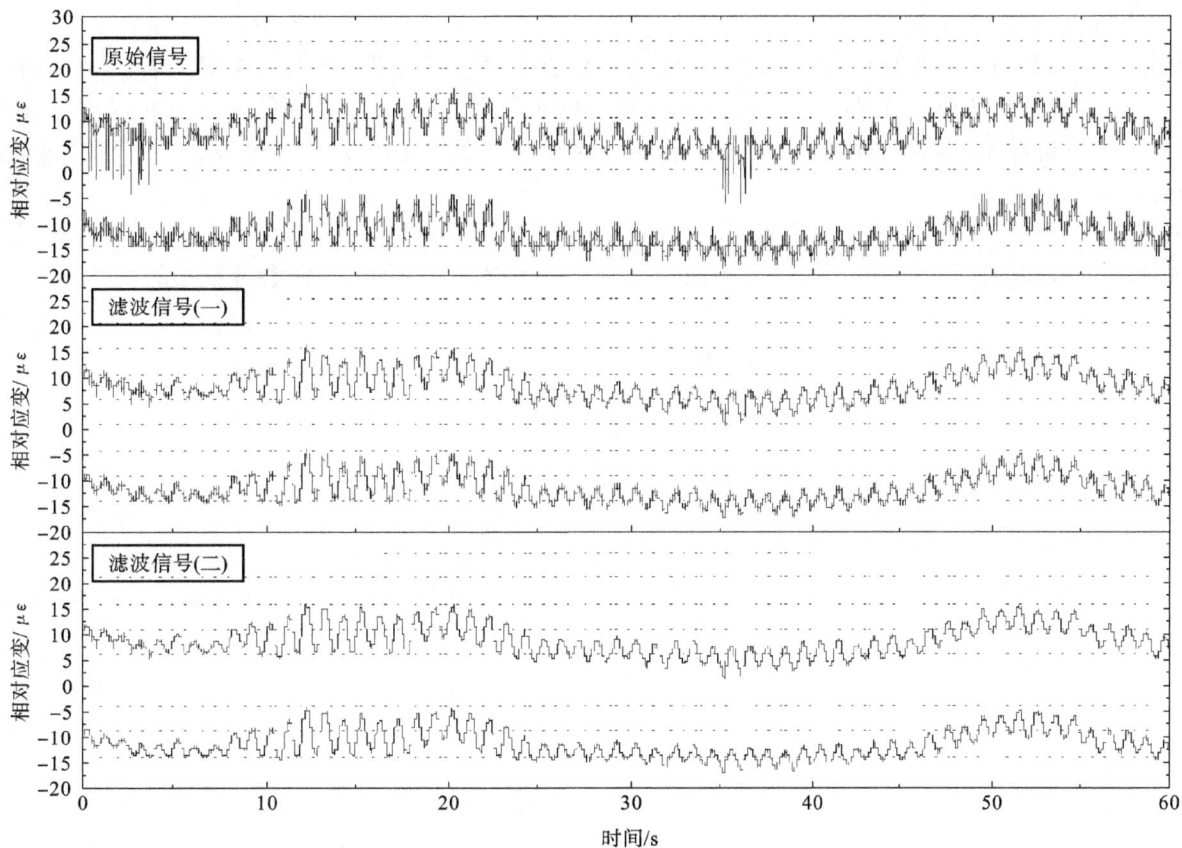

图 9-26 长沙湘江二桥中跨跨中断面箱内底部动载试验结果（晚上某个时段）

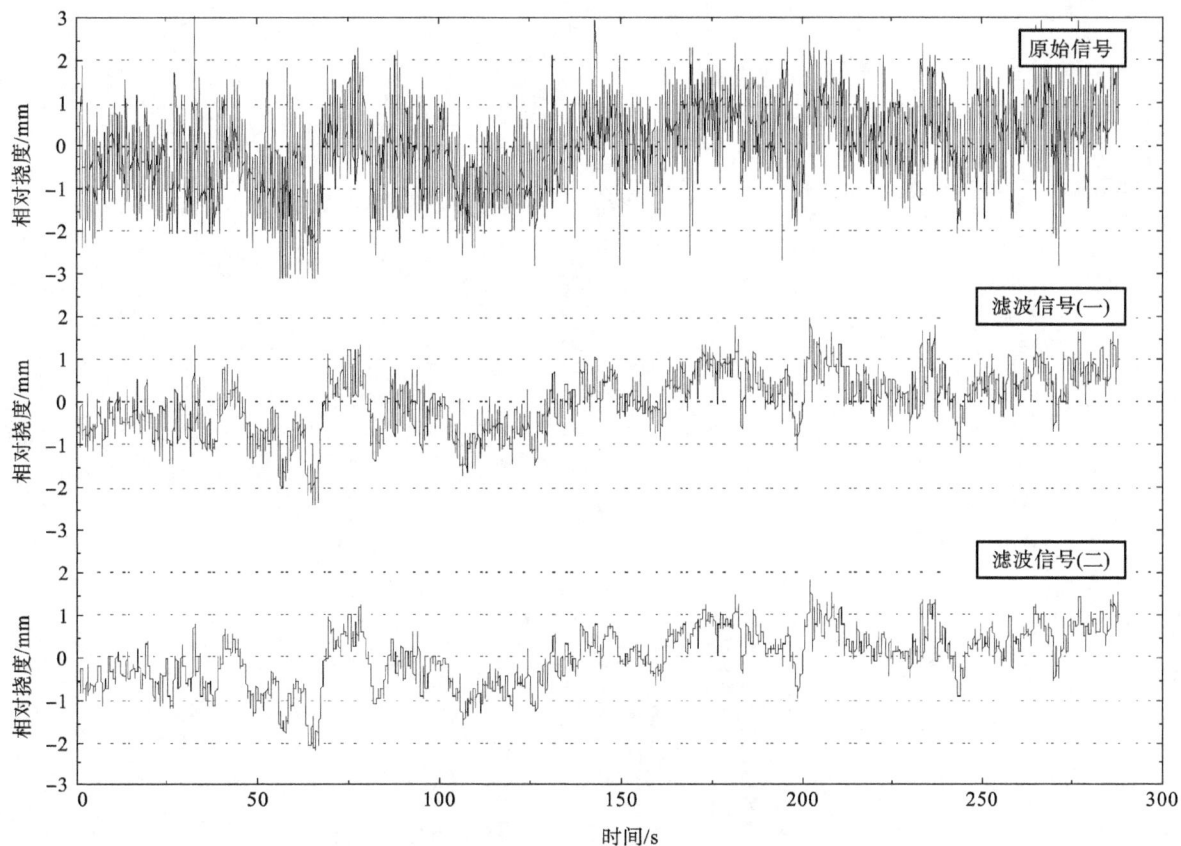

图 9-27 西塔边跨 1/4 点处相对挠度时程曲线

（3）试验结果分析与评定

从运营状态下相对于测量初始时刻的桥梁动应变和动挠度时程曲线实测结果中可以看出，桥梁的振动信号包含低频和高频两种成分：低频部分主要由桥面行驶车辆，尤其是重型车辆的冲击引起，与车流速度相关；高频部分以桥面系的低频自由振动为主，车辆经过时和经过后均存在，最大振幅发生在车辆经过时或车辆经过后。

对测试数据进行分析，在没有超重车队经过的常规运营条件下，桥梁最大动挠度小于 10 mm，最大动应力小于 1.5 MPa，均在正常范围内，本报告检测结果可作为该桥梁长期健康监测参考数据的一部分。

10　隧道工程结构的现场检测与试验

10.1　隧道检测内容的分类　>>>

检测技术作为质量管理的重要手段越来越被人们重视,隧道检测技术涉及面广、内容多。除了运营环境的检测内容与方法对各类隧道都通用外,由于施工方法的不同,山岭隧道、水下沉埋隧道和软土盾构隧道在检测内容与方法上差别较大。

隧道检测内容包括材料检测、施工检测、环境检测等。根据隧道的修建过程,其主要检测项目有:材料质量检测、超前支护与预加固围岩施工质量检测、开挖施工质量检测、初期支护施工质量检测、防排水施工质量检测、施工监控量测、混凝土衬砌质量检测、通风检测、照明检测等。

10.1.1　材料检测

在隧道工程的常用原材料中,衬砌材料属土建工程的通用材料,其检测方法可参阅有关文献;支护材料和防排水材料较具隧道和地下工程特色。支护材料包括锚杆、喷射混凝土和钢构件等。锚杆杆体材质、锚固方式、杆体结构和托板形式等种类繁多、特性各异,分别适用于不同的工程条件;喷射混凝土有干喷、湿喷之分,为了获取较好的力学特性和工程特性,往往在喷射混凝土混合料之外,还添加各种外加剂。本章主要介绍喷锚的施工质量,材料的品质最终由喷锚强度等指标反映。防排水材料对隧道工程也很重要,隧道防排水材料包括注浆材料、高分子合成卷材、防水混凝土等。其中,高分子合成卷材在我国目前修建的公路隧道、地铁和部分铁路隧道中得到了应用,取得了良好的效果。

10.1.2　施工检测

施工检测可概括为两个方面:施工质量检测和施工监控量测。

(1)施工质量检测

隧道工程中出现的很多质量问题都是由于施工过程中留下的质量隐患造成的,如渗漏水、衬砌开裂和限界受侵等,因此必须对施工过程进行质量检测。其主要内容包括:开挖施工质量检测、初期支护质量检测、二次衬砌混凝土质量检测等。

在浅埋、严重偏压、岩溶、砂卵石层、自稳性差的软弱破碎地层、断层破碎带以及大面积涌水地段进行施工时,由于隧道在开挖后自稳时间小于完成支护所需时间,或初期支护的强度不能满足围岩稳定的要求,而产生坍塌、冒顶等工程事故,影响安全施工。为避免此类情况,需在隧道开挖前或开挖中采用辅助施工方法,以增强隧道围岩稳定性,因此做好辅助施工措施的质量检查工作很重要。

爆破成形好坏对后续工序的质量影响也很大,目前检测爆破成形质量的技术发展很快。发达国家已广泛使用隧道断面仪来检测爆破成形质量,我国在一些长大铁路隧道施工中也已开始使用断面仪。该仪器可以迅速测取爆破后隧道断面轮廓,并将其与设计开挖断面比较,从而得知隧道的超欠挖情况,同时可监测喷锚隧道围岩的变形情况。

支护质量主要指锚杆施工质量、喷射混凝土质量和钢构件质量。锚杆施工质量检测的内容有锚杆的间排距、锚杆的长度、锚杆的方向、注浆式锚杆的砂浆注满度、锚杆的抗拔力等;对于喷射混凝土,施工中应主要检测其强度、厚度和平整度;对于钢构件,则要检测构件的规格与节间连接、钢构架间距、构件与围岩的接触情况以及与锚杆的连接情况。此外,对支护背后的回填密实度也要进行探测。

衬砌混凝土质量检测包括衬砌的几何尺寸,衬砌混凝土强度,混凝土的完整性,混凝土裂缝,衬砌背后回填混凝土的密实度和衬砌内部的钢架、钢筋分布等。其中,混凝土强度及其完整性需用无损探测技术完成,混凝土裂缝可用塞尺等方法检测,衬砌背后的回填混凝土密实度可采用地质雷达法和钻孔法检测。

(2) 施工监控量测

施工监控量测是新奥法施工的一项重要内容,它既是安全施工的保障措施,又是优化结构受力、降低材料消耗、科学指导设计和施工的重要手段。监测的基本内容有围岩收敛变形、支护受力和衬砌受力等。前面提到的隧道断面仪是目前最先进的隧道围岩变形量测仪器,利用它可迅速测定隧道周边的变形。围岩内部的位移目前常用机械式多点位移计量测,锚杆受力可用钢筋计量测,喷射混凝土和衬砌受力可用各种压力盒、混凝土应变计、表面应变计等量测。通过使支护衬砌设计参数与围岩条件相协调,来优化施工方案。

10.1.3　环境检测

环境检测可分为施工环境检测和运营环境检测。

施工环境检测的主要任务是检测施工过程中隧道内的粉尘和有害气体含量。运营环境检测内容包括通风、照明和噪声等。其中,通风检测内容主要有 CO 浓度、烟尘浓度和风速等,照明检测手段有车载照度仪、亮度仪等,噪声检测可用噪声计直接数显隧道内的噪声大小。

本章主要介绍隧道施工检测。

10.2　开挖施工质量检测　>>>

开挖是控制隧道施工工期和造价的关键工序。因为超挖过多,不仅会因出渣量和衬砌量增多而提高工程造价,而且局部挖掉围岩会产生应力集中问题,影响围岩稳定性;而欠挖则直接影响二次衬砌的厚度,产生工程质量和安全隐患,处理起来费时费力,所以必须保证开挖质量,为围岩的稳定和安全支护创造良好条件。

隧道开挖质量的评定包含两项内容:一是开挖断面的规整度,二是超、欠挖控制。对于规整度,常采用目测方法进行评定;对于超、欠挖,则需通过对开挖断面大量实测数据的计算分析才能做出正确的评价。其实质就是要正确地测出隧道开挖的实际轮廓线,并将它与设计轮廓线纳入同一坐标体系中比较,从而清楚地从数量上获知超挖和欠挖的部位,及时指导下一步施工。

10.2.1　开挖质量标准

开挖施工的基本质量要求包括:

① 开挖断面尺寸应符合设计要求。

② 要严格控制欠挖。当岩层完整,岩石抗压强度大于 30 MPa 并确认不影响衬砌结构稳定性和强度时,允许岩石个别凸出部分(1 m² 不大于 0.1 m²)欠挖,但其隆起量在衬砌时不得大于 5 cm,拱、墙脚以上 1 m 内的断面严禁欠挖。

③ 要尽量减少超挖。不同围岩地质条件下的允许超挖值见表 10-1。当采用特殊方法支护时,允许超挖量适当降低。

表 10-1　　　　　　　　　　　　　　　隧道允许超挖值　　　　　　　　　　　　　　（单位：cm）

围岩条件类型 开挖部位	硬岩 （相当于 Ⅰ 类围岩）	中硬岩、软岩 （相当于 Ⅱ ～ Ⅳ 类围岩）	破碎松散岩石及土质（相当于 Ⅴ ～ Ⅵ 类围岩， 一般不需爆破开挖）
拱部	平均为 10	平均为 15	平均为 10
	最大为 20	最大为 25	最大为 15
边墙、仰拱、隧底	平均为 10	平均为 10	平均为 10

注：1. 超、欠挖的测量以爆破设计开挖线为准；

　　2. 硬岩指抗压极限强度 $R_b > 60$ MPa 的岩石，中硬岩指 R_b 为 $30 \sim 60$ MPa 的岩石，软岩指 $R_b < 30$ MPa 的岩石；

　　3. 平均线性超挖值＝超挖面积/爆破设计开挖面周长（不包括隧底）；

　　4. 最大线性超挖值指最大超挖处至设计开挖轮廓切线的垂直距离；

　　5. 表列数值不包括测量贯通误差、施工误差，如果用预留支撑沉落量时，不应再计超挖值；

　　6. 采用支架式风钻和浅爆破（不超过 3 m）。

10.2.2　爆破开挖质量要求

隧道开挖方法有钻爆法和机掘法等。对于工程中应用最广的钻爆法，其爆破效果应满足以下要求。

① 周边炮眼痕迹保存率可按式（10-1）计算，炮眼痕迹保存率要满足表 10-2 的规定。

$$周边炮眼痕迹保存率 = \frac{残留有痕迹的炮眼数}{周边炮眼总数} \times 100\% \tag{10-1}$$

表 10-2　　　　　　　　　　　　　炮眼痕迹保存率标准

围岩条件	硬岩	中硬岩	软岩
炮眼痕迹保存率	≥80%	≥70%	≥50%

注：1. 周边炮眼痕迹要在开挖轮廓面上均匀分布；

　　2. 式（10-1）中的周边炮眼不包括底板的周边炮眼；

　　3. 当炮眼痕迹保存率大于孔长的 70% 时，按可见眼痕炮眼计算；

　　4. 松散软岩很难保留炮眼痕迹，故软岩周边平整圆顺即可认为合格。

② 采用支护式风钻打眼时，炮眼深 3 m；两茬炮衔接时，出现的台阶形误差不得大于 15 cm，眼浅要减小，眼深要加大。

③ 采用光面爆破[大型钻孔台车，深眼（大于 3 m）爆破]开挖时，爆破效果应符合表 10-3 的要求。

表 10-3　　　　　　　　　　　　　光面爆破效果评定

项目	硬岩	中硬岩	软岩
平均线性超挖量/cm	16～18	18～20	20～25
最大线性超挖量/cm	20	25	25
两茬炮衔接台阶最大尺寸/cm	15	20	20
炮眼痕迹保存率/%	≥80	≥70	≥50
局部欠挖/cm	5	5	5
炮眼利用率/%	90	90	95

注：1. 平均线性超挖量是由凿岩台车的外插角确定的，随循环进尺长度而变，孔深时取大值；

　　2. 岩面上不要有明显的爆破裂缝；

　　3. 爆破后石渣破碎程度要与所使用的装渣机械相适应，否则应调整爆破参数；

　　4. 其他注解同表 10-1、表 10-2。

10.2.3　超、欠挖量测定

施工中要根据现场条件采用可行的超、欠挖量测定方法，具体可参照表 10-4 选取。

（1）以内模为参照物的直接测量法

① 测量方法。

在二次衬砌立模后,以内模为参照物,从内模至围岩壁的测量数据 L 加上内净空 R_1,即为开挖断面数据。量测时,钢尺应尽量与内模(梳形木、钢拱架)垂直(图 10-1)。

量测段数的划分:将一侧盖板顶至拱顶均分为 9 段,两侧共 18 段,共 19 个量测数据,编号分别为 A1～A19。隧道内每隔 5 m(或 10 m)测量一个开挖断面,且断面里程尾数最好为 0 或 5,如 K26＋125、K29＋130。这样既有一定的规律性,能全面反映情况,又便于资料的管理与查阅(图 10-2)。

② 开挖质量评价原理。

隧道开挖质量不能以某一个开挖断面为标准进行评价,而应该通过某一长度段内所有实测数据的综合计算分析来评价本段开挖质量。

通常以 50 m(或 100 m)长、围岩类别相同段的开挖实测数据作为一个分析群,则这一分析群内共有 50/5＋1＝11 个断面,11×19＝209 个数据。对这 209 个实测数据的综合计算,再与设计要求进行比较分析,则可对这 50 m(或 100 m)长度段的开挖质量做出评价。

表 10-4　　　　　　　　　　　　　　　　　超、欠挖量测定方法

测定方法及采用的测定仪			测定方法概要
比较施工量法	求开挖出渣量法		将开挖量换算成出渣量并与实际出渣量相比较
	衬砌混凝土量法		将包含背面注浆在内的实际衬砌量与设计量相比较
量测断面法	直接量测开挖断面面积法	直接测量法	以内模为参照物,用直尺测量超、欠挖量
		激光束法	利用激光射线在开挖面上定出基点,并由该点实测开挖断面
		投影机法	利用投影机将基点或隧道基本形状投影在开挖面上,然后据此实测开挖断面面积
	非接触观测法	三维近景投影法	在隧道内设置摄影站,采用三维近景摄像方法获取立体像,在室内利用立体测图仪进行定向和测绘,得出实际开挖轮廓线
		直角坐标法	利用激光打点仪照准开挖壁面各变化点,用经纬仪测出各点的水平角和竖直角,利用立体几何的原理,计算出各测点距坐标原点的纵、横向坐标,按比例画出断面图形
		极坐标法(断面仪法)	以某物理方向(如水平方向)为起算方向,按一定间距(角度或距离)依次测定仪器旋转中心与实际开挖轮廓线交点之间的矢径(距离)及其与水平方向间的夹角,将这些矢径端点依次相连即可获得实际开挖轮廓线

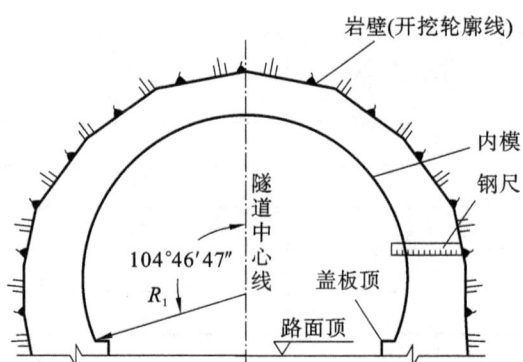

图 10-1　开挖断面的直接测量法

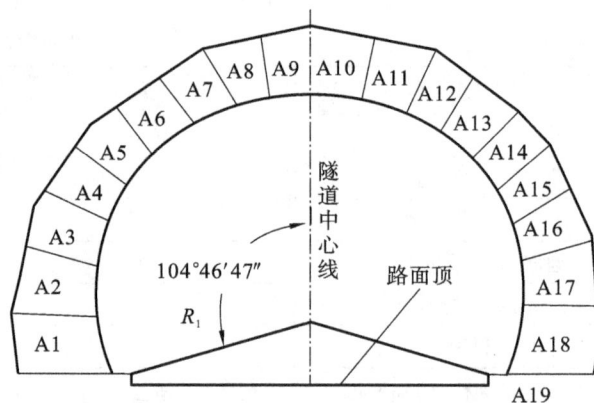

图 10-2　开挖实测段划分示意图

(2)直角坐标法

① 测量原理。

用经纬仪测量开挖断面各变化点的水平角及竖直角,并已知置镜点与被测断面的距离、置镜点仪器标高、被测断面开挖底板高程,以开挖底板高程点为坐标原点,以垂直向上为 Y 轴正方向,以向右为 X 轴正方向。利用几何原理,计算出各测点距坐标原点的纵、横坐标,按一定的比例画出断面图形,并同设计断面比较,得到开挖断面的超、欠挖情况(图 10-3)。

② 测量方法。

a. 仪器:经纬仪1台,水平仪1台,激光打点仪1台及钢尺、塔台。

b. 方法:将激光打点仪置于被测断面,照准隧道或线路中线方向,拨 90°角固定水平盘,使各测点处于同一断面上,利用其发出的激光束照准被测开挖断面各变化点;同时在至被测断面一定距离处置另一经纬仪,用来测量激光打点仪各照准点的水平角及竖直角(在照准隧道或线路中线方向时,可将水平度盘置为"0"或记下水平读数),用水平仪测量经纬仪的标高,用钢尺丈量两置镜点间的距离。

c. 数据计算:

$$X = L\tan(\alpha - \alpha_0) \tag{10-2}$$

$$Y = \frac{L}{\cos(\alpha - \alpha_0)}\tan\beta + h_1 - h_2 \tag{10-3}$$

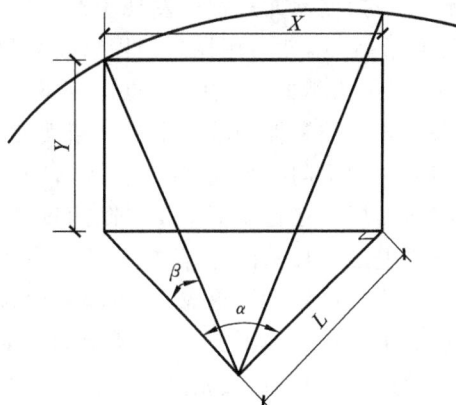

图 10-3 直角坐标法测量原理

式中 X——断面水平方向坐标;

Y——断面竖直方向坐标;

L——两置镜点间距离;

α——水平角读数;

α_0——水平角中线方向初始角读数;

β——竖直角读数;

h_1——经纬仪的标高;

h_2——开挖断面底板标高。

(3) 极坐标法(断面仪法)

断面仪法的测量原理为极坐标法。如图 10-4 所示,以某物理方向(如水平方向)为起算方向,按一定间距(角度或距离)依次测定仪器旋转中心与实际开挖轮廓线交点之间的矢径(距离)及其与水平方向间的夹角,将这些矢径端点依次相连即可获得实际开挖轮廓线。通过洞内的施工控制导线可以获得断面仪的定点定向数据,用计算软件自动完成实际开挖轮廓线与设计开挖轮廓线的空间三维匹配,最后形成图 10-5 所示的输出图形,并可输出各测点与相应设计轮廓线之间的超、欠挖值(距离与面积)。

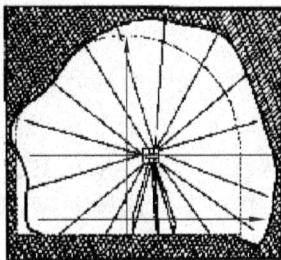

图 10-4 断面仪测量原理

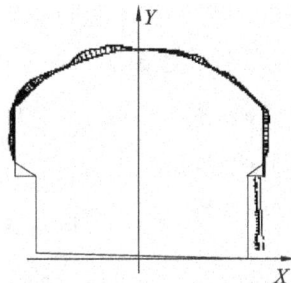

图 10-5 断面仪的输出图形

如果沿隧道轴向按一定间距测量数个断面,还可算得实际开挖量、超挖量、欠挖量。用断面仪测量实际开挖面轮廓线的极坐标法,关键在于不需要合作目标(反射棱镜)的激光测距仪,而且它的量测精度必须满足现代施工测量的要求,即要求断面仪上的激光测距仪指向何处,就可以获得指向靶点与断面仪旋转中心间的准确距离。

用断面仪测量时,断面仪可以置于隧道中任何适于测量的位置。扫描断面的过程(测量记录)是全自动的,所测的每点均由断面仪发出的一束十分醒目的单色可见红色激光指示,而且可以随时人工干预。如果测量一个直径为 10 m 的断面轮廓线,每隔 25 cm 测一个点,则需测量 126 个点,需耗时约 5 min。如果在断面仪自动扫描断面过程中发现轮廓线上的某特征点漏测了，还可以随时用断面仪配置的手势式控制器发出一个停止命令，然后用控制键操纵断面仪测距头回到漏测的特征点处，完成该点的测量后继续扫描。除此之外，在自动测量过程中，测点之间的间距还可以根据断面轮廓线的实际凹凸形状随时动态地加以修正。如果事先在控制器中输入了设计断面形状，隧道轴线平面、纵面设计定线参数（可以在室内输入），以及断面仪实测时的定向参数（实测时输入），则完成某一开挖断面的实际测量后，可立即在控制器的屏幕上显示断面实测图形。在控制器上操纵断面仪测距头旋转，使其指向激光所指示的断面轮廓线上的某点，就对应于控制器上图形显示的光标点，并可实时显示该点的超、欠挖量数值。

要获取最后的输出成果，可将断面仪控制器中的数据传输到计算机中。运行相应的后处理软件，就可以从输出设备上获得图 10-5 所示的成果。

因此，采用现代激光测距和计算机技术开发出来的硬、软件一体化的断面仪，是隧道及地下工程中测量超、欠挖量的优选精密工具。

10.3 钢支撑施工质量检测 >>>

隧道开挖后，围岩中原有的应力平衡被打破，围岩中的应力要进行重分布。在此过程中，如果围岩条件很好，即围岩完整、坚硬，则围岩内的应力会自动达到新的平衡状态，甚至不需要采用任何人工措施围岩就能稳定。如果围岩条件极差，则必须采取人工支护的办法控制围岩的变形，防止塌落。通常，在隧道施工中都需要进行强度与刚度适当的人工支护，以保证隧道施工的安全和围岩的稳定。

初期支护是指隧道开挖后，用于控制围岩变形及防止坍塌而及时施作的支护。其类型有锚杆支护、喷射混凝土支护、喷射混凝土与钢筋网联合支护、喷射混凝土与锚杆及钢筋网联合支护、喷钢纤维混凝土支护，以及上述几种类型组成的联合支护。

隧道常用的初期支护类型为钢支撑和喷锚支护。钢支撑是依靠被动支撑来维持围岩稳定的，用于自稳时间短、初期变形大或对地表下沉量有严格限制的地层中。而喷锚支护则是靠主动加固来保持围岩稳定的。任何一种支护方法都不是万能的，在隧道施工中，应根据围岩的性质及状态、地下水情况、隧道净空尺寸及埋设条件选用适宜的支护参数，确保安全、经济、快速施工。

10.3.1 钢支撑的形式

根据钢材种类的不同，目前我国隧道施工中常用的钢支撑如图 10-6 所示。

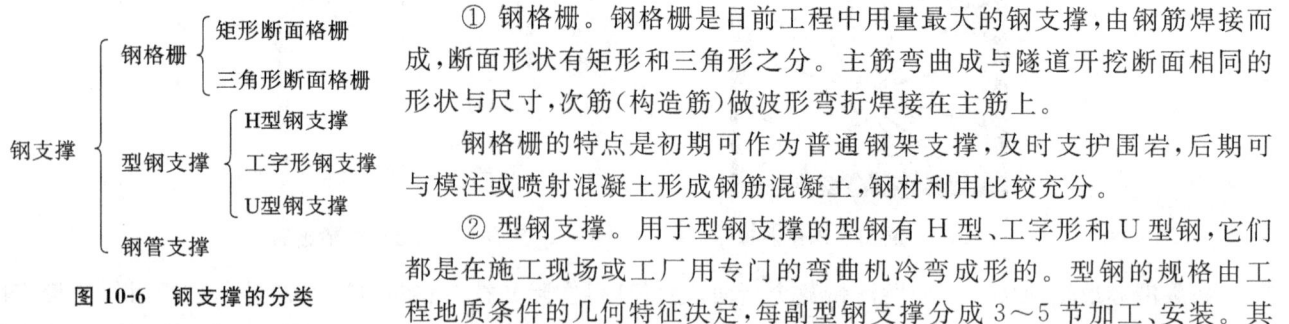

钢支撑 { 钢格栅 { 矩形断面格栅 / 三角形断面格栅 } 型钢支撑 { H 型钢支撑 / 工字形钢支撑 / U 型钢支撑 } 钢管支撑 }

图 10-6　钢支撑的分类

① 钢格栅。钢格栅是目前工程中用量最大的钢支撑，由钢筋焊接而成，断面形状有矩形和三角形之分。主筋弯曲成与隧道开挖断面相同的形状与尺寸，次筋（构造筋）做波形弯折焊接在主筋上。

钢格栅的特点是初期可作为普通钢架支撑，及时支护围岩，后期可与模注或喷射混凝土形成钢筋混凝土，钢材利用比较充分。

② 型钢支撑。用于型钢支撑的型钢有 H 型、工字形和 U 型钢，它们都是在施工现场或工厂用专门的弯曲机冷弯成形的。型钢的规格由工程地质条件的几何特征决定，每副型钢支撑分成 3～5 节加工、安装。其中，H 型钢和工字形钢节间加法兰，用螺栓连接定位之后焊接；U 型钢支撑则由于 U 型钢的特殊凹槽，需用专门卡具将上、下两 U 型钢节嵌套在一起，形成整体钢支撑。

型钢支撑的特点是强度高和方便，对初期施工有利。U 型钢支撑还具有特殊的工程特性，由于其钢架节间是上下嵌套，而不是法兰对接，因此当围岩变形较大，对支撑的荷载过大时，U 型钢支撑可产生一定的收缩变形，使钢支撑上的压力减小，从而保证钢支撑不被压坏，并以更强的支护能力来维持围岩的稳定。

③ 钢管支撑。钢管支撑通常用于隧道局部不良地质地段围岩的加固。钢管直径在 10 cm 左右,现场常采用灌砂冷弯法加工。其在施工中分节拼装对焊,在架底和拱顶留有注浆孔和排气孔,安装就位后用注浆泵从架底注浆孔向管内灌注砂浆,直到拱顶排气孔出浆为止。

钢管支撑的特点是钢管的力学特性对称,后期灌浆使钢支撑的承载能力显著增强。

10.3.2　施工质量检测

钢支撑一般用在围岩条件较差的区段,其质量问题将导致围岩冒顶、坍塌、失稳。因此,必须重视钢支撑的加工与安装质量检测,保证施工安全。

（1）加工质量检测

① 加工尺寸。钢架加工尺寸应符合设计要求。隧道的开挖断面是一定的,钢架的尺寸应与之相配套。如果其尺寸与设计尺寸稍有出入,就可能给施工带来不便,同时将影响安装质量,降低使用效果。

② 强度和刚度。钢支撑必须具备足够的强度和刚度。如果地质条件复杂,钢架用量较大,则应对钢架的强度和刚度进行抽检,将一定数量的钢架样品放到试验台上进行加载试验,建立荷载与变形的关系,分析计算钢架的强度与刚度。

③ 焊接。焊接质量是加工质量的重要组成部分,这对钢格栅而言尤其重要。检测时要注意检查焊缝长度、深度是否符合要求,是否有假焊现象。

（2）安装质量检测

① 安装尺寸。对于不同类别的围岩,设计中钢支撑有具体的安装间距。施工中容易将此间距拉大,检测时应用钢卷尺测量,其不应超过设计尺寸 5 cm。还应注意量测钢架拱顶的标高时,钢架不得侵入二次衬砌空间 5 cm。

② 倾斜度。钢架在平面上应垂直于隧道中线,在纵断面上倾斜度不得大于 2°。在平面上检测时可用直角尺,在纵断面上检测时可用坡度规。如果隧道某区段路面坡度接近 3‰,而此区段的钢架上部向下坡方向倾斜,且倾斜度为 2°~3°,则此区段钢架倾斜度合格,因为这样的倾斜更有利于钢架承受荷载。

③ 连接与固定。钢架之间必须用纵向钢筋连接,架脚必须放在牢固的基础上。钢架应尽量靠近围岩,当钢架与围岩之间的间隙过大时应设垫块。因为钢架一般作为衬砌骨架,所以施工过程中必须要检查钢架与锚杆间的连接,要保证焊接密度与焊接质量,最终使锚杆、钢架和衬砌形成整体承载结构。

10.4　喷锚支护施工质量检测　　>>>

喷锚支护是指锚杆和喷射混凝土的联合支护。锚杆支护是用机械方法或黏结方法将一定长度的杆体（通常用钢筋）锚固在围岩预先钻好的锚杆眼内,因锚杆的悬吊作用、组合梁作用和加固拱作用而使围岩得到加固。喷射混凝土是用压缩空气将掺有速凝剂的混凝土拌合料,通过混凝土喷射机高速喷射到岩面上形成混凝土层。喷射混凝土的喷射工艺有三种,即干喷(图 10-7)、湿喷(图 10-8)和潮喷,潮喷是在干喷的拌合料中适量加水。喷层凝固后具有支撑作用、填补作用、黏结作用和封闭作用,从而使围岩得到加固,围岩自身的强度得到保护。由于喷锚支护具有主动加固围岩,充分利用围岩自承能力,可及时灵活施工和经济等特点,因此目前在隧道初期支护中得以广泛应用。

10.4.1　锚杆施工质量检测

（1）锚杆加工质量检测

锚杆的种类很多,每一种锚杆在使用安装前都必须进行材质、规格和加工质量检测。

① 锚杆材料的抗拉强度。锚杆在工作时主要承受拉力,所以检查材质时首先应检测其抗拉强度。其方法

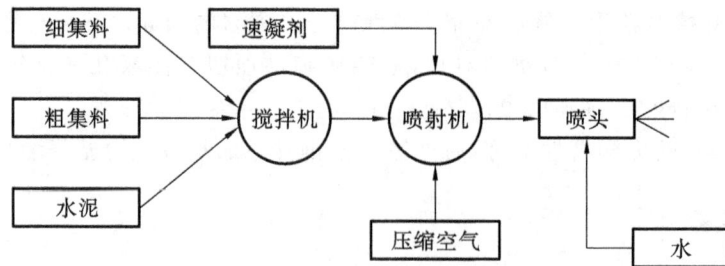

图 10-7 干喷工艺流程

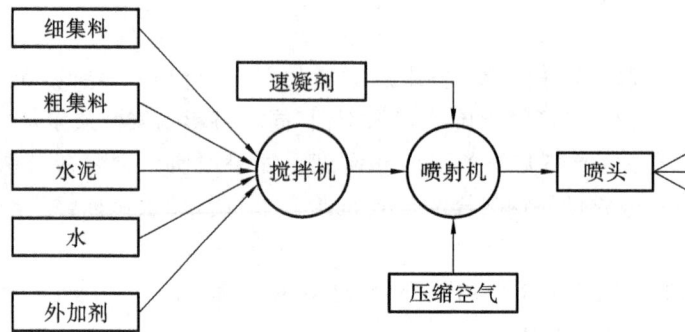

图 10-8 湿喷工艺流程

是从原材料中或成品锚杆上截取试样,在拉力试验机上拉伸,测试材料的力学特性,确定其是否满足工程要求。

② 锚杆材料的延展性与弹性。有些隧道的围岩变形量较大,这就要求锚杆材质具有一定的延展性,过脆可能导致锚杆中途断裂失效,所以必要时应对材料的延展性进行试验。另外,对管缝式锚杆,要求原料板材具有一定的弹性,使锚杆安装后管壁和孔壁紧密接触,检查时可采用现场弯折或锤击的方法,观察其塑性变形情况。

③ 杆体规格。锚杆杆体的直径必须符合设计要求,可用卡尺或直尺测量。此外,还应注意观察杆径是否均匀一致,否则应弃之不用。

④ 加工质量。除砂浆锚杆仅需从线材上截取钢筋段外,其他种类的锚杆都需要进行一定的加工。例如,树脂锚杆和快硬水泥锚杆锚固段需要热锻与焊接,另一端需要车丝。检查时,首先应测量各部分的尺寸,其次检查焊接件的焊接质量;对于车丝部分,应检查丝纹质量。

(2) 安装尺寸检查

① 锚杆位置。钻孔前应根据设计要求定出孔位,并做标记。施工时可根据围岩壁面的具体情况,允许孔位偏差±15 mm。间距、排距是锚杆设计与施工的重要参数之一,检查时应注意测量。

② 锚杆方向。钻孔方向应尽量与围岩壁面和岩层主要结构面垂直。施工时可视具体情况主要考虑其中一面,即围岩壁面或岩层结构面。钻孔方向在边墙和拱脚线稍上位置容易控制,在拱顶部位不易与壁面垂直。检查时应特别注意拱顶钻孔的垂直度,目测即可。若其过于偏斜,就会减小锚杆的有效锚固深度,影响施工安全。

③ 钻孔深度。适宜的钻孔深度是保证锚杆锚固质量的前提。对于水泥砂浆锚杆,允许孔深偏差为±50 mm;对于树脂锚杆和快硬水泥锚杆,钻孔深度应严格控制。施工中容易出现的问题是孔深不够,影响锚杆的安装质量,对树脂锚杆的和快硬水泥锚杆的影响较为严重;深度不足将造成托板悬空,锚杆难以发挥作用。钻孔深度可用带有长度刻度的塑料管或木棍等插孔量测。

④ 孔径与孔形。为了降低能耗和提高钻进速度,钻孔直径有逐渐减小的趋势。但对于砂浆锚杆来说,孔径过小会减小锚杆杆体包裹砂浆层的厚度,影响锚杆的锚固力及耐久性。因此,检查时,对砂浆锚杆应测量钻孔直径。为了便于锚杆安装,钻孔还应圆而直。

10.4.2 锚杆拉拔力测试

锚杆拉拔力是指锚杆能够承受的最大拉力,它是锚杆材料、加工和安装质量的综合反映,是锚杆质量检测的一项基本内容。

（1）拉拔设备

锚杆拉拔力试验的常用设备为中空千斤顶、手动油压泵、油压表、千分表。

（2）测试方法

① 根据试验目的,在隧道围岩指定部位钻锚杆孔。孔深在正常深度的基础上稍作调整,以便使锚杆外露长度大些,保证千斤顶的安装;或采用正常孔深,将待测锚杆加长,从而为千斤顶的安装提供空间。

② 按照正常的安装工艺安装待测锚杆。用砂浆将锚杆口部抹平,以便安放承压垫板。

③ 根据锚杆的种类和试验目的确定拉拔时间。

④ 在锚杆尾部加上垫板,套上中空千斤顶,将锚杆外端与千斤顶内缸固定在一起,并装设位移量测设备与仪器(图 10-9)。

⑤ 通过手动油压泵加压,从油压表上读取油压,根据活塞面积换算为锚杆承受的拉拔力。根据需要从千分表上读取锚杆尾部位移,绘制锚杆拉力-位移曲线。

（3）注意事项

① 安装拉拔设备时,应使千斤顶与锚杆同心,避免锚杆偏心受拉。

② 应匀速加载,一般以每分钟 10 kN 的速率增加。

③ 如无特殊需要,可不做破坏性试验,拉拔到设计拉力即停止加

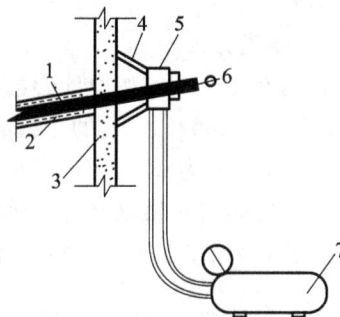

图 10-9　锚杆拉拔力测试
1—锚杆;2—充填砂浆;3—喷射混凝土;
4—反力板;5—油压千斤顶;
6—千分表;7—油压泵

载。但是,用中空千斤顶进行锚杆拉拔试验时,一般要求做破坏性试验,以测取锚杆的最大承载力。其一方面用于检验锚杆的施工质量,另一方面为调整设计参数提供依据。

④ 千斤顶应固定牢靠,并有必要的安全保护措施。试验时操作人员切勿处于锚杆的轴线延长线方向,而应在锚杆侧向并远离锚杆尾部的位置加压读数;测位移时应停止加压。

10.4.3　砂浆锚杆砂浆注满度检测

我国隧道支护中采用的锚杆类型除了全长锚固的砂浆锚杆外,还有树脂锚杆、快硬水泥药包锚杆和楔缝锚杆等端锚式锚杆。这些锚杆的特点是在受力上可迅速承载;在构造上带有螺栓和托板,在锚固端锚固牢靠的情况下可通过螺栓和托板给锚杆施加预应力,及时限制隧道围岩变形的发展与裂隙的产生;在施工上操作简便。

对于砂浆锚杆,施工中锚杆钻孔的方向对砂浆注满度影响很大。因此,砂浆注满度或密实度是砂浆锚杆检测的重点,目前多以锚杆的拉拔形式来检验。但在一般情况下,许多拉拔力合格的锚杆,其灌注质量并不一定好。因为理论上若锚固的水泥砂浆长度大于杆体钢筋直径的 40 倍,则锚固力满足要求。1978 年,瑞典的 H. F. Thumer 提出用超声波能量损耗来判断砂浆灌注质量的方法,在 1980 年研制了 Boltometer Version 锚杆质量检测仪,但它的检测结果仍与锚杆拉拔力相联系。我国在 Thumer 原理及 Boltometer Version 锚杆质量检测仪的基础上,研究出了一套可测出锚杆砂浆百分密实度的方法、仪器和配套设备。

（1）原理

Thumer 方法的基本原理是在锚杆杆体外端发射一个超声波脉冲,它沿杆体钢筋以管道波形式传播,到达钢筋底端后反射,在杆体外端可接收此反射波。如果钢筋由密实、饱满的水泥砂浆握裹,砂浆又与周围岩体黏结,则超声波在传播过程中不断通过水泥砂浆向岩体扩散,能量损失很大,在杆体外端测得的反射波振幅很小,甚至测不到;如果无砂浆握裹,仅是一根空杆,则超声波仅在钢筋中传播,能量损失不大,接收到的反射波振幅较大;如果握裹砂浆不密实,中间有空洞或缺失,则得到的反射波振幅大小介于前二者之间。由此,可以根据反射波振幅大小来判定水泥砂浆的饱满程度。

中国铁道科学研究院经过大量试验发现,Boltometer Version 锚杆质量检测仪由于采用压电式发射探头,发射能量不够,故不能以砂浆的密实、饱满程度为参数来检测,而仅能与锚杆拉拔力相联系;Boltometer Version 锚杆质量检测仪激发与接收探头的耦合办法,使得它要求杆体外端进行机加工,并具有一定的平整

度和光洁度,且仅适用于杆径大于 20 mm 的锚杆。因此,我国改用机械撞击激发方式研制了激发器,大大增加了激振能量,并降低了使用频率,使得检测长达 8 m 的锚杆成为可能。同时,还研制了耦合装置,用水做耦合剂,大大降低了对杆体外端平整度和光洁度的要求,并适用于常用直径的砂浆锚杆。

(2)检测仪器

M-7 锚杆检测仪是中国铁道科学研究院等单位联合研制的。该仪器为数字显示,示波器监测波形,仪器显示窗显示锚杆长度、振幅值和砂浆密实度级别。为提高测量精度,一根锚杆应读数 5～10 次,取振幅值的平均值。

(3)测量方法

首先,在施工现场按设计参数对不同类型的围岩各设 3～4 组标准锚杆,每组 1～2 根。例如,有水泥砂浆密实度为 90%、80%、70% 的三组锚杆,可定密实度大于 90% 者为 a 级,密实度为 80%～90% 者为 b 级,密实度为 70%～80% 者为 c 级,密实度小于 70% 者为 d 级(最多可定 4 个级别)。然后在这些标准锚杆上测定反射波振幅值(若每组有一根以上锚杆则取平均值),把这些值作为检测其他锚杆的标准。将这些标准值在进行其他锚杆检测前存入仪器,在检测其他锚杆时测量仪器可自动显示被测锚杆的长度与砂浆密实度的级别。

10.4.4 喷射混凝土质量检测

(1)喷射混凝土的作用原理、质量检测指标及影响其质量的因素

① 喷射混凝土的作用原理。

喷射混凝土是用压缩空气将掺有速凝剂的混凝土拌合料,通过混凝土喷射机高速喷射到岩体表面而形成的人造石材。喷射混凝土的作用和效果见表 10-5。

表 10-5 喷射混凝土的作用和效果、概念图

喷射混凝土的作用和效果	概念图
支撑作用:由于喷层能与围岩密贴与黏结,并给围岩表面以抗力和剪力,因此使围岩处于三向应力的有利状态,防止围岩强度恶化。此外,喷层本身的抗冲击能可阻止不稳定块体的滑塌	
"卸载"作用:由于喷层的柔性能控制围岩在不出现有害变形的前提下进入一定程度的塑性状态,因此能使围岩"卸载"。同时,喷层的柔性能使喷层中的弯曲应力减小,有利于混凝土承载力的发挥	承载图
填补作用:喷射混凝土可射入围岩张开的裂隙中,填充表面凹穴,使被裂隙分割的岩块层面黏结在一起,保持岩块间的咬合、镶嵌作用,提高相互间的黏结力、摩阻力,有利于防止围岩松动,并避免或缓和围岩应力集中	黏结 剪切 黏结 剪切

续表

喷射混凝土的作用和效果	概念图
黏结作用：喷层直接粘贴于岩面，形成防风化和止水的防护层，并阻止裂隙中的充填物流失	
分配外力：通过喷层把外力传给锚杆、网架等，使支护结构受力均匀	

②　喷射混凝土的质量检测指标。

喷射混凝土的质量检测指标主要有两个方面，即强度和厚度。此外，还应减少喷射混凝土粉尘，减小回弹率等。

喷射混凝土强度包括抗压强度、抗拉强度、抗剪强度、疲劳强度、黏结强度等。因此，喷射混凝土强度应是这些强度指标的综合结果。抗压强度是表示混凝土物理、力学性能及耐久性的一个综合指标，通过它可推知混凝土的其他强度，工程实际中常作为检测喷射混凝土质量的重要指标。

喷射混凝土厚度是指混凝土喷层至隧道围岩接触界面间的距离。要达到表10-5所示喷射混凝土支护的作用效果，就要确保混凝土支护的施工质量。喷射混凝土的厚度是确保喷射混凝土质量的一个重要指标。

喷射混凝土施工过程中，部分混凝土由隧道岩壁跌落到底板的现象叫作喷射混凝土的回弹。回弹下来的混凝土数量与混凝土总数量之比即为喷射混凝土的回弹率。回弹率的大小是检验混凝土施工质量的一项指标。

③　影响喷射混凝土质量的因素。

为了保证喷射混凝土的质量，必须把好混凝土原材料质量关和施工作业质量关。喷锚支护采用的材料应满足《公路隧道设计规范》(JTG D70—2004)中的规定。在保证原材料合格时，应按设计的配合比准确称量并进行搅拌。此外，喷射混凝土质量还与施工作业质量密切相关。因此，喷射前必须冲洗岩面；喷射中要控制好水灰比和喷射距离；喷射后应注意洒水养护，同时对已喷层强度进行实时检测。

影响喷射混凝土厚度的因素主要有爆破效果、回弹率、施工管理及喷射参数等。

(2)喷射混凝土质量检测方法

①　抗压强度试验。

a.检查试块的制作方法。

(a)喷大板切割法。在施工的同时，将混凝土喷射在45 cm×35 cm×12 cm(可制成6块)或45 cm×20 cm×12 cm(可制成3块)的模型内。待混凝土达到一定强度后，加工成10 cm×10 cm×10 cm的立方体试块，在标准条件下养护至28 d进行试验(结果精确到0.1 MPa)。

(b)凿方切割法。在具有一定强度的支护上，用凿岩机打密排钻孔，取出长约35 cm、宽约15 cm的混凝土块,加工成 10 cm×10 cm×10 cm 的立方体试块,在标准条件下养护至 28 d 进行试验(结果精确到 0.1 MPa)。

b. 检查试块的数量。隧道(两车道)每 10 延米,应至少在拱部和边墙各取一组试样,材料或配合比变更时另取一组,每组至少取 3 个试块进行抗压强度试验。

c. 合格条件。

(a) 同批(是指同一配合比)试块的抗压强度平均值不应低于设计强度,或强度等级不应低于 C20。

(b) 任意一组试块的抗压强度平均值不得低于设计强度的 80%。

(c) 同批试块为 3~5 组时,低于设计强度的试块组数不得多于一组;试块为 6~16 组时,不得多于两组;试块在 17 组以上时,不得多于总组数的 15%。

(d) 检查不合格时,可用加厚喷层或增设锚杆的办法补强。

② 喷射混凝土厚度的检测。

a. 检测方法。

(a) 喷层厚度可用凿孔或激光断面仪、光带摄影等方法检查。凿孔检查时,宜在混凝土喷后 8 h 以内用短钎将孔凿出,发现厚度不够时可及时补喷。当混凝土与围岩黏结紧密,颜色相近而不易分辨时,可用酚酞酒精试液涂抹孔壁,碱性混凝土即呈现红色。

(b) 检查断面数量。每 10 延米至少检查一个断面,再从拱顶中线起每隔 2 m 凿孔检查一个点。

b. 合格条件。

(a) 每个断面拱、墙分别统计,全部检查孔处喷层厚度应有 60% 以上不小于设计厚度,平均厚度不得小于设计厚度,最小厚度不应小于设计厚度的 1/2。在软弱破碎围岩地段,喷层厚度不应小于设计规定的最小厚度。钢筋网喷射混凝土的厚度不应小于 6 cm。

(b) 当发现喷射混凝土表面有裂缝、脱落、露筋、渗漏水情况时,应予以修补、凿除重喷或进行整治。

③ 喷射混凝土与围岩黏结强度试验。

a. 检查试块的制作方法。

(a) 成形试验法。在模型内放置尺寸为 10 cm×10 cm、厚 5 cm 且表面粗糙度近似于实际情况的岩块,用喷射混凝土掩埋。待混凝土达到一定强度后,将其加工成 10 cm×10 cm×10 cm 的立方体试块,在标准条件下养护至 28 d,用劈裂法进行试验。

(b) 直接拉拔法。在围岩表面预先设置带有丝扣和加力板的拉杆,用喷射混凝土将加力板埋入,喷层厚度约 10 cm,试件尺寸为 30 cm×30 cm(周围多余的部分应予以清除),经 28 d 养护后进行拉拔试验。

b. 强度标准。对于喷射混凝土与岩石的黏结力,Ⅲ类及以下围岩不应低于 0.8 MPa,Ⅳ类围岩不应低于 0.5 MPa。

(3) 喷射混凝土施工质量判断

① 匀质性。

喷射混凝土强度的匀质性,可用现场 28 d 龄期同批 n 组试块抗压强度的标准差 σ_n 和变异系数 δ_n 表示。

$$\sigma_n = \sqrt{\frac{1}{n-1}\sum_{i=1}^{n}(f_i - \overline{f}_n)^2} \tag{10-4}$$

$$\overline{f}_n = \frac{1}{n-1}\sum_{i=1}^{n}f_i \tag{10-5}$$

$$\delta_n = \frac{100\sigma_n}{\overline{f}_n}(\%) \tag{10-6}$$

式中　n——同批试块的组数;

　　　f_i——第 i 组试块的强度代表值,MPa;

　　　$\overline{f}_n$——同批 n 组试块强度的平均值,MPa。

根据国内喷射混凝土的施工状况,并参考国内外现浇混凝土的强度判别指标,喷射混凝土施工质量判别条件见表 10-6。

表 10-6　　　　　　　　　　　　　　　　**喷射混凝土的匀质性指标**

项目	施工控制水平	优	良	及格	差
标准差 σ_n/MPa	母体的离散	<4.5	4.5~5.5	5.5~11.5	>11.5
	一次试验的离散	<2.2	2.2~2.7	2.7~3.2	>3.2
变异系数 δ_n/%	母体的离散	<15	15~20	20~25	>25
	一次试验的离散	<7	7~9	9~11	>11

② 抗压强度。

a. 同批喷射混凝土的抗压强度应以同批标准试块的强度代表值来评定。

b. 每组试块的强度代表值为 3 个试块试验结果的平均值(精确到 0.1 MPa)。同组试块应在同块木板上制取,有明显缺陷者应予以舍弃。3 个试块中过大或过小的强度值,与中间值相比超过 15% 时,应以中间值代表该组试块的强度。

c. 合格标准。

当同批试块组数 $n \geqslant 10$ 时,应用数理统计方法按下述条件评定:

$$\overline{f}_n - K_1 \sigma_n \geqslant 0.9f \tag{10-7a}$$

$$f_{\min} \geqslant K_2 f \tag{10-7b}$$

式中　$\overline{f}_n$——同批 n 组试件强度的平均值,MPa;

　　　σ_n——同批 n 组试件强度的标准差,MPa,当 $\sigma_n \leqslant 0.06f$ 时,取 $\sigma_n = 0.06f$;

　　　f——喷射混凝土设计强度,MPa;

　　　$f_{\min}$——n 组试件中强度最低一组的强度值,MPa;

　　　K_1,K_2——合格判定系数,见表 10-7。

表 10-7　　　　　　　　　　　　　　　　K_1、K_2 的值

n	10~14	15~24	$\geqslant 25$
K_1	1.70	1.65	1.60
K_2	0.9	0.85	

当同批试块组数 $n < 10$ 时,可用非统计方法按下述条件进行评定:

$$\overline{f}_n \geqslant 1.15f \tag{10-8a}$$

$$f_{\min} \geqslant 0.95f \tag{10-8b}$$

喷射混凝土强度判别式式(10-7a)和式(10-8a)是主要计算式,其设计强度的保证率为 95%。采用式(10-7a)时,要求为必须保证的喷射混凝土设计强度。表 10-7 中的 K_1、K_2 值可将漏判概率限制在 20% 左右。式(10-7b)、式(10-8b)是前述条件的补充,主要作用是控制分布曲线中低强度一侧可能出现长尾的情况。

10.4.5　初期支护背部空洞检测

支护(衬砌)背部与围岩之间存在空洞时,会导致围岩松弛,使支护结构产生弯曲应力而损伤支护结构的功能,降低其承载力,影响隧道的安全。但支护(衬砌)的内部和背后状态是隐蔽的,无法从表面判断。因此,需要使用专门的仪器和方法来探测其背后的空洞,目前最常用的方法是地质雷达法。

地质雷达法是一种用于确定地下介质分布的光谱($1 \times 10^6 \sim 1 \times 10^9$ Hz)电磁技术。其基本原理是:地质雷达用一根天线发射高频宽频带电磁波,另一根天线接收来自地下介质界面的反射波。电磁波在介质中传播时,其路径、电磁场强度与波形将随所通过介质的电性质及几何形态变化,可根据接收到波的旅行时间(双程走时)、幅度与波形资料判断介质结构。其原理示意图见图 10-10。

实测时将雷达的发射和接收天线密贴于喷层表面,雷达波通过天线进入混凝土衬砌中,在钢筋、钢拱

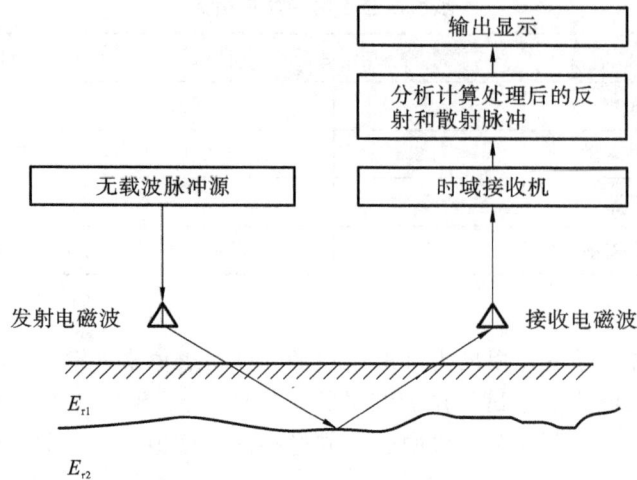

图 10-10 地质雷达法原理示意图

架、混凝土间的不连续面,混凝土与空气分界面,混凝土与岩石分界面等处发生反射;接收天线接收到反射波,测出反射波的入射、反射双程走时,计算出反射波走过的路程,求出天线至反射面的距离 D,即:

$$D = \frac{v \cdot \Delta t}{2} \tag{10-9}$$

式中 D——天线到反射面的距离,km;

Δt——雷达波从发射到接收的走时,ns(1 ns$=1\times10^{-9}$ s);

v——雷达波速,km/s,其值为:

$$v = \frac{C_0}{\varepsilon^{1/2}} \tag{10-10}$$

式中 C_0——雷达波在空气中的速度,取 30 cm/ns;

ε——介电常数,由波所通过的物质决定,空气中取 1,混凝土中取 4~10。

雷达天线可沿所测的测线连续滑动,所测的每个测点的时间曲线可以绘成时间剖面图像。把各测点接收到的同一反射面的反射波绘成一定图像,可直观反映出各种不同的反射面。

10.4.6 二次衬砌厚度质量检测

隧道混凝土衬砌按施工方法可以分为喷射混凝土衬砌、模筑现浇混凝土衬砌、预制拼装混凝土衬砌三种。它是隧道重要的支护措施,是隧道防水工程的最后一道防线,也是隧道外观的直接体现者。

作为隧道混凝土衬砌常见的质量问题之一,衬砌厚度不足会影响结构整体强度和耐久性。通常用无损检测方法测试结构混凝土的厚度,常用的检测方法有冲击-回波法、超声波法、激光断面仪法、地质雷达法和直接测量法。

(1)冲击-回波法

冲击-回波法(图 10-11)主要用于混凝土的无损检测,可以探测混凝土的厚度,具有简便、快速、轻便、干扰小、可重复测试等优点。它在衬砌混凝土检测中主要用于:① 测定混凝土浇筑质量;② 测定表面开放裂缝深度;③ 测试密集的裂缝、空隙和蜂窝缺陷等。

冲击-回波法是基于瞬态应力波的一种技术。其基本原理为:利用一个短时的机械冲击(用一个小钢球轻敲混凝土表面)产生低频的应力波,应力波传播到结构内部被缺陷和构件底面反射回来,反射波被安装在冲击点附近的传感器接收,并被传输到内置数据采集和处理的便携式仪器内;然后将接收的信号进行频谱分析,频谱图中的明显峰正是由冲击表面、缺陷等的多次反射产生瞬态共振所致,依此来识别和确定结构混凝土的厚度和缺陷位置。

二次衬砌厚度计算公式为:

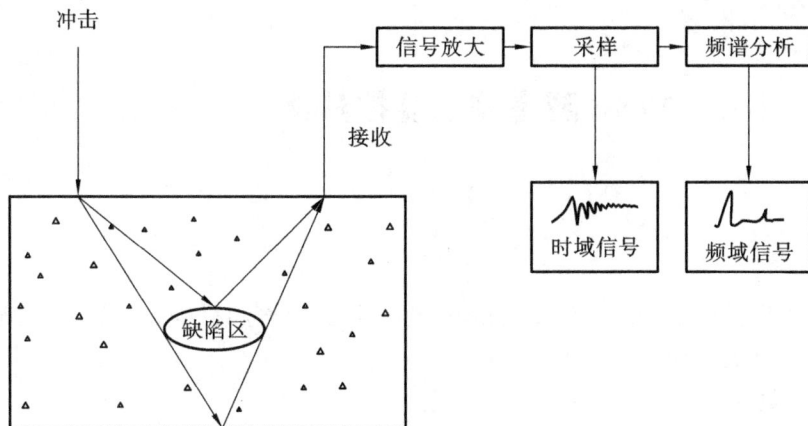

图 10-11　冲击-回波法原理示意图

$$h = \frac{v_p}{2f} \tag{10-11}$$

式中　v_p——声波在混凝土中的波速；

　　　f——频谱分析的峰值频率。

应用冲击-回波法检测时的注意事项如下：

① 表面处理。检测之前，要对表面测点周围进行磨平处理，保证传感器与待测表面耦合良好。

② 声速测量。声速测量的精确性与所测厚度紧密相关，通常用超声平测法测量混凝土中的声速。

③ 冲击器选择。不同厚度的混凝土结构，其瞬态共振频率不同，较厚混凝土结构的频率值较低，较薄混凝土结构的频率值较高。因此，应选择一种既能产生相应频率应力波，又有足够能量的冲击器，使混凝土板能产生瞬态共振，从而使接收信号较强且质量较高。

（2）激光断面仪法

隧道激光断面仪能快速检测各类隧道界限，并根据初期支护内轮廓线或围岩开挖轮廓线的检测结果实现数据自动比较，常用于指导施工。

该方法的原理可以参照 10.2 节。

（3）地质雷达法

地质雷达法可检测衬砌背后的空洞、衬砌厚度、衬砌内部钢拱架和钢筋的分布等。

地质雷达法属于电磁波检测方法，其原理如下。在隧道内通过电磁波发射器向隧道衬砌发射高频宽频带脉冲，电磁波经衬砌界面反射后返回接收天线。如衬砌介质的波速和介电常数已知，即可求得反射界面的深度。

当天线在隧道内运动时，由于电磁波反射角和传播时间的改变，传播时间曲线就可绘制出来，从而可检测出不同深度的缺陷及厚度。

（4）直接测量法

直接测量法就是在衬砌中打孔或凿槽，直接量测衬砌厚度的方法。该方法是量测衬砌混凝土厚度最直接的方法，但是它会损伤衬砌及复合式衬砌结构中的防排水设施。

目前常用的直接测量法有两种，即冲击钻孔取芯量测法和冲击钻打孔量测法。

① 冲击钻孔取芯量测法。这种方法是检测混凝土缺陷的主要方法之一，通过量测混凝土芯样的长度，便可以准确地获得该处混凝土的厚度。但其成本较高，且费时费力。

② 冲击钻打孔量测法。首先在检测部位用普通冲击钻打孔，然后量测衬砌混凝土中的孔深。为提高量测精度，可以将长度为 L_0 的带直角钩的高强度铁丝伸入钻孔至孔底，平移铁丝并缓慢向孔壁移动，使直角钩挂在衬砌混凝土外表面，则衬砌厚度为 $L = L_0 - L_i$（L_i 为铁丝外漏部分长度）。

对衬砌混凝土强度和内部缺陷等其他质量问题的检测可以参照本书的其他相关章节。

10.5 隧道施工监控量测 >>>

10.5.1 概述

隧道施工监控量测是保证工程质量的重要措施,也是判断围岩和衬砌是否稳定,保证施工安全,指导施工工序,进行施工管理,提供设计信息的主要手段。

(1)隧道施工监控量测的必要性

施工监测包括对围岩及支护变形的观察与量测,是为了掌握隧道开挖过程中周围围岩的动态及各支护构件的效果,同时为了确保施工的安全性与经济性而必须进行的。其必要性如下:

① 隧道是修筑在地下的线性建筑物,事前对围岩的了解在质或量上都有限。因此,施工前无法准确预测隧道所在位置的地质特征。但通过量测支护构件的变形很容易掌握开挖隧道的形变动态,从而在观察、经验的基础上进行综合评价,修正设计和施工方法。

② 目前的计算分析方法都有不明确之处,所以有必要根据施工中的观测来正确掌握因开挖而引起的隧道周围围岩的动态和各支护构件的效果。

③ 工程安全除了隧道本身建筑物的安全,还包括开挖对周围建筑物的影响,特别是浅埋隧道对地表的影响。因此,对隧道进行观察和量测显得尤为重要,必要时应辅以工程观察判断。

(2)施工监控量测的目的

① 掌握围岩力学形态的变化和规律。

② 掌握支护结构的工作状态。

③ 为理论分析、数据分析提供计算数据与对比指标。

④ 为工程设计和施工积累资料。

(3)量测项目与方法

施工监测获得的信息大致可以分为位移信息和应力信息两大类。其量测项目可分为必测项目和选测项目,具体应根据隧道工程地质条件、围岩类别、围岩应力分布情况、隧道跨度、隧道埋深、工程性质、开挖方法、支护类型等因素确定。隧道现场监测的量测项目见表 10-8,表中 1~4 项为必测项目,5~11 项为选测项目。

表 10-8　　　　　　　　　　　　　　隧道现场监测的量测项目及量测方法

序号	项目名称	方法及工具	布置	量测间隔时间			
				1~15 d	16 d~一个月	1~3 个月	3 个月以上
1	地质和支护状况调查	岩性、结构面形状及支护裂缝观察或描述,地质罗盘等	开挖后及初期支护后进行	每次爆破后进行			
2	收敛位移	各种类型的收敛计	每 10~50 m 一个断面,每个断面布设 2~3 对测点	1~2 次/d	1 次/(2 d)	1~2 次/周	1~3 次/月
3	拱顶下沉	水平仪、水准尺、钢尺或测杆	每 10~50 m 一个断面	1~2 次/d	1 次/(2 d)	1~2 次/周	1~3 次/月
4	锚杆或锚索内力及抗拔力	各类电测锚杆、锚杆测力计及拉拔器	每 10 m 一个断面,每个断面至少做三根锚杆	—	—	—	—

序号	项目名称	方法及工具	布置	量测间隔时间			
				1～15 d	16 d～一个月	1～3 个月	3 个月以上
5	地表下沉	水平仪、水准尺	每 5～50 m 一个断面,每个断面至少 7 个测点,每条隧道至少 2 个断面。中线每 5～20 m 一个测点	开挖面距量测断面前后小于 2B 时,1～2 次/d 开挖面距量测断面前后小于 5B 时,1 次/(2 d) 开挖面距量测断面前后大于 5B 时,1 次/周 说明:B 为隧道开挖宽度			
6	围岩体内位移(洞内设点)	洞内钻孔中安设单点、多点杆式或钢丝式位移计	每 5～100 m 一个断面,每个断面 3～5 个钻孔	1～2 次/d	1 次/(2 d)	1～2 次/周	1～3 次/月
7	围岩体内位移(地表设点)	地面钻孔中安设各类位移计	每代表性地段一个断面,每个断面宜为 15～20 个测点	开挖面距量测断面前后小于 2B 时,1～2 次/d 开挖面距量测断面前后小于 5B 时,1 次/(2 d) 开挖面距量测断面前后大于 5B 时,1 次/周			
8	围岩压力及两层支护间压力	各种类型的压力盒	每代表性地段一个断面,每个断面宜为 15～20 个测点	1～2 次/d	1 次/(2 d)	1～2 次/周	1～3 次/月
9	钢支撑内力及外力	支柱压力计或其他测力计	每 10 榀钢拱支撑一对测力计	1～2 次/d	1 次/(2 d)	1～2 次/周	1～3 次/月
10	支护、衬砌内应力,表面应力及裂缝量测	表面应力解除法,各类混凝土内应变计、应力计、测缝计	每代表性地段一个断面,每个断面宜为 11 个测点	1～2 次/d	1 次/(2 d)	1～2 次/周	1～3 次/月
11	围岩弹性波测试	各种声波仪及配套探头	在有代表性地段设置	—	—	—	—

10.5.2　围岩收敛位移监测

隧道内壁面两点连线方向的位移之和称为收敛,此项量测称为收敛量测。收敛值为两次量测的距离之差。收敛量测是隧道施工监控量测的重要项目,收敛值是最基本的量测数据,必须量测准确,计算无误。

(1)量测设计

收敛量测的设计包括仪器选择、断面间距、量测频率、测线布置、量测点埋设时间等内容。设计的依据为地质条件、地压分布、隧道埋深、开挖方法、施工进度、断面收敛速度等因素。

① 量测断面间距。应保证每类围岩沿隧道轴线至少有一个量测断面。一般情况下,洞口段和埋深小于两倍隧道宽度的地段,应间隔 5～10 m 设一个量测断面;其余地段可根据地质条件,每隔 10～20 m 设一个断面。

对于地质条件好且收敛值稳定的隧道,可适当加大量测断面的间距;对于围岩较差,收敛值长期不稳定,开挖进度快或采用分部开挖法施工的隧道,可缩小量测断面的间距。

② 量测频率。量测频率按表 10-9 取值。由于从不同测线得到的位移速度不同,因此量测频率应按速度高的取值。若根据位移速度和测点至工作面距离两项指标分别选取的频率不同,则从中取高值。

表 10-9　　　　　　　　　　　　　　收敛和拱顶位移量测频率

位移速度/(mm/d)	至工作面距离/m	频率
>10	(0～1)D	1～2 次/d
5～10	(1～2)D	1 次/d
1～5	(2～5)D	1 次/(2 d)
<1	>5D	1 次/周

注:D 为隧道宽度。

当隧道接近超前导坑,或地质条件变差,或量测值出现异常情况时,量测频率应加大,必要时 1 h 或更短时间量测一次,反之频率可减小;后期量测时,间隔时间可增大到几个月或半年量测一次。

③ 量测点埋设时间。一般情况下,测点距开挖工作面应小于 1~2 m。测点埋设后,第一次量测时间应在上次爆破后 24 h 内,并在下次爆破前进行。第一次量测的初读数是关键性数据,应反复测读。当连续量测 3 次的误差 $R \leqslant 0.18$ mm 时,才能继续爆破掘进(R 依据收敛而异)。

④ 收敛测线布置。收敛量测的基线以水平基线为主,必要时设置斜基线。它与地质条件、开挖方法、位移速度等因素有关,可选择 1 条线、2 条线、3 条线,最多可达 6 条线,主要布置形式见图 10-12。全断面开挖时,对于埋深小于两倍洞径地段或浅埋隧道,采用 3~6 条测线;一般地段应采用 2~3 条测线,但拱脚处必须有一条水平测线。若位移值较大或偏压显著,可同时进行绝对位移量测。

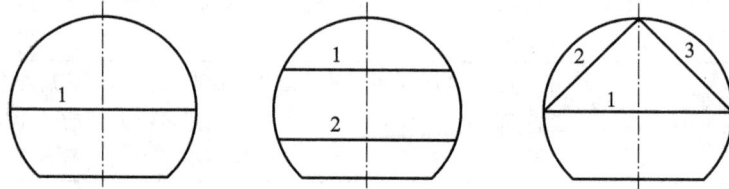

图 10-12 隧道周边收敛测线布置

（2）量测仪器

目前,我国公路隧道施工中常用的收敛计为机械式收敛计,其性能与特点见表 10-10。

表 10-10 常用收敛计的性能与特点

编号	名称	主要技术性能	主要特点
1	QJ-85 型坑道周边收敛计	球铰弹簧式,最小读数为 0.01 mm,量测精度为 ±0.06 mm	可靠、方便、精度高
2	GY-85 型收敛计	柱销弹簧式,最小读数为 0.01 mm,量测精度为 ±0.05 mm	可靠、方便、精度高
3	SWJ 型隧道周边收敛计	重锤式,最小读数为 0.011 mm,量测精度为 ±0.30~±0.47 mm	可靠、简易、经济

（3）量测原理

不同的收敛计有不同的使用方法,下面以球铰式收敛计（图 10-13）为例说明收敛量测原理。

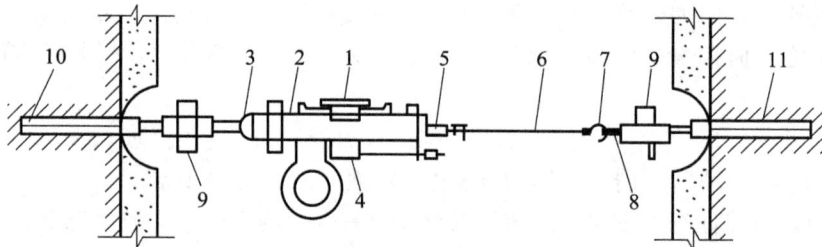

图 10-13 球铰式收敛计结构及安装示意图

1—百分表;2—百分表支架;3—球铰;4—弹簧秤;5—滑管;6—钢尺;
7—挂钩;8—连接环;9—连接销;10—砂浆;11—预埋件

仪器安装后,利用弹簧秤、钢丝绳、滑管对钢尺施加固定的水平张力（弹簧秤拉力为 90 N）。同时,钢丝绳带动内滑管沿固定方向移动,内滑管上的触头压缩百分表读得初始数值 X_0。间隔时间 t 后,用同样的方法可读得 t 时刻的值 X_t,则 t 时刻的周边收敛值 U_t 即为百分表的两次读数差,即:

$$U_t = L_0 - L_t + X_{t1} - X_{t0} \tag{10-12}$$

式中　L_0——初读数时所用尺孔刻度值;

　　　L_t——t 时刻时所用尺孔刻度值;

　　　X_{t0}——初读数时经温度修正后的百分表读数值,$X_{t0} = X_0 + \varepsilon_{t0}$,其中 X_0 为初始时刻百分表读数值,ε_{t0} 为 t_0 时刻温度修正值;

X_{t1}——t_1 时刻经温度修正后的百分表读数值，$X_{t1}=X_t+\varepsilon_t$，其中 X_t 为 t 时刻量测时的百分表读数值，ε_t 为 t 时刻温度修正值，根据式(10-13)计算。

$$\varepsilon_t=\alpha(T_0-T)L \tag{10-13}$$

式中　α——钢尺线膨胀系数；

　　　T_0——鉴定钢尺的标准温度，$T_0=20\ ℃$；

　　　T——每次量测时的平均气温；

　　　L——钢尺长度。

（4）量测原始记录和量测资料整理

① 量测原始记录。原始记录应采用表格形式，注明断面编号、测点设置时间，列出量测内容并填写具体量测值，表中应留备注栏，以便记录施工情况，最后应有量测和记录人员的签名。

② 量测资料整理。每次量测后，需将原始记录及时整理成正式记录。对每一量测断面内的每一条测线数据进行整理，整理后的量测资料应包括原始记录表及实际测点布置图，位移随时间及开挖面距离的变化图，位移速度、位移加速度随时间及至开挖面距离的变化图。在这些图表中应同时记入开挖、喷射混凝土、锚杆施工工序时间，并将位移警戒线和极限值算出来。

当收敛值在 3～6 个月后还在发展时，一个月后的位移图可用单对数坐标表示。

（5）收敛量测结果的应用

收敛量测结果的主要用途是评定隧道的稳定性。隧道的稳定性判断有两个方面：一是初期支护的稳定性判断，据此确定二次支护的时间；二是洞周边总收敛值判断，使其在规定允许值之内，且不大于预留变形量，保证结构不侵入限界。

《公路隧道施工技术规范》(JTG F60—2009)规定，隧道周壁任意点的实测相对位移值或用回归分析推算的总相对位移值均应小于表 10-11 所列数值。当位移速率无明显下降，而此时实测位移值已接近该表所列数值，或喷层表面出现明显裂缝时，应立即采取补救措施，并调整原设计参数或开挖方法。

表 10-11　　　　　　　　　　　　　**隧道周边相对位移值**　　　　　　　　　　　　（单位：%）

围岩类别 ＼ 覆盖层厚度/m	＜50	50～300	＞300
Ⅳ	0.10～0.30	0.20～0.50	0.40～1.20
Ⅲ	0.15～0.50	0.40～1.20	0.80～2.00
Ⅱ	0.20～0.80	0.60～1.60	1.00～3.00

注：1. 相对位移值是指实测位移值与两测点间距离之比，或拱顶位移实测值与隧道宽度之比；

　　2. 脆性围岩取表中较小值，塑性围岩取表中较大值；

　　3. Ⅰ、Ⅴ、Ⅵ类围岩可按工程类比初步选定允许值范围；

　　4. 本表所列位移值可在施工过程中通过实测和资料积累做适当修正。

《公路隧道施工技术规范》(JTG F60—2009)规定，二次衬砌的施工应在满足下列要求时进行：① 各测试项目的位移速率明显收敛，围岩基本稳定；② 已产生的各项位移已达预计总位移量的 80%～90%；③ 周边位移速率小于 0.1～0.2 mm/d，或拱顶下沉速率小于 0.07～0.15 mm/d。

对于某一个量测断面，取拱脚附近的水平测线和另一条最大测线的两个回归方程来判断。前者依收敛速度进行判断，后者依总的收敛量进行判断(不含弹性变形量)。

此外，还需利用较高精度的水准仪观测拱顶和地表各点的下沉量，以此来指导施工。

10.5.3　围岩内部位移量测

隧道围岩内部位移量测是监测周边某点及围岩内部不同深度各点的位移状态，主要目的是了解隧道围岩的径向位移分布和松弛范围，优化锚杆参数，以指导施工。

（1）量测原理

埋设在钻孔内的各测点与钻孔壁紧密连接，岩层移动时带动测点一起移动（图 10-14）。

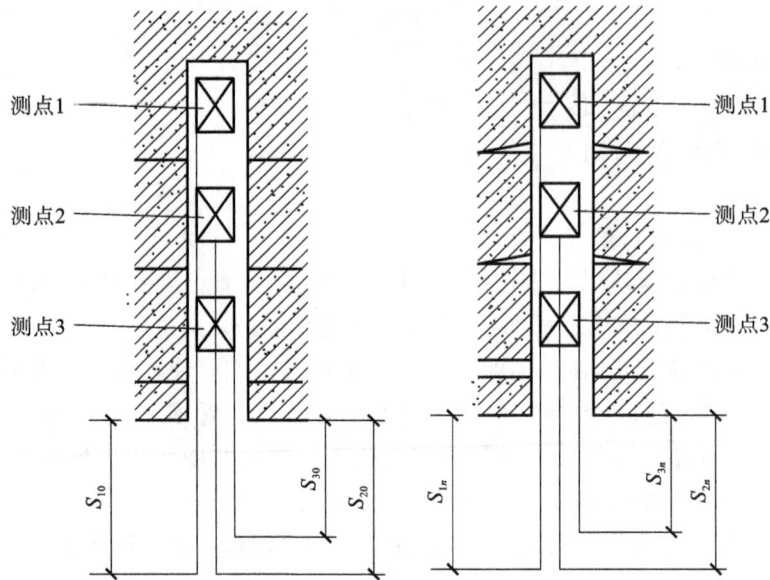

图 10-14　围岩内位移量测

变形前各测点钢带在孔口的读数为 S_{i0}，变形后第 n 次测量时各点钢带在孔口的读数为 S_{in}。测量钻孔不同深度岩层的位移，也就是测量各点相对于钻孔最深点的相对位移。第 n 次测量时，测点 1 相对于孔口的总位移量为 $S_{1n}-S_{10}=D_1$，测点 2 相对于孔口的总位移量为 $S_{2n}-S_{20}=D_2$，测点 i 相对于孔口的总位移量为 $S_{in}-S_{i0}=D_i$。于是，测点 2 相对于测点 1 的位移量是 $\Delta S_{2n}=D_2-D_1$，测点 i 相对于测点 1 的位移量是 $\Delta S_{in}=D_i-D_1$。

当在钻孔内布置多个测点时，就能分别测出沿钻孔不同深度岩层的位移值。测点 1 的深度愈大，受开挖的影响愈小，所测出的位移值愈接近绝对值。

（2）量测方法

① 量测断面选择。量测断面应选择在具有代表性的地质地段，在一般围岩条件下，每隔 200～500 m 设一个量测断面比较适宜。在同一量测断面上，围岩内部位移、锚杆轴力、衬砌内切向和径向应力、表面应力等项目的量测均可同时进行。

② 量测断面上的测点布置。每一量测断面应布设 3～11 个测点。其测点应按各条隧道的实际情况选择合适的位置，要尽量靠近锚杆或周边位移量测的测点处，以便计算分析。每一测点需选择几种不同深度钻孔；连续测几种不同深度钻孔；连续测几种不同深度的围岩内的位移，以确定围岩内部的松弛范围。

③ 量测频率。围岩内位移的量测频率与同一断面其他项目的量测频率相同。

（3）量测仪器

其常用量测仪器为多点位移计。多点位移计根据埋设情况可分为埋设式和移动式两种，根据位移测试仪表的不同又可分为机械式和电测式。

埋设式多点位移计安装在钻孔内后不再取出，它又分为弦式和杆式两种。由于埋设式多点位移计成本高，测量的点数有限，因此又出现了移动式多点位移计。其克服了以上一些缺点，得到了越来越广泛的应用。

电测式多点位移计的测量部分可采用滑线电阻式、电阻应变式、电感式等。这种方法的测量精度高，容易实现遥测，但价格较贵，容易受干扰。机械式多点位移计价格便宜，读数稳定，不足之处是精度较低，不易遥测等。目前这两种多点位移计都有普遍的应用。

机械式八点钻孔伸长计是一种常用的钻孔位移计，用于长期观察钻孔轴向的相对变形。如果钻孔有相当大的深度，则可认为其变形为绝对变形。它既可监视施工过程中围岩的稳定情况，又能长期观测喷锚加固围岩的效果。

① 钻孔伸长计的构造。

钻孔伸长计由锚固器和位移测定器组成。锚固器安装在钻孔内,一个测点安装一个锚固器,它只起锚固点的作用。位移测定器安装在钻孔口部,可与数个(如 8 个)锚固器配合,测出各测点相对于口部的位移值,然后换算出各测点相对于最深一点的位移值。锚固器与位移测定器之间用钢丝连接。

锚固器在钻孔内锚固时使用专门设计的安装杆,旋转紧螺栓,使其压紧钻孔孔壁,形成锚固,并卸下安装杆。此种锚固器结构简单,加工方便,但锚固力较小,约为 100 N,适用孔径为 90~125 mm。

位移测定器弹簧座固定在外壳的底部,滑杆可在其中自由滑动,钢丝从滑杆中穿过,被压紧螺钉和夹线块夹住,压簧顶着滑杆可将钢丝张紧。当发生变形时,滑杆在钢丝与压簧的制约下发生滑动。用深度游标卡尺测读,测量板是测读的基准,测出滑杆的滑动距离,便可知道变形的量值。

② 钻孔伸长计的安装。

a. 钻孔要求。钻孔伸长计是用来测定钻孔轴向各点变形量的,故要求钻孔基本顺直。实际上一般钻孔稍有弯曲,但不影响使用。孔径受锚固器尺寸所限,一般不能相差太大。采用 YQ100A 型潜孔凿岩机钻孔时,其直径在 100~120 mm 范围内。

b. 锚固器的安装。锚固器的安装位置要根据钻孔地质构造情况及对围岩变形情况的预测来确定,一般原则是深处布点稀,浅处布点密,由深到浅依次安装。安装时,先排除钻孔内可能有的碎石,将锚固器接上钢丝,装在安装杆上,以最小外径向钻孔内递送。递送到一定位置后,可旋转安装杆撑开锚固器,直到用力旋转不动时为止,然后卸下安装杆。

c. 位移测定器的安装。在钻孔附近埋设地脚螺栓,将钢丝依次穿过位移测定器各孔,装上外壳,用螺母垫片固定在地脚螺栓上。位移测定器中轴线应与钻孔轴线相重合,将钢丝穿过压簧及滑杆,放好夹线块并压紧螺钉,把滑杆插进位移测定器底座孔内,用力拉紧钢丝,推送滑杆使弹簧压缩,旋紧螺钉,使夹线块夹紧钢丝,并剪去多余钢丝,最后将测量板装上,盖上盖子。

③ 钻孔伸长计的应用。

一般在拱部或顶部导洞开挖后应立即钻孔安装伸长计,然后进行扩挖,隔一定时间测读各点的位移值,进行校正,求出相对于最深一点的位移值,画出时间-位移曲线,分析各点的变形速率及稳定性。

测读方法为:用 0~300 mm 的深度游标卡尺(精度为 ±0.2 mm)测读,以测量板为基准面,通过测量板上的各孔,测量滑杆尾部(即压紧螺钉端面)与基准面的距离变化。在安装好位移测定器后,即可进行初始读数测量,每点需进行 5 次测读,取其中 3 次相近读数的平均值作为此处的测读结果。测读间隔时间须视工程进展及围岩变形情况而定,由数小时到数天,一般间隔 1 d 测读一次。

(4) 量测资料的应用

围岩内位移的量测多在软弱、破碎或具有较大地质结构面的围岩内进行。这类围岩本身的力学状态复杂,受力变形规律不易预测,支护比较困难。进行围岩内位移量测能比周边位移量测获取更多的地层信息,特别是有关围岩内的信息,对分析围岩内部的位移规律,并据此调整支护参数,或设计新的支护结构大有益处。

实际应用中,一般根据量测结果先绘出位移-深度关系曲线(图 10-15)和位移-时间关系曲线(图 10-16)。如果两相邻测点间的位移突然变化,则表明在此两点间很可能有不连续位移发生,即松弛围岩的界面在此两点之间。因此调整支护参数时,如有可能则应使锚杆长度超出此两点。如果相邻测点间的位移变化比较均匀,且测量深测点仍有较大位移,则表明围岩受扰动范围较大,仅靠调整锚杆长度一般难以解决支护问题。这时应采取综合治理措施,采用特殊的钢支撑加喷锚(挂网)等方案进行初期支护,必要时加大二次衬砌的强度与刚度。如果通过位移-时间关系曲线掌握了围岩内部变形随时间的变化规律,则可更好地指导施工,如确定复喷的时间和二次衬砌的施工时间。

为了分析在特定条件下产生的量测结果的深层次原因,综合分析地质因素和施工因素对围岩稳定性的影响,近年来在一些重大工程上开始应用反分析法。其基本原理是以现场量测的位移作为基础信息,根据工程实际建立力学模型,反求实际岩(土)体的力学参数、地层初始地应力及支护结构的边界荷载等。广义的反分析法还包括在此之后利用有限元、边界元等数值方法进行正分析,进行工程预测和评价,并决定采取工程措施,最后进行监测并检验预测结果。如此反复,可达到优化设计、科学施工的目的。图 10-17 所示为一种监测-预报系统组成框图,位移反分析法为其核心。

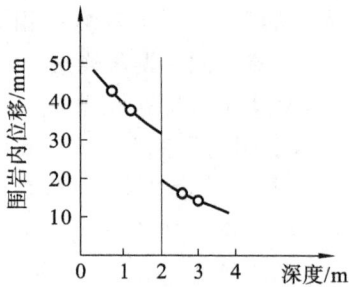

图 10-15　位移-深度关系曲线

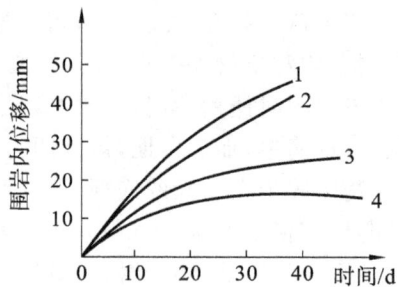

图 10-16　位移-时间关系曲线

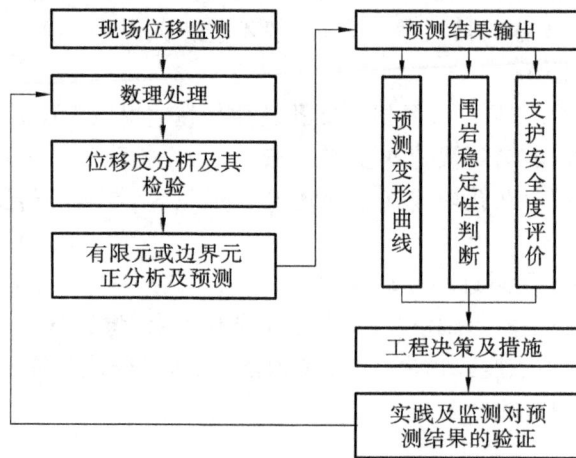

图 10-17　监测-预报系统组成框图

10.5.4　锚杆轴力量测

（1）量测目的

锚杆轴力量测的目的是了解锚杆的实际工作状态,结合位移量测修正锚杆的设计参数。

（2）量测方法及仪器

其主要的量测仪器是量测锚杆。量测锚杆的杆体用中空的钢材制成,其材质与锚杆相同。量测锚杆主要有机械式和电阻应变片式两类。机械式量测锚杆是在中空的杆体内放入四根细长杆,将其头部固定在锚杆内预计的位置上(图 10-18)。量测锚杆的长度一般在 6 m 以内,测点最多为 4 个,用百分表直接读数。先量出各点间的长度变化,然后根据不同段的应变乘以钢材的弹性模量,即得各测点间的应力。根据了解的锚杆轴力及其应力分布状态,再配合岩体内位移的量测结果,就可以设计锚杆长度及锚杆根数,还可以掌握岩体内应力重分布的过程。图 10-19 所示为锚杆轴力量测的一个实例。

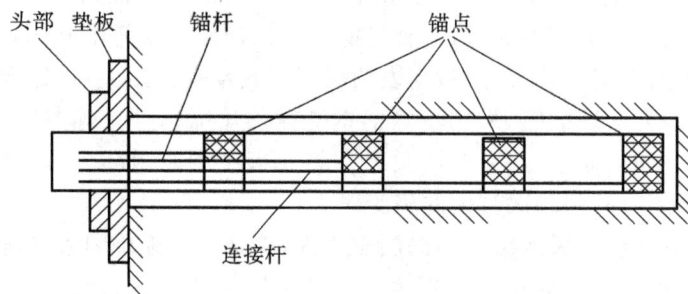

图 10-18　量测锚杆的构造与安装

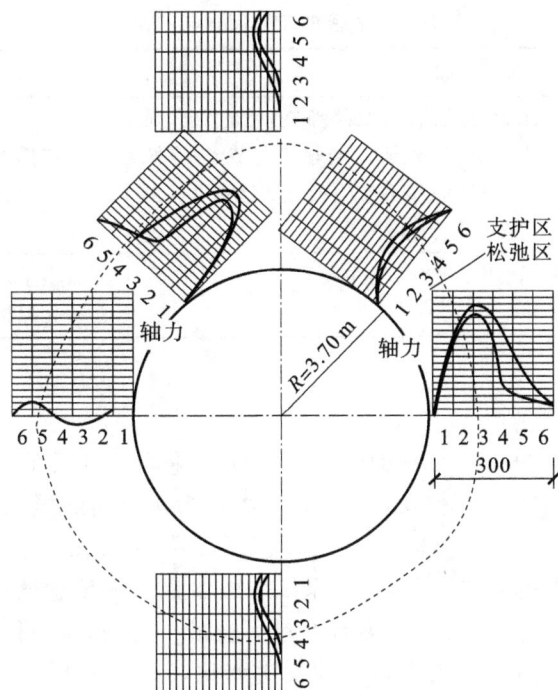

图 10-19　锚杆轴力量测实例

　　电阻应变片式量测锚杆是在中空锚杆内壁或在实际使用的锚杆上对称地贴四个应变片,以四个应变的平均值作为量测应变值(这样可消除弯曲应力的影响),测得的应变值乘以钢材的弹性模量即得该点的应力值。

　　(3)成果整理

　　① 绘制不同时间($t_1,t_2,\cdots$)的锚杆轴力(应力 σ)与深度 l 的关系曲线(图 10-20)。

　　② 绘制各测点(1,2,$\cdots$)的轴力(应力 σ)与时间 t 的关系曲线(图 10-21)。

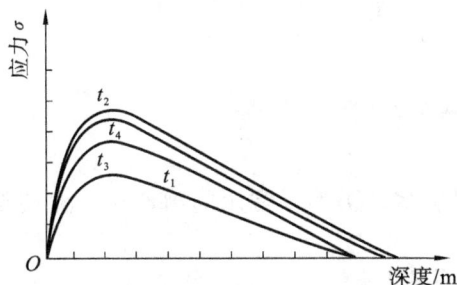

图 10-20　不同时间的锚杆轴力与深度的关系

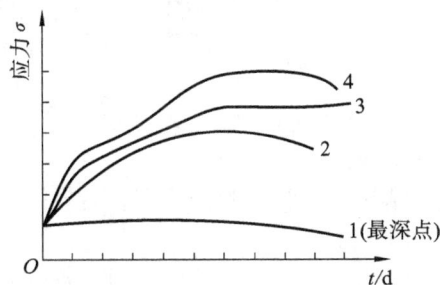

图 10-21　测点轴力与时间的关系曲线

　　锚杆轴力是检验锚杆效果与锚杆强度的依据,根据锚杆极限抗拉强度与锚杆应力的比值 K(锚杆安全系数)即能做出判断。锚杆轴力越大,K 值越小。当锚杆中某段最小的 K 值稍大于 1 时,应认为合理,因为钢材有较大的延性,即使局部段的 K 值稍大于 1,一般也不会被拉断。

10.5.5　压力量测

　　压力量测包括围岩与支护及支护(衬砌)间的接触压力量测。通过了解围岩压力的量值及分布,可判断围岩及支护的稳定性,分析二次衬砌的稳定性和安全性。

　　① 量测原理。支护与围岩之间的接触应力大小既反映了支护的工作状态,又反映了围岩施加于支护的形变压力情况,因此围岩压力的量测很必要。

　　压力量测可采用盒式压力传感器(压力盒),将压力盒埋设于混凝土内的测试部位及支护与围岩接触面的测试部位,压力盒所受压力即为该测点处的压力。

　　② 压力盒。常用压力盒分为变磁阻调频式、液压式等多种形式。其工作原理与特点见表 10-12。

表 10-12   典型压力盒的工作原理与特点

分类	变磁阻调频式	液压式
工作原理	当压力作用于承压板时,压力通过油压传到传感单元的二次膜上,使之变形,改变了磁路的气隙,即磁阻。当输入振荡电信号时,随即发生电磁感应,其输出信号的频率发生改变,这种频率因压力大小的不同而变化,即可测出压力大小	其传感器为一扁平油箱,通过油压泵加压,由油泵表可读出内应力或接触应力
特点	抗干扰能力强,灵敏度高,适用于遥测,但在硬质介质中存在刚度不匹配问题	减小了应力集中的影响,性能稳定、可靠,是较为理想的压力盒

10.5.6 混凝土应力量测

混凝土应力量测包括初期支护和二次衬砌混凝土的应力量测。其目的是研究复杂工程条件下的地压问题,检验设计,积累资料和指导施工。本节以钢弦式应力计为例介绍混凝土应力量测。

（1）弦测法的基本原理

钢弦式测试技术属于非电量电测法,测试工作系统一般由钢弦式传感器(或调频弦式传感器)和钢弦频率测定仪组成,如图 10-22 所示。其实质是传感器中有一根张紧的钢弦,当传感器受外力作用时,弦的内应力发生变化,随着弦内应力的改变,自振频率相应地发生变化,弦的张力越大,自振频率越高;反之,自振频率就越低。因此,钢弦自振频率的变化反映了施加于钢弦传感器上外力的变化。如果能测出钢弦自振频率的变化,就可以利用它测定施加于传感器上的外力。钢弦式测试工作系统的基本原理就是利用钢弦的这种性质将力转换成钢弦固有频率的变化来进行测量的。

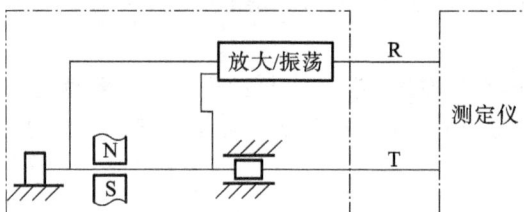

图 10-22 钢弦式测试工作系统

（2）压力盒的类型

根据用途、结构形式和材料的不同,钢弦式传感器一般有多种类型。常用的国产压力盒类型、使用条件及优缺点见表 10-13。

表 10-13   压力盒的类型、使用条件及优缺点

压力盒的类型	结构及材料	使用条件	优缺点
单线圈激振型	钢丝卧式	测土、岩土压力	① 构造简单; ② 输出间歇非等幅衰减波,不适用于动态测量和连续测量,难以自动化
	钢丝立式	测土压力	
双线圈激振型	钢丝卧式	测水、土、岩土压力	① 输出等幅波,性能稳定,电势大; ② 抗干扰能力强,易于自动化; ③ 精度高,便于长期使用
钨丝压力盒	钢丝立式	测水、土压力	① 刚度大,精度高,线性好; ② 温度补偿性好,耐高温; ③ 便于自动化记录
钢弦摩擦压力盒	钢丝卧式	测井壁与土层间的摩擦力	只能测与钢筋同方向的摩擦力
钢筋应力计	钢弦	测钢筋中的应力	比较可靠
钢筋应变计	钢弦	测钢筋中的变形	比较可靠

（3）传压囊的设置

在现场进行实测工作时，为了增大钢弦压力盒的接触面，避免由于埋设时接触不良而使压力盒失效或测量值很小，有时采用传压囊来增大其接触面。囊内的传压介质一般为机油，因其传压系数可接近1，油可使负荷以静水压力方式传到压力盒，且不会引起囊内锈蚀，便于密封。钢弦压力盒与传压囊装配情况如图10-23所示。

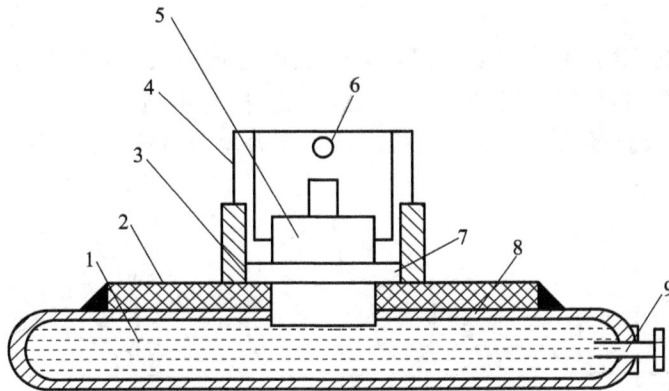

图 10-23　钢弦压力盒与传压囊装配图

1—机油；2—底板；3—连接套管；4—压紧套管；5—钢弦压力盒；
6—拧紧插孔；7—O形密封圈；8—油囊；9—注油嘴

装配传压囊时，必须将油尽量注满，且使囊内无空气；钢弦压力盒与传压囊接触处用O形密封圈密封，压紧套管并压紧压力盒，达到负荷不漏油、不浸油时方可使用。

（4）钢弦压力盒的性能试验

压力盒的性能好坏直接影响压力测量值的可靠性和精确度。具有一定灵敏度的钢弦压力盒，应保证其工作频率，特别是初始频率的稳定；压力盒的压力与频率的重复性要好，故使用前应对其进行各项性能试验。

① 抗滑性。钢弦通常用销钉夹紧装置安装并需经过热处理。进行抗滑性试验时，将压力盒放在频率为50 r/s的电振动台上持续振动 10～15 s，然后检查其结构的初频变化情况。此外，还应做锤击试验。用小木槌以 15 次/min 的速度垂直敲打压力盒承压膜，持续 2 min 再测量其初频变化。若初频变化在 ±10 Hz 以内，则可认为其性能良好，否则必须卸下钢弦重新安装。

② 密封性。试验时，将压力盒放在专设的压力罐中，先让其在水中浸泡7 d，然后加 0.4 MPa 的压力，恒压 6 h 后取出压力盒并开启，检查其密封质量。若无渗漏现象，则认为密封防潮良好，可以使用，否则应更换密封圈。压力盒密封试验装置如图10-24所示。

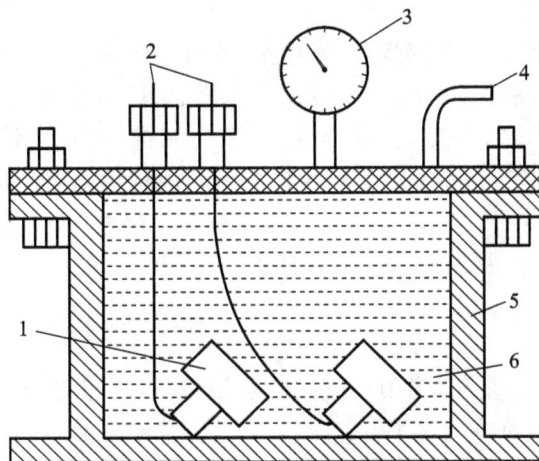

图 10-24　压力盒密封试验装置

1—压力盒；2—引线；3—压力表；4—压力泵接口；5—压力缸；6—水

③ 稳定性。稳定性试验是为了检查钢弦压力盒的初始频率在一段较长的时间内是否保持不变。其方法是把已经做过抗滑性和密封性试验的压力盒在完全不受荷载的情况下静置1年,之后测量其初始频率值。若仍在 ±10 Hz 的频差范围内,则认为是稳定可靠的。

④ 重复性。压力盒的压力与频率的重复性是指在同一试验条件下,压力与频率对应关系的重复性能。压力盒重复性能良好,则其工作频率一定稳定可靠。其试验方法与压力盒的标定方法相同。

（5）压力盒的布设

根据测试目的及对象的不同,测试前须根据具体情况进行观测设计,再根据观测设计结果来布置与埋设压力盒。埋设压力盒时总的要求是:接触紧密、平稳,防止滑移,不损伤压力盒及引线,并且需在上面盖一块厚6~8 mm、直径与压力盒直径大小相同的铁板。常见压力盒的布置方式如图 10-25 所示。

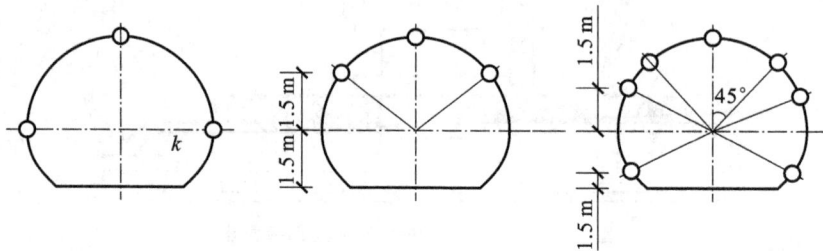

图 10-25　压力盒的布置

（6）压力盒的观测方法

按观测设计要求布置和埋设好压力盒后,应根据实际情况设立观测室,将每个压力盒的电缆引线集中于室内,并按顺序编排好号码,以防将其弄混。电缆线的铺设一定要得当,避免被压断、拉断。

观测时,根据具体情况及要求定期进行测量;每次每个压力盒的测量应不少于3次,力求测量的数值可靠、稳定,并做好原始记录。这样通过一段时间的现场观测,就可以根据所获得的资料进行整理分析。

10.6　检 测 实 例　>>>

下面以某抽水蓄能电站为例,介绍其主要试验检测项目与方法。

10.6.1　工程概况

某抽水蓄能电站的装机容量为 1200 MW,年发电量为 18.05 kW · h,上下库水头落差为 644 m。工程等级为 Ⅰ 等,枢纽由上水库、输水系统、地下厂房系统、下水库、副厂房等组成。

地下厂房系统主要由主副厂房、主变室、母线洞、厂房自流排水洞等组成。主要洞室为主厂房和主变室,两洞采用平行布置方式,洞轴线方位角为 NW280°,洞室断面均为城门洞形。主厂房采用岩壁吊车梁,开挖尺寸（长×宽×高）为 149.3 m×21.75 m×49 m。主变室开挖尺寸（长×宽×高）为 130.9 m×111.4 m×17.5 m。两洞室均采用锚索、锚杆、喷射混凝土的柔性支护方案。

10.6.2　地质条件

地下厂房洞室群位于寒武系张夏组、崮山组下段的岩层中,岩层呈互层状结构,岩层层面发育。岩层产状 NW290°~340°,NE∠4°~10°,基本为水平。

地下厂房位于 F_{112} 和 F_{118} 断层之间相对较完整的灰岩岩体内,上覆岩层厚度为 165~330 m。厂房围岩类别以 Ⅲ 类为主。按巴顿 Q 系统,地下厂房不同部位的围岩类别见表 10-14。

表 10-14　　　　　　　　　巴顿 Q 系统围岩的分类计算成果表

工程部位	参数							围岩类别
	RQD	J_n	J_r	J_a	J_w	SRF	Q	
厂房顶拱	74.9	12	3	1	1	2.5	7.49	一般中等
厂房边墙	711.7	12	3.5	1	1	2.5	8.95	一般偏上
厂房底板	811.4	9	4	1	1	1	38.4	好偏上
破碎带	45	20	4	2	0.66	10.0	0.297	很差偏下

10.6.3　支护结构设计

该电站地下厂房系统的围岩结构为近水平、薄层状灰岩,围岩分类基本以Ⅲ类为主,主厂房和主变室均采用锚喷支护作为永久形式。锚喷支护设计以工程类比法为主,选定初步支护参数,用极限平衡理论进行局部验算,用有限元法整体评价锚喷支护的设计效果。

两洞室均采用锚索、锚杆、喷射混凝土的柔性支护方案,洞室系统支护参数见表 10-15。

表 10-15　　　　　　　　工程地下厂房主要洞室的喷锚支护参数

部位		系统锚杆				挂网喷混凝土		
		类型	直径/mm	间距/(m×m)	长度/m	厚度/mm	钢筋网直径/mm	间距/mm
主厂房	拱顶	预应力(10 t)树脂锚杆	32	1.5×1.5	5/7	200	喷钢纤维混凝土 C25	
		锚索(对穿 2000 kN,内锚 1600 kN)		4.5×4.5	28.4/28.775			
	边墙	砂浆锚杆	32	1.5×1.5	6/8,部分 7/9	200	8	200
		锚索(对穿 2000 kN,内锚 1600 kN)		4.5×4.5	20/18.7	200	喷钢纤维混凝土 C20 挂钢筋网	
							8	200
主变室	顶拱	树脂锚杆	28	1.5×1.5	5/7	150	喷钢纤维混凝土	
		锚索 1000 kN		4.5×4.5	15			
	边墙	砂浆锚杆	28	1.5×1.5	5/7	150	8	200

10.6.4　施工监测

其内容主要包括:围岩收敛变形监测、围岩内部位移监测、锚杆轴力监测、锚索锚固力监测、围岩松动范围监测。

(1)监测点布置

厂房围岩监测系统共设置 6 组横向监测断面(1—1~6—6)和 3 个纵向监测断面(A—A、B—B、C—C),以及随机观测点。监测断面位置见表 10-16。

表 10-16　　　　　　　　　电站地下厂房监测断面位置表

监测断面	子剖面	位置	布置仪器类型
1—1	1_1—1_1	厂右 0+053.00	多点位移、电测温度计
	1_2—1_2	厂右 0+053.80	声波测孔
	1_3—1_3	厂右 0+054.20	锚索测力计、锚杆应力计、孔隙水压力计、多点位移计
	1_4—1_4	厂右 0+054.60	收敛测桩
2—2	2_1—2_1	厂左 0+040.00	多点位移、电测温度计
	2_2—2_2	厂左 0+039.20	声波测孔
	2_3—2_3	厂左 0+040.80	锚索测力计、锚杆应力计、孔隙水压力计、多点位移计
	2_4—2_4	厂左 0+038.40	收敛测桩

监测断面	子剖面	位置	布置仪器类型
3—3	$3_1—3_1$	厂右 0+0011.20	多点位移计、电测温度计
	$3_2—3_2$	厂右 0+007.00	声波测孔
	$3_3—3_3$	厂右 0+005.40	锚索测力计、锚杆应力计、孔隙水压力计、多点位移计
	$3_4—3_4$	厂右 0+007.80	收敛测桩
4—4	$4_1—4_1$	厂左 0+077.500	多点位移计
	$4_2—4_2$	厂左 0+077.700	收敛测桩
	$4_3—4_3$	厂左 0+078.300	锚索测力计、锚杆应力计、孔隙水压力计
5—5	—	厂左 0+050.50	多点位移计、收敛测桩
6—6	—	厂左 0+064.00	多点位移计、收敛测桩
A—A	—	厂上 0+001.125	多点位移计
B—B	—	000.000	锚索测力计、锚杆应力计
C—C	—	厂下 0+062.95	多点位移计、锚杆应力计

厂房横断面多点位移计、锚杆应力计、锚索测力计的测点布置情况如图 10-26 所示,主厂房的声波测孔布置见图 10-27。

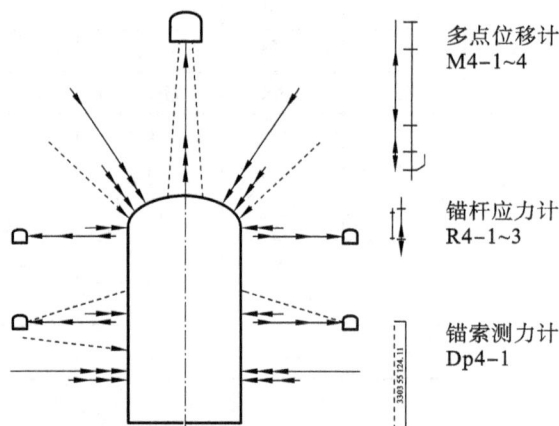

图 10-26　典型观测断面的仪器测点布置图

（2）监测方法

① 收敛变形监测。

按照监测设计断面和位置要求,应尽可能靠近开挖掌子面进行收敛测桩的安装埋设,同时考虑开挖爆破的影响,在开挖掌子面超过监测断面 1.0 m 以内时应停止开挖进行测桩埋设,并使收敛测桩在垂直于洞室轴线的同一断面上。清除测点埋设处的松动岩石,然后垂直于洞壁（设计轮廓线）钻测桩埋设孔,其孔径根据测桩直径确定。测桩应牢固地埋设在围岩表面,其深度不应大于 20 cm。

② 围岩内部位移监测。

多点位移计埋设钻孔要求垂直于洞壁的设计轮廓线。其开孔直径为 90 mm,钻进 50 cm 后,改钻孔径为 76 mm 至孔底,并保证钻孔在同一中心线上。钻孔斜偏差要求小于 2°。钻孔结束和仪器安装埋设前,均需用压力清水将钻孔冲洗干净,并保证孔口岩体牢固平整。

仪器安装埋设过程如下:

a. 根据设计测点位置将锚头、位移传递杆、护管与传感器严格按厂家使用说明书进行组装,并将传递杆捆扎在一起,将组装好并经检测合格的多点位移计缓慢送入孔内,并注意防止传递杆和隔离架旋转。

b. 多点位移计入孔后,固定传感器装置,使其与孔口平齐,引出电缆和排气管,插入灌浆管后,用水泥砂

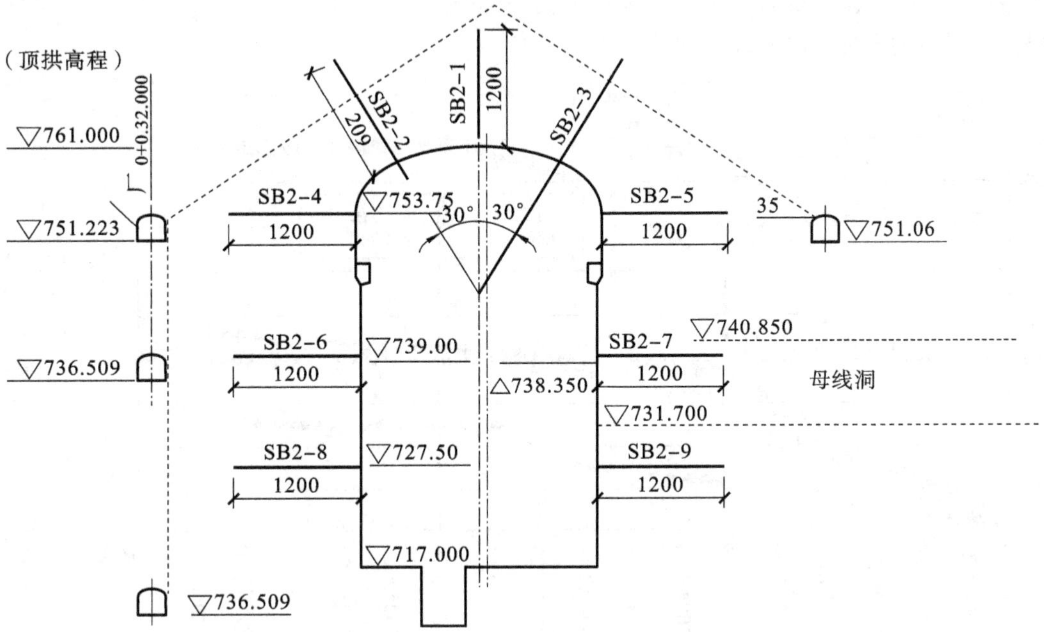

图 10-27 声波测孔的典型布置图

浆封堵孔口,待孔口水泥砂浆固化并经检测能正常工作后,即开始封孔灌浆。

c. 采用水泥砂浆灌浆,其力学性能应与围岩一致,水泥砂浆的标号不应小于 M25。水泥应采用 42.5 级普通硅酸盐水泥,灰砂比为 1:1~1:2,水灰比为 0.38~0.45(可加早凝剂)。灌浆应一次连续完成,直至灌满排气管回浆后,再继续灌 10 min 后闭浆,排气管出浆比重和浓度与灌入浆液相同时方可闭浆,确保全孔段浆液饱满。仪器安装后灌浆固化前,应防止周围岩体振动和对端头部位的人为扰动。

d. 浆液固化约 24 h 后,打开传感器装置盖,用手预拉一下传递杆,确认一次工作点,然后采用钢板罩做好端头保护和电缆引线工作,之后可观测初始值。在仪器埋设且注浆终凝 2 h(一般注浆结束后 24 h)后,其附近开挖面才能进行施工爆破。

③ 锚杆应力监测。

按监测设计断面和位置钻孔埋设锚杆应力计,围岩监测时要求开挖掌子面超过监测断面 1.0 m 即开始钻孔,进行仪器安装埋设。

围岩锚杆应力计安装埋设的钻孔孔径为 6 mm,深度按设计支护锚杆长度确定,钻孔中心线要直,孔斜偏差应小于 2°。钻孔应冲洗干净,并严防孔壁沾油污。

按设计测点位置截断锚杆,锚杆应力计与锚杆采用锥螺纹套管连接。其连接强度不应低于锚杆自身强度,并保证接头与锚杆同轴。按预埋设位置进行电缆的接长连接,将监测锚杆组装检验合格后,其锚杆应力计随锚杆施工进行安装埋设。

对于水平(或下倾)锚杆,采用先灌浆后插杆方式安装埋设。先将水泥砂浆灌入孔内,然后将组装好的监测锚杆缓慢地送入孔内,并作轻微振动,直至到达预定深度,测取仪器读数,确认锚杆应力计正常工作后进行封孔。

对于顶拱(上倾)锚杆,可采用先插杆后灌浆方式安装埋设。先将组装好的监测锚杆缓慢地送入孔内,并安装固定,然后引出电缆和排气管,装好灌浆管并封堵孔口,安装检测合格后进行灌浆埋设。

采用上述两种方式安装监测锚杆时,均应尽可能保证锚杆应力计不弯曲受力,电缆和排气管不受损伤。监测锚杆灌浆采用的水泥砂浆与灌浆要求同地下厂房和主变室围岩支护锚杆。安装完成后、浆液固化前,应防止周围岩体振动和外露端部分的人为扰动,在仪器埋设且注浆终凝 2 h 后,其附近开挖面才能进行施工爆破。

(3)监测结果

① 锚杆轴力监测结果。

沿主厂房纵向,不同监测断面顶拱中央锚杆应力-时间过程曲线见图10-28。1—1、2—2、3—3断面顶拱上游40°锚杆应力随时间的变化曲线见图10-29。

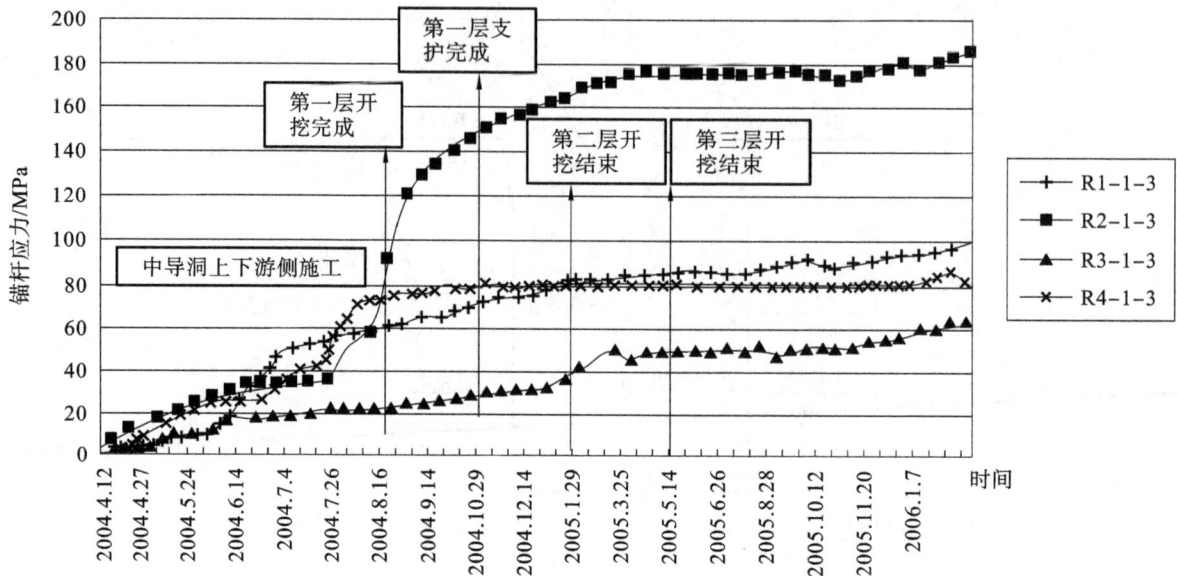

图 10-28 顶拱锚杆应力-时间过程曲线对比图

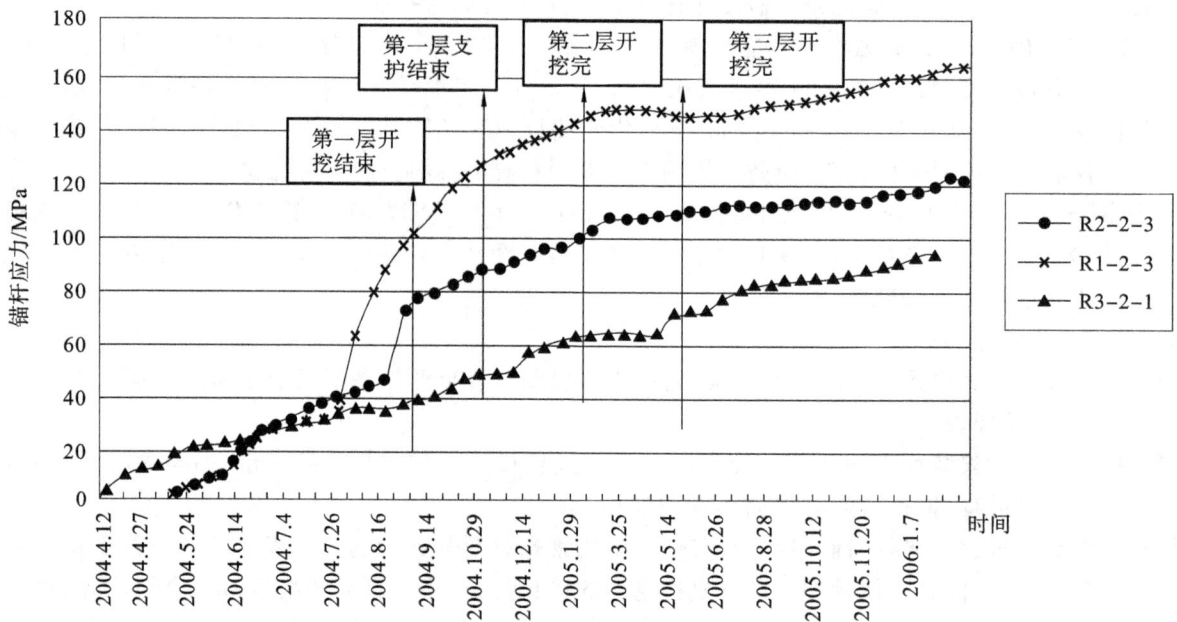

图 10-29 顶拱上游 40°锚杆应力-时间曲线

拱脚的锚杆应力都比较小,除了2—2断面下游拱脚的锚杆应力达到58.39 MPa外,其他拱脚的锚杆应力都小于35 MPa。图10-30所示为某断面下游拱角锚杆应力-时间过程曲线。

从这些图表中可以看出:

a. 拱角锚杆应力变化不稳定,应力值不大。下部边墙的开挖在横向上给顶拱特别是拱角以很大的挤压作用,使得拱角观测的锚杆应力值减小。

b. 锚杆对层状各向异性岩体的顶拱支护发挥的作用较大。

c. 锚杆应力主要以拉应力为主。边墙锚杆距离洞周越近,锚杆应力和位移越大;而拱顶则相反,距洞周越远,顶拱锚杆受力越大。

d. 地质条件的好坏对支护受力的影响非常明显。

e. 洞室的上层开挖对顶拱中央锚杆应力的影响较大,洞室边墙的开挖对顶拱锚杆应力的影响很小,时

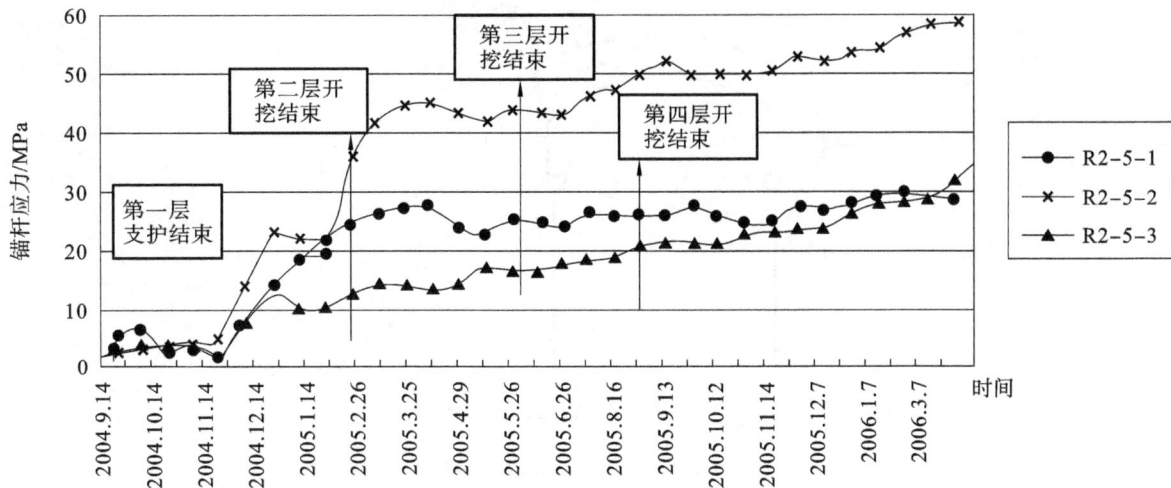

图 10-30 下游拱角 R2-5 锚杆应力-时间曲线

间效应不明显,空间效应明显。

② 围岩内部位移监测结果。

通过多点位移计量测孔壁不同深度的轴向位移,可以分析钻孔岩体轴向位移变化的规律性,研究围岩的位移变化规律,同时可以利用各点的位移值估计围岩的松动区。

选取 2—2 观测断面,其多点位移沿洞周的分布见图 10-31。该断面围岩的估计松动区见图 10-32。

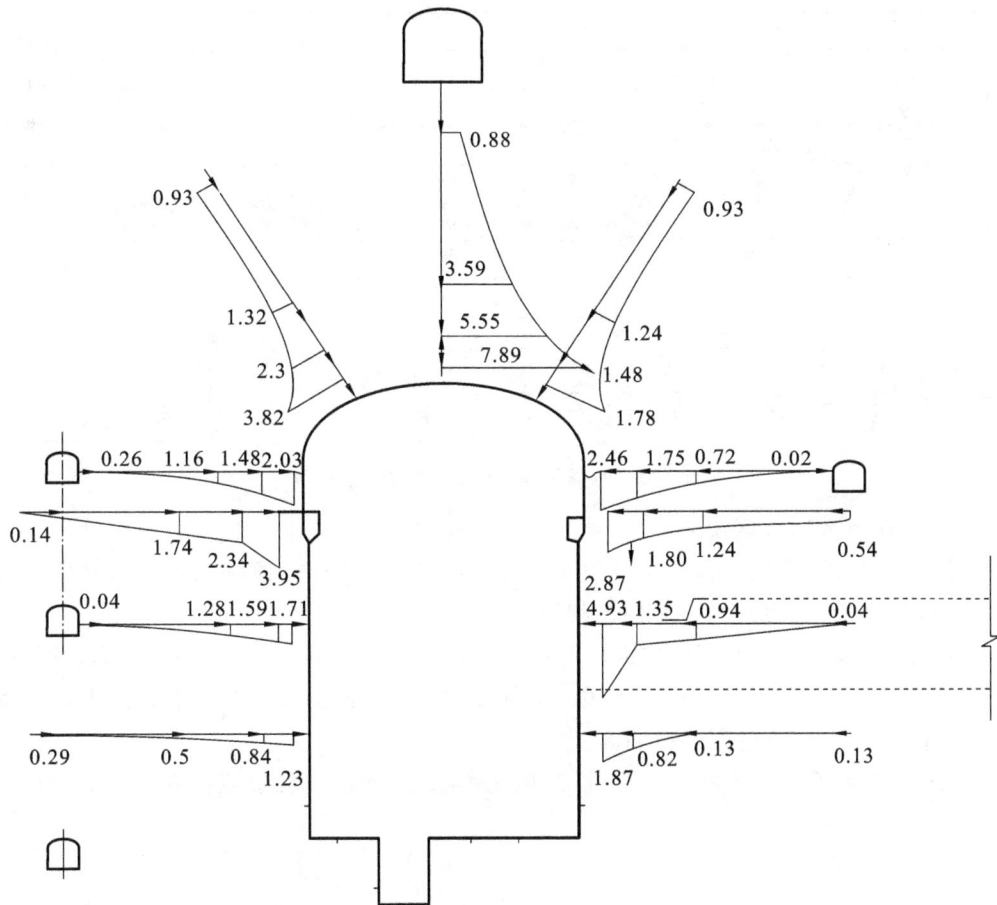

图 10-31 多点位移计测得的绝对位移图

从图 10-32 中可以看出,量测点位移随距离围岩壁面深度的增加而减小。近水平层状岩体,顶拱位移最大值为 7.89 mm,测点距围岩壁面为 1.2 m,后 3 个测点的位移-深度曲线斜率较缓和,可以认为顶拱部位的

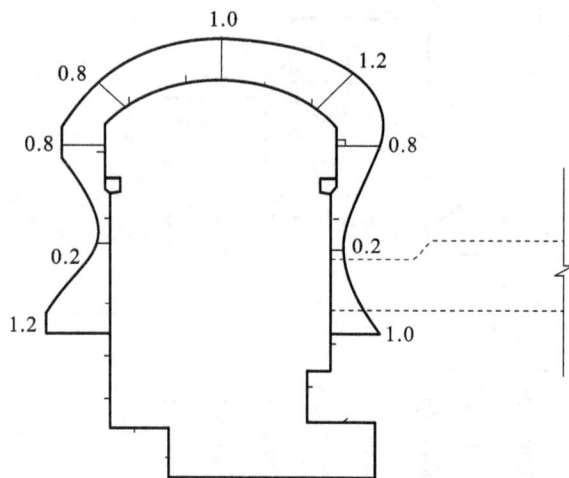

图 10-32 断面围岩松动分布范围

松动区为 1.2~3.0 m;其他位置由于围岩变形量都小于 5 mm,且曲线只有两个斜率不同的区域,故可以判断围岩松动范围较小。

此外,断面各观测点位移变化率随时间的不同而不同。图 10-33 所示为某断面各观测点的位移变化率-时间关系曲线。

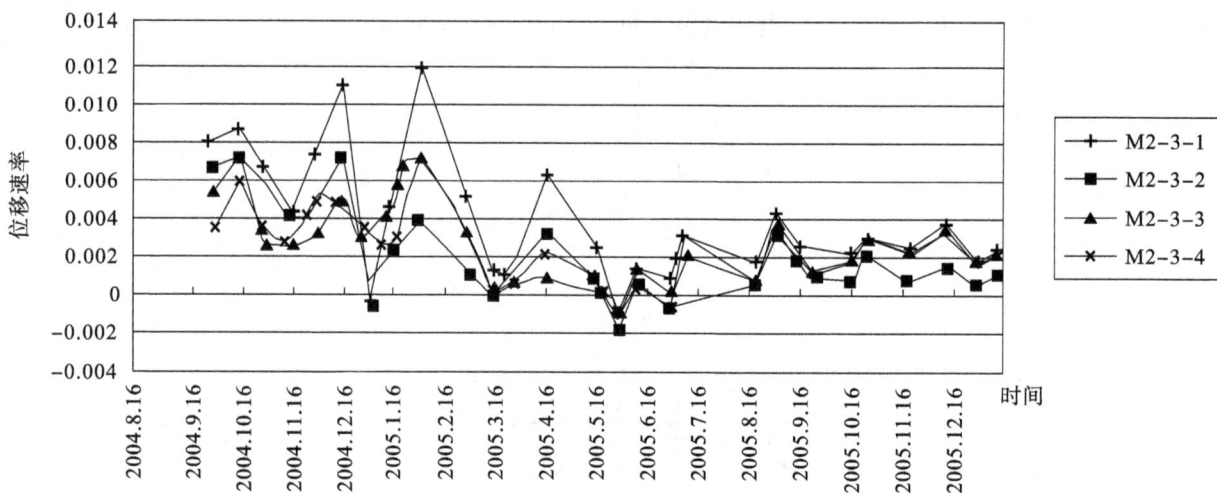

图 10-33 断面位移变化率-时间关系曲线

地下厂房多点位移计观测数据说明:

① 洞室开挖后,由于开挖卸荷,洞室围岩产生朝向洞内的回弹变形,顶拱和底板以竖向位移为主,边墙以水平位移为主,且顶拱的位移最大,边墙的位移较小。

② 上部观测点的位移主要受上部开挖进尺的影响,基本与下层开挖进尺无关;下部观测点的位移只受下层开挖进尺的影响,基本与上层开挖进尺无关。总体来说,某层的变形在下一层开挖支护后就基本稳定,变形速率降到 0.01 mm/d 以下,空间效应明显。

③ 当观测面距开挖掌子面 2 倍洞径左右时,位移基本稳定,地应力已经全部释放。

第 4 篇
实践篇

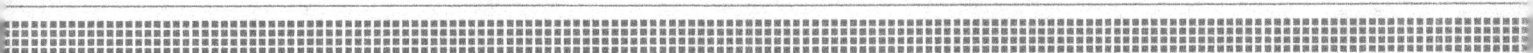

11 电阻应变片灵敏系数的测定

11.1 电阻应变片的粘贴工艺 >>>

应变片的粘贴工艺包括试件表面处理,应变片的选检、粘贴、引线连接、质量检查和防护层敷设等过程,又可称为应变片的安装,主要步骤如下。

(1) 试件表面清理

为了将应变片牢固地贴在试件表面上,试件表面贴片处的清理十分重要。首先,应将试件贴片部位的漆层、油污及锈层清除干净,试件表面的刀痕可用锉刀或砂布打磨,打磨出与应变片主轴线成±45°的交叉网纹。在试件表面画出定位线,以便准确粘贴。画出定位线后,用蘸有丙酮的棉球擦拭试件表面,更换棉球反复擦拭,直至棉球不发黑为止。经清洗后的表面勿用手接触,保持干净,以待使用。

(2) 应变片的选检

用四位万用电桥对所给应变片逐一进行测试(测试时要焊上),按照同一电桥应变片的阻值偏差为±0.5 Ω且灵敏系数相同的原则,选出应变片,然后在每片应变片的盖片上画出线栅的横向中心定位线。

(3) 应变片的粘贴

粘贴的方法视选用的黏合剂和应变片的基底材料不同而异。纸基应变片采用 KH502 胶粘贴,贴片加压 $0.5 \sim 1$ kg/cm² (加压时间约为 1 min),然后沿应变片主轴线水平方向将聚乙烯箔取下。用相同方法粘完所选各片。

(4) 粘贴质量检查

在进行固化前,应对粘贴在试件上的应变片质量进行初步检查,观看有无气泡及边角翘起等现象,用万用表检测线栅的电阻值,看有无断路现象,用兆欧表检测丝栅与试件的绝缘电阻,要求电阻大于 50 MΩ。

(5) 连接引线的焊接

为了使应变片与应变仪相连接,应在应变片的引线上焊接一段导线,焊后用万用表检查焊接质量,确认无误后用塑料套将焊接接头封上,并用胶布将引线固扎在被测构件上。

(6) 应变片的保护与密封

按照测试任务的要求,应变片可能工作在各种不同的环境条件下,如高温、高压、油、水、化学试剂及土壤等不同介质中。为了防止损坏、腐蚀应变片而使其不能传递应变,应对应变片采取防护与密封措施。最简单的方法是在应变片表面涂一层石蜡,即用烙铁将石蜡熔化后涂在应变片表面与引线上,注意密封面积要比应变片大约 2/3。此时应变片安装完毕。

11.2 应变片(计)的工作特性等级 >>>

用于应力分析和用于传感器的应变计均分为 A、B、C 三级,各等级的工作特性应符合国家标准《金属粘贴式电阻应变计》(GB/T 13992—2010)规定的技术要求指标(表 11-1、表 11-2)。应变计的等级评定也分为 A、B、C 三级。国家标准中规定,对不同用途的电阻应变计,提出不同的应测定的工作特性项目;常温应变计分静态和动态两类使用,静态使用又分两种:一种用于应力分析,另一种用于传感器中作敏感元件。中、高温和低温应变计也有静态、动态等不同使用方式。按不同用途应变计使用要求的重要性,将其工作特性项目分为评定等级项目和应测定项目两类。各种用途应变计应测定的工作特性项目和评定等级的工作特性项目见表 11-3,应测项目用○表示,评级项目用●表示。

合格批应变计,根据测定结果依表 11-1、表 11-2 及表 11-3,按下列原则评定应变计等级。

① A 级应变计:评级的工作特性必须全部达到 A 级,应测的工作特性均达到 C 级以上。

② B 级应变计:评级的工作特性必须全部达到 B 级,应测的工作特性均达到 C 级以上。

③ C 级应变计:工作特性必须全部达到 C 级。

对于栅长小于 1 mm 的常温应变计和极限工作温度高于 600 ℃的高温应变计,它们的等级可以不按表 11-3 中规定的项目评定。

表 11-1　　　　　　　　用于应力分析的应变计单项技术指标

序号	工作特性	说明			级别		
					A	B	C
1	应变计电阻	对平均值的允差	单栅	±%	0.3	0.5	0.8
			双栅		0.7	1.0	1.5
			多栅		0.8	1.0	1.5
		对标称值的偏差		±%	1.0	1.5	2.0
2	灵敏系数	对平均值的分散		±%	1	2	3
3	机械滞后	室温下的机械滞后		$\mu m/m$	3	5	8
		极限工作温度下的机械滞后		$\mu m/m$	10	20	30
4	蠕变	室温下的蠕变		$\mu m/m$	3	5	10
		极限工作温度下的蠕变		$\mu m/m$	20	30	50
5	横向效应系数	室温下的横向效应系数		±%	0.6	1	2
6	灵敏系数的温度系数	工作温度范围内的平均变化		$±\%/(100 ℃)$	1	2	3
		每一温度下灵敏系数对平均值的分散		±%	3	4	6
7	热输出	平均热输出系数		$(\mu m/m)/℃$	1.5	2	4
		对平均热输出的分散		$±\mu m/m$	60	100	200
8	漂移	室温下的漂移		$\mu m/m$	1	3	5
		极限工作温度下的漂移		$\mu m/m$	10	25	50
9	热滞后	每一工作温度下		$\mu m/m$	15	30	50
10	绝缘电阻	室温下的绝缘电阻		$M\Omega$	$1×10^4$	$2×10^3$	$1×10^3$
		极限工作温度下的绝缘电阻		$M\Omega$	10	5	2
11	应变极限	室温下的应变极限		$\mu m/m$	$2×10^4$	$1×10^4$	$8×10^3$
		极限工作温度下的绝应变极限		$\mu m/m$	$8×10^3$	$5×10^3$	$3×10^3$
12	疲劳寿命	室温下的疲劳寿命		循环次数	$1×10^7$	$1×10^6$	$1×10^5$
		极限工作温度下的疲劳寿命					
13	瞬时热输出	根据用户需要,测试并给出应变计平均瞬时热输出数据或曲线					

表 11-2 　　　　　　　　　　用于传感器的应变计单项技术指标

序号	工作特性	说明			级别		
					A	B	C
1	应变计电阻	对平均值的允差	单栅	±%	0.2	0.3	0.6
			双栅		0.7	1.0	1.5
			多栅		0.8	1.0	1.5
		对标称值的偏差		±%	0.5	0.8	1.5
2	灵敏系数	对平均值的分散		±%	1	2	3
3	机械滞后	室温下的机械滞后		μm/m	3	5	8
		极限工作温度下的机械滞后		μm/m	10	20	30
4	蠕变	蠕变对平均值的分散		±μm/m	3	5	10
		极限工作温度下的蠕变		μm/m	20	30	50
5	灵敏系数的温度系数	工作温度范围内的平均变化		±%/(100 ℃)	1	2	3
		每一温度下灵敏系数对平均值的分散		±%	3	4	6
6	热输出	平均热输出系数		(μm/m)/℃	1.5	2	4
		对平均热输出的分散		±μm/m	30	100	200
7	漂移	室温下的漂移		μm/m	1	3	5
		极限工作温度下的漂移		μm/m	10	25	50
8	疲劳寿命	室温下的疲劳寿命		循环次数	1×10^{7}	1×10^{6}	1×10^{5}
		极限工作温度下的疲劳寿命		循环次数			

注:1. 对中、高、低温及特殊情况的应变计,企业可根据具体情况制订相关的企业标准。

　　2. 对于 4 栅以上的应变计,允许生产厂和用户协商确定其"应变计电阻对标称值的偏差"的技术指标。

表 11-3 　　　　　　　　　　应变计检测项目及检验工作顺序

序号	工作特性	常温应变计			中温、高温和低温应变计		
		静态		动态	静态	动态	快速升(降)温
		用于应力分析	用于传感器				
1	应变计电阻	○●	○●	○●	○	○	○
2	灵敏系数	○●	○●	○●	○	○	○
3	机械滞后	○	○●	—	—	—	—
4	蠕变	○●	○	—	—	—	—
5	横向效应系数	●	—	—	○	—	○
6	灵敏系数的温度系数	●	●	—	○●	○●	○●
7	热输出	○●*	○●	—	○●	—	—
8	漂移	—	○	—	—	—	—
9	热滞后	—	—	—	○	—	—
10	瞬时热输出	—	—	—	—	—	○●
11	绝缘电阻	○	○	○	—	—	—
12	应变极限	—	—	○	—	—	—

序号	工作特性		常温应变计			中温、高温和低温应变计		
			静态		动态	静态	动态	快速升(降)温
			用于应力分析	用于传感器				
13	疲劳寿命		—	—	○●	—	—	—
14	极限工作温度	机械滞后	—	—	—	○		
15		蠕变	—	—	—	○●	—	○
16		漂移	—	—	—	○		
17		绝缘电阻	—	—	—	○	○	○
18		应变极限	—	—	—	○	○	○
19		疲劳寿命	—	—	—	—	○●	—

注:"○"为出厂检验应测的工作特性(简称应测),"●"为评定应变计等级的工作特性(简称评级)," ＊ "为非温度自补偿的应变计可不做热输出检验,"—"为不检项目。

11.3 常用黏结剂和防潮剂 >>>

常用电阻应变计黏结剂见表 11-4,常用电阻应变计防潮剂见表 11-5。

表 11-4   常用电阻应变计黏结剂

种类	主要成分	牌号	适合的应变片基底	固化条件	固化压力/MPa	适用温度范围/℃	特点
氧基丙烯酸酯	氧基丙烯酸甲酯单体	KH501	纸基、胶基、箔式基	室温 1 h(固化完成需 3 h 以上)	贴片时指压加 0.05～0.1	−50～80	固化速度快,黏结力强,使用简单,蠕变、滞后小,耐温、耐热性差,储存期短(24 ℃以下,6 个月)
	氧基丙烯酸甲酯单体	KH502					
环氧类	环氧树脂、素硫酸铜、胺固化剂等	914	纸基较好,胶基、箔基片稍差	室温 2.5 h(固化完成需 24 h)	0.05～0.1	−60～80	黏结力强,防水性、耐蚀性、绝缘性好,固化收缩小,使用方便,储存期在 24 ℃下为 12 个月,硬化后性脆,不耐冲击
	环氧树脂、固化剂等	509	纸基好,胶基可用,箔基片较难	200 ℃,2 h	0.05～0.1	−60～80	基本同上
	E$_{44}$环氧树脂100,邻苯二甲酸二丁酯5～20 乙二胺 6～8	自配	纸基好,胶基可用,箔基片较难	室温下 24～48 h,人工干燥时 2 h	0.1～0.2	−60～80	黏结力强,防潮性、绝缘性、耐蚀性好,也可用于防水、防潮、保护包扎等,软硬可调
酚醛类	酚醛树脂聚乙烯醇缩丁醛	JSF-2	胶基、箔基片	150 ℃,1 h	0.1～0.2	−60～150	性能稳定,耐酸、耐油、耐水、耐振动,常温下可存放 6 个月
	酚醛树脂、聚乙醇甲乙醛、溶剂	1720	胶基、箔基片	190 ℃,3 h	指压0.05～0.1	−60～100	性能稳定,蠕变小,滞后小,疲劳寿命长,黏结力强,耐老化、耐水、耐油,性脆,阴凉处可存放 1 年

续表

种类	主要成分	牌号	适合的应变片基底	固化条件	固化压力/MPa	适用温度范围/℃	特点
酚醛类	酚醛-有机硅	J-12	胶基、玻璃纤维布基	200 ℃,3 h		−60~350	耐水、防潮,耐有机溶剂性较好
	酚醛-环氧间苯二胺、石棉粉	J06-2	胶基、玻璃纤维布基	150 ℃,3 h	2	−60~250	黏结力强,对聚酰胺基底黏结力尤强
硝化纤维素	硝化纤维素（或乙基纤维素）、溶剂（如丙酮等）	可自配	纸基	室温 10 h,或 60 ℃时 2 h	0.05~0.1	−50~80	价廉,易配,使用方便,吸湿性强,收缩率较大,绝缘性较差,适用于室内短时量测
聚酰亚胺	聚酰亚胺	30#—14#	胶基、玻璃纤维布基	280 ℃,2 h	0.1~0.3	−150~250	耐水,耐酸,耐辐射,耐高温
树脂	不饱和聚酯树脂、过氧化环己酮等	自配	胶基、玻璃纤维布基	室温,24 h	0.3~0.5	−50~150	
氯黏结仿剂	氯仿（三氯甲烷）、有机玻璃粉（3%~5%）	自配	纸基、玻璃纤维布基、箔基片等	室温,3 h	指压	室温	适于在有机玻璃上贴片

表 11-5　　　　　　　　　　　　　　**常用电阻应变计防潮剂**

序号	种类	配方	使用方法	固化条件	使用范围
1	凡士林	纯凡士林	加热去除水分,冷却后涂刷	室温	室内,短期,<55 ℃
2	凡士林黄蜡	凡士林 40%~80% 黄蜡 20%~60%	加热去除水分,调匀、冷却后用	室温	室内,短期,<65 ℃
3	黄蜡松香	黄蜡 60%~70% 松香 30%~40%	加热熔化,脱水调匀,降温到 50 ℃左右用	室温	<70 ℃
4	石蜡涂料	石蜡 40% 凡士林 20% 松香 30% 机油 10%	松香研成粉末,混合加热至 150 ℃,搅匀,降温至 60 ℃后涂刷	室温	一般室内外各种试验,−50~70 ℃
5	环氧树脂类	914 环氧黏结剂 A 和 B 组分	按重量 A∶B=6∶1 按体积 A∶B=5∶1 混合调匀用即可	20 ℃,5 h 或 25 ℃,3 h	室内外各种试验及防水包扎,−60~60 ℃
		E44 环氧树脂 100,甲苯酚 15~20,间苯二胺 8~14	树脂加热到 50 ℃左右,依次加入甲苯酚、间苯二胺,搅匀	室温,10 h	室内外各种试验及防水包扎,−15~80 ℃
6	酚醛缩醛类	JSF-2	每隔 20~30 min 涂一层,共 2~3 层	70 ℃,1 h;140 ℃,1~2 h	室内外各种试验,−60~80 ℃
7	橡胶类	氯丁橡胶（88#,G1G2 等）90%~99%,列克纳胶（聚乙氧酸酯）1%~10%	先预热至 50~60 ℃,搅拌均匀后分层涂敷,每次涂完晾干后,再涂一层,直至 5 mm 左右	室温下固化	液压下常温防潮
8	聚丁二烯类	聚丁二烯胶	用毛等蘸胶,均匀涂在应变片上,加温固化	70 ℃,1 h;130 ℃,1 h	常温防潮

续表

序号	种类	配方	使用方法	固化条件	使用范围
9	丙烯酸类树脂	P-4	涂刷或包扎	室温 5 min 内溶剂挥发,24 h 完全固化或 80 ℃时 30 min 更佳	各种应力分析应变片及传感器的防潮及保护,也可固定接线与绝缘,−70～120 ℃

11.4 电阻应变片灵敏系数测定试验 >>>

（1）试验目的

本试验的目的是掌握通用电阻应变片灵敏系数 K 值的测定方法。

（2）试验设备及仪表

① 静态电阻应变仪(YJ-5)；

② 等应力梁；

③ 待测电阻应变片。

（3）试验方法

其测试装置如图 11-1 所示。灵敏系数 K 值是电阻应变片的一个综合性能指标,不能单纯由理论计算求得,一般均需用试验方法测定。对要求较高的应变测点,对灵敏系数 K 值进行检测是必要的。其具体方法为：

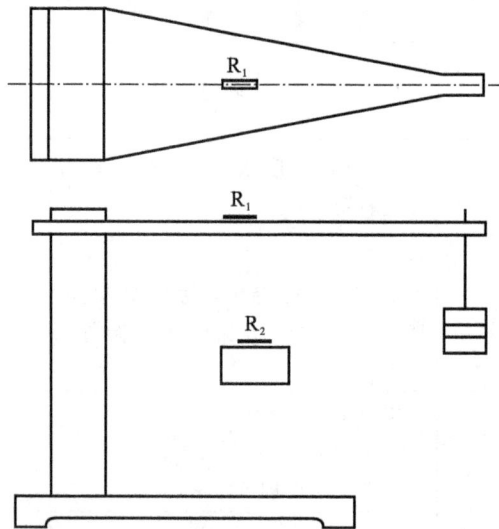

图 11-1 电阻应变片灵敏系数测试装置

① 在等应力梁上沿轴向准确贴好应变片；

② 用半桥方式将应变片接入应变仪,将灵敏系数调节器的旋钮置于某任意选定的 $K_仪$ 值(如 $K_仪=2$)；

③ 对梁逐级加砝码,由所加重量换算出已知应变 $\varepsilon_计$(梁的材料弹性模量已知)；

④ 用应变仪测取每级荷载下的应变值 $\varepsilon_仪$ 并记入表格。

对被测定的应变片,均需要加、卸荷载三次,从而得到三组灵敏系数 K 值,再取三组 K 值的平均值,即为代表同批产品的平均灵敏系数 K 值。

（4）试验报告

试验报告内容包括以下两方面。

① 按试验要求算出灵敏系数 K 值,并将测试结果填入表 11-6 中。

表 11-6　　　　　　　　　　**电阻应变片灵敏系数测试结果表**

荷载值 测定项目	0	50 kN	100 kN
实测应变值 $\varepsilon_{仪}/\mu\varepsilon$			
计算应变值 $\varepsilon_{计}/\mu\varepsilon$			
$K=\dfrac{\varepsilon_{仪}}{\varepsilon_{计}}\cdot K_{仪}$			

② 讨论试验中为准确测定 K 值应注意的事项。

12 回弹法检测混凝土的抗压强度

12.1 试验目的 >>>

本试验依据《回弹法检测混凝土抗压强度技术规程》(JGJ/T 23—2011),采用酒精滴定法测量混凝土的碳化深度,采用回弹法检测混凝土的抗压强度。

12.2 试验设备及仪表 >>>

① 混凝土回弹仪(中回牌,ZC3-A 型);
② 现浇钢筋混凝土构件(自然养护,龄期为 14~1000 d);
③ 碳化深度测量仪、酚酞试剂、游标卡尺及放大镜等。

12.3 试验方法 >>>

(1) 回弹仪率定试验
回弹仪率定试验应符合下列规定:
① 率定试验应在室温为 5~35 ℃的条件下进行;
② 钢砧表面应干燥、清洁,并应稳固地平放在刚度大的物体上;
③ 回弹值应取连续向下弹三次的稳定回弹值结果的平均值;
④ 率定试验应分四个方向进行,且每个方向弹击前,弹击杆应旋转 90°,每个方向的回弹平均值均应为 80±2。
(2) 回弹测区的布置
单个构件的测区布置应符合下列规定:
① 对于一般构件,测区数不宜小于 10 个。当受检构件数量大于 30 且不需要提供单个构件的推定强度,或受检构件某一方向的尺寸不大于 4.5 m 且另一方向的尺寸不大于 0.3 m 时,每个构件的测区数量可适当减少,但不应少于 5 个。
② 相邻两测区的间距不应大于 2 m,测区至构件端部或施工缝边缘的距离不宜大于 0.5 m,且不宜小于 0.2 m。
③ 测区宜选在能使回弹仪处于水平方向的混凝土浇筑侧面。当不能满足这一要求时,也可选在使回弹仪处于非水平方向的混凝土浇筑表面或底面。
④ 测区宜布置在构件两个对称的可测面上;当不能布置在对称的可测面上时,也可布置在同一可测面

上,但应均匀分布。在构件的重要部位及薄弱部位应布置测区,并应避开预埋件。

⑤ 测区的面积不宜大于 0.04 m²。

⑥ 测区表面应为混凝土原浆面,并应清洁、平整,不应有疏松层、浮浆、油垢、涂层及蜂窝、麻面。

⑦ 对于弹击时产生颤动的薄壁、小型构件,应进行固定。

⑧ 检测泵送混凝土强度时,测区应选在混凝土浇筑侧面。

(3) 回弹值的测量

① 测量回弹值时,回弹仪的轴线应始终垂直于混凝土检测面,并应缓慢施压,准确读数,快速复位。

② 每一测区应读取 16 个回弹值,每一测点处回弹值的读数应精确到 1。测点宜在测区范围内均匀分布,相邻两测点间的净距离不宜小于 20 mm;测点至外露钢筋、预埋件的距离不宜小于 30 mm;测点不应在气孔或外露石子上,同一测点应只弹击一次。

典型构件回弹测区的分布如图 12-1 所示。

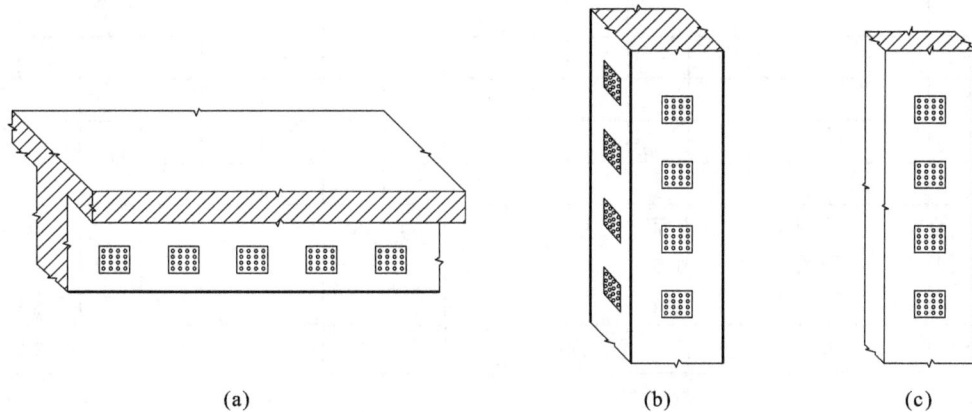

图 12-1 典型构件回弹测区的分布
(a) 梁、板;(b) 柱;(c) 墙

(4) 碳化深度值的测量

① 回弹值测量完毕后,应在有代表性的测区上测量碳化深度值,测点数不应少于构件测区数的 30%,应取其平均值作为该构件每测区的碳化深度值。当碳化深度极差大于 2.0 mm 时,应在每个测区分别测量碳化深度值。

② 碳化深度值测量时,应注意以下规定:

a. 可采用工具在测区表面形成直径约为 15 mm 的孔洞,其深度应大于混凝土的碳化深度。

b. 应清除孔洞中的粉末和碎屑,且不得用水擦洗。

c. 应采用浓度为 1%～2% 的酚酞酒精溶液滴在孔洞内壁的边缘处。当已碳化与未碳化界线清晰时,应采用碳化深度测量仪测量已碳化与未碳化混凝土交界面到混凝土表面的垂直距离,并应测量 3 次,每次读数应精确至 0.25 mm。

d. 应取 3 次测量的平均值作为检测结果,并应精确至 0.5 mm。

12.4 结构数据整理与报告 >>>

① 试验数据记录。回弹法原始记录表如表 12-1 所示。

表 12-1 回弹法检测混凝土抗压强度原始记录表

工程名称：   施工单位：

建设单位：   监理单位：

委托单位：   试验地点：   第 页 共 页

编号		回弹值 R_i																	碳化深度
构件	测区	1	2	3	4	5	6	7	8	9	10	11	12	13	14	15	16	$\bar{R}$	d_i/mm
	1																		
	2																		
	3																		
	4																		
	5																		
	6																		
	7																		
	8																		
	9																		
	10																		

测面状态	位置： □侧面 □表面 □底面	回弹仪	型号		备注	混凝土类型： □泵送混凝土 □非泵送混凝土
	干湿： □风干 □潮湿		编号			
	表观： □光洁 □粗糙					
检测角度/(°) □水平 □向上 □向下 □其他（ ）			率定值			混凝土龄期：

检测人：   校核人：   日期：   年   月   日

② 回弹值修正。对于非水平状态和非侧面测量得到的回弹值，需进行相应（回弹值）修正。非水平状态检测时的回弹值修正值见表 12-2，不同浇筑面的回弹值修正值见表 12-3。

表 12-2 非水平状态检测时的回弹值修正值

平均回弹值 R_{ma}	检测角度							
	向上				向下			
	90°	60°	45°	30°	−30°	−45°	−60°	−90°
20	−6.0	−5.0	−4.0	−3.0	+2.5	+3.0	+3.5	+4.0
21	−5.9	−4.9	−4.0	−3.0	+2.5	+3.0	+3.5	+4.0
22	−5.8	−4.8	−3.9	−2.9	+2.4	+2.9	+3.4	+3.9
23	−5.7	−4.7	−3.9	−2.9	+2.4	+2.9	+3.4	+3.9
24	−5.6	−4.6	−3.8	−2.8	+2.3	+2.8	+3.3	+3.8
25	−5.5	−4.5	−3.8	−2.8	+2.3	+2.8	+3.3	+3.8
26	−5.4	−4.4	−3.7	−2.7	+2.2	+2.7	+3.2	+3.7
27	−5.3	−4.3	−3.7	−2.7	+2.2	+2.7	+3.2	+3.7
28	−5.2	−4.2	−3.6	−2.6	+2.1	+2.6	+3.1	+3.6
29	−5.1	−4.1	−3.6	−2.6	+2.1	+2.6	+3.1	+3.6
30	−5.0	−4.0	−3.5	−2.5	+2.0	+2.5	+3.0	+3.5
31	−4.9	−4.0	−3.5	−2.5	+2.0	+2.5	+3.0	+3.5
32	−4.8	−3.9	−3.4	−2.4	+1.9	+2.4	+2.9	+3.4
33	−4.7	−3.9	−3.4	−2.4	+1.9	+2.4	+2.9	+3.4
34	−4.6	−3.8	−3.3	−2.3	+1.8	+2.3	+2.8	+3.3
35	−4.5	−3.8	−3.3	−2.3	+1.8	+2.3	+2.8	+3.3

平均回弹值 R_{ma}	检测角度							
	向上				向下			
	90°	60°	45°	30°	−30°	−45°	−60°	−90°
36	−4.4	−3.7	−3.2	−2.2	+1.7	+2.2	+2.7	+3.2
37	−4.3	−3.7	−3.2	−2.2	+1.7	+2.2	+2.7	+3.2
38	−4.2	−3.6	−3.1	−2.1	+1.6	+2.1	+2.6	+3.1
39	−4.1	−3.6	−3.1	−2.1	+1.6	+2.1	+2.6	+3.1
40	−4.0	−3.5	−3.0	−2.0	+1.5	+2.0	+2.5	+3.0
41	−4.0	−3.5	−3.0	−2.0	+1.5	+2.0	+2.5	+3.0
42	−3.9	−3.4	−2.9	−1.9	+1.4	+1.9	+2.4	+2.9
43	−3.9	−3.4	−2.9	−1.9	+1.4	+1.9	+2.4	+2.9
44	−3.8	−3.3	−2.8	−1.8	+1.3	+1.8	+2.3	+2.8
45	−3.8	−3.3	−2.8	−1.8	+1.3	+1.8	+2.3	+2.8
46	−3.7	−3.2	−2.7	−1.7	+1.2	+1.7	+2.2	+2.7
47	−3.7	−3.2	−2.7	−1.7	+1.2	+1.7	+2.2	+2.7
48	−3.6	−3.1	−2.6	−1.6	+1.1	+1.6	+2.1	+2.6
49	−3.6	−3.1	−2.6	−1.6	+1.1	+1.6	+2.1	+2.6
50	−3.5	−3.0	−2.5	−1.5	+1.0	+1.5	+2.0	+2.5

注:1. R_{ma} 小于 20 或大于 50 时,分别按 20 或 50 查表;

2. 表中未列入的相应于 R_{ma} 的修正值可用内插法求得,精确至 0.1 MPa。

表 12-3 **不同浇筑面的回弹值修正值**

R_m^t 或 R_m^b	表面修正值(R_a^t)	底面修正值(R_a^b)	R_m^t 或 R_m^b	表面修正值(R_a^t)	底面修正值(R_a^b)
20	+2.5	−3.0	36	+0.9	−1.4
21	+2.4	−2.9	37	+0.8	−1.3
22	+2.3	−2.8	38	+0.7	−1.2
23	+2.2	−2.7	39	+0.6	−1.1
24	+2.1	−2.6	40	+0.5	−1.0
25	+2.0	−2.5	41	+0.4	−0.9
26	+1.9	−2.4	42	+0.3	−0.8
27	+1.8	−2.3	43	+0.2	−0.7
28	+1.7	−2.2	44	+0.1	−0.6
29	+1.6	−2.1	45	0	−0.5
30	+1.5	−2.0	46	0	−0.4
31	+1.4	−1.9	47	0	−0.3
32	+1.3	−1.8	48	0	−0.2
33	+1.2	−1.7	49	0	−0.1
34	+1.1	−1.6	50	0	0
35	+1.0	−1.5			

注:1. R_m^t 或 R_m^b 小于 20 或大于 50 时,分别按 20 或 50 查表;

2. 表中有关混凝土浇筑表面的修正系数是指一般原浆抹面的修正值;

3. 表中有关混凝土浇筑底面的修正系数是指构件底面和侧面采用同一类模板在正常浇筑情况下的修正值;

4. 表中未列入的相应于 R_m^t 或 R_m^b 的修正值可用内插法求得,精确至 0.1 MPa。

③ 强度换算。构件第 i 个测区混凝土强度的换算值,可按实测的平均回弹值(R_m)及碳化深度(d_m)查表或计算得出。非泵送混凝土回弹法测强数据表(部分)见表 12-4,泵送混凝土测强数据表可参照回弹规程或根据如下曲线方程计算:

$$f = 0.034488R^{1.9400} 10^{\,0.0173d_m}$$

表 12-4   **非泵送混凝土回弹法测强数据表(部分)**

平均回弹值 R_m	测区混凝土强度换算值 $f_{cu,i}$												
	平均碳化深度值 d_m/mm												
	0	0.5	1.0	1.5	2.0	2.5	3.0	3.5	4.0	4.5	5.0	5.5	≥6.0
24.0	14.9	14.6	14.2	13.7	13.1	12.7	12.2	11.8	11.5	11.0	10.7	10.4	10.1
24.2	15.1	14.8	14.3	13.9	13.3	12.8	12.4	11.9	11.6	11.2	10.9	10.6	10.3
24.4	15.4	15.1	14.6	14.2	13.6	13.1	12.6	12.2	11.9	11.4	11.1	10.8	10.4
24.6	15.6	15.3	14.8	14.4	13.7	13.3	12.8	12.3	12.0	11.5	11.2	10.9	10.6
24.8	15.9	15.6	15.1	14.6	14.0	13.5	13.0	12.6	12.2	11.8	11.4	11.1	10.7
25.0	16.2	15.9	15.4	14.9	14.3	13.8	13.3	12.8	12.5	12.0	11.7	11.3	10.9
25.2	16.4	16.1	15.6	15.1	14.4	13.9	13.4	13.0	12.6	12.1	11.8	11.5	11.0
25.4	16.7	16.4	15.9	15.4	14.7	14.2	13.7	13.2	12.9	12.4	12.0	11.7	11.2
25.6	16.9	16.6	16.1	15.7	14.9	14.4	13.9	13.4	13.0	12.5	12.2	11.8	11.3
25.8	17.2	16.9	16.3	15.8	15.1	14.6	14.1	13.6	13.2	12.7	12.4	12.0	11.5
26.0	17.5	17.2	16.6	16.1	15.4	14.9	14.4	13.8	13.5	13.0	12.6	12.2	11.6
26.2	17.8	17.4	16.9	16.4	15.7	15.1	14.6	14.0	13.7	13.2	12.8	12.4	11.8
26.4	18.0	17.6	17.1	16.6	15.8	15.3	14.8	14.2	13.9	13.3	13.0	12.6	12.0
26.6	18.3	17.9	17.4	16.8	16.1	15.6	15.0	14.4	14.1	13.5	13.2	12.8	12.1
26.8	18.6	18.2	17.7	17.1	16.4	15.8	15.2	14.3	13.8	13.4	12.9	12.3	
27.0	18.9	18.5	18.0	17.4	16.6	16.1	15.5	14.8	14.6	14.0	13.6	13.1	12.4
27.2	19.1	18.7	18.1	17.6	16.8	16.2	15.7	15.0	14.7	14.1	13.8	13.3	12.6
27.4	19.4	19.0	18.4	17.8	17.0	16.4	15.9	15.2	14.9	14.3	14.0	13.4	12.7
27.6	19.7	19.3	18.7	18.0	17.2	16.6	16.1	15.4	15.1	14.5	14.1	13.6	12.9
27.8	20.0	19.6	19.0	18.2	17.4	16.8	16.3	15.6	15.3	14.7	14.2	13.7	13.0
28.0	20.3	19.7	19.2	18.4	17.6	17.0	16.5	15.8	15.4	14.8	14.4	13.9	13.2
28.2	20.6	20.0	19.5	18.6	17.8	17.2	16.7	16.0	15.6	15.0	14.6	14.0	13.3
28.4	20.9	20.3	19.7	18.8	18.0	17.4	16.9	16.2	15.8	15.2	14.8	14.2	13.5
28.6	21.2	20.6	20.0	19.1	18.2	17.6	17.1	16.4	16.0	15.4	15.0	14.3	13.6
28.8	21.5	20.9	20.2	19.4	18.5	17.8	17.3	16.6	16.2	15.6	15.2	14.5	13.8
29.0	21.8	21.1	20.5	19.6	18.7	18.1	17.5	16.8	16.4	15.8	15.4	14.6	13.9
29.2	22.1	21.4	20.8	19.9	19.0	18.3	17.7	17.0	16.6	16.0	15.6	14.8	14.1
29.4	22.4	21.7	21.1	20.2	19.3	18.6	17.9	17.2	16.8	16.2	15.8	15.0	14.2
29.6	22.7	22.0	21.3	20.4	19.5	18.8	18.2	17.5	17.0	16.4	16.0	15.1	14.4
29.8	23.0	22.3	21.6	20.7	19.8	19.1	18.4	17.7	17.2	16.6	16.2	15.3	14.5

平均回弹值 R_m	测区混凝土强度换算值 $f_{cu,i}^c$												
	平均碳化深度值 d_m/mm												
	0	0.5	1.0	1.5	2.0	2.5	3.0	3.5	4.0	4.5	5.0	5.5	≥6.0
30.0	23.3	22.6	21.9	21.0	20.0	19.3	18.6	17.9	17.4	16.8	16.4	15.4	14.7
30.2	23.6	22.9	22.2	21.2	20.3	19.6	18.9	18.2	17.6	17.0	16.6	15.6	14.9
30.4	23.9	23.2	22.5	21.5	20.6	19.8	19.1	18.4	17.8	17.2	16.8	15.8	15.1
30.6	24.3	23.6	22.8	21.9	20.9	20.2	19.4	18.7	18.0	17.5	17.0	16.0	15.2
30.8	24.6	23.9	23.1	22.1	21.2	20.4	19.7	18.9	18.2	17.7	17.2	16.2	15.4
31.0	24.9	24.2	23.4	22.4	21.4	20.7	19.9	19.2	18.4	17.9	17.4	16.4	15.5
31.2	25.2	24.4	23.7	22.7	21.7	20.9	20.2	19.4	18.6	18.1	17.6	16.6	15.7
31.4	25.6	24.8	24.1	23.0	22.0	21.2	20.5	19.7	18.9	18.4	17.8	16.9	15.8
31.6	25.9	25.1	24.3	23.3	22.3	21.5	20.7	19.9	19.2	18.6	18.0	17.1	16.0
31.8	26.2	25.4	24.6	23.6	22.5	21.7	21.0	20.2	19.4	18.9	18.2	17.3	16.2
32.0	26.5	25.7	24.9	23.9	22.8	22.0	21.2	20.4	19.6	19.1	18.4	17.5	16.4
32.2	26.9	26.1	25.3	24.2	23.1	22.3	21.5	20.7	19.9	19.4	18.6	17.7	16.6
32.4	27.2	26.4	25.6	24.5	23.4	22.6	21.8	20.9	20.1	19.6	18.8	17.9	16.8
32.6	27.6	26.8	25.9	24.8	23.7	22.9	22.1	21.3	20.4	19.9	19.0	18.1	17.0
32.8	27.9	27.1	26.2	25.1	24.0	23.2	22.3	21.5	20.6	20.1	19.2	18.3	17.2
33.0	28.2	27.4	26.5	25.4	24.3	23.4	22.6	21.7	20.9	20.3	19.4	18.5	17.4
33.2	28.6	27.7	26.8	25.7	24.6	23.7	22.9	22.0	21.2	20.5	19.6	18.7	17.6
33.4	28.9	28.0	27.1	26.0	24.9	24.0	23.1	22.3	21.4	20.7	19.8	18.9	17.8
33.6	29.3	28.4	27.4	26.4	25.2	24.2	23.3	22.6	21.7	21.0	20.0	19.1	18.0
33.8	29.6	28.7	27.7	26.6	25.4	24.4	23.5	22.8	21.9	21.1	20.2	19.3	18.2
34.0	30.0	29.1	28.0	26.8	25.6	24.6	23.7	23.0	22.1	21.3	20.4	19.5	18.3
34.2	30.3	29.4	28.3	27.0	25.8	24.8	23.9	23.2	22.3	21.5	20.6	19.7	18.4
34.4	30.7	29.8	28.6	27.2	26.0	25.0	24.1	23.4	22.5	21.7	20.8	19.8	18.6
34.6	31.1	30.2	28.9	27.4	26.2	25.2	24.3	23.6	22.7	21.9	21.0	20.0	18.8
34.8	31.4	30.5	29.2	27.6	26.4	25.4	24.5	23.8	22.9	22.1	21.2	20.2	19.0
35.0	31.8	30.8	29.6	28.0	26.7	25.8	24.8	24.0	23.2	22.3	21.4	20.4	19.2
35.2	32.1	31.1	29.9	28.2	27.0	26.0	25.0	24.2	23.4	22.5	21.6	20.6	19.4
35.4	32.5	31.5	30.2	28.6	27.3	26.3	25.4	24.4	23.7	22.8	21.8	20.8	19.6
35.6	32.9	31.9	30.6	29.0	27.6	26.6	25.7	24.7	24.0	23.0	22.0	21.0	19.8
35.8	33.3	32.3	31.0	29.3	28.0	27.0	26.0	25.0	24.3	23.2	22.2	21.2	20.0
36.0	33.6	32.6	31.2	29.6	28.2	27.2	26.2	25.2	24.5	23.5	22.4	21.4	20.2
36.2	34.0	33.0	31.6	29.9	28.6	27.5	26.5	25.5	24.8	23.8	22.6	21.6	20.4
36.4	34.4	33.4	32.0	30.3	28.9	27.9	26.8	25.8	25.1	24.1	22.8	21.8	20.6
36.6	34.8	33.8	32.4	30.6	29.2	28.2	27.1	26.1	25.4	24.4	23.0	22.0	20.9

续表

平均回弹值 R_m	测区混凝土强度换算值 $f_{cu,i}$												
	平均碳化深度值 d_m/mm												
	0	0.5	1.0	1.5	2.0	2.5	3.0	3.5	4.0	4.5	5.0	5.5	≥6.0
36.8	35.2	34.1	32.7	31.0	29.6	28.5	27.5	26.4	25.7	24.6	23.2	22.2	21.1
37.0	35.5	34.4	33.0	31.2	29.8	28.8	27.7	26.6	25.9	24.8	23.4	22.4	21.3
37.2	35.9	34.8	33.4	31.6	30.2	29.1	28.0	26.9	26.2	25.1	23.7	22.6	21.5
37.4	36.3	35.2	33.8	31.9	30.5	29.4	28.3	27.2	26.5	25.4	24.0	22.9	21.8
37.6	36.7	35.6	34.1	32.3	30.8	29.7	28.6	27.5	26.8	25.7	24.2	23.1	22.0
37.8	37.1	36.0	34.5	32.6	31.2	30.0	28.9	27.8	27.1	26.0	24.5	23.4	22.3
38.0	37.5	36.4	34.9	33.0	31.5	30.3	29.2	28.1	27.4	26.2	24.8	23.6	22.5
38.2	37.9	36.8	35.2	33.4	31.8	30.6	29.5	28.4	27.7	26.5	25.0	23.9	22.7
38.4	38.3	37.2	35.6	33.7	32.1	30.9	29.8	28.7	28.0	26.8	25.3	24.1	23.0
38.6	38.7	37.5	36.0	34.1	32.4	31.2	30.1	29.0	28.3	27.0	25.5	24.4	23.2
38.8	39.1	37.9	36.4	34.4	32.7	31.5	30.4	29.3	28.5	27.2	25.8	24.6	23.5
39.0	39.5	38.2	36.7	34.7	33.0	31.8	30.6	29.6	28.8	27.4	26.0	24.8	23.7
39.2	39.9	38.5	37.0	35.0	33.3	32.1	30.8	29.8	29.0	27.6	26.2	25.0	24.0
39.4	40.3	38.8	37.3	35.3	33.6	32.4	31.0	30.0	29.2	27.8	26.4	25.2	24.2
39.6	40.7	39.1	37.6	35.6	33.9	32.7	31.2	30.2	29.4	28.0	26.6	25.4	24.4
39.8	41.2	39.6	38.0	35.9	34.2	33.0	31.4	30.5	29.7	28.2	26.8	25.6	24.7
40.0	41.6	39.9	38.3	36.2	34.5	33.3	31.7	30.8	30.0	28.4	27.0	25.8	25.0
40.2	42.0	40.3	38.6	36.5	34.8	33.6	32.0	31.1	30.2	28.6	27.3	26.0	25.2
40.4	42.4	40.7	39.0	36.9	35.1	33.9	32.3	31.4	30.5	28.8	27.6	26.2	25.4
40.6	42.8	41.1	39.4	37.2	35.4	34.2	32.6	31.7	30.8	29.1	27.8	26.5	25.7
40.8	43.3	41.6	39.8	37.7	35.7	34.5	32.9	32.0	31.2	29.4	28.1	26.8	26.0
41.0	43.7	42.0	40.2	38.0	36.0	34.8	33.2	32.3	31.5	29.7	28.4	27.1	26.2
41.2	44.1	42.3	40.6	38.4	36.3	35.1	33.5	32.6	31.8	30.0	28.7	27.3	26.5
41.4	44.5	42.7	40.9	38.7	36.6	35.4	33.8	32.9	32.0	30.3	28.9	27.6	26.7
41.6	45.0	43.2	41.4	39.2	36.9	35.7	34.2	33.3	32.4	30.6	29.2	27.9	27.0
41.8	45.4	43.6	41.8	39.5	37.2	36.0	34.5	33.6	32.7	30.9	29.5	28.1	27.2
42.0	45.9	44.1	42.2	39.9	37.6	36.3	34.9	34.0	33.0	31.2	29.8	28.5	27.5
42.2	46.3	44.4	42.6	40.3	38.0	36.6	35.2	34.3	33.3	31.5	30.1	28.7	27.8
42.4	46.7	44.8	43.0	40.6	38.3	36.9	35.5	34.6	33.6	31.8	30.4	29.0	28.0
42.6	47.2	45.3	43.4	41.1	38.7	37.3	35.9	34.9	34.0	32.1	30.7	29.3	28.3
42.8	47.6	45.7	43.8	41.4	39.0	37.6	36.2	35.2	34.3	32.4	30.9	29.5	28.6
43.0	48.1	46.2	44.2	41.8	39.4	38.0	36.6	35.6	34.6	32.7	31.3	29.8	28.9
43.2	48.5	46.6	44.6	42.2	39.8	38.3	36.9	35.9	34.9	33.0	31.5	30.1	29.1
43.4	49.0	47.0	45.1	42.6	40.2	38.7	37.2	36.3	35.3	33.3	31.8	30.4	29.4

续表

平均回弹值 R_m	测区混凝土强度换算值 $f^c_{cu,i}$												
	平均碳化深度值 d_m/mm												
	0	0.5	1.0	1.5	2.0	2.5	3.0	3.5	4.0	4.5	5.0	5.5	≥6.0
43.6	49.4	47.4	45.4	43.0	40.5	39.0	37.5	36.6	35.6	33.6	32.1	30.6	29.6
43.8	49.9	47.9	45.9	43.4	40.9	39.4	37.9	36.9	35.9	33.9	32.4	30.9	29.9
44.0	50.4	48.4	46.4	43.8	41.3	39.8	38.3	37.3	36.3	34.3	32.8	31.2	30.2
44.2	50.8	48.8	46.7	44.2	41.7	40.1	38.6	37.6	36.6	34.5	33.0	31.5	30.5
44.4	51.3	49.2	47.2	44.6	42.1	40.5	39.0	38.0	36.9	34.9	33.3	31.8	30.8
44.6	51.7	49.6	47.6	45.0	42.4	40.8	39.3	38.3	37.2	35.2	33.6	32.1	31.0
44.8	52.2	50.1	48.0	45.4	42.8	41.2	39.7	38.6	37.6	35.5	33.9	32.4	31.3
45.0	52.7	50.6	48.5	45.8	43.2	41.6	40.1	39.0	37.9	35.8	34.3	32.7	31.6
45.2	53.2	51.1	48.9	46.3	43.6	42.0	40.4	39.4	38.3	36.2	34.6	33.0	31.9
45.4	53.6	51.5	49.4	46.6	44.0	42.3	40.7	39.7	38.6	36.4	34.8	33.2	32.2
45.6	54.1	51.9	49.8	47.1	44.4	42.7	41.1	40.0	39.0	36.8	35.2	33.5	32.5
45.8	54.6	52.4	50.2	47.5	44.8	43.1	41.5	40.4	39.3	37.1	35.5	33.9	32.8
46.0	55.0	52.8	50.6	47.9	45.2	43.5	41.9	40.8	39.7	37.5	35.8	34.2	33.1
46.2	55.5	53.3	51.1	48.3	45.5	43.8	42.2	41.1	40.0	37.7	36.1	34.4	33.3
46.4	56.0	53.8	51.5	48.7	45.9	44.2	42.6	41.4	40.3	38.1	36.4	34.7	33.6
46.6	56.5	54.2	52.0	49.2	46.3	44.6	42.9	41.8	40.7	38.4	36.7	35.0	33.9
46.8	57.0	54.7	52.4	49.6	46.7	45.0	43.3	42.2	41.0	38.8	37.0	35.3	34.2
47.0	57.5	55.2	52.9	50.0	47.2	45.2	43.7	42.6	41.4	39.1	37.4	35.6	34.5
47.2	58.0	55.7	53.4	50.5	47.6	45.8	44.1	42.9	41.8	39.4	37.7	36.0	34.8
47.4	58.5	56.2	53.8	50.9	48.0	46.2	44.5	43.3	42.1	39.8	38.0	36.3	35.1
47.6	59.0	56.6	54.3	51.3	48.4	46.6	44.8	43.7	42.5	40.1	38.4	36.6	35.4
47.8	59.5	57.1	54.7	51.8	48.8	47.0	45.2	44.0	42.8	40.5	38.7	36.9	35.7
48.0	60.0	57.6	55.2	52.2	49.2	47.4	45.6	44.4	43.2	40.8	39.0	37.2	36.0

注:表中数据是按全国统一曲线制定的。

④ 强度换算值的统计及计算。构件的测区混凝土强度平均值,应根据各测区的混凝土强度换算值计算。当测区数为 10 个及以上时,还应计算强度标准差。强度平均值及其标准差应按下式计算:

$$m_{f^c_{cu}} = \sum_{i=1}^{n} \frac{f^c_{cu,i}}{n}$$

$$s_{f^c_{cu}} = \sqrt{\frac{\sum_{i=1}^{n} (f^c_{cu,i})^2 - nm^2_{f^c_{cu}}}{n-1}}$$

式中　$m_{f^c_{cu}}$——构件测区混凝土强度换算值的平均值,精确至 0.1 MPa。

　　　n——对于单个检测的构件,取该构件的测区数;对于批量检测的构件,取所有被抽检构件测区数之和。

　　　$s_{f^c_{cu}}$——结构或构件测区混凝土强度换算值的标准差,精确至 0.01 MPa。

⑤ 强度推定值的确定。构件的混凝土强度推定值是指相应于强度换算总体分布中,保证率不低于 95%

的构件混凝土的抗压强度值。

构件现龄期混凝土的强度推定值($f_{cu,e}$)应符合下列规定。

a. 当构件测区数少于 10 个时,应按下式计算:

$$f_{cu,e} = f_{cu,min}^c$$

式中 $f_{cu,min}^c$——构件中最小测区混凝土的强度换算值。

b. 当构件测区强度值中出现小于 10.0 MPa 的数值时,应按下式确定:

$$f_{cu,e} < 10.0 \text{ MPa}$$

c. 当构件测区数不少于 10 个时,应按下式计算:

$$f_{cu,e} = m_{f_{cu}^c} - 1.645 s_{f_{cu}^c}$$

d. 当批量检测时,应按下式计算:

$$f_{cu,e} = m_{f_{cu}^c} - k s_{f_{cu}^c}$$

式中 k——推定系数,宜取 1.645。

当需要进行推定强度区间时,可按国家现行有关标准的规定取值。

对按批量检测的构件,当该批构件混凝土的强度标准差出现下列情况之一时,该批构件应全部按单个构件检测:

（a）当该批构件混凝土强度的平均值小于 25 MPa,标准差大于 4.5 MPa 时;

（b）当该批构件混凝土强度的平均值不小于 25 MPa 且不大于 60 MPa,标准差大于 5.5 MPa 时。

⑥ 强度检测报告。应用回弹法检测混凝土抗压强度的检测报告可按表 12-5 所示格式编写。

表 12-5　　　　　　　　　　**应用回弹法检测混凝土抗压强度的检测报告**

编号:（　　）第　　号　　　　　　　　　　第　　页,共　　页

工程名称			施工单位			建设单位	
委托单位			监理单位			试验地点	
回弹仪型号			回弹仪检定证号			环境温度	
检测依据			《回弹法检测混凝土抗压强度技术规程》(JGJ/T 23—2011)				
构件名称	测区混凝土抗压强度换算值/MPa			构件现龄期混凝土强度推定值/MPa	龄期	设计强度等级	备注
	平均值	标准差	最小值				

批准:　　　　　　　审核:　　　　　　　报告日期:　　年　　月　　日

13 钢筋混凝土简支梁正截面承载力试验

13.1 试 验 目 的 ≫≫

① 通过对钢筋混凝土梁的强度、刚度及抗裂度的试验测定,进一步熟悉钢筋混凝土受弯构件试验的一般过程;
② 进一步学习常用仪表的选择和使用操作方法;
③ 掌握量测数据的整理、分析和表达方法。

13.2 试验设备和仪器 ≫≫

① 试验构件为一普通钢筋混凝土简支梁,截面尺寸及配筋如图 13-1 所示。

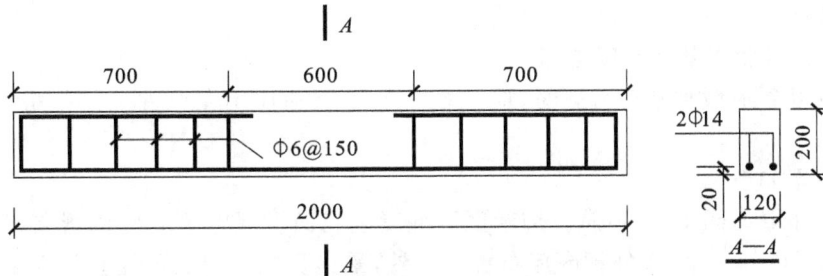

图 13-1 钢筋混凝土梁截面配筋图

混凝土强度等级为 C20;钢筋为 HPB300,主筋为 2Φ14 钢筋。
② 加荷设备可用同步液压操纵台配置 JS-50 型液压缸,或采用手动油泵配置 JS-50 型液压缸(或千斤顶)。
③ 静态电阻应变仪(YJ-5 型)。
④ 百分表、曲率计及表架。
⑤ 刻度放大镜、钢卷尺等。
⑥ 电子秤及压力传感器。

13.3 试 验 方 案 ≫≫

为研究钢筋混凝土梁的强度和刚度,需要测定其强度安全度、抗裂度及各级荷载作用下的挠度和裂缝开展情况,还要测量控制区段的应变大小和变化,找出刚度随外荷载变化的规律。

梁的试验荷载一般较大,多点加载常采用同步液压加载方法。构件试验荷载的布置情况应符合设计的规定,不符合时应采用等效荷载的原则进行代换,使构件试验的内力图与设计的内力图相近,并使两者最大受力部位的内力值相等。

试验一般采用分级加载,小于标准荷载时分 5 级。作用在试件上的试验设备重量及试件自重等应作为第一级荷载的一部分。

裂缝的发生和发展用眼睛观察,裂缝宽度用刻度放大镜测量,在标准荷载作用下的最大裂缝宽度测量应包括正截面裂缝和斜截面裂缝。正截面裂缝宽度应取受拉钢筋处的最大裂缝宽度(包括底面和侧面)。测量斜裂缝宽度时,应取斜裂缝最大宽度处的宽度。每级荷载作用下的裂缝发展情况应随试验的进行在构件上绘出,并注明荷载级别和裂缝宽度值。

为准确测定开裂荷载值,试验过程中应注意观察第一条裂缝的出现。在此之前,应把荷载取为标准荷载的 5%。

当试验进行至试件破坏时,应注意观察试件的破坏特征并确定其破坏荷载值。

依据《钢筋混凝土预制构件质量检验评定标准》的规定,当发生下列情况之一时,即认为该构件已经破坏,并以此时的荷载值作为试件的破坏荷载值。

(1) 正截面强度破坏

① 受压混凝土破损;

② 纵向受拉钢筋被拉断;

③ 纵向受拉钢筋达到或超过屈服强度后致使构件挠度达到跨度的 $1/50$,或构件纵向受拉钢筋处的最大裂缝宽度达到 1.5 mm。

(2) 斜截面强度破坏

① 受压区混凝土剪压或斜拉破坏;

② 箍筋达到或超过屈服强度后,致使斜裂缝宽度达到 1.5 mm;

③ 混凝土斜压破坏。

(3) 受力筋在端部滑脱或其他锚固破坏

确定试件的实际开裂荷载和破坏荷载时,应包括试件自重和作用在试件上的垫板、分配梁等加荷设备的重量。

本试验的具体方案如下。

加荷位置和测点布置如图 13-2 所示。纯弯区段混凝土表面设置电阻应变片测点,每侧 4 个:压区顶面 1 个,受拉钢筋处 1 个,中间 2 个,按外密内疏布置。另外,梁内受拉主筋上布置电阻应变片测点 2 个。

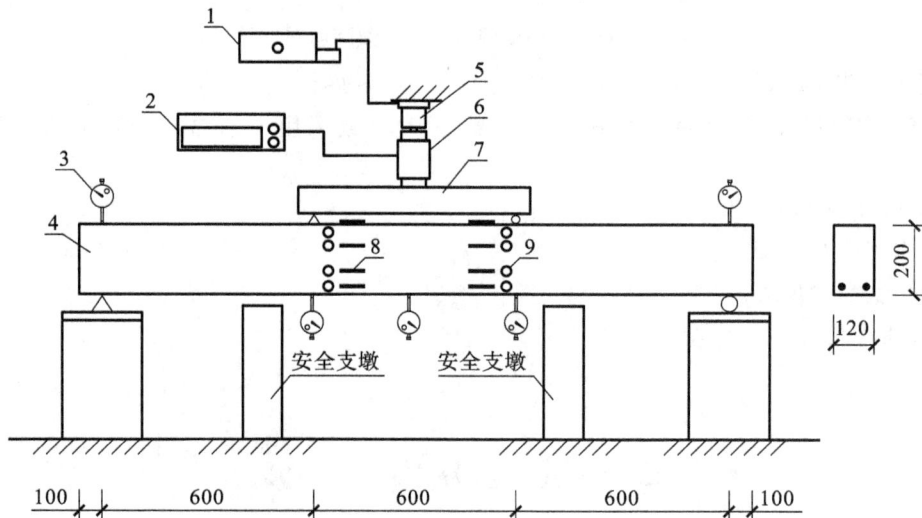

图 13-2 钢筋混凝土梁承载力试验时的加荷位置和测点布置

1—手动油泵;2—应变仪;3—挠度计;4—试件;5—液压缸;6—压力传感器;7—分配梁;8—应变片;9—手持式应变仪脚标

在电阻应变片测点对应处,设置手持式应变仪测点,每侧 4 组。

挠度测点应设置 5 个:跨中 1 个,分配梁加载点对应处各 1 个,支座沉降测点 2 个。

13.4　试 验 步 骤 >>>

① 按标准荷载的 20% 分级算出加载值,自重和分配梁重量作为初级荷载计入。

② 在接近开裂荷载和接近破坏时,加载值按分级数值的 1/2 或 1/4 取用,以准确测出开裂荷载值和破坏荷载值。

③ 按电阻应变片粘贴技术要求贴好应变片,做好防潮处理,引出接线,同时粘贴好手持式应变仪脚标插座,装好挠度计或百分表。

④ 进行 1~3 次预载,预载取开裂弯矩 M_{cr} 的 30%,$M_{cr} = (0.7 + 120/h) \cdot 1.55 f_{tk} W_0$。其中,$h$ 为梁截面高度,当截面高度 $h > 2000$ mm 或 $h < 400$ mm 时,分别取 $h = 2000$ mm 或 $h = 400$ mm 进行计算;f_{tk} 为混凝土抗拉强度标准值;W_0 为换算截面受拉边缘的弹性抵抗矩。然后测读数据,观察试件、装置和仪表的工作是否正常并及时排除故障。注意预载值必须小于构件的开裂荷载值。

⑤ 进行正式试验,自重及分配梁重量等作为第一级荷载值,不足 $20\% P_k$ 或 $40\% P_k$ 时,应用外加荷载补足。每级停歇 5 min,并在前后两次加载的中间时间内读数,数据填入表 13-1 中。

⑥ 随着试验的进行,应注意仪表及加荷装置的工作情况,细致观察裂缝的发生、发展和构件的破坏形态。

表 13-1　　　　　　　　　　　　　　　位移和应变记录表

项目 荷载/kN	1			2			3			4			5		
	读数	读数差	累积	读数	读数差	累积	读数	读数差	累积	读数	读数差	累积	读数	读数差	累积
附注															

13.5　试验结果的整理、分析和试验报告 >>>

① 原始资料。

测出如下数据:

a. 试件的实际尺寸:b、h、l、A_s;

b. 试件的材料性能:f_c、f_y、E_s、E_c;

c. 制作和养护特点;

d. 龄期和外观特征。

② 计算。根据实测尺寸及材料的力学性能算出破坏荷载 P_u、开裂荷载 P_{cr}，开裂前刚度、开裂后刚度，以及相应的弯矩 M_u、M_{cr}。

③ 整理绘出试验曲线和正截面应变分布图(图13-3)。

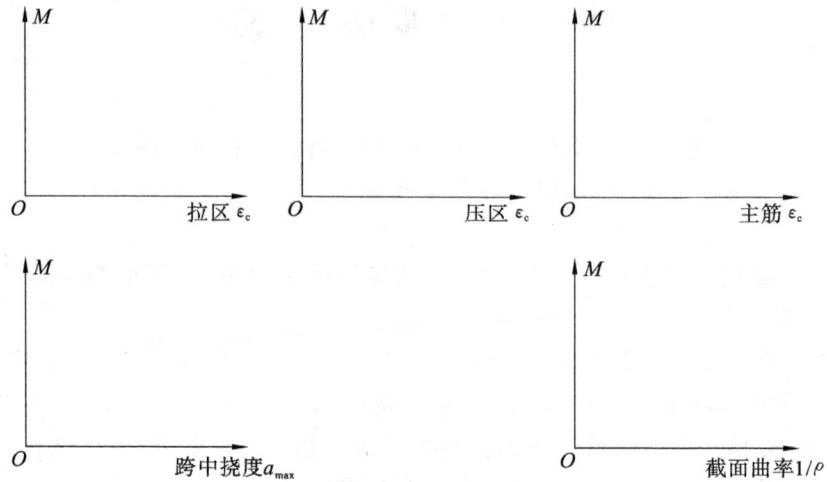

图 13-3　试验曲线

④ 绘出试件在标准荷载作用下的裂缝开展图和破坏形态图(图13-4)。

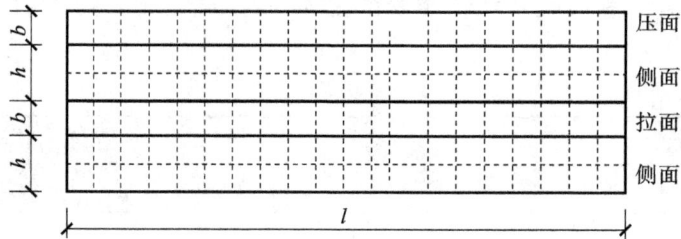

图 13-4　裂缝图

⑤ 试验结果分析。

a. 将实测的 P_{cr}、P_u 与计算值进行比较,分析产生差异的原因;

b. 将实测的 M-$1/\rho$ 曲线与理论值进行比较,分析产生差异的原因;

c. 对梁的破坏形态和特征做出评定。

14　预制钢筋混凝土空心板鉴定试验

14.1　试验目的　>>>

① 了解钢筋混凝土受弯构件生产鉴定性试验的基本原理和方法;

② 测定钢筋混凝土空心板的强度安全系数、抗裂度安全系数及使用荷载作用下的最大挠度值,定出三项检测指标;

③ 依据实际材质条件做理论计算和比较。

14.2　试验设备　>>>

① 检验构件:选用通用冷拔低碳钢丝配筋混凝土空心板,尺寸如图 14-1 所示,$l=2400\sim3600$ mm,使用荷载 $g=2.0\sim2.5$ kN/m²,混凝土设计强度等级为 C20,钢筋设计强度 $f_y=650$ MPa。

② 加载装置:用铸铁砝码均布分组施加荷载。

③ 检测仪表:百分表或挠度计、刻度放大镜、钢卷尺等。

④ 万能试验机:做材料试验用。

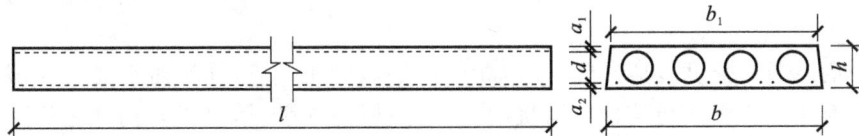

图 14-1　预制钢筋混凝土空心板尺寸示意图

14.3　试验方法　>>>

简支梁钢筋混凝土板属于基本承重构件,多采用正位试验。试验时应一端采用固定铰支座,另一端采用滚动铰支座。支承结构的设计和选用应进行强度验算。

试验板承受均布荷载,故加载应均匀。用砝码或砖块加载时,应避免构件受载弯曲致使荷重块产生起拱作用而改变板的工作状态。

试验荷载的布置应符合设计计算的规定。

在观测中,主要测定构件的破坏荷载、开裂荷载及在各级荷载作用下的挠度和裂缝开展情况。

具体试验准备工作有:

① 利用起重设备将预制板吊装就位，一端采用固定铰支座，另一端采用滚动铰支座，以保证符合设计计算的基本规定。在板的跨中装上挠度计或百分表，如图 14-2 所示，以便测取各级荷载作用下的挠曲变形状况。

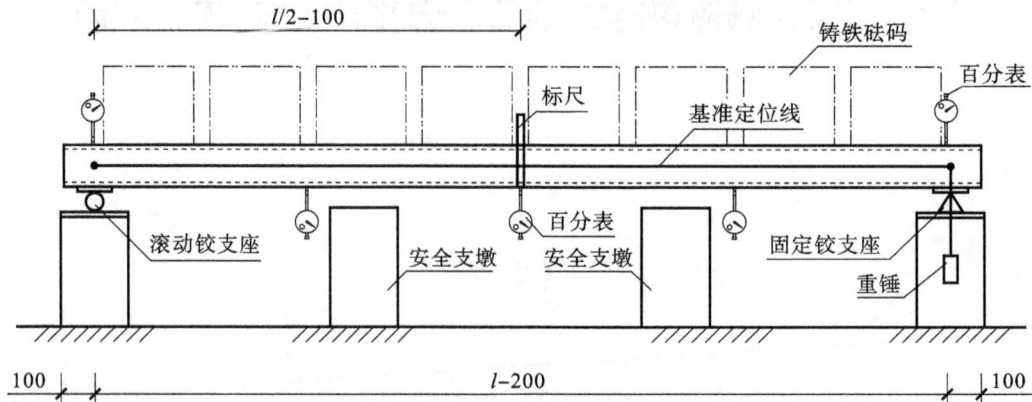

图 14-2　钢筋混凝土空心板鉴定试验加载装置图

② 用钢卷尺实测板截面尺寸。使用混凝土回弹仪测定混凝土标号。

③ 试验荷载的计算。

a. 根据板的实际截面尺寸算出自重，根据上、下粉刷层(上、下粉刷层层厚按 10 mm 计)和使用荷载算出标准荷载值 P^b。

b. 扣除自重，求出加至标准荷载 P^b 时还应施加的外荷载量 P_s，并把应施加的荷载值进行分级。一般按五级分配，每级为 $20\%P^b$。

c. 将板面分成 4～8 个区段，根据每级荷载值在板面划分区段内均匀加载。

d. 为准确测得开裂荷载值，在预计开裂荷载前应按 $5\%P^b$ 加载。

14.4　试 验 步 骤　>>>

① 用回弹仪测定混凝土强度，可与立方体混凝土试块做对比试验，同时做钢筋材性试验。

② 试件就位。为保证支承面与构件紧密接触，在钢垫板与支墩、钢垫板与构件之间宜铺砂浆垫平，要避免支承面翘曲。

③ 在板跨中心、四分点及支座点处均装上百分表或挠度计，并在跨中点挂上标尺，拉上基准定位线，以便测取破坏前中点处的最大挠度，记下初读数。

④ 用砝码预加 1～2 级均布荷载，荷重块应按区格成垛堆放，垛与垛之间的间隙不宜小于 50 mm。注意观察仪表工作是否正常，记下读数，作全面检查，排除故障，卸去荷载，仪表重新调零。

⑤ 进行正式加载试验，每级荷载停留 10～15 min。在荷载标准值作用下，应保持 30 min。在两次加载的中间时间读取仪表读数，并将其记入记录表。

⑥ 在加至开裂荷载前，应用 $5\%P^b$ 荷载加载，记下开裂荷载值及各裂缝的开展宽度，一般取开裂前一级荷载作为开裂荷载值 P_{cr}。

⑦ 当荷载加至标准荷载 P^b 时，拆除挠度计或百分表，仅留中点标尺读数。

⑧ 当裂缝宽度超过 1.5 mm，末级挠度达到跨度的 1/50，增量超过前五级之和，钢筋滑移，混凝土局部压碎，钢筋拉断等均为破坏指标时，可测得构件最大破坏荷载值 P_s^p。

⑨ 当进行材性试验时，可在构件支座处打开混凝土剪取钢丝试件，用万能试验机测出极限强度值。混凝土标号可用回弹仪通过回弹法获取，或通过试块直接抗压测试得到，从而为理论计算提供依据。

14.5　试验结果的整理和分析　>>>

（1）构件挠度

当试验荷载竖直向下作用时，对于水平放置的试件，在各级荷载作用下的跨中挠度实测值应按下列公式计算：

$$a_t^0 = a_q^0 + a_g^0, \quad a_q^0 = v_m^0 - \frac{1}{2}(v_l^0 + v_r^0), \quad a_g^0 = \frac{M_g}{M_b}a_b^0$$

式中　a_t^0——全部荷载作用下构件跨中挠度实测值，mm；

a_q^0——外加试验荷载作用下构件跨中挠度实测值，mm；

a_g^0——由构件自重和加荷设备重量（本试验中加载设备重量为0）产生的跨中挠度值，mm；

v_m^0——全部荷载作用下构件跨中位移实测值，mm；

v_l^0，v_r^0——外加荷载作用下构件左、右支座沉陷位移的实测值，mm；

M_g——由构件自重和加荷设备重量产生的跨中弯矩值，kN·m；

M_b——从外加试验荷载开始加载至构件出现裂缝的前一级荷载为止，由外加荷载产生的跨中弯矩值，kN·m；

a_b^0——从外加试验荷载开始加载至构件出现裂缝的前一级荷载为止，由外加荷载产生的跨中挠度实测值，mm。

（2）承载力检验

① 当按《混凝土结构设计规范》（GB 50010—2010）的规定进行检验时，应符合下列公式的要求：

$$\gamma_u^0 \geqslant \gamma_0 [\gamma_u]$$

式中　γ_u^0——构件的承载力检验系数实测值，即试件的荷载实测值与荷载设计值（均包括自重）的比值；

γ_0——结构重要性系数，按设计要求确定，当无专门要求时取1.0；

$[\gamma_u]$——构件的承载力检验系数允许值，按表14-1取用。

表 14-1　　　　　　　　　　　　　**构件的承载力检验系数允许值**

受力情况	达到承载能力极限状态的检验标志		$[\gamma_u]$
受弯	受拉主筋处的最大裂缝宽度达到1.5 mm，或挠度达到跨度的1/50	有屈服点热轧钢筋	1.20
		无屈服点钢筋（钢丝、钢绞线、冷加工钢筋、无屈服点热轧钢筋）	1.35
	受压区混凝土破坏	有屈服点热轧钢筋	1.30
		无屈服点钢筋（钢丝、钢绞线、冷加工钢筋、无屈服点热轧钢筋）	1.50
	受拉主筋拉断		1.50
受弯构件的受剪	腹部斜裂缝宽度达到1.5 mm，或斜裂缝末端受压混凝土发生剪压破坏		1.40
	沿斜截面混凝土斜压、斜拉破坏，受拉主筋在端部滑脱或发生其他锚固破坏		1.55
	叠合构件叠合面、接槎处		1.45

② 当按构件实配钢筋进行承载力检验时，应符合下列公式的要求：

$$\gamma_u^0 \geqslant \gamma_0 \eta [\gamma_u], \quad \eta \geqslant \frac{R(\cdot)}{\gamma_0 S}$$

式中 η——构件承载力检验修正系数,根据现行国家标准《混凝土结构设计规范》(GB 50010—2010)按实配钢筋的承载力计算确定;

$R(\cdot)$——根据实配钢筋面积确定的构件承载力设计值,按规范有关承载力计算公式等号右边的项进行计算;

S——荷载效应组合设计值。

承载力检验的荷载设计值是指在承载能力极限状态下,根据构件设计控制截面上的内力设计值与构件检验的加载方式,经换算后确定的荷载值(包括自重)。

(3)挠度检验

① 当按现行国家标准《混凝土结构设计规范》(GB 50010—2010)规定的挠度允许值进行检验时,应符合下列公式的要求:

$$a_s^0 \leqslant [a_s], \quad [a_s] = \frac{M_k}{M_q(\theta-1)+M_k}[a_f]$$

式中 a_s^0——荷载标准值作用下的构件挠度实测值;

$[a_s]$——挠度检测允许值;

$[a_f]$——受弯构件的挠度限值,按现行《混凝土结构设计规范》(GB 50010—2010)确定;

M_k——按荷载标准组合计算的弯矩值;

M_q——按荷载永久组合计算的弯矩值;

θ——考虑荷载长期作用对挠度增大的影响系数,按现行《混凝土结构设计规范》(GB 50010—2010)确定,此处可取 $\theta=2.0$。

② 当按构件实配钢筋进行挠度检验或仅检测构件的挠度、抗裂水平或裂缝宽度时,应符合下列公式的要求:

$$a_s^0 \leqslant a_s^c \quad 且 \quad a_s^0 \leqslant [a_s]$$

式中 a_s^c——在荷载标准值作用下按实配钢筋确定的构件挠度计算值,按现行《混凝土结构设计规范》(GB 50010—2010)确定。

按正常使用极限状态检测的荷载标准值是指在正常使用极限状态下,根据构件设计控制截面上的荷载标准组合效应与检验的加载方式,经换算后确定的荷载值。

(4)抗裂检验

预制构件的抗裂检验应符合下列公式的要求:

$$\gamma_{cr}^0 \geqslant [\gamma_{cr}], \quad [\gamma_{cr}] = 0.95\frac{\sigma_{pc}+\gamma f_{tk}}{\sigma_{ck}}$$

式中 γ_{cr}^0——构件的抗裂检验系数实测值,即试件的开裂荷载实测值与荷载标准值(均包括自重)的比值;

$[\gamma_{cr}]$——构件的抗裂检验系数允许值;

σ_{pc}——由预应力产生的构件抗拉边缘混凝土法向应力值,按现行《混凝土结构设计规范》(GB 50010—2010)确定;

γ——混凝土构件截面抵抗矩塑性影响系数,按现行《混凝土结构设计规范》(GB 50010—2010)确定;

f_{tk}——混凝土抗拉强度标准值;

σ_{ck}——由荷载标准值产生的构件抗拉边缘混凝土法向应力值,按现行《混凝土结构设计规范》(GB 50010—2010)确定。

混凝土构件截面抵抗矩塑性影响系数 γ 可按下列公式计算:

$$\gamma = \left(0.7+\frac{120}{h}\right)\gamma_m$$

式中 γ_m——混凝土构件截面抵抗矩塑性影响系数基本值,可按正截面应变保持平面的假定,并取受拉区混凝土应力图形为梯形,受拉边缘混凝土极限拉应变为 $2f_{tk}/E_c$ 确定;对常用的截面形状,γ_m 值可按表 14-2 取用。

h——截面高度,当 $h<400$ mm 时,取 $h=400$ mm;当 $h>1600$ mm 时,取 $h=1600$ mm;对圆形、环形截面,取 $h=2r$,r 为圆形截面半径或环形截面的外环半径。

表 14-2　　　　　　　　　**混凝土构件截面抵抗矩塑性影响系数基本值 γ_m**

项次	1	2	3		4		5
截面形状	矩形截面	翼缘位于受压区的 T 形截面	对称 I 形截面或箱形截面		翼缘位于受拉区的倒 T 形截面		圆形和环形截面
			$b_f/b\leqslant2$ h_f/h 为任意值	$b_f/b>2$ $h_f/h<0.2$	$b_f/b\leqslant2$ h_f/h 为任意值	$b_f/b>2$ $h_f/h<0.2$	
γ_m	1.55	1.50	1.45	1.35	1.50	1.40	$1.6-0.24r_1/r$

注:1. 对 $b'_f>b_f$ 的 I 形截面,可按项次 2 与项次 3 之间的数值采用;对 $b'_f<b_f$ 的 I 形截面,可按项次 3 与项次 4 之间的数值采用。

　　2. 对于箱形截面,b 是指各肋宽度的总和。

　　3. r_1 为环形截面的内环半径,圆形截面取 r_1 为 0。

（5）裂缝宽度检验

预制构件的裂缝宽度检验应符合下列公式的要求:

$$w^0_{s,max}\leqslant[w_{max}]$$

式中　$w^0_{s,max}$——在荷载标准值作用下,受拉主筋处的最大裂缝宽度实测值,mm;

　　　　$[w_{max}]$——构件检验时的最大裂缝宽度允许值,按表 14-3 取用。

表 14-3　　　　　　　　　**构件检验时的最大裂缝宽度允许值**　　　　　　　　（单位:mm）

设计要求的最大裂缝宽度限值	0.1	0.2	0.3	0.4
$[w_{max}]$	0.07	0.15	0.20	0.25

14.6　试　验　报　告　》》》

① 根据试验记录,绘制构件在各级荷载作用下的整体变形图(图 14-3)及跨中中点挠度 a_{max}-荷载 P^d 曲线图(图 14-4);

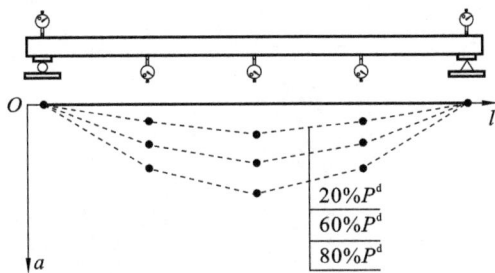

图 14-3　各级荷载作用下的整体变形图　　　　图 14-4　跨中中点挠度-荷载曲线图

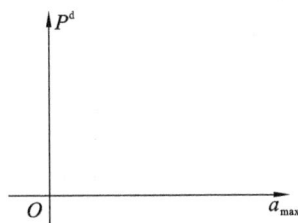

② 根据实测值,就承载力、挠度、抗裂和裂缝宽度等方面检验试件的结构质量;

③ 填写检验记录表,见表 14-4 和表 14-5。

表 14-4   位移记录表

项目 荷载/kN	1			2			3			4			5		
	读数	读数差	累积	读数	读数差	累积	读数	读数差	累积	读数	读数差	累积	读数	读数差	累积
附注															

表 14-5   试验参数及结果汇总表

项目	外形尺寸/ mm	保护层厚度/ mm	主筋数量 及规范	混凝土强度 等级	标准荷载/ kN	检验指标			
						承载力	挠度	抗裂	裂缝宽度
设计									
实测									

加载简图,仪表位置及编号	裂缝情况及特征

15　简支钢桁架非破损试验

15.1　试验目的　>>>

① 进一步了解和掌握几种常用仪表的性能、安装和使用方法。

② 通过对桁架节点位移、杆件内力、支座处上弦杆转角的测量,分析桁架结构的工作性能,并判断理论计算的正确性。

15.2　试验设备和仪器　>>>

① 试件。钢桁架,跨度为 4.2 m,上、下弦杆采用等边角钢 2∟30×3,腹杆采用 2∟25×3,节点板厚 $\delta=4$ mm,测点布置如图 15-1 所示。

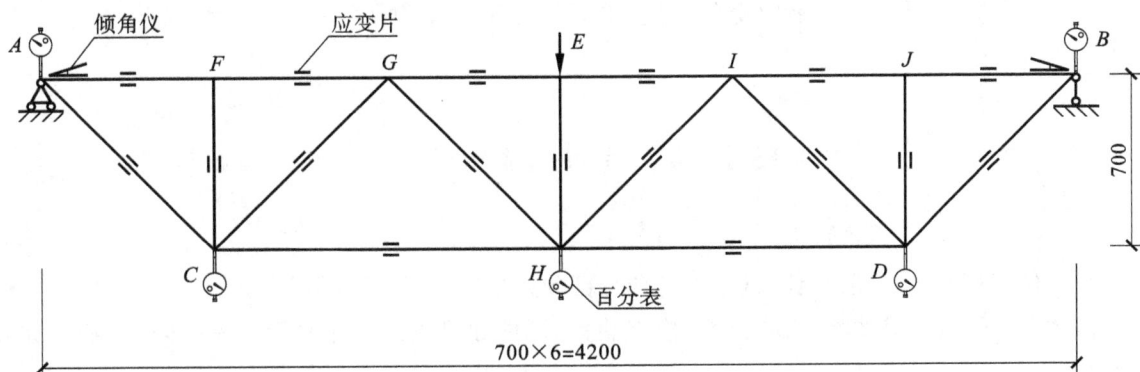

图 15-1　钢桁架尺寸与测点布置图

② 加载设备,即螺旋千斤顶,压力传感器。

③ 静态电阻应变仪(YJ-5 型)。

④ 百分表、挠度计及支架。

⑤ 倾角仪。

15.3　试验方案　>>>

桁架试验一般采用垂直加荷方式。由于桁架平面外刚度较小,安装时必须采用专门措施,设置侧向支撑,以保证桁架上弦的侧向稳定。侧向支撑点的位置应根据设计要求确定,支撑点的间距应不大于上弦平面外的设计计算长度。同时,侧向支撑应不妨碍桁架在其平面内的位移。

桁架试验支座的构造可以采用梁试验的支承方法和构造,支承中心线的位置应尽可能准确。其偏差对桁架端节点的局部受力影响较大,对钢筋混凝土桁架影响更大,故应严格控制。三角形屋架受荷后,下弦伸长量较大,流动支座的水平位移量往往较大,因此支座垫板应有足够的尺寸。

桁架试验加荷方法可采用实物加荷(如用屋面板等,多用于现场鉴定性试验),也可采用吊篮加荷(多用于木桁架试验),但一般采用螺旋千斤顶或同步液压千斤顶加荷。试验时,应使桁架受力对称、稳定,防止其发生平面外失稳破坏,同时要充分估计千斤顶的有效行程。

桁架的试验荷载不能与设计荷载相吻合时,可采用等效荷载代换,但应进行验算,使主要受力构件或部位的内力接近设计情况,还应注意荷载改变后可能引起的局部影响,防止发生局部破坏。

其观测项目一般有强度、抗裂度、挠度和裂缝宽度、杆件内力等。挠度测量可采用挠度计或水准仪,测点一般布置于下弦节点。为测量支座沉陷量,在桁架两支座的中心线上应安置垂直方向的位移计。另外,还可在下弦两端安装两个水平方向的位移计,以测量在荷载作用下的固定铰支座和滚动铰支座的水平侧向位移。杆件内力测量可用电阻应变片或接触式位移计,其安装位置依杆件受力条件和测量要求而定。

其荷载分级、开裂荷载和破坏荷载的判别参照梁的试验。

桁架试验时加载点位置高,加荷过程中要特别注意安全。做破坏试验时,应根据预先估计的可能破坏情况设置防护支撑,以防损坏仪器设备和造成人身伤害。

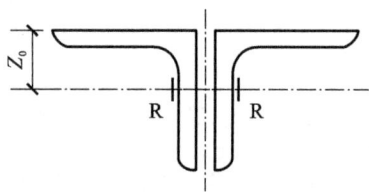

图 15-2 应变片粘贴位置示意图

本试验采用缩尺钢桁架进行非破损检验,以达到试验目的。杆件应变测量点设置在每一杆件的中间区段。为消除自重弯矩的影响,电阻应变片均安装在截面的重心线上,见图 15-2。在水平杆 AF 及 BJ 的支座处安装倾角仪,量测在各级荷载作用下的转角变化。挠度测点均布置在桁架下弦节点上,同时支座处应安装百分表测量沉降值(即侧移值)。为保证整体稳定,平面外设置有水平桁架。

15.4 试 验 步 骤 >>>

① 检查试件与试验装置,装上仪表(电阻应变片已预先粘贴好,只接线测量)。

② 加荷载 8 kN,做预载试验,测取读数,检查装置、试件和仪表的工作是否正常,然后卸载。如发现问题应及时排除。

③ 仪表调零,记取初读数,做好记录和描绘试验曲线的准备。

④ 正式试验。采用 5 级加载,每级 4 kN,每级停歇时间为 10 min,在停歇的中间时间读数。

⑤ 满载为 20 kN,满载后分 2 级卸载,并记下读数。

⑥ 正式试验重复两次。

15.5 试验结果的整理、分析和试验报告 >>>

(1) 原始资料

① 桁架各杆内力见图 15-3。

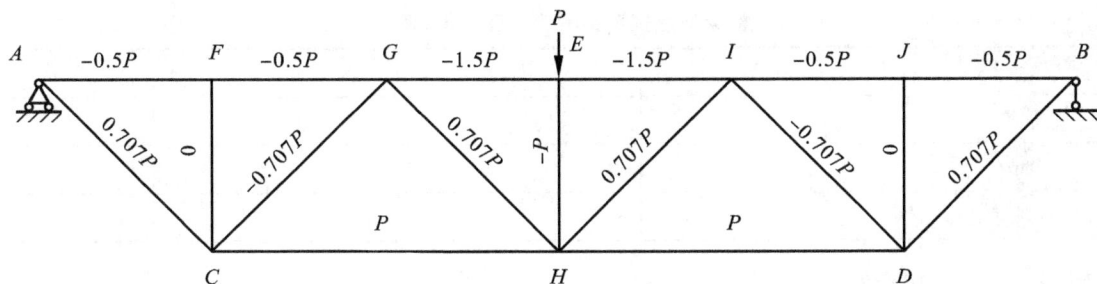

图 15-3 桁架各杆件内力图

② 桁架下弦 D、H、C 节点处的位移及 AF 杆的转角按下式计算：

$$a_H = \frac{9618.8P}{EA}, \quad a_{C,D} = \frac{4139.8P}{EA}, \quad \theta_{AF} = \frac{5.9093P}{EA} \cdot \frac{180}{\pi}$$

式中　a_H——桁架下弦 H 节点处的竖向位移，mm；

$a_{C,D}$——桁架下弦 C、D 节点处的竖向位移，mm；

θ_{AF}——桁架下弦 AF 杆的转角，(°)；

P——桁架上弦中点（E 节点）处所施加的竖向荷载，N；

A——桁架杆件的截面面积，mm^2；

E——桁架杆件材料的弹性模量，N/mm^2。

（2）桁架下弦 D、H、C 节点处的荷载-挠度分析

① 绘出各级荷载作用下桁架的整体变形图（图 15-4）。

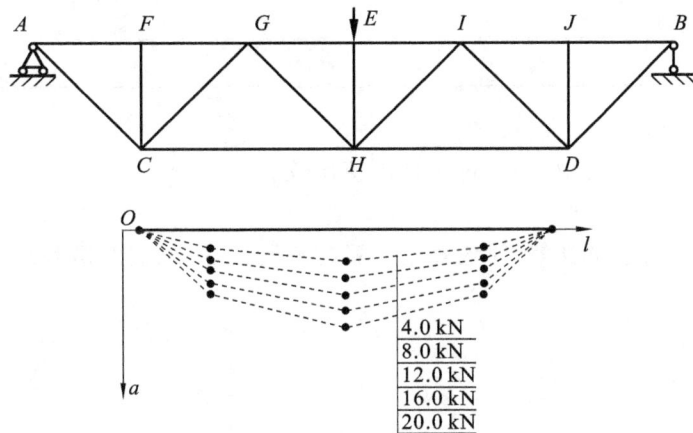

图 15-4 各级荷载作用下桁架的整体变形图

② 分别绘出各级荷载作用下 H、C 点处的荷载-挠度曲线及理论曲线（图 15-5）。

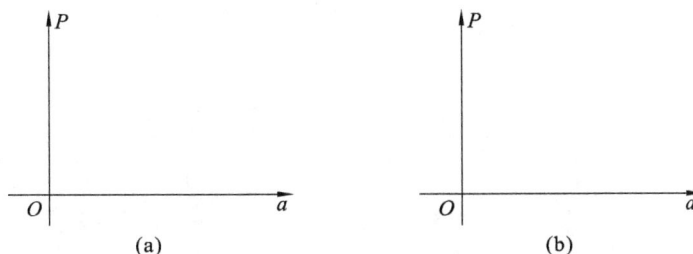

图 15-5 荷载-挠度曲线图

(a) H 点；(b) C 点

③ 比较满载条件下，H、C、D 点处的挠度实测值与理论值（表 15-1）的差异并分析原因。

表 15-1   桁架节点挠度实测值与理论值比较表

测点	C	H	D	备注
实测值				
理论值				
实测值/理论值				

（3）桁架上弦 *AF* 端杆的转角分析

① 绘出上弦 *AF* 端杆的荷载-转角曲线图(图 15-6)。

② 比较各级荷载作用下,*AF* 端杆转角实测值与理论值(表 15-2)的差异并分析原因。

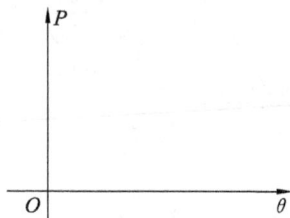

图 15-6 上弦 *AF* 端杆荷载-转角曲线图

表 15-2   桁架上弦 *AF* 端杆转角实测值与理论值比较表

荷载/kN	4.0	8.0	12.0	16.0	20.0	备注
实测值						
理论值						
实测值/理论值						

（4）桁架各杆件的内力分析

由杆件的实测应变值求出内力值,并与理论计算值比较。

（5）检验结论

根据试验结果与理论计算值的比较,讨论理论计算的准确性,并根据对试验结果的综合分析,对桁架的工作状态做出结论。

16　钢筋混凝土短柱破坏试验

16.1　试 验 目 的　>>>

① 通过试验初步掌握受压柱静载试验的一般程序和测试方法；
② 观察在小偏心受压时，钢筋混凝土短柱的破坏过程及其特征。

16.2　试验设备及仪器　>>>

① 矩形截面钢筋混凝土短柱，其中混凝土强度等级为 C20，钢筋为 HPB300 钢筋，构件尺寸及配筋如图 16-1 所示；
② 2000 kN 压力机或长柱试验机；
③ 静态电阻应变仪及挠度计、刻度放大镜、曲率仪等。

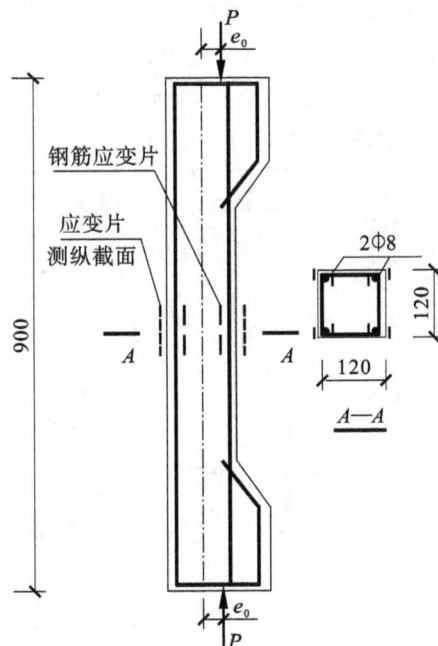

图 16-1　构件尺寸与配筋

16.3　试　验　方　案　　>>>

柱子试验的主要目的在于研究纵向弯曲的影响与柱子破坏的规律,从而找出其在不同长细比条件下与极限荷载之间的关系。对于薄壁构件或钢结构柱,还有局部稳定问题。

柱子试验多采用正位试验,主要通过长柱试验机或大型承力架配合同步液压加荷设备系统进行。卧位试验虽然方便,但自重影响难以有效消除。

支座构造装置是柱子试验中的重要环节。铰支座多采用刀铰形式,它有单刀铰支和双刀铰支两种,比较灵活可靠。但球铰加工困难,精度不易保证,摩阻力较大。其他支座条件可视具体情况设计模拟。

柱子荷载一般按估计破坏荷载的 $1/15 \sim 1/10$ 分级施加,接近开裂荷载或破坏荷载时,加载值应减至 $1/4 \sim 1/2$ 原分级值。其观测项目主要有各级荷载作用下的侧向挠度、控制截面或区段的应力及其变化规律、裂缝的开展情况、开裂荷载值及破坏荷载值等。

其观测仪器与梁板试验基本相同。

试件安装时应将试件轴线对准作用力的中心线,即几何对中。若有可能还应进行力学对中,即加载至标准荷载的 40% 左右时测量其中间区段两侧或四角应变,并调整作用力轴线,使各点应变均匀。力学对中后即可进行中心受压试验。偏心受压试验应在力学对中后(或几何对中后),沿加力中心线量出偏心距离 e_0 ,再把加力点移至偏心距上进行试验。

柱子试验高度大,荷载大,侧向变形不好控制和测量,破坏时又有一定危险性,这些均应引起足够重视。

柱子试验的试验装置与测点布置如图 16-2 所示,具体试验步骤如下:

① 在浇筑混凝土前,预先做好贴在钢筋上电阻应变片的防水处理,并进行保护。

② 试件试验前,在中间区段混凝土拉压表面沿纵向贴应变片四片。

③ 试件对中就位后,加载点移至偏心距($e_0 = 25$ mm)处,装好挠度计(或百分表)、曲率计等。

④ 根据给定条件算出试件承载力 P_u 和破坏荷载,做出荷载分级。

⑤ 进行预载作用检查,预载值应不超过开裂荷载值,并调试仪表。

⑥ 加一级初载,各测点仪表调零或读取初读数(本试件的初载为 10 kN,荷载分级为 20 kN)。以后每加

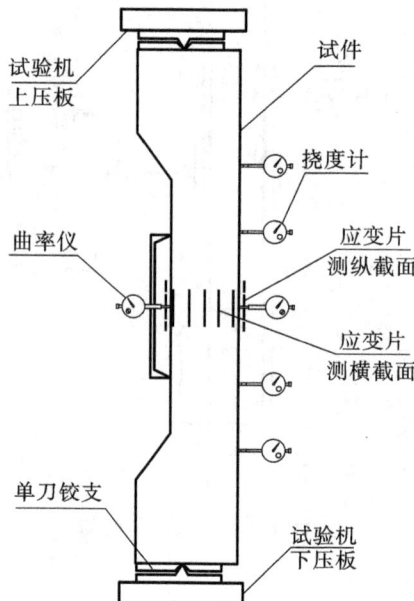

图 16-2　试验装置与测点布置

一级荷载读取一次读数,直至破坏,同时注意观测裂缝、破坏过程及其特征。荷载达到 P_u 时,应拆除挠度计和曲率仪,将数据记入表 16-1 中。

表 16-1　　　　　　　　　　　　　　**数据记录表**

荷载/kN	应变/$\mu\varepsilon$			挠度/mm			荷载/kN	曲率(挠度)			应变/$\mu\varepsilon$		
	读数	读数差	累计	读数	读数差	累计		读数	读数差	累计	读数	读数差	累计

16.4　试　验　报　告　　>>>

① 根据试验数据,计算出标准荷载前各级荷载作用下钢筋的拉、压应变平均值,计算出标准荷载作用下的 σ_N、σ_{Mx}、σ_{My} 值,绘出截面应变图。

② 计算侧向位移,绘出至标准荷载时的荷载-挠度关系曲线图。

③ 绘制裂缝图及破坏形态图。

④ 对试验柱的基本力学性能做出评价。

17 钢筋混凝土简支梁动力特性测试

17.1 试验目的 >>>

① 了解结构或构件动力特性测量的基本原理和方法；
② 测定钢筋混凝土简支梁的固有频率、基本振型和结构阻尼；
③ 依据实际材质和支撑条件，做理论计算和比较。

17.2 试验设备和仪器 >>>

① 试验构件为一普通钢筋混凝土简支梁（或钢结构梁），截面尺寸及配筋如图17-1所示。

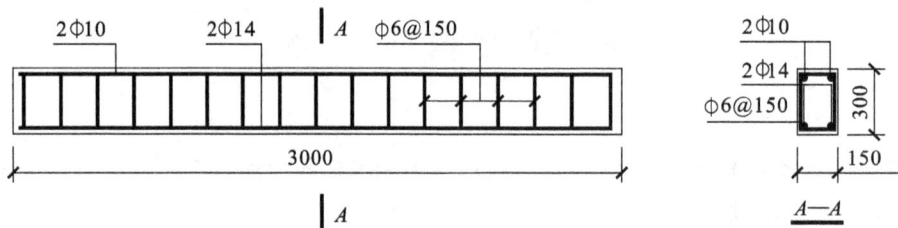

图 17-1 钢筋混凝土梁截面配筋图

混凝土强度等级：C20；钢筋：HPB300，其中主筋为 2φ14，架立筋为 2φ10。
② INV3060 动态信号采集仪。
③ INV 组合信号调理器。
④ 振动信号传感器及数据线。
⑤ 加速度传感器。
⑥ 带加速度传感器的力锤。
⑦ DASP2010 软件及电脑。

17.3 测试方案 >>>

被检测钢筋混凝土梁的安置和测点布置如图17-2所示。
① 采用回弹法或其他方法获取检测时钢筋混凝土梁的混凝土强度，依据《混凝土结构设计规范》(GB

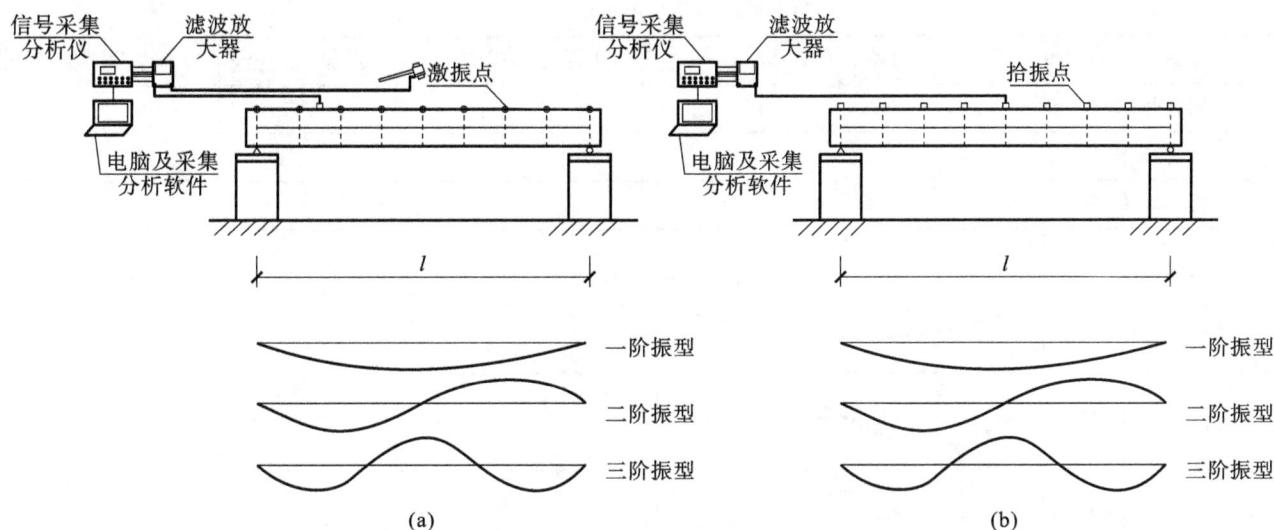

图 17-2　被检测钢筋混凝土梁的安置与测点布置示意图

（a）锤击激励；（b）环境激励

50010—2010)和实测混凝土强度,查取混凝土的弹性模量。

② 测量钢筋混凝土梁的实际截面尺寸和实际跨度,依据结构动力学相关知识计算简支梁的基本频率值。

$$f_n = \frac{n^2\pi}{2l^2}\sqrt{\frac{EI}{m}} \quad (n=1,2,3,\cdots)$$

式中　f_n——简支梁的第 n 阶固有频率值,Hz;

E——简支梁材料的弹性模量,N/m^2;

I——简支梁截面的截面惯性矩,m^4;

m——简支梁沿跨度方向单位长度的质量,kg/m;

l——简支梁的计算跨度,m。

③ 测试参数。

a. 分析频率范围:0~40 Hz,采样频率应符合采样定理要求(大于 2×40 Hz);

b. 激励方式:采用锤击激励和环境激励两种方式;

c. 锤击力信号加窗:矩形窗;

d. 环境激励采样时间长度:单点不小于 15 min;

e. 单点锤击次数:3 次。

测试过程中,可根据实测结果及现场情况进行参数调整与比对,尽量以最佳参数获取最优信号与结果。

17.4　测 试 报 告　>>>

① 结构基本参数信息:混凝土强度、截面尺寸、跨度、支撑状况及配筋情况;

② 测试仪器与分析软件信息:拾振器、力锤、滤波放大器、采集分析仪、分析软件等;

③ 测试参数信息:采样频率、激励方式、信号加窗、平均次数、采样时长等;

④ 简支梁固有频率理论计算结果:根据结构实际基本参数,按结构动力学知识进行简支梁固有频率理论值的计算;

⑤ 试验结果分析与整理,见表 17-1。

表 17-1 简支梁动力特性测试结果汇总表

项目	理论计算值	锤击激励实测值	环境激励实测值	备注
一阶固有频率/Hz				
二阶固有频率/Hz				
三阶固有频率/Hz				
⋮				
一阶归一化振型				
二阶归一化振型				
三阶归一化振型				
⋮				

参 考 文 献

[1]　Ｈ Ｇ 哈里斯. 混凝土结构动力模型. 朱世杰, 译. 北京:地震出版社,1987.

[2]　臼井支朗. 信号分析. 北京:科学出版社,2001.

[3]　Ｊ Ｈ 邦奇. 结构混凝土试验. 王怀彬, 译. 北京:中国建筑工业出版社,1987.

[4]　Ｂ И 克勒希柯夫. 建筑结构试验. 许乃武, 周家模, 许成业, 译. 北京:中国建筑工业出版社,1958.

[5]　曹树谦, 张文德, 萧龙翔. 振动结构模态分析——理论、实验与应用. 天津:天津大学出版社,2001.

[6]　傅志方, 华宏星. 模态分析理论与应用. 上海:上海交通大学出版社,2000.

[7]　顾松年, 尤文洁, 诸德培. 结构试验基础. 北京:国防工业出版社,1981.

[8]　湖南大学等. 建筑结构试验. 2 版. 北京:中国建筑工业出版社,1998.

[9]　孔德仁, 朱蕴璞. 工程测试技术. 北京:科学出版社,2004.

[10]　李忠献. 工程结构试验理论与技术. 天津:天津大学出版社,2004.

[11]　林圣华. 结构试验. 南京:南京工学院出版社,1987.

[12]　刘明. 土木工程结构试验与检测. 北京:高等教育出版社,2008.

[13]　马永欣, 郑山锁. 结构试验. 北京:科学出版社,2001.

[14]　梅村魁, 青山博之, 伊藤胜. 结构试验与结构设计. 林亚超, 译. 北京:人民交通出版社,1980.

[15]　邱法维, 钱稼茹, 陈志鹏, 等. 结构抗震实验方法. 北京:科学出版社,2000.

[16]　邱平. 新编混凝土无损检测技术. 北京:中国环境科学出版社,2002.

[17]　宋彧, 李丽娟, 张贵文. 建筑结构试验. 重庆:重庆大学出版社,2001.

[18]　王伯雄. 测试技术基础. 北京:清华大学出版社,2003.

[19]　王济川. 建筑结构试验指导. 长沙:湖南大学出版社,1992.

[20]　王天稳. 土木工程结构试验. 2 版. 武汉:武汉理工大学出版社,2006.

[21]　王天稳. 土木工程结构试验. 武汉:武汉理工大学出版社,2003.

[22]　王文军, 刘志勇. 土木工程结构试验. 北京:中国铁道出版社,2008.

[23]　王娴明. 建筑结构试验. 北京:清华大学出版社,1988.

[24]　吴慧敏. 结构混凝土现场检测技术. 长沙:湖南大学出版社,1988.

[25]　杨晓. 贺龙体育场大型现代空间结构设计与研究. 长沙:湖南大学,2002.

[26]　杨学山. 工程振动测量仪器和测试技术. 北京:中国计量出版社,2001.

[27]　姚谦峰, 陈平. 土木工程结构试验. 北京:中国建筑工业出版社,2003.

[28]　姚振纲, 刘祖华. 建筑结构试验. 上海:同济大学出版社,1998.

[29]　叶成杰. 土木工程结构试验. 北京:北京大学出版社,2012.

[30]　易成, 谢和平, 孙华飞. 钢纤维混凝土疲劳断裂性能与工程应用. 北京:科学出版社,2003.

[31]　易伟建, 张望喜. 建筑结构试验. 北京:中国建筑工业出版社,2005.

[32]　易伟建. 钢筋混凝土简支方板强度与变形研究. 长沙:湖南大学,1984.

[33]　易伟建. 混凝土结构试验与理论研究. 北京:科学出版社,2012.

[34]　余红发. 混凝土非破损测强技术研究. 北京:中国建材工业出版社,1999.

[35]　袁海军, 姜红. 建筑结构检测鉴定与加固手册. 北京:中国建筑工业出版社,2003.

[36]　章关永. 桥梁结构试验. 北京:人民交通出版社,2002.

[37]　赵顺波, 靳彩, 赵瑜. 工程结构试验. 北京:黄河水利出版社,2001.

［38］ 中华人民共和国住房和城乡建设部.GB 50367—2013　混凝土结构加固设计规范.北京:中国建筑工业出版社,2013.

［39］ 中华人民共和国住房和城乡建设部.GB/T 50152—2012　混凝土结构试验方法标准.北京:中国建筑工业出版社,2012.

［40］ 中华人民共和国建设部,中华人民共和国国家质量监督检验检疫总局.GB/T 50344—2004　建筑结构检测技术标准.北京:中国建筑工业出版社,2004.

［41］ 中华人民共和国住房和城乡建设部.GB 50702—2011　砌体结构加固设计规范.北京:中国建筑工业出版社,2011.

［42］ 中华人民共和国住房和城乡建设部,中华人民共和国国家质量监督检验检疫总局.GB/T 50315—2011　砌体结构现场检测技术标准.北京:中国建筑工业出版社,2011.

［43］ 中国工程建设标准化协会.CECS 293—2011　房屋裂缝检测与处理技术规程.北京:中国计划出版社,2008.

［44］ 中华人民共和国冶金工业部.YB 9257—1996　钢结构检测评定及加固技术规程.北京:冶金工业出版社,1996.

［45］ 中华人民共和国交通运输部.JTG/T J21—2011　公路桥梁承载能力检测评定规程.北京:人民交通出版社,2011.

［46］ 中华人民共和国住房和城乡建设部.JGJ/T 23—2011　回弹法检测混凝土抗压强度技术规程.北京:中国建筑工业出版社,2011.

［47］ 中华人民共和国住房和城乡建设部.JGJ/T 152—2008　混凝土中钢筋检测技术规程.北京:中国建筑工业出版社,2008.

［48］ 中华人民共和国住房和城乡建设部.JGJ/T 101—2015　建筑抗震试验规程.北京:中国建筑工业出版社,2015.

［49］ 周明华.土木工程结构试验与检测.南京:东南大学出版社,2002.

［50］ 朱伯龙.结构抗震试验.北京:地震出版社,1989.

［51］ 朱尔玉,朱晓伟,贾英杰,等.土木工程结构试验高级教程.北京:中国科学技术出版社,2009.

［52］ 吕康成.隧道工程试验检测技术.北京:人民交通出版社,2003.

［53］ 王军文,刘志勇.土木工程结构试验.北京:中国铁道出版社,2008.